Zeiten, Völker und Menschen

von

Karl Hillebrand.

Zweiter Band.

Wälsches und Deutsches.

Straßburg.
Verlag von Karl J. Trübner.
1892.

Wälsches und Deutsches

von

Karl Hillebrand.

Zweite verbesserte und vermehrte Auflage.

Straßburg.
Verlag von Karl J. Trübner.
1892.

Seiner

Schwester Marie

widmet

diese gesammelten Blätter

in

Treue und Dankbarkeit

der Verfasser.

Inhalt.

Vorwort.

Der Verfasser, der im Begriffe steht, dem literarischen Journalismus, dem er sich nahezu fünf Jahre hindurch gewidmet, auf lange Zeit, vielleicht auf immer, Valet zu sagen, erlaubt sich hier eine Anzahl Essays und Feuilletons aus der wogenden und schwindenden Fluth der Tages- und Monatspresse zu retten und gleichsam in's Trockne zu bringen. Es wäre ihm ein Leichtes gewesen, die Sammlung um Vieles umfangreicher zu machen, hätte er alle in diesen fünf Jahren von ihm geschriebenen Aufsätze mit aufnehmen wollen; allein er hat es vorgezogen, alle eigentlichen Recensionen, soviel Arbeit sie auch gekostet haben mögen, hier auszulassen, sobald sie eben nur Recensionen waren, d. h. das betreffende Werk in der That Gegenstand, nicht nur Anlaß des Aufsatzes war, dieser also nur die mehr oder minder ausführliche Analyse und die mehr oder minder eingehende Beurtheilung desselben enthielt. Ja, selbst in den von ihm ausgewählten Artikeln hat er den kritischen und analytischen Theil, wo immer thunlich, weggeschnitten und sich beinahe nur auf die Titelangabe der Werke beschränkt, die ihm die Gelegenheit geboten, seine Ansichten über Epochen, Nationen, Persönlichkeiten, historische und literarische Fragen auszusprechen; denn er ist der Meinung, daß eine Recension ihre Bestimmung erfüllt hat, wenn sie den Leser einer Zeitung oder Zeitschrift auf ein neuerschienenes Buch aufmerksam gemacht, ihm dessen Lectüre anempfohlen, oder davon abgerathen, vor Allem ihm eine möglichst treue Idee vom Inhalte, der Form und dem Geiste desselben gegeben hat. Viele der hier wiedergegebenen Aufsätze sind überhaupt gar nicht bei dergleichen literarisch-kritischen Veranlassungen entstanden, sondern direct aus der Beobachtung oder dem Nachdenken hervorgegangen. Dies gilt namentlich von den im nächstfolgenden dritten Bande („Aus und über England") zu veröffentlichenden Stücken, sowie von den schon in „Frankreich und die Franzosen" mitgetheilten Studien, die der Verfasser gerne als den ersten Band dieser Sammlung angesehen wissen möchte.*) Die Wiederholungen und Widersprüche, welche bei solchen von Monat zu Monat oder gar von Woche zu Woche ge-

*) Sämmtliche Aufsätze sind in der Augsburger „Allgemeinen Zeitung", der „Deutschen Zeitung", der „Neuen Freien Presse", der „Spener'schen Zeitung", den „Preußischen Jahrbüchern", der „Gegenwart" und der „Deutschen Rundschau" erschienen. — Die ausgedehnteren Biographieen und Essays, die der Verfasser in der Revue des deux Mondes, dem Fortnightly Review, dem North American Review, der Nuova Antologia und dem Journal des Débats gegeben, sind zwar auch zum größern Theile in diesen fünf Jahren entstanden und schließen sich den hier gebotenen kleinen deutschen Arbeiten an; aber sie sind dem ganzen Inhalt, wie der Form nach, zu ausschließlich für das Ausland bestimmt, als daß man sie in deutscher Uebersetzung hätte wiedergeben wollen. Auch sie dürften bald erscheinen, aber als Tomes II und III der Etudes historiques et littéraires, deren erster Band (Etudes italiennes begreifend) im Jahre 1868 zu Paris erschien.

lieferten Aufsätzen kaum vermeidlich sind und denen man sogar bei den Meistern des Genres oft begegnet, wären bei der Zusammenstellung und Wiederherausgabe leicht auszumerzen gewesen; da es aber dem Verfasser weniger darauf ankam, seine Consequenz oder seinen Reichthum an Gedanken und Kenntnissen zu zeigen, als den jedesmal ergriffenen Gegenstand so vollständig zu behandeln, als ihm unter den Umständen möglich war, so hat er diese nachhelfende Operation nicht vornehmen zu müssen geglaubt. Solche Arbeiten wollen ja auch gelesen sein, wie sie geschrieben worden: stückweise.

Ueber Absicht und Gesinnung des Autors muß natürlich das Buch selber Auskunft geben. Die erste Hälfte des vorliegenden Bandes ist ganz objectiv gehalten, während die zweite mehr polemischer Natur ist. Ob diese Polemik überhaupt gerechtfertigt, ob sie es in dem Munde des Verfassers ist, ob die Form derselben die angemessene, bleibt billig dem Publikum überlassen zu entscheiden. Eines wird dasselbe ja ohne Zweifel sofort herausfühlen: daß kein persönliches Motiv irgend einer Art den außer allen politischen oder literarischen Parteien der Heimath Stehenden beeinflußt haben kann, und daß seine Rügen die eines Patrioten sind, der gerne sein Vaterland in jeder Beziehung makellos und folglich auch dessen Lehrstand wieder wie ehedem auf der Höhe freimenschlicher Bildung sehen möchte, auf welche es seine Aufgabe ist, den Nährstand zu heben und auf welcher der Wehrstand anerkanntermaßen schon steht. Hat er diesmal das zünftige Gelehrtenthum und dessen extravagante Selbstbewunderung etwas unsanft angegriffen, so wendet er sich vielleicht ein ander Mal gegen das oberflächliche Literatenthum und seine unlautere Geschäftigkeit. Am Ende findet sich doch noch eine Anzahl Landsleute — und sie wird voraussichtlich von Tag zu Tag zunehmen —, welchen dieses zu unappetitlich und leicht, jenes zu schwerfällig und trocken ist. Viele sind ja schon der Meinung, nicht Wenige beweisen sogar, daß eine gediegene literarische Nahrung nicht nothwendig bitter und unschmackhaft, eine gefällige nicht unumgänglich eine saftlose zu sein brauche; vor Allem aber, daß die Wissenschaft nicht ausschließlich darin bestehe, vor lauter Bäumen den Wald nicht zu sehen. Daß aber „der Fluch der hohen Meinung" unserm Gelehrtenstand geistig wie sittlich unsäglichen Eintrag gethan, Hochmuth, Kastensinn, Beschränktheit in die freieste Bildung Europa's, die deutsche, einzuführen droht, und so deren Verbreitung, wie deren Ruhme hindernd im Wege steht, dessen wird man erst im Auslande recht inne, wenn man Hunderte von gebildeten, humanen und billigen Deutschen sich, oft umsonst, abmühen sieht den schlimmen Eindruck auszulöschen, den die Taktlosigkeit einzelner Vertreter der „deutschen Wissenschaft" bei den auswärtigen Freunden hervorgebracht. So hat denn wohl ein in der Fremde lebender deutscher Schriftsteller, auch ohne eine Autorität zu sein, das Recht, seine gelehrten Landsleute auf ihre Fehler aufmerksam zu machen: ihre Tugenden kennen sie ja genugsam. Daher glaubt sich auch der Verfasser dieser Blätter, der jene Tugenden mehr als irgend ein Anderer würdigt, nicht verpflichtet, dieselben besonders zu betonen.

Florenz, den 15. Februar 1875.

Vorwort zur zweiten Auflage.

Indem ich diese neue, etwas vermehrte Auflage der Oeffentlichkeit übergebe, fühle ich mich verpflichtet, den Lesern Rechenschaft abzulegen über die Veränderung, durch die sich dieselbe von der früheren unterscheidet.

Daß alle Correcturen und Stylverbesserungen vom Verfasser selbst herrühren und nach dessen eigenhändig hinterlassenen Angaben getreu und ohne Zusatz meinerseits ausgeführt worden sind, brauche ich wohl kaum zu versichern.

Nicht anders verhält es sich mit der Einschaltung des Aufsatzes: „Ein Schopenhauerdenkmal". Der Verfasser hatte die Absicht dem ersten Schopenhauer-Essay einen zweiten anzureihen und zu diesem Zwecke sollte die hier aufgenommene Schrift zu einer allerdings viel umfassenderen Arbeit erweitert werden. Dazu ist es nun leider nicht gekommen: drei Monate nach der Veröffentlichung des für die „Gegenwart" bestimmten und dort abgedruckten Aufsatzes starb der Verfasser. Gerade dadurch aber, daß sie das Letzte ist, was mein Mann geschrieben hat, dürfte diese kleine Schrift ein besonders wehmüthiges Interesse für den befreundeten Leser gewinnen; dem Fernerstehenden wird es nicht entgehen, daß dieser zweite Aufsatz den ersten gewissermaßen ergänzt und daher keineswegs einen überflüssigen Zusatz bildet.

Florenz, October 1891.

Jessie Hillebrand.

I.

Zur Renaissance.

Petrarca.

Petrarca's Ruhm ist ein dreifacher: seine Zeit wie die nachfolgenden Jahrhunderte verehrten und verehren in ihm den Dichter, den Patrioten und den Humanisten. Seine Stellung im Leben war eine einzige. Der Sohn eines Notars, geboren im Exil, aufgewachsen in der Fremde, ohne Glücksgüter, ohne Amt, ohne Adelstitel, war er von Städten und Fürsten, ja von Papst und Kaiser geehrt, wie kaum ein Schriftsteller vor oder nach ihm, übte er auf sein Vaterland einen bestimmenden Einfluß, auf die ganze moderne Bildung die nachhaltigste Wirkung.*) Giosuè Carducci, in seiner schönen Studie über die Entwicklung der italienischen National-Literatur, bemerkt so fein als treffend: „Petrarca's Krönung auf dem Capitol, unter dem Beifallsrufe des Volkes, in glücklicher Abwesenheit von Papst und Kaiser, war gleichsam die Weihung der Renaissance inmitten des mittelalterigen Europa, auf das er zum großen Vortheile der Cultur seiner Zeit dieselbe Dictatur oder vielmehr Gesetzgebung des Geistes ausübte, welche Erasmus von

*) Die diesem Aufsatze vorausgehende Recension des trefflichen Werkes von L. Geiger (Petrarka, Leipzig 1874) ist hier weggelassen worden.

Rotterdam auf das sechzehnte, Voltaire auf das achtzehnte Jahrhundert ausübten.“ Wie der große Jesuitenfeind, wirkte Petrarca nicht allein durch seine Werke, sondern auch durch seine zahlreichen Briefe, seine Reisen, seine persönliche Gegenwart. Das „Epistolario“ Petrarca's wenn auch weniger umfassend als die „Correspondance de Voltaire“ und obschon der Verfasser lieber die Waffe der Beredtsamkeit als die des Witzes gebraucht, hat für das vierzehnte Jahrhundert ganz dieselbe Bedeutung, wie die unerschöpflichen brieflichen Mittheilungen des „Alten von Ferney“. Wie dieser in der Jugend und im Mannesalter, bald in der Zurückgezogenheit der Provinz, bald im Geräusche von Paris, heute in England, morgen in der Schweiz, jahrelang am Hofe des Königs von Preußen, dann wieder bis zum Lebensschlusse auf dem eigenen einsamen Landsitze schrieb und wirkte, so lebte Petrarca bald in Avignon, Mailand oder Prag an den Höfen des Papstes, der Visconti oder Kaiser Karl's IV., bald in stiller Zurückgezogenheit, sei's im Thale von Vaucluse, sei's im versteckten Arquà, durchzog Frankreich und Deutschland als Wanderer, besuchte Rom und Neapel, Parma und Padua und konnte sich erst spät entschließen, sich dauernde Ruhe an einem entlegenen Orte zu gönnen. Das Instrument, dessen er sich für seine Wirksamkeit bediente, war, wie das Voltaire's, die gerade geltende Universalsprache, zu seiner Zeit die lateinische, die er besser handhabte als irgend ein Neuerer, wie nicht wohl anders zu erwarten war von dem Manne, der eigentlich das römische Alterthum wiedererweckte.

In der That darf Petrarca wohl als der Vorläufer des Humanismus angesehen werden, und beherrscht sein

Name als eines solchen das ganze Trecento. Sein Humanismus aber, und dieser Punkt kann nicht genug betont werden, war ausschließlich römisch: daher der so grundverschiedene Geist und die so grundverschiedene Form, wenn wir die Renaissance des italienischen Quattrocento, die er vorbereitete, und den deutschen Humanismus der Reformationszeit mit einander vergleichen. So durchgreifend aber war der Einfluß Petrarca's, verbunden und unterstützt durch die Wahlverwandschaft der römischen Bildung und der romanischen Nationen, daß noch heute das lateinische Element das über das griechische vorherrschende in der Cultur der lateinischen Völker geblieben ist. Eigentlich war die Tradition des alten Rom nie ganz erloschen in Italien. Die einzelnen Municipien betrachteten und nannten sich Töchter Roms und gaben sich Verfassungen, welche in Benennungen und Formen an die Republik Scipio's erinnerten. In Rom selber riefen schon im zehnten und zwölften Jahrhundert ein Crescentius und Arnaldo die Erinnerungen an jene alte Republik an, gerade wie Petrarca's Freund Cola di Rienzi im vierzehnten. Die Continuität des römischen Kaiserthums von Cäsar bis auf Karl den Großen, Otto I., Friedrich Barbarossa wurde auch von Dante, der ein politisches Dogma daraus machte, nie in Zweifel gezogen, aber die Tradition war eine, ich möchte sagen, unbewußte, latente: Petrarca war der Erste, der sie wissenschaftlich begründete, denn Dante's „Monarchia" ist rein aprioristische, willkürliche Scholastik, verglichen mit Petrarca's politischen Schriften. Dante kannte, mit Ausnahme Virgil's und einiger untergeordneter Lateiner, das classische Alterthum nur vom Hörensagen. Petrarca suchte und fand eine große

Anzahl alter Manuscripte, veranstaltete eine ziemlich vollständige Bibliothek lateinischer Classiker, las seinen Cicero, Sallust, Ovid durchaus und mit Kritik, und es ist gar nicht zu viel gesagt, wenn er, mit Hinblick auf die glückliche Entdeckung so vieler verloren geglaubter Werke und die kritische Wiederherstellung des Textes, als der Begründer der lateinischen Philologie dargestellt wird. Daher auch seine sehr bezeichnende Geringschätzung der griechischen Literatur, die er nicht kannte, obschon er in vorgerücktem Alter die griechische Sprache zu erlernen suchte. Ihm, wie noch heute allen aufrichtigen Romanen, und vielleicht mit aus denselben Gründen (Verwandtschaft, Tradition, vielleicht auch National-Eitelkeit und ungenügende Kenntniß des Griechischen) stand die hellenische Bildung viel tiefer als die römische, Cicero höher, weil näher, als Aristoteles und Demosthenes, Virgil als Homer, Livius als Thucydides. Das rhetorische Gewand, das die Lateiner alle mehr oder minder dem von Griechenland überkommenen Bildungskörper übergeworfen hatten, wog und wiegt in ihren Augen reichlich den Mangel an Originalität auf, den sie doch an der römischen Literatur nicht leugnen können.

Indeß wenn auch Petrarca der Erste war, welcher das römische Alterthum an der Quelle studirte, der Erste auch, welcher es ohne kirchliche Nebenabsichten durchforschte, — ganz frei stand auch er ihm nicht gegenüber. Jene politischen Traditionen vom römischen Weltreich hatten ihn zuerst auf dies Stadium geführt, und er betrieb es immer, bis zu einem gewissen Grade wenigstens, im Dienste seiner politischen Ideen. Petrarca war entschiedener Imperialist, wie Mussatus, wie Dante, wie alle Idealisten seiner Zeit;

dadurch ward er äußerlich zum Ghibellinen, doch nur äußerlich. Innerlich fühlte er sich mit Recht, wie Dante, über allen Parteien. Carducci läßt sich, wie nur zu häufig, von seinen republikanischen Sympathien bestimmen und irreführen, wenn er Petrarca „kalt für das Kaiserthum“ nennt und meint, sein Ideal sei die italienische „Commune“, nach dem Muster der alten Republik, gewesen. Niemand war im Gegentheil begeisterter für die Idee des Kaiserthums als Petrarca. Seine Briefe an den nüchternen, hausbackenen Karl IV., ihn zum Römerzug anzufeuern, sind in eben so flammenden Worten geschrieben, als Dante's Episteln an den enthusiastischen Romantiker Heinrich VII. Wenn er sich gegen Ludwig den Baier feindlich verhielt, so geschah es aus persönlichen Gründen; denn er war schon vor Ludwig's Römerzüg in inniger Freundschaft mit dessen Feinden, den Colonna und Robert von Neapel, verbunden. Wenn er so lebhaft Partei nahm für Cola di Rienzi, den Volkstribun und Wiederhersteller der alten Republik, so war dieß nur vorübergehend und als pis-aller; da er das alte Kaiserthum nicht haben konnte, so wollte er wenigstens den alten Freistaat; im Grunde war er, wie alle Höhergebildeten seiner Zeit, wie auch die meisten Schriftsteller des römischen und griechischen Alterthums, ein eingefleischter Aristokrat und Volksverächter. „Er lebe lieber unter dem härtesten Joche eines Einzigen, als unter der Herrschaft eines tyrannischen Volkes“, erklärt er mehr als Einmal und spricht von der „Menge“ nur in dem Tone des Shakespeare'schen Coriolan. Selbst das Papstthum rief er, der Imperialist, an, damit es Rom wieder zum alten Glanze bringe, und wird auch nicht müde, die ihm befreundeten Päpste, vor Allen Clemens VI. und Urban V., zur Rückkehr nach Rom aufzufordern.

Das Treibende bei ihm ist der Patriotismus, und zwar ein Patriotismus, der seinen abstracten Ursprung nicht ganz verleugnen kann. Es ist von deutscher wie italienischer Seite sehr fein bemerkt worden, wie gerade Petrarca's Entfernung von Italien und was damit zusammenhängt, seine Gleichgültigkeit für die Parteikämpfe innerhalb der einzelnen italienischen Staaten, es ihm möglich machten, die Umrisse des Vaterlandes in's Auge zu fassen. Das Heranreifen in der Fremde ist noch stets für Menschen, die ein lebhaftes Gefühl für Zusammengehörigkeit und ein tiefes Bedürfniß des Zusammenhanges haben, eine hohe Schule des Patriotismus gewesen. Wer drinnen steht, sieht leicht vor Bäumen den Wald nicht. Dem Draußenstehenden geht erst der rechte Sinn auf für das, was, trotz aller Verschiedenheiten und Widersprüche, das Gemeinsame des Vaterlandes ausmacht: die Vergleichung zeigt ihm erst die Vorzüge desselben in hellem Lichte; die Ferne glättet die kleinen Unebenheiten, die in der Nähe den Blick verletzen, und der latente Gegensatz gegen das Land der eigenen Väter, der selbst den Eingebürgerten in der Fremde überall umgiebt, fordert eine Reaction zu Gunsten jenes heraus.

Ganz anders der Patriotismus dessen, der bis ins Mannesalter in der Heimat gelebt; er ist mehr localer Natur, knüpft sich an Erinnerungen, kurz, er ist concreter. Es ist nicht Florenz, das bell' ovile, noch irgend eine andere besondere Stadt Italiens, nach welcher Petrarca sich sehnt, wie Dante, wie die Verbannten des Alterthums; es ist die Abstraction „Italien". Selbst Rom steht immer nur in seinen Augen mit dem Glanze der Geschichte, verklärt durch die Reflexion: kein naives Heimweh zieht ihn zur gewohnten und geliebten Stelle. Auch würde es dem Patrioten Petrarca durchaus nicht genügt haben, sein Vaterland als ein einiges, unabhängiges, freies und glückliches, gleichberechtigt mit andern Ländern dastehen zu sehen; nein, er verlangt durchaus für dasselbe das Primato; er will es nur als herrschendes sehen. Für ihn ist die Wiederherstellung der italienischen Weltherrschaft gleichbedeutend mit der Ehre und dem Glücke seines Vaterlandes. Die bei allen Italienern des Mittelalters, ja bei den meisten Italienern des Jahres 1874, noch heimlich lauernde Voraussetzung einer directen, nicht abgebrochenen nationalen Entwicklung von Romulus bis auf die Gegenwart ist bei Niemandem je absoluter, allgemeiner gewesen, als bei Petrarca. Die Kluft, welche für uns Nordländer Mittelalter und Alterthum von einander trennt, besteht durchaus nicht für ihn; er spricht von den Heeren Scipio's und den Schriften Cicero's nur als von den „Unsrigen". gleich als ob der römische Staat, wie die römische Cultur und die römische Sprache sich zum Italien des vierzehnten Jahrhunderts verhielten, wie das Frankreich Ludwig's XI. zu dem Ludwig's XV. Eigentlich sieht Petrarca, wie Dante, wie dieses ganze Jugendalter der Renaissance, noch ganz im Geiste des Mittelalters, die Einheit überall: in Kirche und Staat, in Gesetzgebung und Sprache; Italien aber ist in ihren Augen das auserwählte Volk, das der Welt diesen universellen Staat und diese universelle Kirche, diese einheitliche Gesetz=

gebung und diese gemeinsame Sprache gegeben hat. Alles, was von zur Unterordnung bestimmten Nationen ausgehend, sich vordrängen will, ist Anmaßung; der römische Kaiser deutscher Nation selber ist „ein barbarischer König", wenn „er es wagt, einen Jüngling der ausonischen Muse zu schmücken", d. h. wenn er sich erlaubt, über das poetische Verdienst eines lateinisch dichtenden Italieners zu urtheilen. Als der Doge von Venedig im Kampfe gegen Genua sich mit dem Könige von Aragon verbündet, wirft ihm Petrarca bitter vor, „Barbarenhilfe gegen eine italienische Stadt" angerufen zu haben.

Wie alle gutgeartete Jugend, war auch diese jugendliche Renaissance voll abstracten Posa-Enthusiasmus begeistert für einfache, symetrische Ideale; sie schwärmte für die geistige und staatliche Universal-Monarchie, wie die Jugend des neunzehnten Jahrhunderts für die Republik. Was aber Petrarca von Dante und den Imperialisten des Trecento unterscheidet, was aus ihm den ersten „modernen Menschen" macht, ist, daß sein Ausgangspunkt nicht die Religion war, sondern die Wissenschaft, daß er nicht eine prästabilirte Ordnung der Dinge annahm, sondern zuerst von Allen eine geschichtliche Entwicklung errieth, erkannte, verfolgte, der Mitwelt aufdeckte. Petrarca gehörte selber der Geistlichkeit an; er stand in intimster Beziehung zum Oberhaupte der Kirche, er war selbst durchaus orthodox: aber er ward dessen ungeachtet thatsächlich einer der schlimmsten Feinde der kirchlichen Weltordnung. Ihm dankte seine Zeit die Wiedereinsetzung der lateinischen Profan-Literatur in ihre Rechte; und wie konnte ein Geschlecht, das sich mit Cicero und Seneca genährt, das Christenthum noch mit denselben Augen ansehen, wie das vorhergehende, für welches nur die Namen dieser Denker existirten? Wie ganz anders ist der Ton der Trauer, des Mitleidens und der Wehmuth, mit dem ein Dante von den großen Philosophen und Dichtern des Alterthums spricht, die, des Heiles untheilhaftig, zu ewiger Verdammniß, wenn auch nicht zu ewigen Qualen verurtheilt sind, als die heiter bewundernde Weise, mit der Petrarca von einem Cicero redet, um dessen Platz in der Hölle er sich nicht besonders viel Sorgen zu machen scheint. Auch durch seine geographischen Studien — man dankt Petrarca die erste Karte Italiens — wirkte er in einem ähnlich befreienden Sinne, wie durch seine Geschichtsstudien; galt es doch hier wie dort, die Wirklichkeit des Diesseits zu erkennen, an der Stelle aprioristischer Scholastik und Weltconstruction die Kenntniß des Thatsächlichen zu setzen. Und wie gegen die aristotelische Scholastik, so gegen die herrschende Juristerei, die er in Bologna zur Genüge kennen gelernt hatte und deren Wiedergeburt er, vier Jahrhunderte vor Savigny, nur in einer geschichtlichen Behandlungsweise erkennen will, welche in der Aufdeckung des Entwicklungsganges des römischen Rechtes das einzige giltige System desselben sieht. Auch die Astrologie und die Medicin, welche damals nicht viel besser als Astrologie und Alchymie war und, wie diese, anstatt von der Beobachtung, von willkürlicher Theorie ausging, bekämpfte Petrarca unverdrossen und räumte auch dadurch auf für das kommende Jahrhundert, das wahre Jahrhundert der Erlösung.

Kein Wunder, wenn die Pfaffen ihm gram waren, zumal die muthigen Denunciationen des schamlosen Treidens in Babylon=Avignon Schritt hielten mit diesen wissenschaftlichen Kreuzzügen. Als sein Freund Boccaccio ihm einst mittheilte, wie ein Mönch ihm von einem Traumgesichte erzählt, in welchem Christus ihn beauftragt habe, ihn, den Verfasser des „Decameron“, wie seinen Freund, den Dichter der „Africa“, vor der Beschäftigung mit profanen Wissenschaften zu warnen, welche zur Ketzerei führen müßten, antwortete Petrarca, der schon gar oft als eifriger Leser des „Zauberers“ Virgil unchristlicher Gesinnungen bezichtigt worden war, in folgenden Worten: „Wozu sollen wir die heidnischen Dichter und Schriftsteller meiden, welche von Christus nichts wissen, da man doch ungescheut die Werke der Ketzer liest, die Christus kennen und ihn doch leugnen? Glaube mir: Vieles, was Zeichen der Feigheit und Trägheit ist, wird als Wirkung klugen Rathes und ernster Gesinnung ausgegeben. Die Menschen verachten oft, was sie nicht erreichen können; und gerade der Unwissenheit ist es eigenthümlich, das zu verurtheilen, was ihr versagt, und Keinen dahin gelangen zu lassen, wohin ihr der Zutritt verwehrt ist. Wir aber, die wir die Wissenschaften kennen, dürfen ihnen weder durch Mahnung zur Tugend, noch zur Androhung des Todes entzogen werden, denn sie erregen dem strebenden Gemüthe die Liebe zur Tugend und vernichten oder vermindern wenigstens die Todesfurcht; sie halten aber ihren Besitzer nicht von dem Wege der Vervollkommnung zurück, sondern unterstützen ihn und ebnen ihm den Pfad. Wie aber der kranke und schwache Magen manche Speisen abweist, welche der gesunde und hungrige wohl verträgt, so mag dem schwächlichen Geist Manches Verderben bringen, das dem heilen und kräftigen segensreich ist. . . Aller Guten Weg führt zum gedeihlichen Endziel: am ruhmvollsten aber jener, der frei und hoch daliegt. So ist auch das Wissen, das sich zum Glauben durchgedrungen hat, weit besser, als die Einfallt, und sei sie noch so heilig, und keiner der Thoren, die ins Himmelreich eingegangen sind, steht so hoch wie ein Wissender, der die Krone der Seligkeit erlangt hat."

Petrarca war weder eine Apostelnatur, noch ein Mann der That. Was er wirkte, das hat er durch seine Persönlichkeit und durch seinen Geist gewirkt. Er hatte nicht den Stoff dazu, ein Blutzeuge der Wahrheit zu werden, noch kannte er kein kluges Benützen der Umstände. Nichts in ihm erinnert an Savonarola, nichts an Luther. Seine war vor Allem eine geistreiche und liebenswürdige Persönlichkeit. Niemand widerstand leicht diesem Zauber des echt Menschlichen, welcher über diesen ersten Humanisten ausgebreitet lag. Und wie sollte es anders sein? War ihm selber doch nichts Menschliches fremd. Heiter und beschaulich angelegt, wußte er ernst zu sein und Hand anzulegen an die gemeinsame Arbeit. Von geselliger Natur und dem Lebensgenusse nicht abhold, zog er doch stets ein bescheidenes Mahl mit einigen bewährten Freunden dem Prunk und dem Geräusche einer glänzenden Tafel vor und kannte den Werth der Einsamkeit und Sammlung, brachte als ein Einsamer und sich Sammelnder die schönsten wie die letzten Lebensjahre im Schoße einer idyllischen Natur zu. „Wüßtest du nur," schreibt er einmal, „mit welcher Wollust ich allein und frei umherschweifend, zwischen Bergen und Wäldern, zwischen Quellen und Flüssen, zwischen Büchern und den Geistern der größten Menschen athme und wie ich mich bestrebe, das Vergangene zu vergessen, das Gegenwärtige nicht zu sehen"*). Gerne in seiner Poeten- und Gelehrten-Eitelkeit geschmeichelt, that er nie, sie zu befriedigen, einen Schritt, über den er hätte erröthen müssen. Ein Freund der Großen, wußte er, der arme Bürgerliche, mit Kaiser, Päpsten und Königen aufs vertrauteste zu verkehren, ohne je seine Würde preiszugeben, seine Unabhängigkeit zu opfern, seinen Freimuth zum Schweigen zu bringen. Ein stets erfolgloser Politiker und Diplomat, brachte er denen, die ihm ihre Angelegenheiten anvertrauten, doch nie Unehre ein, und das praktische Mißlingen erkältete seinen idealistischen Eifer nie. Er wahrte die äußeren Formen, ohne ihr Sklave zu werden, wußte zu scherzen, ohne in Rohheit zu verfallen, an sich zu halten, ohne sich der sittlichen Heuchelei, die wir Prüderie nennen, schuldig zu machen. Sein Glaube that seiner Achtung der Vernunft keinen Abbruch und nie artete seine Forschungslust in Leugnung des nicht Erkennbaren aus. Von leicht gereizter Sinnlichkeit und anziehend für die Frauen, lernte er schon bei angehendem Mannesalter sich zu mäßigen und endlich zu bezwingen.

Es ist ein Irrthum, der Jugend größere sittliche Reinheit und größere geistige Ursprünglichkeit zuzuschreiben, als dem Mannesalter; wie Shakespeare und Schiller, war der jugendliche Petrarca als Schriftsteller ein Nachahmer, als Mensch in den Banden erregbarster Sinnlichkeit; aber er rang sich durch, wie Jene, zur eigenen Anschauung der

*) Nach dem lateinischen Citat bei Burckhard „Cultur der Renaissance", S. 235.

Welt und zur Beherrschung seiner selbst. Eine wunderbare Klarheit ist über diese ganze Natur ausgegossen; man sieht in allen seinen Worten wie in seinem ganzen Leben, daß es ihm Ernst war um die Erlangung der Wahrheit, daß er allem Scheine feind war, daß er es ehrlich mit sich und Anderen meinte. Wie harmonisch heiter ist dieser Mensch doch, verglichen mit dem düsteren Dante, den er beneidet haben soll, er, der die „Göttliche Comödie" vom heiligen Geist selber dictirt nannte. Alles ist Maß und Gleichgewicht: die Leidenschaft ist wohl da und wärmt wohlthuend das ganze Wesen des herrlichen Mannes. Wissenschaft, Vaterland, Geliebte, Freunde umfaßt er mit innigster, aufopferndster, dauerndster Liebe, aber nirgends und nie strömt die Leidenschaft vulkanisch zerstörend über. Wie vier Jahrhundert später am Zielpunkt der modernen Bildung unser Göthe, so steht am Ausgangspunkte dieses Entwicklungsganges Petrarca als ein vollkommen „Humaner" da, er, der Gründer des Humanismus, welcher die Stelle der christlich-kirchlichen Cultur einnehmen sollte, selber ein Vorbild der Humanität. „Sein Ruhm," sagt sein neuester deutscher Biograph, „während seines Lebens schon weit ausgebreitet, erfüllte nach seinem Tode die ganze Welt, und er wird dauern, so lange Alterthum, Vaterland und Liebe kostbare Güter bleiben für Bildung und Erziehung der Menschheit."

Am 18. Juli 1874, zur fünften Säcularfeier Petrarca's.

Lorenzo de' Medici.

I.

Es giebt zwei Namen in der Weltgeschichte, welche das Vorrecht haben, hell und heiter wie keine anderen an das Ohr der Menschen zu klingen: Athen und Florenz. Die lichten Namen aber zaubern uns sofort eine bestimmte Zeit vor die Augen: das fünfte Jahrhundert vor und das fünfzehnte nach Christus, die Zeitalter des Perikles und Lorenzo's des Prächtigen.*) Es ist indeß nicht allein der Glanz, den Kunst und Poesie über jene beiden Flecke und Momente ausgebreitet, welcher jenen einzigen Eindruck hervorbringt; auch nicht die größere Menschlichkeit, die sie vor anderen Staaten und Zeiten auszeichnet; an Blut hat's auch in Athen und Florenz leider nicht gefehlt, wenn's auch sparsamer als beispielsweise in Argos oder Perugia geflossen, und weder Perikles noch Lorenzo scheuten vor Gewaltmitteln zurück, so oft es die Unterdrückung der Gegner galt, wenn sie auch schonender als ein Philipp von Mace-

---

*) Die diesem Aufsatze vorausgehende Recension über A. v. Reumonts neuestes und ausgezeichnetstes Werk (Lorenzo de' Medici, i Magnifico, Leipzig 1874) ist hier weggelassen worden.

donien oder ein Ludwig XI. verfuhren. Was jenen beiden kleinen Punkten den unwiderstehlichen und unvertilgbaren Reiz verleiht, den kein Großstaat der Geschichte je geübt hat, ist die Harmonie, in der hier Natur und Mensch, Geist und Materie, Inhalt und Form, Staat und Kunst auftreten. Man wird gewahr, wie wenig auf die Ausdehnung ankommt, wie es die vollkommene Uebereinstimmung der Verhältnisse ist, und wären sie die bescheidensten, welche den mächtigen Eindruck, die dauerndste Wirkung hervorbringt: „Im kleinsten Punkte die größte Kraft".

Wer das kleine Städtchen im Arnothale zum erstenmale erblickt, ist kaum überrascht: nichts Gewaltiges, Ungewöhnliches stört seine Phantasie heftig auf. Erst nach und nach wirkt der Zauber dieses lieblichen Maßes. Nichts Uebertriebenes in Natur noch in Menschenwerk. Mäßige Hügel umschließen das offene, villenbelebte Thal, in dem man sich frei und doch begrenzt fühlt. Die Vegetation ist heiter, und die Stadt trägt nicht umsonst den Namen der Blumenstadt; aber sie ist nicht luxuriös, noch ihre Formen fremdartig. Zwischen dem weichen Blumengrün des bescheidenen Olivenlaubes zieht sich der Grundton der braunen Erde hin, und die dunkle Cypresse giebt Charakter und Farbe. Mit wunderbarem Natur- und Formensinn haben die Meister des Quattrocento Klöster und Kirchen, Landhäuser und Schlösser den Linien des Terrains angepaßt, so daß sie dieselben abzuschließen, zu vollenden scheinen, wie sinniger Schmuck die Schönheit eines anziehenden Weibes. Und wiederum vereinigen sich, wie in inniger Umarmung, Stadt und Landschaft: nie fühlt sich der Bewohner der Natur entfremdet, in künstlicher Atmosphäre, wie der Großstädter; nie von der geselligen Cultur ausgeschlossen, wie der Bauer. Kühn geschwungene oder heiter belebte und bewohnte Brücken verbinden die beiden Ufer. Palast reiht sich an Palast, einfach, unherausfordernd, wie die Schönheit der Toscanerin: man geht daran vorüber, ohne sie zu beobachten; da zieht ein Lächeln über die Lippen der Schönen, ein Sonnenstrahl fällt unerwartet auf die Loggia und die Rundbogen der Fenster, und plötzlich geht dem Vorüberwandelnden das Geheimniß der wunderbaren Harmonie auf, die in dem anspruchslosen, ruhigen Antlitz schlummert. Und wie die Werke der Architektur, so die der Bildhauerkunst, der Malerei: Natürlichkeit und Simplicität bei exquisiter Feinheit sind die Charaktere alles Toscanischen in Kunst und Staat, in Poesie und Leben.

Denn Alles hat Charakter. Hier ist nichts Nachgeahmtes, Hereingebrachtes. Alle Erzeugnisse der Cultur sind autochthon, wie in Athen, soweit überhaupt in der Geschichte etwas autochthon genannt werden kann. Naturgemäß, wie ein gesunder Körper, wie ein schöner Baum, ist die florentinische Cultur herausgewachsen, ohne gewaltsame Mittel, ohne Treibhauspflanze ist sie langsam und stetig herangereift. Der etruskische Keim hat sich nie verleugnet: lateinisches Staatswesen, römische Kirche, griechische Civilisation haben die Entwicklung beeinflußt, ohne sie je zu hemmen oder gewaltsam in ihre fremde Bahnen zu reißen. Schon die ersten Früchte zeigen den eigenthümlichen Charakter; Dante, Giotto, Arnolfo waren nur auf diesem Boden möglich und ihre Werke tragen ganz die toscanischen Familienzüge: Naturtreue Bestimmtheit der Umrisse, Vollendung des Details, Maß und Geschmack. Auch politisch und religiös hält sich das Florenz des Mittelalters fern von jeder Uebertreibung. Intoleranz oder gar Fanatismus sind ihm eben so unbekannt, als revolutionäres Auflehnen gegen die bestehende Kirche*). Blutdürstige Tyrannen, wie Ezzelin, läßt es nicht aufkommen; der nordische Feudal-Adel hemmt die municipale Entwickelung nicht und muß schon früh dem eingeborenen Bürgerthum den Platz räumen. Trotz so mancher Veränderungen behielt das Gemeinwesen bis auf diesen Tag den bürgerlichen Charakter, auch darin die eigenthümliche Continuität aufweisend, die alles Florentinische bezeichnet. Wir im Norden sind durch eine Kluft — Deutschland durch den dreißigjährigen Krieg, England durch die große Rebellion, Frankreich durch die Revolution — von unserer Vergangenheit getrennt; hier ist die lebendige Tradition in den meist noch blühenden Geschlechtern, welche schon im dreizehnten Jahrhundert geglänzt hatten und den Zusammenhang lebhaft empfinden, den auch mittelalterliche Institutionen, wie die Misericordia die Buonuomini di San Martino, die Compagnia de' Battilani, uns noch heute vor die Sinne rufen. Jenes im besten Sinne demokratische Gemeinwesen war eben am Anfange des Quattrocento, nach vielen Umwälzungen und mannigfachen Verfassungs-Experimenten bei einer Regierungsform angelangt, welche ihm erlaubte, sich von den Stürmen der Jugend auszuruhen und sich in Sicherheit einem veredelten Lebensgenusse heiter hinzugeben. Und als nun gerade jetzt „Athen mit seinem heimischen Boden und all seiner Habe in die tuscische Stadt einzog", wie Poliziano

*) Savonarola war bekanntlich kein Florentiner.

meinte, da verrieth sich sogleich die Wahlverwandtschaft. Kein Volk assimilirte sich die athenische Cultur wie das florentinische — ohne sich je selber dabei zu verlieren.

Der Moment, wo ihm diese neue Nahrung zuströmte, war der glücklichste; denn ohne Glück gedeihen auch die besten menschlichen Dinge nicht. Florenz war in jener empfänglichen Frühlingsperiode, wo der ausgeruhte, frisch und sorgsam bebaute Boden das aufgenommene Samenkorn zu raschem Aufgehen fördert. Als Petrarca und Boccaccio starben, als die Loggia de' Lanzi sich erhob, sah man schon der neuen Offenbarung mit der Gewißheit entgegen, mit welcher der Landmann die reifende Junisonne erwartet. Nahezu ein halbes Jahrhundert brauchte Florenz, das Neuaufgenommene zu verarbeiten; und während dieses halben Jahrhunderts schweigt die Muse der Dichtkunst. Nicht so die bildende Kunst, die ohne Weiteres ans Werk geht, beinahe gleichzeitig empfangend und wiedergebend: Brunelleschi, Donatella, Masaccio gehören der Zeit Cosimo's, des Pater patriae, an, als kein italienisches Lied mehr ertönte. Nie wieder hat die Weltgeschichte — mit Ausnahme Athens — ein so einziges Zusammentreffen von glücklichen Umständen aufzuweisen, als in jener Blüthezeit der Renaissance von 1470 bis 1495 etwa. Es ist der rasch vorübergehende Moment, wo der Jüngling sich zum Manne entwickelt. Florenz ist wie jener jugendliche Held Shakespeare's:

> Sein Haupt noch grün, jedoch sein Urtheil reif,
> An Jahren jung, doch an Erfahrung alt.

Volle Zeugungskraft, nach Abschüttelung des Joches wilder Sinnlichkeit. Auch aus dem abstracten Enthusiasmus für Worte, der auf der Unkenntniß der Dinge beruht, ist der Jüngling=Mann heraus; aber noch ist er dem Skepticismus nicht verfallen, den der Kampf ums Leben, wiederholte Enttäuschung, Gewohnheit dem Alternden aufzwingen. Den Idealismus hat er sich bewahrt; noch glaubt er, daß auch außer der greifbaren Wirklichkeit eine Welt ist, und noch trennt er nicht das Ideal vom Leben; noch weiß er seine Persönlichkeit aufzugeben, um einem Höheren — Kunst, Wissenschaft, Vaterland — das seine persönlichen Interessen unberührt läßt, nachzustreben; noch ist er der Begeisterung fähig, aber er begeistert sich nicht länger für das, was der Wahrheit oder des Inhalts entbehrt. Er kennt die Menschen und weiß, wie das Gemeine alles bändigt, aber um so höher hält er jene kleine Freistätte, die in den Besten dem Alles bändigenden Joche sich entzeiht. Er verliert seine Stunden nicht mehr in steriler Träumerei, noch in blindem Sinnentaumel; er verliert sich selber noch nicht in der Betäubung der Arbeit oder dem Scheinleben der Convention, sondern greift thätig ein in das handelnde Leben, indem er sich den Sinn für das Beschauliche der Kunst wie der Philosophie wahrt. Auch thäte man Unrecht, so meint schon ein Geschichtsschreiber des folgenden Jahrhunderts, „wollte man den Florentinern, weil sie Kaufleute sind, Adel der Gesinnung absprechen und sie für niedrig und plebejisch halten. Oft habe ich mich im Stillen gewundert,“ fährt der Mann in patriotischem Stolze fort, „wie Leute, die von Kindheit an sich mit Wollenballen und Seidensträngen herumschleppen oder gleich Sklaven den Tag und einen Theil der Nacht am Webstuhl und am Farbkessel ihre Arbeit zu verrichten pflegen, häufig, wo es noth=

thut, solche Hochherzigkeit und Seelengröße bekunden, daß sie so schön reden wie handeln. Die Luft, zwischen der scharfen von Arezzo und der schweren von Pisa die Mitte haltend, ist gewiß von Einfluß auf diese Erscheinung. Wer Natur und Sitte der Florentiner wohl beachtet, wird zum Schlusse kommen, daß sie mehr zum Herrschen als zum Gehorchen geschickt sind."*)

Dem sollte freilich anders werden und der Florentiner nach der Entmannung erscheint nicht gerade als zum Herrschen geboren; die Familienähnlichkeit ist noch immer da; aber die unzerstörbaren Character- und Geistesanlagen erscheinen unter den letzten Medicäern greisenhaft carrikirt: die Sparsamkeit ist Geiz, die Ironie Witzelei, der Sinn für Maaß ist Aengstlichkeit, die Achtung der bestehenden Religion Bigotterie oder Conventionalismus, die Sinnlichkeit Corruption geworden unter dem Régime des XVII. Jahrhunderts. Wie anders unter den Ersten des Geschlechts.

Ein wohlgeordnetes Staatswesen, das der Freiheit und der Entwickelung des Einzelnen Spielraum läßt, ohne das Interesse des Ganzen zu opfern, gleich entfernt von militärischem Zwang und roher Pöbelwillkür; ein Volk, das sich willig einer bedeutenden Persönlichkeit unterordnet, aber nicht in ihre Hände abdankt; das Geist und Wissen zu schätzen weiß, aber nicht vergißt, daß Geburt und Reichthum reelle Mächte sind, die man nicht ungestraft ignorirt; ein bürgerlicher Adel, der sich friedlichem Erwerb widmet, wohl aber, wenn es nothut, die Waffen zu führen versteht, der am öffentlichen Leben theilnimmt, aber sich durch

*) Benedetto Varchi, citirt von Reumont. (II. S 441.)

dasselbe nicht von der Betrachtung der höchsten Fragen, noch vom Genusse der edelsten Erzeugnisse des Menschengeistes abwenden läßt; ein Gelehrten- und Künstlerstand, der sich noch nicht von dem Leben in's Studirzimmer und die Werkstätte zurückgezogen hat; eine Geistlichkeit, die sich noch nicht dem schönen Diesseits in einseitiger sittlicher Entrüstung oder in pfäffischem Kastengeiste schroff gegenüberstellt, sondern in griechischer Weisheit ein Morgenroth des Christenthums, in griechischer Kunst einen Abglanz himmlischer Schönheit zu sehen wagt: das war die Bühne, so die Handelnden, die der Nachwelt das schöne Schauspiel der ersten Renaissance boten. Auf dieser Grenzlinie stand Florenz, als es ein Staatswesen und eine Gesellschaft, eine Kunst und eine Poesie entwickelte, dergleichen, sei's an Fülle, sei's an Eigenthümlichkeit, sei's an Schönheit, die Geschichte nicht aufzuweisen hat.

Kein Fleck der bewohnten Erde, nicht einmal Athen, war so fruchtbar an bedeutenden Männern und großen Werken jeder Art, als diese Viertel-Quadratmeile am Arno. Und dieser Reichthum hat nichts Ueberwältigendes, Entmuthigendes; er ist anspruchslos ansprechend. Die Kunst, die hier Alles durchdringt, tritt uns menschlich nahe, indem sie auch das Gemeinste veredelt, das ganze Leben verschönert, weder am häuslichen Herd noch im Gotteshaus, weder beim Fest noch in der Rathsversammlung fehlt. So entstand diese einzige Cultur, in der sich Frische mit Bildung vereint, wo das Wissen den Schwung nicht gelähmt, wo, wie zu Sokrates' Zeiten, unter mildem Himmel sich verhältnißmäßig natürliche Sitten bei höchster geistiger Entwicklung aufrecht erhalten, wo die gedruckte

Welt sich noch nicht zwischen die Dinge und das Auge des Künstlers oder Denkers geschoben, wo die concrete Anschauung noch die Quelle, aber die durch die Schule griechischer Weisheit und Schönheit geläuterte Quelle der Gedanken und der Werke war. Daher bei aller Formvollendung die Naivetät der florentinischen Quattrocentisten, welche nicht, wie das sechzehnte und siebzehnte Jahrhundert, die Alten nachzuahmen suchten, sondern selber empfanden, dachten und schufen, wie die Alten schufen, dachten und empfanden.

II.

Lorenzo war einundzwanzig Jahre alt, als sein Vater Piero starb, dreiundvierzig, als er selber endete, und sein Bild lebt im Andenken der Menschen als das eines „Jünglings näher dem Manne“, auch darin der echte Vertreter seiner Zeit, dieser reifen Jugend der modernen Welt. Wäre Lorenzo schön gewesen, er dürfte eher denn irgend ein athenischer Schüler Platon's als die Verwirklichung des hellenischen Ideals gelten; aber Lorenzo war häßlich von Antlitz, wenn auch männlich blühender Gestalt, deren angeborene Kraft und Biegsamkeit durch unausgesetzte Uebung ritterlicher Spiele erhöht, deren natürliche Grazie durch ausgesuchte, geschmackvolle Tracht hervorgehoben wurde. Lorenzo, der seine politische Laufbahn in seinem siebzehnten Jahre mit einer diplomatischen Sendung nach Rom begann und dabei ungewöhnliche Klugheit und Selbstbeherrschung bewies, den seine Lehrer in die Weisheit Platon's, in die Poesie Dante's, in die Schönheit der griechischen Sprache und in die tiefere Bedeutung der christlichen Lehre eingeweiht hatten — Lorenzo liebte das Vergnügen wie ein Jüngling, war weder dem Becher noch den Schönen abhold, verachtete keineswegs kostbaren Schmuck und reiche Kleidung, war ein leidenschaftlicher Pferdeliebhaber und ausgezeichneter Kenner, wußte, obschon einfach im täglichen Leben, schönere und glänzendere Feste als irgend ein Fürst jener festliebenden Zeit zu veranstalten, zeichnete sich aus auf der Falkenjagd wie im Turnier und gefiel sich in zahlreicher und munterer Gesellschaft. Doch wußte er schon frühe den Werth der lärmenden Kameraden wohl zu unterscheiden von dem der happy few, mit denen er in kleinem Kreise heiteren, geistig angeregten Verkehr pflegten, wenn er des tollen Treibens müde war und die Staatsgeschäfte ihm die Muße ließen. Niemand wußte besser als er, bedeutende Menschen herauszufinden, an sich zu ziehen, zu fesseln. Das hatte er vom Großvater gelernt; und obschon Lorenzo's Stellung, als Urenkel Giovanni d'Averardo's, des ersten Medicäers von überwiegendem Einfluß im Staat, eine fürstlichere war als die Cosimo's, blieb das Verhältniß zu Künstlern und Gelehrten, wie zu den Spielgenossen aus dem florentinischen Adel, doch dasselbe, wie früher im Hause der Via Larga (jetzt stupiderweise in Via Cavour umgetauft), ein Verhältniß der Gleichheit; und weder an Kenntnissen, noch an Eleganz der Rede, noch an Dialektik, Gedankenfülle und Gedankentiefe stand er irgend einem der berühmten Humanisten, Dichter und Künstler seines Kreises nach. Auch die Arbeit im Geschäfte verschmähte der prinzlich Erzogene nicht, der, ebenso gut als heute ein Rothschild, nachsah wie's auf dem Komptoir zuging, was ihn freilich nicht verhinderte, die Kasse des Hauses Medici bedenklich mit der des Staates Florenz zu vermengen, anfangs zum eigenen Nachtheil, später wohl auch zum eigenen Vortheil.

Die häuslichen Tugenden der Ahnen scheint Lorenzo nicht besessen zu haben, obschon er des Familiensinnes nicht entbehrte und von Jugend auf von edlen Frauen umgeben war. Voller Deferenz vor seiner klugen Großmutter, Contessina de' Bardi, der liebevollste Sohn für seine talentvolle, hochgesinnte und bei aller Gelehrsamkeit durchaus weibliche Mutter, Lucrezia Tornabuoni, ein aufmerksamer, sorglicher Gatte für Clarice Orsini — eine echt adelige Prinzenmutter — überließ er die Erziehung seiner Söhne doch vorzugsweise ihr und dem Freunde Poliziano, der sich nicht zum besten mit der Mutter seiner Zöglinge vertrug; hörte keineswegs auf, seiner schönen Geliebten, Lucrezia Donati, seine persönlichen und gereimten Huldigungen darzubringen, später mit Bartolommea de' Nasi in intimstem Verhältniß zu leben, und bewegte sich vorzugsweise in Männergesellschaft. Diese war die gewählteste und der in derselben herrschende Ton, wenn auch ein heiterer, keineswegs ein frivoler. Sei's, daß man sich in der waldigen Bergeinsamkeit von Camaldoli oder auf der nahen Villa von Careggi, wo schon der Großvater die bedeutendsten Männer seiner Zeit um sich versammelt, zusammenfand; ob man mit jüngeren Genossen gleichen Standes oder mit Aelteren von verschiedener Lebenssphäre verkehrte, die Unterhaltung drehte sich beinahe ausschließlich um die höchsten Fragen, und der Name der platonischen Akademie war durchaus kein bloßes Aushängeschild. Landino, der platonisirende Commentator der „Divina Commedia“, hat uns, den sokratischen nachgebildete, Dialoge hinterlassen, die uns ein=

führen in jene anregenden Gespräche und die Hauptredner lebhaft vor unsere Vorstellung bringen, vor allen jenen einzigen Leon Battista Alberti, mit Lionardo den vielseitigsten und liebenswürdigsten Vertreter der Cultur jener Zeit. Natürlich durfte auch Marsilio Ficino, der Uebersetzer des „göttlichen Philosophen", nicht fehlen, und späterhin mochte wohl Angelo Poliziano's Witz solchen Abenden eine willkommene Würze geben.

Lorenzo hatte dem früh von Cosimo entdeckten und geförderten Dichter nicht nur die Erziehung seiner Kinder übergeben, sondern ihm noch eine einträgliche Professur am Studio di Firenze verschafft. Doch scheint ein Unstern von Anfang an über dieser Anstalt geschwebt zu haben; hundertmal reorganisirt, reichlichst dotirt, wollte sie doch nie zu recht dauerhaftem Gedeihen gelangen. Lorenzo schien selber einzusehen, daß anderswo mit wenigen Mitteln Besseres und mehr geleistet werden könne, und ohne der florentinischen Schule seine splendide Hilfe zu entziehen, stellte er die Universität von Pisa auf glänzende Weise wieder her. Welche politischen Nebenabsichten auch dabei unterlaufen sein mögen, das Interesse für die Wissenschaft war jedenfalls das Hauptmotiv. Vieles von Lorenzo's Stiftungen lebt noch heute; ihm dankt Florenz die vollständigste Handschriften-Sammlung der Welt, mit welcher selbst damals nur die urbinatische des großen Federigo von Montefeltre wetteifern konnte. Und Geld allein that es nicht; selbst treffliche Agenten wären ungenügend gewesen: man mußte selbst Interesse und Verständniß hinzubringen, keine Mühe scheuen, überall ein wachsames Auge haben, um Bibliotheken wie die Laurentianische und die von

San Marco herzustellen und weiterzuführen. Die schönen Gehäuse, die man diesen Schätzen gab, beweisen, wie liebe- und ehrfurchtsvoll man diese Schätze behandelte. Die wundervollen Büchersäle von San Marco und San Lorenzo stammen freilich aus der Zeit kurz vor und kurz nach der Herrschaft des Prächtigen; doch auch er war Kenner und Beförderer der Baukunst. Seines Großvaters Freund, der Architekt des mediceischen Palastes in Via Larga, Michelozzi, L. B. Alberti, die beiden Majano, die zwei San Gallo, der Cronaca wurden von ihm beschäftigt. Noch mehr dankten ihm Sculptur und Malerei. Haus und Garten füllte er mit Sammlungen aller Art, mit Gemälden und Statuen, so des Alterthums wie seiner eigenen Zeit. Wer weiß nicht, was Michel Angelo ihm dankte, den er mit seinem Menschenblick schon als Knabe herausfand. Aber auch Mino da Fiesole — dessen Bedeutung Herr v. Reumont sehr zu unterschätzen scheint — Verrocchio, Ghiberti fanden Unterstützung bei ihm; die liebenswürdigsten der Maler, Sandro Botticelli und Filippino Lippi, wurden von ihm beschäftigt, Ghirlandajo's, Signorelli's, Roselli's und des großen Lionardo nicht zu gedenken. Das Kunsthandwerk förderte er nicht minder als die eigentliche Kunst; die florentinische Mosaik und das Cameenschneiden erhielten von Lorenzo den Impuls und die Begünstigung, die ihnen eine so bedeutende Entwicklung sicherte. Dem berühmten Orgelbauer Squarcialupi war er ein nachsichtiger Freund, und, wenn auch in geringerem Maße als sein Sohn Leo X., genoß er die Musik und umgab er sich mit Musikern.

Mit diesen Künstlern nun lebte er in vertrautem täglichen Verkehr — man erinnere sich nur aus Michel Angelo's Leben, wie er als angehender Jüngling täglich an der Tafel Lorenzo's seinen Platz hatte; noch näher aber standen ihm die Dichter und Gelehrten. Die Pulcis, obschon verarmt, mochten immer noch als Standesgenossen gelten, in noch höherem Grade Pico von Mirandola und Ruccellai, nicht so Angelo Poliziano oder Bernardo Accolti, der nicht genug geschätzte Verfasser der „Virginia". Es ist hier nicht der Ort, auf das Verdienst dieser Dichter und Schriftsteller einzugehen. Der neueste Biograph Lorenzo's und Geschichtsschreiber seiner Zeit, Herr v. Reumont, läßt denselben, mit Ausnahme des einzigen Angelo Poliziano, nicht die Gerechtigkeit widerfahren, die ihnen zukommt, namentlich geht er zu leicht über Lorenzo's eigene poetische Leistungen hin. Die Formvollendung und die Feinheit des Dichters der „Giostra" und des „Orfeo" erreichen freilich weder Luigi Pulci noch Lorenzo de' Medici. Dagegen ist mehr Frische, Kraft und Naturtreue in beiden. Die poetische Schilderung des Turniers von Sta. Croce, aus dem Lorenzo als Sieger hervorging, ist sicherlich nicht zu vergleichen mit derjenigen, welche Poliziano uns von dem Turnier Guiliano's hinterlassen, doch ist sie aller Wahrscheinlichkeit nach nicht von Luigi, sondern von Luca Pulci, und wäre sie auch von Ersterem, es ist nicht billig, ein untergeordnetes Werk eines Dichters mit dem Meisterstücke eines anderen in Parallele zu stellen. Denkt man aber an den „Morgante Maggiore", so wird sich das Verhältniß schon anders gestalten. Ebenso ist der „Orfeo" ohne Zweifel ein drama=

tisches Werk, das Lorenzo's Mirakel von „S. Giovanni und Paolo“ in jeder Beziehung weit überlegen ist;*) doch möchte es schwer sein, bei dem Dichter von Montepulciano irgend etwas zu finden, das an Heiterkeit, Leben, Natürlichkeit den Idyllen Lorenzo's, vor Allem der „Nencia da Barberino“ gleichkäme. Selbst die etwas derberen „Beoni“ und die Falkenjagd haben jene einzige Naivetät und Volksthümlichkeit, welche der Malerei und Sculptur dieser Zeit eigen sind. Der etwas realistische, aber durchaus poetische Geist eines Philippino Lippi spricht aus allen Gedichten Lorenzo's, nicht am wenigsten aus seinen Tanzliedern und Carnevalsgesängen, die man jetzt noch aus dem Munde des Volkes vernehmen kann und welche selbst die witzigen Canzoni und Rispetti des florentinischen Voltaire, Messer Angelo's, weit hinter sich lassen an Schwung und Bewegung.

Doch nicht von Lorenzo dem Dichter, von Lorenzo dem Dichterfreund soll hier die Rede sein; es genügt anzudeuten,

---

*) Man erlaube dem Schreiber, ausnahmsweise sich selber zu citiren und hier schnell über diese Seite seines Gegenstandes hinwegzugehen, da er sie anderswo schon ausführlich behandelt hat und sich nicht abschreiben will. In seinen „Etudes historiques et littéraires. Tome I. Etudes italiennes“ (Paris, 1868) finden sich zwei Essays über „La politique dans le mystère et Laurent de Médicis“ und über „La religion dans le mystère et Jérôme Savonarole“ (p. 204—263.) Beide bildeten ursprünglich Theile eines akademischen Cursus von Vorlesungen über die Geschichte des italienischen Theaters, welche der Verfasser, jahrelang bevor d'Anconas treffliche Sammlung von Rappresentazioni (Florenz, Lemmonier, 1872) diese Schätze der Volksdramatik dem großen Publikum zugänglich gemacht hatte, hielt. Vergleiche noch ebenda (p. 96—142) die Abschnitte über das humoristisch-romantische Heldengedicht von Luigi Pulci.

daß dem Reichbegabten, der durch seinen Brief an Federigo von Neapel nebenbei als der erste Literaturhistoriker Italiens erscheint, auch das Geschenk der Muse nicht mangelte.

III.

Wie im gesellschaftlichen Leben und im litterarischen Verkehr, so war Lorenzo auch in der politischen Welt immer ein primus inter pares, herrschend durch Einfluß und Persönlichkeit, nicht durch Rang und Amt. Man weiß nicht, wie Benedetto Varchi es in seiner Leichenrede auf Michel Angelo schon ausdrückt, „ob man ihn einen bürgerlichen König oder einen königlichen Bürger nennen soll". Sein Ansehen dankte er gewiß ebenso sehr seinen persönlichen Eigenschaften, als der ererbten Macht. Freilich, hätte nicht Cosimo schon die Optimatenherrschaft der Albizzi gebrochen und jene demokratische Alleinherrschaft gegründet, nach der schon sein Vater Giovanni mit kluger Mäßigung, sein Onkel Salvestro mit schlauer Kühnheit gestrebt, es wäre Lorenzo nicht so leicht geworden, seine hohe Stellung zu behaupten; doch darf man nicht vergessen, daß er kaum siebzehn Jahre zählte, als die gefährliche Verschwörung des Luca Pitti gegen seinen Vater Piero ausbrach, der damals gichtkrank in Careggi darniederlag. Nur dem jungen Lorenzo aber und seiner Geistesgegenwart war es zu verdanken gewesen, daß die Sache mißlang. Schon vorher hatte er eine diplomatische Mission auf dem glatten Boden Roms trefflich erfüllt; hatte mit den Sforza in Mailand und den Aragon in Neapel persönliche Verbindungen angeknüpft, welche dem Staat Florenz zugute kommen sollten. Kaum zur Herrschaft gelangt — wenn man anders die Stellung eines Medici des fünfzehnten Jahrhunderts als Herrschaft bezeichnen kann — hatte er die Auflehnung einer nicht ohnmächtigen Bundesgenossenschaft, Volterras, zu dämpfen, sich gegen die Uebergriffe und die Mißgunst Sixtus' IV., der schon ganz in der Weise wie sein Neffe Julius II. aufzutreten begann, zu schützen. Dann kam die schwere Prüfung von 1478, der Verlust des Bruders, der ihm eine große Stütze im florentinischen Adel gewesen, das eigene Entrinnen mit Lebensgefahr aus den mörderischen Händen der Pazzi. Doch das Schwerste stand bevor. Die harte Ahndung der Verschwörung, die einem hohen Würdenträger angethane entehrende Todesstrafe, die Gefangennehmung eines Cardinals und Nepoten, erschwerten die Beziehungen zur Curie; bald kam's zum Kriege gegen das verbündete Rom und Neapel. Die Gefahr war drohend: Lorenzo trat vor die Rathsversammlung, bot sich selber als Opfer dar, denn der Krieg galt ihm mehr als der Stadt Florenz. Doch ward sein Anerbieten natürlich von dem Volke abgewiesen, so dringend auch die Noth war. Die Florentiner aber waren keine Soldaten mehr, wie in den Tagen von Campaldino. Die verbündeten Staaten von Mailand und Venedig waren lau und saumselig in ihrer Unterstützung. Ludwig XI. that sein Möglichstes, die alte treue Guelfenstadt, die stets ehrlich zu Frankreich gehalten hatte, und die ein geheimer Zug der Wahlverwandtschaft noch mehr als das Interesse zu der französischen Allianz trieb,*) zu schützen; aber er war fein und zu vor-

*) Florenz ist heute noch die Stadt der Halbinsel, wo die Sympathien für Frankreich am stärksten sind, weniger wohl in Folge

sichtig, um sich in einen Kampf für sie einzulassen. Er schickte zwar Commines selber; aber auch Commines vermochte nichts über den eigensinnigen heftigen Genueser im Vatican. Zudem ging's schlecht im Felde.

Die florentinischen Truppen waren überall im Nachtheil. Noch einmal entschloß sich Lorenzo, diesmal ernstlich, selbst einzutreten. Wohl war seine Regierung eine persönliche, wie man heute zu sagen pflegt, aber er wies auch die Pflichten einer solchen Regierung nicht zurück und bezahlte mit seiner Person, wenn's galt. Er beschloß, sich an den Hof seines Feindes, König Ferrante's zu begeben, an dessen wohlverstandenes Interesse, an die Freundschaft seiner Söhne zu appelliren, die Macht seiner eigenen Persönlichkeit an ihm zu versuchen. Aber König Ferrante's hervorragende Eigenschaft war nicht der Edelmuth und die Menschlichkeit, und jene Zeit hielt es eher für eine Thorheit als eine Schande, die Gelegenheit nicht zu benützen, einen mächtigen Gegner aus dem Wege zu schaffen. Lorenzo wußte, „daß er sich in Gefahr begebe", so sagte er den versammelten Notabeln im Palazza Vecchio; „aber er schätze das eigene Beste geringer als das allgemeine, sowohl der Pflicht eines jeden Bürgers gegen sein Vaterland als seiner besonderen Pflicht wegen, da Keiner gleich ihm Gunst und Ansehen von der Bürgerschaft erlangt habe." Das gewagte Unternehmen gelang vollständig: Ferrante ward gewonnen,

---

jener uralten politischen Traditionen, als wegen der Aehnlichkeit der Geistesanlagen und der sittlich-religiösen Weltanschauung, die dem Florentiner den Franzosen näher rückt, verständlicher macht als jeden andern Fremden.

und auch Sixtus IV. mußte gute Miene zum bösen Spiel machen, Florenz von der Excommunication befreien, und — die Stadt hat keinen Zoll Erde in dem unglücklichen Kriege verloren.

Lorenzo's Stellung in der Stadt war mächtiger denn je. Als Retter und Triumphator wurde er empfangen. Ungestraft konnte er die Verfassung zu seinen Gunsten ändern, eine neue Verschwörung im Keime ersticken, seinem Sohne die Nachfolge sichern. Die Optimatenherrschaft (1380—1434), welche die Vortheile und Verdienste aller aristokratischen Regierungen, aber auch ihre Nachtheile hatte, war vom Großvater gestürzt, die Familie der Albizzi und ihr Anhang ins Exil gesendet worden. Unter dem Vater, Piero, war die Macht der Pitti gebrochen, durch Lorenzo selbst die der Pazzi auf immer vernichtet worden.

Jetzt wurde die Gewalt immer mehr in der Familie Medici concentrirt und so unter vielen monarchischen Nebenbuhlern dem Freistaate die Möglichkeit einer consequenten Politik nach Außen verschafft, an die mit der alle zwei Monate wechselnden Signoria nicht zu denken gewesen wäre. Und die Folgen ließen nicht auf sich warten. Lorenzo's Stellung und die der Rupublik dem übrigen Italien gegenüber war glänzend zu nennen. Pietrasanta und Sarzana wurden zurückerobert, Pisa, für den Augenblick wenigstens versöhnt. Frankreich und das deutsche Reich suchten sich Lorenzo's Freundschaft zu erhalten und zu erwerben. Im Kriege zwischen Venedig und Ferrara, in dem zwischen dem König Ferrante und seinen Baronen, in den stets erneuten Kämpfen zwischen Neapel und Rom war Lorenzo der Vermittler, wurde er als Schiedsrichter angerufen und angenommen. Das italienische Gleichgewicht war recht eigentlich der politische Gedanke Lorenzo's, und er verwirklichte ihn inmitten der größten Schwierigkeiten, bei einer Instabilität der Bündnisse und der Gegnerschaft, von der unsere Zeit, die doch die Versöhnung Oesterreichs und Italiens vier Jahre nach Custozzo erlebt, keinen Begriff mehr hat. Niemand dachte damals an eine Einigung der Halbinsel; aber die Unabhängigkeit derselben hat Lorenzo sans phrase höher geschätzt und besser bewahrt, als Julius II. mit seinem prahlerischen fuori i barbari. Kein fremder Soldat setzte den Fuß auf italienischen Boden, so lange Lorenzo's Politik die herrschende blieb. Kaum hatte er die Augen geschlossen, so gebot der Franzose in Mailand, der Spanier in Neapel.

Freilich, Alles war nicht Verdienst oder Tugend. Das Glück war Lorenzo günstig; auch die andern Regierungen fanden ihren Vortheil bei der Zustimmung zu seiner Politik. Die Schmeichelei der befreundeten Schriftsteller, die uns über den großen Staatsmann berichten, mag vielfach schöngemalt haben. List und ein wohlverstandener Egoismus halfen gar oft mit zum Erfolge: die Verheirathung seines Sohnes Piero mit einer Orsini, einer Verwandten Clarices, diejenige der Tochter Maddalena an den Sohn Innocenz' VIII., Franceschetto Cybo, die Erhebung des dreizehnjährigen Lieblingssohnes Giovanni (später Leo X.) zum Cardinal — Letzteres damals noch unerhört — waren nur durch Klugheit, Einschüchterung, Anwendung aller, selbst undelicater, Mittel erlangt worden. Auch mischten sich Mißtöne in all den Jubel, und Lorenzo brauchte wahrlich kein Juwel zu opfern, um der Götter Neid zu beschwören. Er war kein guter Finanzmann — die italienischen Staatsmänner sind's nie gewesen; die medicäische Bank in Lyon entging nur mit Noth dem Bankerott; schon hatte die Creditanstalt für Mitgiften (monte delle doti) herhalten müssen, um die ungeheuren Ausgaben des Leiters der Republik zu decken. Auch gegen den Luxus des öffentlichen Lebens und die freiere religiöse Anschauung von Lorenzo's Kreise begann sich die Opposition zu regen, die bald nach seinem Tode die Oberhand gewinnen sollte.

Trübe Ahnungen überkamen den frischen Geist Lorenzo's. Schwere Todesfälle trafen die Familie; rasch hinter einander starben Lucrezia, die hochverehrte Mutter, und Clarice, die kluge, umsichtige Gemahlin und Leiterin des Hauses. Lorenzo's Briefe nach diesen Verlusten sind unaffectirt im Ausdrucke tiefer Trauer. Die körperlichen Leiden, die ihn schon früh geplagt, wurden immer quälender, und als das Ende nahte (8. April 1492), trat schon neben die hellen, heiteren Gestalten Pico's de la Mirandola und Angelo Poliziano's an das Sterbebett des Prächtigen die finstere Mönchsgestalt des Ferrareser's, die sechs Jahre lang den florentinischen Tag überschatten sollte. Mit Lorenzo sank die Blüthe der Renaissance ins Grab; ihm folgten auf dem Fuße Poliziano, Pico, Ficino, Barbaro, Bojardo, Landino, meist in noch blühendem Mannesalter, und wohl mochte Poliziano sich dem Schmerze hingeben und in dem Tode Lorenzo's den Tod seiner Generation besingen:

Wer giebt zur Klage Stimm' und Muth,
Wer meinem Aug' die Thränenfluth?
Daß ich bei Tag in diesem Weh,
Im Jammer mich bei Nacht ergeh'!

So klagt der Tauber, einsam, müd',
So singt der Schwan sein Sterbelied,
Die Nachtigall, wenn Lenz entflieht;
O weh mir Armen, trüb und bang,
O bitt'rer Schmerz, der mich durchdrang!

Vom Blitze liegt da jäh gefällt
Der Lorbeer (Laurus, Lorenzo), Zierde dieser Welt,
Der Lorbeer, den der Musen Chor
Und Nymphen pries vor unserm Ohr;
In dessen Schatten Poesie
Und alles Schönen Harmonie
In froher Herrlichkeit gedieh.
Stumm ist nun Alles ringsumher,
Taub ist es wie auf ödem Meer.

September, 1874.

Die Borgia.

I.

Nur zu jener Uebergangszeit, da Italien die Beute der Fremden zu werden anfing und die Renaissance schon zu ergreifen begann, konnten die Borgia zu der Bedeutung gelangen, die sie in der Geschichte haben; und Gregorovius bemerkt sehr richtig, daß sie nur durch die Bühne, auf der sie auftraten, die grelle Beleuchtung erhalten haben, in welcher sie sich uns stets darbieten.*) Aber es ist nicht allein, wenn auch vorzugsweise, der kirchliche Hintergrund und der durch ihn erzeugte Gegensatz zwischen einer gewissen, stets vorausgesetzten, Heiligkeit des Amtes und der thatsächlichen Ruchlosigkeit des Geschlechtes, es ist der ganze Rahmen, welcher den Scheußlichen ihr eigenthümliches Relief giebt.

Alles ist groß, übertrieben, düster in Rom: die Natur, die Kunst, die Geschichte. Nichts muthet uns an als unseres Gleichen. Nichts lädt zum Annähern, Vertrautwerden ein. Nichts erheitert unser Gemüth. Wir fühlen

*) Die diesem Aufsatze vorausgehende Recension von Gregorovius' Lucrezia Borgia (Stuttgart, 1874) ist hier weggelassen worden.

uns nicht zu Hause, denken nicht daran, uns anzubauen; getrauen uns nicht der Umgebung, der Vergangenheit Aehnliches in Staat und Werk zu vollbringen. Mitten in einer Wüste, welche die Menschen geschaffen, lagert das zählebige Babylon, das großartigste Stadtbild in der großartigsten Landschaft. Großartig, aber unheimlich. Nichts hat dieser Vampyr aus sich hervorgebracht und die ganze Welt hat ihn mit ihrem Schweiße genährt, ja erhält bis auf diese Stunde mit dem Peterspfennig das bischen Leben, das noch an der Stelle pulsirt, die einst das Herz und Hirn des Ungethüms war. Und nicht das Gold allein der Welt floß in tausend Kanälen zwanzig Jahrhunderte lang in diesen Alles aufsaugenden Schwamm; auch das Talent, der Wille, das Wissen der Menschheit ließ sich hinziehen, verbrauchen im Dienste des Idols. Alles ist importirt in Rom und die Geschichte nennt kaum einen römischen Dichter, Künstler, Philosophen; aber Alles wird sofort assimilirt, bekömmt römische Farbe, römische Proportionen, wenn es sich nur dem Kreise nähert. Selbst der florentinische Genius, der Genius des Maßes und der Heiterkeit, verfällt in's Colossale und Ernste, sobald er sich unter die Botmäßigkeit des Ungeheuers begiebt: wo ein Colosseum, Caracalla'sche Thermen und eine Moles des Hadrian ihre ungeheuren Massen ausbreiten, da muß selbst ein Michel Angelo die Erhabenheit ins Große treiben und einen Sanct Peter ersinnen. Die ganze Renaissance verliert ihren Charakter, sobald sie von dem bürgerlichen Florenz und dem fürstlichen Ferrara in die Priesterstadt einzieht. Es ist gethan um ihren Jugendschmelz und ihre Jugendkraft: sie legt Schminke auf und wird impotent.

Wie sollte auch Frische und Gesundheit blühen auf diesem Boden angehäuften Detritus', mit dem eklen Blutgeruch, wo jeder Stein spricht von Republikanerhärte, Cäsarenwahnsinn, Pfaffentrug, von Mord, Nothzucht, Zerstörung, Raub, Martyrthum, Aberglauben und Verrath? Hat doch die ganze römische Geschichte nicht eine heitere Seite aufzuweisen, wie die perikleische Athens, oder die erste Medicäerzeit in Florenz, nicht eine der Begeisterung, wie sie die deutsche und französische, die englische und spanische so zahlreich bieten. Selbst Patriotismus und Pflicht haben schon vor dem Erscheinen des Christenthums, d. h. ehe noch unser Aller Geschichte eigentlich anfängt, aufgehört, treibende Motive in Rom zu sein. Was Wunder, daß die vaterlandslose „Weltbeherrscherin" mit gieriger Dienstbeflissenheit Herren annimmt — Kaiser oder Päpste — aus Syrien und Pannonien, aus Spanien oder Frankreich; weiß sie doch, die Herren werden ihr dienen müssen, die Welt geißeln, aussaugen, um den Quiriten Schauspiele zu bereiten. So wird das Einzige, was Rom selber geschaffen, die politische wie die geistliche Universalmonarchie, das Grab der italienischen Nationalität. Daher der Haß aller Patrioten Italiens gegen das Papstthum.

Auf solchem Boden, in solcher Zeit wuchert die exotische Schlingpflanze der Borgia auf. Italien war seit Ezzelino an Blut und Verrath gewöhnt. Die Visconti in Mailand, die Malatesta in Rimini, die Baglioni in Perugia hatten die Halbinsel mit Schaudern erfüllt. Doch blieb den Fremden die Krone: einem Alfonso und einem Ferrante von Aragon, der in Neapel hauste, und dessen Sohn von noch perfideren Fremden, Ferdinand „dem Katholischen" und dem „guten" Ludwig XII., überlistet werden sollte. Und doch ist Ferrante's Namen vergessen, während der Cesare Borgia's fortlebt, Dank jener römischen Umgebung und Dank Machiavelli. Auch die Sittenlosigkeit der Borgia war keine vereinzelte Erscheinung. Die ihnen vorgeworfene Blutschande ist nicht erwiesen und im Uebrigen gab ihnen kaum ein italienischer Machthaber der Zeit etwas nach. Unbeschränkter Egoismus, Berechtigung aller Mittel, selbst der grausamsten, um zum Ziele zu gelangen, Befriedigung aller sinnlichen Begierden, galten überall für selbstverständlich; aber bei Alexander dem VI., dem romanisirten Spanier, ist weder eine Spur staatsmännischer Absichten, noch jener mildernde Sinn für Wissenschaft und Kunst, welcher seine Zeitgenossen, wenn nicht entschuldigt, so doch eine Stufe höher stellt als diesen genußsüchtigen Wüstling, dessen Feste sich durch Nichts so sehr auszeichneten als durch ein brutales Kanonieren und strömenden Wein. Man muß sich ihn vorstellen als einen äußerst begabten, aber ganz ungebildeten, gründlich verwöhnten Sohn einer reichen und mächtigen Familie, der in den geistlichen Stand getreten, wie er in den Militärdienst getreten wäre, wenn seine Familie dem Militärstande angehört hätte, um durch Kauf oder Gunst zu einträglichen Stellen zu gelangen. Schön von Gestalt und Antlitz, von eherner Gesundheit, von größter Eleganz, prachtliebend, verschwenderisch, lebt er dahin, wie wir in Paris und London hunderte von vornehmen Elegants hinleben sehen, ohne irgend ein höheres Interesse und ohne nur je an die Möglichkeit zu denken, sich einem Wunsch zu versagen, auf eine Laune zu verzichten.

Dieser geistliche Louis XV. nun sitzt auf keinem ererbten Throne; er muß bei Lebzeiten seinen Bastarden — legitime Kinder kann er als Papst nicht haben — eine fürstliche Existenz für die Zukunft sichern: das kostet Geld, fast soviel als die Maitressen, der Luxus des Haushalts und der Kleiderprunk: man preßt und erpreßt, wo man kann, verkauft Pfründen, Ablaß und Begnadigungen; „nicht zehn Papstthümer würden ausreichen, diese Sippschaft zu befriedigen", schreibt der ferraresische Gesandte an seinen Herzog, den künftigen Schwiegervater von Alexanders Tochter. Bei alledem ist der ewig junge Dandy, der seinen Kindern jeden Willen thut, wie man ihm jeden gethan, seinem geliebten Cesare, vor dem er zittert, nichts abzuschlagen vermag, nicht einmal das Leben von ein paar Bischöfen mehr oder weniger, der aus lauterer Vaterliebe stiehlt und aus Familiensinn mordet, nicht nur ein vollendeter Comödiant und poseur, sondern auch ein guter Christ, trotz eines belgischen zouave pontifical oder eines französischen Legitimisten aus dem Jockeyclub. Die Religion verträgt sich ja sehr wohl mit dem Vergnügen; und Alexander ist nicht der Mann, den Platon zu lesen und sich durch ihn am Christenthum irre machen zu lassen. Das überläßt er Lorenzo oder Pico, auf die er gerade so herabsieht, wie ein moderner adliger Lebemann auf gewisse „pedantische" Standesgenossen, die „sich auszeichnen" wollen. Dieses ganze Treiben des eitlen, verschwenderischen, liebenswürdigen Wollüstlings bekommt erst durch die Stellung des Mannes als Hauptes der Christenheit, durch seine ungeheuren Mittel, durch das Theater der ewigen Stadt, auf dem es sich abspielt, durch die Abwesenheit der öffentlichen

Meinung, welche es heute und im Norden in engere Grenzen bannen würde, die ungeheuerlichen Proportionen, die es uns so unbegreiflich machen. Der Kern aber ist etwas ganz Alltägliches, heute wie damals: es ist der vornehme Taugenichts.

Bei dem Sohne liegen die Dinge schon anders: da herrscht schon eine noblere Eigenschaft, der Ehrgeiz über Genußsucht und Eitelkeit vor. Auch ist der Sohn weniger gutmüthig und populär — die Italiener würden sagen: simpatico — als der Vater. Er ist ein Verbrecher im großen Style, obschon nicht viel gräßlicher als seine Zeitgenossen: er will für Italien sein, und wenn wir Macchiavelli glauben sollen, war er auf dem Punkte es zu werden, was Ferdinand für Spanien, Ludwig XI. für Frankreich, Heinrich VII. für England waren; und er war nicht viel schlimmer als sie. Ihm fehlte nur der Enderfolg, um als Gründer des großen modernen Nationalstaates und als Vernichter des weltlichen Papstthums von der Geschichte gepriesen, oder doch wenigstens anerkannt zu werden. Eine ganz ausgezeichnete Geisteskraft vereinigte sich in ihm mit der größten Willenskraft. Er begann seine Laufbahn als Siebenzehnjähriger und beendete sie als Siebenundzwanzigjähriger. Er war kaum einunddreißig Jahre alt, als er in den Pyrenäen den Kriegertod starb. Er war weder grausam, noch feige, aber gänzlich gewissenlos, ohne eine Ahnung von dem Unterschiede zwischen gut und böse. Er, wie beinahe alle seine Landsleute und Zeitgenossen, würde es gar nicht verstanden haben, wenn man ihn der Anwendung unrichtiger Mittel bezichtigt hätte. Er betrachtete die Ermordung eines Unbequemen, die Hinter=

listung eines Feindes, wie ein parlamentarischer Führer oder Minister unserer Tage ein Parteimanöver oder die Beeinflussung der Wahlen, um eine ergebene Kammer-Majorität zu erlangen und unbequeme Rivalen aus dem Hause fern zu halten.

Freilich kommt bei ihm der Brudermord hinzu: aber bei diesem Familienleben kann man sich wohl denken, daß der Bruder ihm gerade so fern stehen mußte, als ein Fremder. Auch hat er nicht die geistigen Interessen anderer italienischer Fürsten seiner Zeit: er legt weder Bibliotheken noch Kunstsammlungeu an, wie die Montefeltre in Umbrien, die Gonzaga in Mantua; er läßt keine plautinischen Comödien aufführen, wie Ercole und Este: zu alledem ist er zu sehr Spanier, steht er dem Geiste der Renaissance zu fern; aber er hat einen hohen Sinn, liebt es, bedeutende Menschen um sich zu sehen, und es gelingt ihm, sie anzuziehen, nicht um Gewinnst allein, sondern durch die Macht seiner Persönlichkeit — man denke nur an Lionardo da Vinci. Wie monströs es uns auch erscheinen mag, nicht sein wahnwitziges Wüthen, wie Burckhardt meint, nur die seit Karl's VIII. Zug überwiegende Macht der Fremden verhinderte ihn, das allgemein von ihm erwartete, von Machiavelli erträumte Werk zu verwirklichen: die Einigung Italiens und die Zerstörung der Papstmacht.

II.

Von Cesare's Geschwistern ist es nicht leicht, sich ein Bild zu machen. Juan, den er aus der Welt schaffte, muß wohl schon deshalb der bedeutendste gewesen sein; Jofré und Lucrezia standen ihm nie im Wege; auch war Juan

Alexander's Lieblingssohn; doch fiel er zu jung — etwa dreiundzwanzigjährig — dem brüderlichen Ehrgeize zum Opfer, als daß er sich hätte besonders hervorthun können. Die andern Beiden scheinen ganz passive Naturen gewesen zu sein. Die Geschichte verzeichnet keine That, kein Wort Lucreziens: sie läßt Alles über sich ergehen, widersetzt sich nie, findet sich erstaunlich schnell in jede neue Lage, in die sie von Vater oder Bruder versetzt wird. Die Briefe, die uns von ihr erhalten sind, verrathen keine Persönlichkeit: sie sind ganz correct, farblos, ohne Leidenschaft, ohne Witz, ohne eigene Beobachtung und stechen in ihrer Leerheit sonderbar ab gegen die lebendigen Briefe ihrer Correspondentin und Schwägerin, der schönen, geistvollen, angeregten Marchesa Isabella Gonzaga, die es wohl verstanden hat, durch die trockene Form der damaligen Epistolographie ihre reizende Persönlichkeit durchscheinen zu lassen. Ob Lucrezia leidenschaftlich für Jemanden gefühlt, ob sie überhaupt einer Leidenschaft fähig gewesen, ist aus ihrem Lebenslaufe nicht zu ersehen. Man ist versucht zu wünschen, Herrn Gregorovius' scharfsinnige Hypothese von einem illegitimen Sohne, Giovanni, dem „römischen Infanten“, möchte sich erweisen lassen, ohne das man den Bruder oder gar den Vater als den Erzeuger anzunehmen brauchte, wie's Andre gethan: man könnte sich doch für seine Heldin interessiren. Schönheit und Anmuth, wenn wir sie nur von Hörensagen kennen, reichen dazu nicht aus.

Lucreziens Existenz ist ganz die einer fürstlichen Dame: nur verlief die erste Hälfte derselben in der corruptesten Umgebung, die es vielleicht je gegeben. Doch scheint es, als ob sie niemals über diese Umgebung nachgedacht, Alles immer als ganz selbstverständlich genommen habe. Die Zweideutigkeit aller Verhältnisse muß wohl auch die Zeitgenossen kaum besonders frappirt haben, so gewohnt war man in Rom an diese Unregelmäßigkeiten; so alltäglich sind noch heute auf jenem sonderbaren Boden die sonderbarsten Familienverhältnisse. Lucrezia wird nie einen Augenblick von ihrer Mutter, der Gesellschaft, dem Gesetz, noch von sich selbst als die Tochter des Mannes dieser ihrer Mutter, eines päpstlichen Beamten, angesehen, noch behandelt. Den zweiten Mann ihrer Mutter, einen Freund Angelo Poliziano's und hochgebildeten Humanisten, scheint sie kaum gekannt zu haben. Ganz jung wird sie in das Haus einer vornehmen Verwandten Alexanders, Adriana Orsini, gebracht, wo sie eine vornehme Erziehung erhält; eine elegante Scheinbildung, wie sie mutatis mutandis noch heute Töchtern fürstlicher Familien zu Theil wird. Sie lernt sich schön kleiden und bewegen und wird an strengste Religionsübung gewöhnt. Neben dieser Gewöhnung, die ihr bald aus der conventionellen Frömmigkeit eine zweite Natur macht, schreitet eine Art Geistesbildung, aber eine ganz äußerliche, mechanische, nicht eine lebensvolle, anregende wie die, welche Isabella von Mantua am väterlichen Hofe zu Ferrara oder Lorenzo's Mutter, die hochstrebende Lucrezia Tornabuoni, in Florenz erhalten. Sobald die classische Bildung Rom berührt, wird sie entseelt, zu nackter akademischer Form reducirt, in auswendig zu lernende Compendien gebracht. Als die Jesuiten es vierzig Jahre später unternahmen, das classische Alterthum zu entmannen, ehe sie's ihren Schülern zuführten, hatte man ihnen in Rom schon den Weg vorgezeichnet. Ob Lucrezia auch griechisch gelernt, wissen wir nicht. Lateinisch schrieb sie geläufig; sie sprach Spanisch und Italienisch, wie eine vornehme Russin heutzutage Englisch und Französisch.

Sie wird verlobt — zweimal sogar — als sie elf Jahre zählt, verheirathet als ein dreizehnjähriges Kind, an einen Wittwer, von nicht gerade appetitlichem Charakter. Natürlich protestirt die Kleine so wenig gegen diese frühzeitige Ehe, als sie sich ihrer früheren Doppelverlobung widersetzt hatte. Nach vier Jahren wird sie wieder geschieden, weil die Familie ihres Mannes — er war ein Sforza -- im Sinken ist und das augenblickliche Interesse Alexanders und Cäsars einen Anschluß an das Haus Aragon in Neapel anrathen. In der That heirathete sie nach einem halben Jahre einen aragonesischen Prinzen, wie ihr Bruder Jofré eine Prinzessin desselben Hauses geheirathet hatte. Natürlich wurde sie nicht mehr befragt, als man überhaupt Fürstentöchter zu befragen pflegt. Auch diese Ehe sollte keine zwei Jahre dauern: denn schon gingen Ferdinand von Spanien und Louis XII. von Frankreich mit der Entsetzung der aragonesischen Dynastie um; und Cesare dachte schon an eine andere Verwendung des schönen Instruments, das ihm in seiner Schwester gegeben war. Lucrezien's Gatte fiel durch Meuchelmord und die schöne zwanzigjährige Blonde war zum zweiten Mal Wittwe. Für ihren dritten Gemahl war schon gesorgt, es war der Erbprinz des mit dem jetzt allmächtigen Frankreich verbündeten Ferrara. Wir wissen, daß der Herzog von Ferrara sich nur ungern zu der Sache verstand, daß gar sein Sohn durchaus Nichts davon wissen wollte: von einer Einrede Lucrezien's meldet die Geschichte aber Nichts. Als, Dank dem guten

Rathe Louis XII., alle Schwierigkeiten beseitigt sind, zieht sie in unverwüstlicher „Heiterkeit“ und in der geschmackvollsten Toilette in ihre neue Heimath ein.

Sie hatte bis jetzt in einer recht lockeren Gesellschaft gelebt — und scheint sich ganz gut darin gefallen zu haben. Es ist keine Spur zu finden, daß sie irgendwie choquirt gewesen vom Treiben ihrer Freundinnen, der Donna Adriana Orsini, die das „Auge“, und deren Schwiegertochter, Donna Guilia Orsini, die das „Herz“ des heiligen Vaters, oder auch wohl witzig „die Braut Christi“ genannt wurde — die Erstere hatte selber die junge Gemahlin ihres Sohnes, ihrem heiligen Vetter und einstigen Geliebten, zugeführt; und Julia's Schwester, Girolama Farnese, trieb's ähnlich. Auch Lucrezien's Schwägerin, die kleine Sancia von Neapel, scheint ein recht ausgelassenes Wesen zu sein, dem's Amüsement vor Allem geht. Das waren nun Feste, Bälle, Soupers, Toiletten ohne Ende; und Lucrezia scheint sich Alles das haben gefallen zu lassen, wie später am ferraresischen Hofe die Dichterhuldigungen. Aufgewachsen in der Umgebung und dem Treiben fand sie wohl alles Das ganz in der Ordnung, und wie man in einer gewissen sehr vornehmen Gesellschaft unserer Zeit ganz ungenirt von seines Vaters oder Gatten Liebschaften redet, ohne aufzuhören eine treffliche Tochter zu sein und das Interesse des Gemahls, wie das ganze Familieninteresse recht eifrig zu befördern, so lebte auch Lucrezia ganz gelassen weiter; und man hat den Eindruck, als ob Mangel an Sinnlichkeit und Temperament sie allein davon abgehalten habe, auch thätig mitzuspielen. Einmal in Ferrara änderte sich das Alles, ohne daß sich Lucrezia selber zu ändern brauchte:

sie ist die ewig Gleiche, immer Heitere, immer Anmuthige, sich in Alles Schickende: sie ist überall zu Hause; sie liebt nicht und haßt nicht, sie weint und ereifert sich nicht — und bezaubert Alle.

Zuvörderst den Schwiegervater, einen genauen Rechner und guten Hausvater, der sich nicht am Letzten durch Lucrezien's reiche Mitgift hat bestimmen lassen, auf die mésalliance einzugehen, und das wurde sie ja, sobald der Papst-Vater nicht mehr war und die ganze Abenteurer-Familie in ihr Nichts zurückfiel — und das Haus Este war das älteste, beinahe einzige legitime Fürstengeschlecht der Halbinsel. Er war bald gewonnen. Schon schwerer hielt's mit dem Sohne. Alfonso war ein schwerverständlicher, jedenfalls ganz eigenthümlicher Charakter; die Eleganz und der ganze Prunk, den seine Frau ihm aus Rom herüberbrachte, wollte dem Einfachen, etwas Ernsten gar nicht behagen, während der Vater Ercole, wie ein reicher Kaufmann, seine Freude am Prunk hatte, wenn er auch die Rechnungen genau revidirte. Doch auch Alfonso war schnell ausgesöhnt: er behielt zwar seine bürgerliche Geliebte, aber er war sehr zufrieden mit seiner ruhigen, sicheren Gemahlin, um so mehr als sie, äußerst fruchtbar wie solche Temperamente zu sein pflegen, das Haus Este berufsgemäß mit Prinzen versorgte. (Von ihrem kleinen Sprößling zweiter Ehe scheint sie fürderhin nicht viel Notiz mehr genommen zu haben.) Alfonso's Schwester, Isabella Gonzaga, empfing die Neuangekommene mit entschieden ungünstigem Vorurtheil. Isabellen, die sich wohl die „Calandra“ und die „Mandragola“ in Mantua aufführen ließ, war das römische Treiben denn doch etwas zu stark. Etwas Eifersucht auf

Lucrezien's Reize mag sich bei der schönen Frau, wie bei ihrer Schwägerin von Urbino, der nicht minder anziehenden Elisabeth von Montefeltre, wohl zu den sittlichen Bedenken gesellt haben: Lucrezia entwaffnete Beide; ja, es bildete sich zwischen ihr und der geistreichen Marchesa von Mantua ein leidlich intimes Freundschaftsverhältniß. Die Poeten gar und die Gelehrten lagen bald Alle zu Lucrezien's Füßen.

Es gehörte eine große Biegsamkeit und ächt weibliche Neutralität der Natur dazu, so schnell auf diesem ganz neuen Terrain Fuß zu fassen. Der Schritt aus dem Rom Alexanders in das Ferrara Ercole's und Alfonso's war wie ein plötzlicher Uebergang aus der platten und wüsten Orgie des Directoire in die geistig angeregte, verhältnißmäßig anständige Gesellschaft der ersten Jahre Louis Philippe's. Und diesen Uebergang machte die Récamier der Renaissance über Nacht, zweiundzwanzig Jahre alt, während ihre französische Nachfolgerin sich doch Jahre dazu nahm, um aus der Freudengenossin von Mme. Tallien, Josephine und Hortense Beauharnais der ruhig waltende, reine, correcte Genius der Abbaye au bois zu werden. Aus der ganz weltlichen durchaus frivolen Atmosphäre des Vatican's, wo auch nicht eine Spur von geistigem Interesse lebte, fand sich Lucrezia, für deren Koffer hunderte von Maulthieren nicht ausreichten — brachte sie doch allein 200 Hemden mit sich, jedes im Durchschnitt 200 Dukaten werth — mit einem Male in der Stadt Bojardo's und Guarino's da Verona, deren Gestalten noch frisch in aller Andenken lebten und welche aus Ferrara die hohe Schule des Humanismus, wie die Heimath der Ritterdichtuug gemacht. Es war die glänzendste Zeit dieses zweiten Sitzes der italienischen

Renaissance, als Lucrezia einzog, und während der siebenzehn Jahre, die sie dort bis an ihr frühes Ende verbrachte. Die beiden Giraldi, Calcagnini, Tebaldeo, Tito und Ercole Strozzi, der junge Bembo, vielleicht der Cieco, jedenfalls Ariost gaben der Gesellschaft einen höheren Ton. Bald war die anmuthige Papsttochter der Gegenstand unzähliger Gedichte und Verherrlichungen. Die beiden Strozzi namentlich, Vater und Sohn, waren Feuer und Flamme und Bembo entbrannte in heftigster Leidenschaft für sie.*) Lucrezia aber wußte diese Huldigungen der Dichter und Literaten mit der tactvollen Würde einer Fürstin entgegenzunehmen, wie sie wohl in Rom die zweideutigen Späße oder die faden Complimente der Höflinge des Vaticans mit lieblichem, wahrscheinlich abweisendem Lächeln angehört hatte. War sie doch immer lächelnd und heiter. War doch diese ewige Heiterkeit und Grazie das Geheimniß von Lucrezien's Triumphen, die auch hierin an die schöne Freundin Chateaubriands erinnert. Sie war nicht regelmäßig schön, auch nicht majestätisch, aber ein unwiderstehlicher Liebreiz scheint über sie ausgegossen gewesen zu sein. Ihr lieblich-kindliches Profil hat etwas Pikantes, alle Dichter sangen von ihren Augen, welche den schlafenden Cupido in ihrem Wohn-

*) Gilbert glaubt nachweisen zu können, daß die berühmte blonde Haarlocke, welche nebst Briefen Lucrizien's an Bembo in der Ambrosiana zu Mailand gezeigt wird, nicht von ihr herrührt. Jedenfalls hat er Recht, wenn er meint, daß das desiderosa gratificarvi, welches einen ihrer Briefe an den Dichter beschließt, durchaus noch nicht das Recht giebt, auf eine Gegenliebe Lucrezien's zu schließen. Es ist das allergewöhnlichste herablassende Fürstencompliment für Jeden, der Italienisch kennt.

zimmer — es war der antike, nicht der Michel-Angelo's*) — versteinert haben sollten. Ihr langwallendes goldgelbes Haar war berühmt. Ihre Gestalt war biegsam, und, bei aller Schlankheit voll und rund. „Es war nicht Hoheit", sagt Gregorovius, „noch classische Schönheit, sondern unbeschreibliche Anmuth von etwas Geheimnißvollem und Fremdartigem, wodurch diese merkwürdige Frau alle Menschen bezauberte". Sie war eben das vollendete Weib, stets empfangend und, indem sie das Empfangene in verschönernder Gestalt zurückgiebt, immer wieder anziehend. Jeder sucht bei ihr, was nicht da ist, und ist befriedigt, selbst wenn er Nichts findet und ohne sagen zu können, was ihn an ihr fesselt und beseeligt, wenn nicht eben das ewig Weibliche. Das aber gerade ist das Vergängliche im Sinne des Historikers, und Gregorovius hat wohl Recht zu sagen, daß der päpstlich-römische Hintergrund allein Lucrezien zu einer historischen Persönlichkeit gemacht: „Wenn sie nicht die Tochter Alexander's VI. und die Schwester Cäsar's gewesen wäre, so würde sie kaum in der Geschichte ihrer Zeit bemerkt worden sein, oder nur als ein reizendes vielumworbenes Weib in der Masse der Gesellschaft sich verloren haben."

Juli, 1874.

---

*) Wie Burckhardt (Cultur der Renaissance, S. 274) fälschlich annimmt; dieses war bei Elisabeth von Urbino und kam später zu Isabella von Mantua.

II.

Zeitgenössisches aus Italien.

Alessandro Manzoni.

Ein Nachruf.

Ei fù; Er ist nicht mehr. Fast wollte es Einen bedünken, er wäre schon lange nicht mehr, so ferne liegt uns die Zeit, in welcher der einzige Mann gedichtet und gedacht. Gedichtet und gedacht, nicht gehandelt; und doch, wer kann sich rühmen, mehr gewirkt zu haben als Alessandro Manzoni? Wenn so ein Ueberlebender uns verläßt, ein letzter Zeuge einer anderen Welt, dann wird man erst mit einemmale recht klar, welch einen Einschnitt die Jahre 1859 und 1866 in die Weltgeschichte gethan haben.

Wer das Glück gehabt hat, im vorigen Jahrhundert geboren zu sein, und hätte er auch nur die ersten unmündigsten Jahre darin verlebt, der hat noch die Luft des alten Europa eingeathmet; er ist ein Anderer als wir. Und Manzoni ist von 1784. Er war ein frühreifer Jüngling, da der erste Consul sich als Kaiser entpuppte und der lateinischen Welt die Form und Richtung gab, in der sie fortan verharren sollte. Es war ein schönes, liebenswürdiges Geschlecht, das Geschlecht der Restaurationszeit — dieses Spätsommers des achtzehnten Jahrhunderts, und es war eine schöne, heitere Zeit, trotz Laibach und Verona, trotz Metternich und Polignac, trotz Spielberg und Demagogen-Verfolgung. Schon regte sich überall das erwachende Nationalgefühl, und noch war das humane Weltbürgerthum des vorigen Geschlechtes nicht verflogen. Man begann wieder zu fühlen, daß die Religion nicht eitel Priesterthum und Heuchelei ist, und doch bewahrte man noch von dem Jahrhundert der Aufklärung her jene liebenswürdige Duldung, die so wohlthuend contrastirt mit dem politischen, halb fanatischen, halb geschäftlichen Religionstreiben unserer Zeit. Ein Horazischer, praktischer Skepticismus, sagen wir lieber: eine anmuthige Ironie, erheiterte noch die ganze Lebensanschauung und hielt ihn ferne, den „sittlichen Ernst", der seine pedantischen Schatten so dicht über unsere Zeit wirft, vielleicht nur um die Rohheit unseres Materialismus ein wenig zu verhüllen. Es war ein schöner, blühender Egmont, dieses Geschlecht von 1820, liebend, singend, spielend, und doch im Innersten getragen von edlem, den Leichtsinn veredelndem Idealismus. Auch Byron — um vier Jahre jünger als Manzoni — liebte, sang, spielte; aber er ging in den Tod für eine Sache, die w i r, mephistophelisch-klug, für eines solchen Opfers durchaus unwerth erklären. Die goldene Zeit, da Rossini und Malibran die Welt entzückten, da man Fanny Elßler und Henriette Sontag die Pferde ausspannte, da Lamartine und Hugo, Byron und Walter Scott, Heine und Uhland, Leopardi und Manzoni sangen — da Goethe beifällig und theilnehmend dem heitern Treiben zusah!

Manzoni war ein liberaler Aristokrat, wie das ganze Egmont'sche Zeitalter; sein Vater ein herabgekommener lombardischer Graf, hatte, obschon fast illiterat, mit dem französischen Adel für die „französichen Ideen" geschwärmt. Seine Mutter war die Tochter Beccaria's und so ward ihm Humanität ein stets hochgehaltenes Erbtheil, eine liebe Familienpflicht, eine ruhmvolle Tradition. Seine Erziehung war französisch, wie es in der Zeit lag; so war die aller seiner Altersgenossen, und noch beruht das ganze moderne Italien auf französischer Bildung. Blieb doch ihm und allen seinen Landsleuten die deutsche Civilisation ein mit ängstlicher Scheu von ferne betrachteter Infolio mit sieben Siegeln. Früh kam er nach Paris, sah den Sieger von Austerlitz im Zenith des Ruhmes und mochte besser als ein Anderer die schwindlige Tiefe des Falles ermessen, als sechzehn Jahre später (1821) die Kunde erscholl vom einsamen Tode des Titanen.

Fù vera gloria? Ai posteri
L'ardua sentenza. Nui
Chiniam la fronte al massimo
Fattor che volle in lui
Del creator suo spirito
Più vasta orma stampar.

Goethe hat den Cinque Maggio verdeutscht — recht mittelmäßig — er ist in Jedermanns Gedächtniß, eines der größten, vielleicht das größte Gedicht jener an großen Gedichten reichen Zeit. Hätte Manzoni nichts weiter geschrieben, die Nachwelt würde von ihm sagen können, was er von Napoleon nur zweifelnd zu fragen wagte: Fù vera gloria!

In Paris schloß er Freundschaft mit Fauriel, einem der besten Franzosen jener schönen Generation von Franzosen. Ihm widmete er seinen „Grafen Carmagnola“, die Kriegserklärung der italienischen Romantik gegen den Classicismus der Alfieri, Parini, Monti, Foscolo, der noch in voller Blüthe stand. Die Tragödie mag von Goethe überschätzt worden sein, wie der „Adelchi“ jedenfalls überschätzt ward: die drei Chöre der beiden Trauerspiele gehören zum Wunderbarsten, was die Energie und der Wohllaut der italienischen Sprache geleistet, zum Vollendetsten, was romanischer Formensinn, Geschmack, Gewissenhaftigkeit hervorgebracht, denn — man gestehe es nur — kein Deutscher noch Engländer darf sich mit dem Italiener, dem Franzosen vergleichen in dem Respekt vor der Sprache, in der Sorgfalt der äußern Behandlung. An diese Werke schloß sich die neue Schule an, die Lombarden Grossi, Silvio Pellico, der Toscaner Niccolini, der Romagnole Leopardi.

Doch es war nicht allein eine Revolution in der dichterischen Form; es war der Heroldsruf des erwachenden Nationalgefühles der zwischen den Zeilen ertönte, es war die Empfindung religiöser Sehnsucht, welche das ganze durchbebte. Nicht nur den classischen drei Einheiten war der Krieg erklärt, auch dem Geiste der Aufklärerei und der universalistischen Tendenzen des achtzehnten Jahrhunderts; Manzoni zur Seite dachten, schrieben, forschten, handelten Rosmini, Gioberti, Gino Capponi, Cesare Balbo. Der Neokatholicismus wie der Patriotismus athmeten nicht nur in den „Inni sacri“ und der „Ode an Theodor Körner“ — sie sprechen die dichterischeste und hinreißendste Sprache in den Chören „Adelchi's“ und „Carmagnola's“. Wie klangen die Worte wider in jeder italienischen Brust, als die Zerstückelung des von der Natur so scharf als Eines gegliederten

Landes, als der Bürgerkrieg, der es zerrissen hatte, in einer seit Dante unbekannten, knappen und doch vollen Sprache gegeißelt ward:

D'una terra son tutti: un linguaggio
Parlan tutti: fratelli li dice
Lo straniero: il comune lignaggio
A ognun d'essi dal volto traspar.
Questa terra fù a tutti nudrice,
Questa terra di sangue or intrisa.
Che natura dall' altre ha divisa,
E ricinta con l'alpe e col mar.

Und als Ermengarda's Seele

Santa del suo patir.

zum „Gott der Heiligen" auffsteigt, ringt sich der Seufzer des himmelsbedürftigen Geschlechtes aus der Brust der ihr Ende Umstehenden.

Manzoni's sämmtliche Werke bilden einen mäßigen Band. Seit die „Promessi sposi" erschienen (1827), hat der Dichter die Leier nicht wieder berührt. Er, der Franzose, hatte sich eher Mérimée als Hugo oder Lamartine zum Vorbilde genommen: Weniges, aber das Wenige vollendet. Die „Verlobten" — man lasse mich ein großes Wort gelassen aussprechen — ist in meinen Augen der vollendetste Roman, der existirt. Dafür hielt ihn auch Goethe. Er hat all den frischen Reiz einer Walter Scott'schen Historie und die gewissenhafte Treue A. de Vigny's. Er vereinigt Goethe's Lebensweisheit und mild-erhabene Weltanschauung mit Fielding's Charakteristik und Relief. Dabei ist er nie langweilig — erstes Erforderniß eines Romans. Die liebenswürdige Ironie, die sanfte Gottergebenheit, die über dem Ganzen schweben, sind unaussprechlich wohlthuend. Die Menschen — Don Abbondio, der furchtsame Landgeistliche, und seine alte Dienerin, Renzo und Lucia in ihrer frischen, natürlichen, gesunden Unschuld, der milde Cardinal Federigo — sie Alle sind nicht etwa gewandte Schauspieler, wie Scott's Personagen, die ihre Rollen meisterhaft spielen, ihre geschichtlichen Costüme natürlich tragen, es sind die Menschen selber, wie sie zur Zeit der finstern spanischen Herrschaft da oben gelebt am Strande des Lecco-Sees und in den engen Straßen Mailands. Und welche Naturschilderungen! Wer hat den Resegone mit seinen gezackten Umrissen, wer hat die grüne lombardische Ebene nicht immer vor Augen? Dazu die Sprache. Man warf ihr vor, zu französiren. Die toscanischen Pedanten schrieen laut auf; die Cruscanti fielen in Ohnmacht, ermannten sich aber bald und stürzten her über den Kühnen, der zu schreiben wagte, wie man spricht, nicht wie man im „Cinquecento" in den florentinischen Akademien sprach und schrieb. Manzoni selbst lenkte später ein und gab nach. Viel richtiger war der Instinct des Vierzigjährigen, der fühlte, daß die toskanische Sprache eine todte sei; daß aber moderne Ideen, Gefühle, wie moderne Thatsachen, Erfindungen, sich gar nicht ausdrücken lassen in einer todten Sprache; daß der Italiener, der heute nur toscanisch reden will, sich auf den kleinsten Ideenkreis beschränken muß, vieles Thatsächliche selbst gar nicht mittheilen kann. Heute zu schreiben im Style des Firenzuola oder des Losca ist nicht besser, als es zu Bembo's Zeiten war, in Plautus' und Terenz' Sprache zu dichten. Auch als er vor wenig Jahren den Puristen die unglaubliche Concession machte, die „Promessi sposi" in's Toscanische zu übersetzen, that er's mit feinstem Gefühle und sprachlichem Tacte, indem er die heutige Sprache von Florenz, nicht die des Cinquecento consultirte.

Seit den „Verlobten" lebte Manzoni, wie Rossini seit „Wilhelm Tell", ohne zu produciren, doch keineswegs nur vegetirend, schlafend, genießend. Seine innig geliebte erste Gemahlin, eine Genferin — die Bande zwischen Norditalien und der Schweiz waren damals noch enger als heute; auch zwischen den Cavours und de la Rives bestand Verbindung — eine Protestantin, die sich und ihn zum eifrigen Katholicismus bekehrt hatte, war ihm früh gestorben; dies steigerte noch seine religiöse Stimmung. Doch wurde Manzoni nie Papist: ein Gemüthszustand, der den militanten Katholiken unserer Zeit in Frankreich, Belgien, England und Oesterreich unbegreiflich ist. Er sah in der Annexion Roms die ruhmreiche Vollendung der Geschicke Italiens, wenn er auch die Verlegung der Hauptstadt auf die sieben Hügel nicht billigte. Es war eben mit seiner Religiosität wie mit seinem Patriotismus: beide Gefühle waren innig, warm, aber keineswegs aggressiv. Manzoni gehörte offenkundig der lieberalen und nationalen Partei an, aber nie hat die österreichische Regierung in fünfundvierzig Jahren einmal daran gedacht, ihn zu beunruhigen.

Mit der eifrigsten Theilnahme verfolgte der greise Dichter die Geschicke seines Vaterlandes; seine Schwiegersöhne, der lebhafte, nach Außen gerichtete, aristokratische Piemontese d'Azeglio, der feine classisch gebildete, ängstlich zurückgezogene Toscaner Giorgini, suchten ihn oft auf in seiner Villa am Comer-See und brachten den Pulvergeruch des öffentlichen Lebens, die Echos florentinischer Fronde und Satire in seine Einsamkeit. Er empfing gern und viel Besuch. Ein unglaubliches Gedächtniß kam seiner wunderbaren Unterhaltungsgabe zu Hilfe. Er hatte in einer bedeutenden, bewegten Zeit gelebt, alle bedeutenden Zeitgenossen gekannt, und hatte Ereignisse und Menschen mit bedeutenden Augen angesehen. Er galt für einen Meister der Plauderei; classische Citationen und ein attischer Humor belebten sie. Cousin besuchte ihn häufig, vindicirte ihn nicht ganz ohne Unrecht, als einen halben Franzosen, und man kann sich denken, wie der alte Herr, kaum merkbar lächelnd, dem großen Komödianten mit den Glühaugen, dem beredten Gestus, dem vollen Redestrom von seinem Lehnsessel aus zugehört. Auch Thiers war ein häufiger Gast. „Cette fois-ci nous avons fondé l'édifice," sagte er ihm einst triumphirend und in seiner Weise die Händchen reibend nach Einsetzung der Juli-Monarchie. „Cette fois-ci, il ne croulera plus — à moins que la foudrl ..." — „Eh, quand on a peur de la foudre, il ne faut pas tripoter dans les nuées," antwortete Manzoni dem damals noch jugendlichen Sanguiniker. der heute immer noch jugendlich und — Sanguiniker geblieben.

Auch gekrönte Häupter pflegten den Dichter in seiner Zurückgezogenheit aufzusuchen. So noch vor zwei Jahren der edle hochgebildete Kaiser von Brasilien, Dom Pedro II. Manzoni dankte ihm für diese hohe Ehre. „Ihnen schulde ich Dank, Ihnen, die Sie mich in ihrem Zimmer empfangen," antwortete der Monarch. „Bald wird man nicht mehr wissen, wer Dom Pedro von Alcantara war; von Manzoni werden die kommenden Geschlechter und nicht nur in Italien reden.“ Mit den Worten des modernen Alfonso des Weisen, will ich diese kurze Notiz schließen; vielleicht finde ich ein andermal Gelegenheit und Muße, den deutschen Landsleuten zu sagen, was Manzoni der Patriot, der Mensch, der Dichter, für Italien war; heute, noch unter dem Eindrucke der Nachricht, die uns den Himmelfahrtstag von 1873 — ohne ihn zu trüben — für immer denkwürdig machen wird, drängte es mich ein Wort zu sagen über den bald neunzigjährigen Dichter, der uns vorgestern verlassen und mit dem wieder Einer, und einer der Letzten jener großen Zeit dahingegangen, der wie ein heiterer Epilog die ganze Geschichts-Epoche abschließt, welche mit dem heiteren Prolog der ersten Renaissance sich eröffnete und vier Jahrhunderte voller Arbeit, Kampf, Schlechtigkeit und Heldenmuth, Fortschritt und Rückschritt, Blut und Thränen brauchte, um ihr grandioses Thema zu erschöpfen. Ein neues Stück hat begonnen; möchten wir und unsere Kinder es nicht schlechter spielen, als unsere Väter und Vorfahren das Ihre, und möchte auch unseren Enkeln, wenn sich die Tragödie zu Ende neigt, ein lieblicher Sänger erstehen, der wehmüthig, nicht schmerzlich, ergreifend, nicht erschütternd, sein melodisches Lied singt, ein Lied, in dem alle Gefühle und Gedanken, welche die Zeit stürmisch oder leise bewegt, noch einmal, aber milde verklärt durch das Dichtergemüth, wiederklingen.

Mai 1873.

Guerrazzi.

Francesco Domenico Guerrazzi ist am 23. d. M. (September 1873) in seinem Landhäuschen la Cinquantina zu Cecina bei Livorno im 69. Jahre seines Lebens eines unerwarteten Todes gestorben und, während ich hier dies schreibe, wird dem Veteranen der toskanischen Romantik und der toskanischen Revolution in Livorno auf die pomphafte italienische Weise die letzte Ehre erwiesen. Guerrazzi's Ruhm, der selbst in Italien nicht besonders hell mehr strahlte, ist längst für Deutschland verblichen, obschon auch Deutschland einst die „Schlacht von Benevent“ so eifrig las, so hoch bewunderte, als die „Verlobten“, welche wenige Monate vor des Livornesen Jugendwerk erschienen waren. Nicht länger war der Zwischenraum, der den Tod des lombardischen Patrioten und Romantikers von dem des Toscaners trennte. Guerrazzi selber rief einst, als er von dem Tode seines Collegen im Triumvirat, Montanelli, hörte, in seiner volksthümlich prägnanten Weise aus: „Ist's doch wie am Charfreitag. Bei jedem Psalm, den wir singen, erlischt eine Kerze.“ In der That, bald werden sie alle erloschen sein, die Leuchten, welche

Italien in der langen bangen Nacht von 1815 bis 1859 erhellt. Seit es Tag geworden, wollte man freilich nur noch gefährliche Brandfackeln in ihnen sehen und machte eine Leere um sie: Guerrazzi ist gestorben, ein Mazzini starb, wie Garibaldi sterben wird, ein wenn nicht Verschollener, so doch stillschweigend Beseitigter für das Geschlecht der Männer, ein unbekannter, ein Name höchstens für das der Jünglinge; und doch hat er als Politiker und als Schriftsteller eine bedeutende Rolle in Italien gespielt, obschon die Nachwelt — und sie hat für ihn bereits bei seinen Lebzeiten begonnen — jene ephemere Wirkung des Mannes auf seine Zeit bald vergessen wird, ja zum größten Theil schon vergessen hat. Nicht an Geist gebrach es dem italienischen Victor Hugo, und sein Charakter war rein und ehrenhaft. Was ihm fehlte, war das Gleichgewicht, welches der gesunde Menschenverstand allein herzustellen vermag. So war's ihm versagt, als Schriftsteller wie als Politiker das zu werden, wozu ihn die freigeberische Natur bestimmt zu haben schien.

Guerrazzi hat selbst die erste, größere Hälfte seines Lebens erzählt, und von allem, was er geschrieben, ist wohl der Brief an Mazzini, in welchem er es that und den er mit dem Kerker zu büßen hatte (1847), das Beste. Der Gegenstand, der Wirklichkeit entnommen, ist interessanter denn irgend einer, den er in seinen Dichtungen behandelt, und die Form ist einfacher, anspruchsloser als die Art poetischer Prosa, die er in seinen Romanen in Mode brachte und welche auf eine höchst unangenehme Weise Chateaubriand'schen Schwulst mit Hugo'scher Uebertreibung paart. Höchst lebendig ist die Schilderung des Vaters, eines herben, düstern, strengen Verrina, von dem der Sohn den Grundzug seines Wesens geerbt zu haben scheint. Nur zufällig und Folge des Zeitgeschmackes, dem Niemand zu entrinnen vermag, war, daß der Vater seine Ideale im classischen Costüme der Cato und Brutus, der Sohn sie im romantischen des Michel-Angelo oder Ferruccio sehen wollte. Auch das Porträt seines alten geistlichen Lehrers, für den Cardinal Bembo das unerreichte Muster des Styls geblieben, ist reizend; das ganze Geschlecht der akademischen Pedanten des vorigen Jahrhunderts lebt auf in dieser kräftig und heiter gezeichneten Gestalt. Welches Gegengewicht dieser Classicismus früh in der wüstesten, ungeordnetsten Lectüre fand, mittelst deren Voltaire und Ariost, Bacon und „Tausend und Eine Nacht", „Die Geheimnisse Udolph's" und Homer, Ossian und Cook Eingang in den jugendlichen Kopf fanden und sich da drollig genug herumbalgten, hat er ebenfalls anschaulich erzählt.

Schon mit sechzehn Jahren*) kam der frühreife Jüngling auf die Universität, von der er, kaum immatriculirt, auch schon relegirt wurde, weil er den andern Studenten die Nachrichten aus Neapel vorgelesen, wo gerade damals (1820) die Verschwörung Pepe's und Caracciolo's ephemere Triumphe feierte. Als er nach Pisa zurückkehrte, mit einer Tragödie, „Priamo", in der Tasche, begegnete er Byron. „Mi parve Apollo del Vaticano", schrieb er noch ein Menschenalter später. Die Begegnung war in der That entscheidend für den jungen Italiener, der in seinem Vater-

*) Guerrazzi (Francesco Domenico) war geboren im August 1804, nicht 1805, wie alle Nekrologe sagen.

lande der eigentliche Vertreter des Byronismus werden sollte. „Gierig füllte ich mir Sack und Busen mit diesem Golde, das mir durchaus lauter schien, und für viele Jahre sah und fühlte ich nur durch Byron.“ Noch mehr als die Jugendgedichte des Urbildes sind die Jugendwerke des Nachahmers heute veraltet, vergessen, mit Ausnahme der Titel. Seine Tragödie: „Die Schwarzen und die Weißen“ fiel gleich durch vor dem Publikum bei Livorno; nicht so sein erster Roman, die „Schlacht bei Benevent“, der in ganz Italien mit gruselndem Entzücken gelesen ward. Verzweiflung und Hoffnung, satanisches Zähneknirschen, ahnungsvoller Glaube, Tyrannenhaß und wilder Patriotismus klingen verwirrt darin wider; der italienische Leser von 1827 fühlte nur das ihm Angenehme heraus: den Patriotismus, und das Buch ward eine Art patriotischer Bibel. Die toscanische Regierung verzieh es dem Autor nicht; bei der kleinsten unschuldigsten Peccadille ward er seiner gewinnreichen Thätigkeit auf dem Forum entrissen und in die Verbannung nach Montepulciano geschickt. Hier war's, wo er sich mit Mazzini, der ihn heimlich dort aufsuchte, für's Leben verband.

Ungewöhnlich begabt mochte der zweiundzwanzigjährige Jüngling wohl sein, der die „Schlacht bei Benevent“ schrieb und ganz Italien in patriotische Bewegung versetzte. Auch „das Assedio di Firenze“ und „Isabella Orsini“, in früher Haft erdacht und geschrieben, athmeten den Geist jenes retrospectiven Patriotismus, an dem sich Italien zur praktischen Vaterlandsliebe herangebildet. Weder Massimo d'Azeglio's noch Manzoni's Romane durften sich eines so augenblicklichen, so allgemeinen Erfolges rühmen; freilich auf Kosten einer dauernden Anerkennung. Tendenzromane altern schnell. Der stets gehobene Ton der Leidenschaft ermüdet selbst den Leidenschaftlichen, wie vielmehr den Beruhigten, Ernüchterten. Gar die Unarten der Zeit, denen Guerrazzi einen so reichen Tribut zahlte, wollen uns lächerlich scheinen, während sie unsere Väter mit behaglichem Schaudern erfüllten. Guerrazzi gehörte dem ersten französischen Romantismus an; die Byron'schen Nachtgestalten hatten's ihm eben, wie Jenen am Seinestrand, angethan; die Conrad, die Lara, die Manfred spukten unheimlich in seinem Geiste. Aber während der englische Dichter sich der finstern Modetracht zu entledigen wußte und seinen reizenden Genius in der nackten Natürlichkeit des „Don Juan" zu zeigen wagte, blieb der Italiener bis an sein Ende ein überzeugter Ténébreux. Noch „Veronica Cybo" (1847) ist voll der um 1825 modisch gewesenen Ungeheuerlichkeiten und unmenschlichen Gräuel.

Dem grausamlichen Inhalt entsprach die übertriebene Form. Guerrazzi mochte sich rühmen, von Anbeginn die elliptisch-rhetorische, fieberhaft aufgeregte Sprache entdeckt zu haben, auf die Victor Hugo erst gegen die Neige seines Ruhmes verfiel. Zu seinem Glück war Guerrazzi ein Toscaner, und einem Toscaner ist nun einmal ein gewisser Grad von Geschmacklosigkeit, in welchen selbst der Franzose fallen kann, ja mehr als irgend ein anderer Europäer verfällt, sobald er die nationale Tradition verläugnet, aus der nationalen Zucht desertirt, durchaus unmöglich. In des Livornesen Romanen sind Gespräche voll derber Volksthümlichkeit, ist beinahe durchgehends eine Art kräftigen Erdgeruches, der stets bezaubert, wenn die Erde toscanischer

Boden ist, freilich dann auch wieder, wie bei allen modernen Toscanern, die nicht Centone aus ihren Classikern anzufertigen sich begnügen, das Ringen lebendiger Ideen mit der todten Sprache. Klingt's doch oft, in der „Belagerung von Florenz", etwa wie wenn ein Deutscher die preußische Hegemonie und Sedan in einem aus Plautus und Cicero zusammengestoppelten Latein schildern wollte. Guerrazzi's Prosa ist selten ganz natürlich: bald gespreizt, bald erhitzt, bald familiär, beinahe immer aber affectirt, übertrieben. Sie würde schon heut unlesbar sein, wäre nicht jener reizende toscanische Grund, aus und auf dem sie herangewachsen.

Aehnlich wie dem Schriftsteller ging's dem Politiker: auch seine Popularität war sehr vorübergehend, dabei weniger allgemein und weniger tiefgehend als die des Romanschreibers. Beschränkte sich doch seine politische Action auf das Großherzogthum Toscana, während seine Romane in ganz Italien mit wahrem Heißhunger verschlungen wurden. Der Toscaner aber, skeptisch und verständig von Natur, begeistert sich nicht so leicht wie der Lombarde oder Romagnole für seine großen Männer. Guerrazzi begann seine politische Laufbahn fast zugleich mit seiner literarischen, d. h. als ein kaum der Schule entwachsener Knabe. Die Worte „politische Laufbahn" im Italien von 1830 sind gleichbedeutend mit Verschwörung, Kerker oder Exil. Schon 26jährig machte er Bekanntschaft mit den toscanischen Gefängnissen — eine Bekanntschaft, die er oft genug zu erneuern hatte, und welche nur zu intim werden sollte.

In der That, kaum hatten die Schwingungen der großen Juli-Woche Italien erreicht, als auch der Prosa-Dichter nach Florenz geeilt war, eine revolutionäre Bewegung in Scene zu setzen. Lange Gefangenschaft, erst unter „Mördern, Freudenmädchen und Missethätern aller Art", dann in Porto-Ferrajo unter „Staatsverbrechern", ereilte den Unklugen, ohne seinen Charakter zu brechen. „Nun erst (1834) richtete ich mich ein, die Zeit zum Nutzen des Vaterlandes und meiner selbst hinzubringen." Hier schrieb er in der That sein Hauptwerk: „Die Belagerung von Florenz", ein patriotisches Tendenzwerk wie sein erster Roman. Auch hier noch tönen Noten der Verzweiflung, Byron'sche Flüche, titanische Kriegsrufe; doch hat sich der Ton schon gemäßigt. Freilich, trotz der äußerst genauen und außerordentlich umfassenden Gelehrsamkeit Guerrazzi's muß man nicht nach geschichtlicher Objectivität suchen; das Buch ist ein historisches Pamphlet gegen die österreichische Herrschaft, nichts Anderes. Der Styl ist noch immer gesucht, gedrängt, dunkel-elliptisch oder gellend-superlativ; weniger Byronisch und biblisch als in der „Schlacht bei Benevent", aber bewußt und absichtlich dantesk. Und doch ist weniger Affectation in alledem, als wir heutzutage zu glauben versucht sind; man denke sich die leidenschaftliche Natur des jungen Mannes, die spartanischen Prinzipien, in denen ihn der Vater erzogen, die lange Haft; zugleich im Verlaufe der wenigen Monate, während deren er das berühmte Buch schrieb, den Tod des Vaters, dem der Selbstmord eines ihm eng verbundenen Bruders vorangegangen war, der Tod der Einziggeliebten, seiner drei Kerkergenossen und liebgewordenen Kameraden, das Hinsiechen seines vertrautesten Freundes — und es wird nicht schwer halten, sich die Gemüthsstimmung zu denken, in der das seltsame Werk entstand. Endlich aus dem Kerker entlassen, wendet er sich für eine Zeit von der Politik ab, schreibt die „Veronica Cybo“, die „Isabella Orsini“ — ein Gegenstand, den auch unser Tieck in seiner „Vittoria Accorombona“ versucht hat — zwei Greuelgeschichten im Geschmacke der Zeit, doch ohne politische Tendenz. Eine Zeitlang schien er der Politik den Rücken kehren zu wollen, lebte nur der Advocatur, in der er glänzte, und der Familie, die er sich in hilfreichem Edelmuth selber aufgebürdet. Man sollte glauben, es sei ihm nur noch um Gelderwerb zu thun, so fleißig betreibt er sein Geschäft als Anwalt, seit der Tod eines zweiten Bruders ihn zum Vormund und Vater dreier Kinder gemacht. Doch qui a bu, boira: wer einmal von dem berauschenden Gifte des Politisirens gekostet, läßt so leicht nicht mehr davon. Schon mit den gegen die Moderantisten gerichteten „Neuen Tartuffes“ kehrt er wieder zur revolutionären Sache zurück, und bald darauf compromittirte er sich mehr als je durch seinen Brief an Mazzini, jene reizende Autobiographie, von welcher wir oben geredet (1847). Auf einer Festung der Insel Elba mußte er die darin an den Tag gelegten republikanischen Gesinnungen büßen. Dort fand ihn die Februar-Revolution, und machte aus dem Verfolgten einen Triumphator, bald sogar einen großherzoglichen Minister, freilich einen großherzoglichen Minister, der den Krieg mit seines Großherzogs Verwandten und Schützer, dem Kaiser von Oesterreich, auf's leidenschaftlichste betrieb. Nach Leopolds II. Flucht zum Triumvir neben Montanelli und Mazzoni ernannt, zeigte er unerschrockenen Muth, an der Spitze der treugebliebenen Truppen marschirte er gegen General Laugier und die großherzoglichen Regimenter, die er in die Flucht trieb. Auch an Mäßigung und Rechtlichkeit ließ er es nicht fehlen. Während Montanelli der Annexion Toscana's an die römische Republik Mazzini's das Wort redete, wollte Guerrazzi nur mit Piemont gehen, das über eine regelmäßige Armee verfügte. Natürlich machte die Niederlage von Novara auch dem toscanischen Provisorium ein Ende, und Guerrazzi büßte mit langjähriger Gefangenschaft den Versuch, sein engeres Vaterland in die italienische Bewegung hineingezogen zu haben. Das ganze Drama, Haft, Befreiung, Wahl, Ministerium, Triumvirat, Dictatur, hatte kein Jahr gedauert.

Von der Festung des Belvedere, die so heiter und unschuldig über das Arnothal und seine liebliche Hauptstadt hinaus blickt, wandert er ins Exil nach Corsica, träumt von der Wiedergewinnung der Insel durch Italien, und dieses Traumes voll, schreibt er die Geschichte des corsischen Helden Pasquale Paoli, sein bestes und, wie es zu gehen pflegt, wenigst gelesenes Werk. Auch Beatrice Cenci, die so viele Dichter gereizt, muß ihm dort Heldin werden: und so entsteht das geschmackloseste, furibundeste, haarsträubendste seiner Bücher. Racheschnaubend gegen die Machthaber im Vaterlande, geißelt er sie in den Figuren der päpstlichen Herrschaft des Seicento, die er schildert. Von Corsica zieht er nach Turin, damals dem Asyl aller verfolgten Italiener, und gibt dort das Witzblatt „L'Asino" heraus, worin ungenießbarste universelle Gelehrsamkeit mit bitterstem geschmacklosem Witze wetteifert, den Leser zu langweilen: Guerrazzi fehlte nun einmal die leichte Hand, mit der ein P. L. Courrier die satirische Peitsche schwang. Der Zorn übermannt stets den heftigen Livornesen, und man ist immer versucht, ihm zuzurufen: Tu te fâches, donc tu as tort.

Natürlich brachte auch ihn 1859 zurück nach Toscana, aber er fühlte sich fremd in der neuen Zeit. Für die Bühne des subalpinischen Parlaments, in der ein Cavour und ein Rattazzi Schach spielten, war der toscanische Conspirator nicht gemacht. Er gehörte einer andern Schule, einem andern Geschlecht, einer andern Geistes- und Charakterrichtung an, als die 10 bis 15 Jahre jüngeren Männer, welche, sich um Cavour schaarend, ganz Italien in Piemonts Bahnen zogen. Ganz hatte er nie den Verschwörer, den „Volksmann" — Livorno ist die einzige Stadt Toscana's, in welcher das demokratische Evangelium irgendwelchen Anklang gefunden — den Gefühlspatrioten abgethan. Er fand sich desorientirt unter der klugen Jugend, die alle Allgemeinheiten, alle Begeisterung wie abgetragenes oratorisches Theatercostüm ansah. Verdrießlich und mürrisch überwarf er sich mit allen Parteien. Von Mazzini trennte er sich durch die Anerkennung der Monarchie, von seinen toscanischen Freunden durch die Bitterkeit, mit der er das französische Protectorat tadelte, von Cavour durch seinen Protest gegen die Preisgebung Savoyen's und Nizza's. Seine puritanische Anschauungsweise erlaubte ihm nicht, mit Nachsicht der lavirenden Staatskunst zuzuschauen, die, von gunstigem Winde unterstützt, das junge Königreich endlich nach elf Jahren in den Hafen bringen sollte. Dazu war er, der die Feder so leicht führte, mit der Feder alle Leidenschaften aufzuwühlen wußte, nie ein Redner gewesen. Er fühlte, daß er seine Rolle schon 1849 ausgespielt, und trat ab, nicht ohne über die Undankbarkeit der Nation, der Regierung zu klagen. Gereizt, verstimmt, enttäuscht, empfindlich, zog er sich vom Parlamente, dann sogar vom Staatsleben zurück und verbrachte die letzten Lebensjahre unter seinen Büchern, mit seinen Neffen und Großneffen, in deren Mitte der sonst so bittere Mann gern heiter und freundlich wurde, auf seinem Gütchen bei Cecina.

Von bäuerlichen Lebensgewohnheiten umgeben, verbrachte er dort die letzten Jahre in ländlicher Zurückgezogenheit. Die Verstimmung verließ ihn nicht mehr. Die unangenehmen Auftritte in der Kammer, in denen er den Kürzern gezogen zu haben sich nicht läugnen konnte, blieben stets in seiner Erinnerung. So oft er das Wort ergriff, war es die bittere Sprache der Mißbilligung. Wie Mazzini, wie Garibaldi, wie Tommaseo, wandte er sich ab vom neuen Italien, das nicht geworden war wie er es gewollt, wo er keine passende Stelle für sich sah. Die Persönlichkeit spielt eine gewaltige Rolle in Italien. In den Männern, die seit 1859 den Staat leiten, sieht man keine Schule, keine Partei, keine Kaste, sondern eine Kameradschaft, zu persönlichen Zwecken verbunden und nur diese verfolgend. Die gekränkte Eitelkeit, welche nichts verträgt und sich nicht zu gestehen wagt, daß die eigene Persönlichkeit entbehrlich geworden, nimmt dann gern die herbe, bittere Weise des cynischen Philosophen an, und da es an allem Menschlichen immer genug zu tadeln gibt, weidet sie sich an den Fehlern der Glücklicheren. Ganz unredlich gegen sich selber sind diese schwarzsichtigen Mäkler nicht! sie haben ein vages, halb republikanisches, halb christliches Ideal in ihrem Busen; danach bemessen sie die

Wirklichkeit, diese prosaische, alles Idealen bare Wirklichkeit der jetzigen italienischen Zustände, und da muß es ja wohl zu einer Mißstimmung kommen. Freilich weder angenehm, noch nützlich, noch anregend sind diese theoretischen Optimisten und praktischen Pessimisten, welche die Unzufriedenheit und die üble Laune à la Gervinus in ein System gebracht haben; aber sie sind zu bedauern. Weder Guerrazzi noch Tommaseo sind glückliche Naturen; Italien ist stets reich gewesen an solchen Charakteren und Geistern; genial in der Begabung, von fleckenloser Ehrenhaftigkeit, stolz bis zum Hochmuth, verbitterte Idealisten — und jämmerliche Politiker. Dante selber gehört in die Familie, freilich wie der Löwe zur Katzenfamilie.

In seinem Bauerngütchen hat Guerrazzi der Tod überrascht, mitten im Kreise seiner Familie, mit der er eben ein munteres Mahl eingenommen. In einem letzten schönen, beruhigenden Accorde sollten sich alle die Discorde lösen, welche seinem ganzen Leben wie allen seinen Schriften den Charakter der Zerrissenheit, des Widerspruches, der Krankhaftigkeit geben und eine kräftige, reichbegabte Natur weder zu innerm Frieden, noch zu reiner Kunst, noch zu nützlicher öffentlicher Thätigkeit kommen ließen. Guerrazzi hat mehr als einmal die italienische Jugend gewaltsam-geräuschvoll aufgeschreckt, wenn sie einzuschlafen drohte; er hat kein Lied hinterlassen, an dem sich kommende Geschlechter noch erfreuen könnten.

Schon beginnen die Condolenz-Adressen der Municipien von überallher in Livorno einzulaufen; schon ist ein Platz der Stadt Piazza Guerrazzi getauft; schon sind 10,000 Fr. vom Gemeinderath zu einem projectirten Monument ausgeworfen, für welches sicherlich eine erkleckliche Summe zusammenkommen wird. Man ist immer versucht zu lächeln, wenn man so sieht, wie viele große Männer Italien sich in seinen Pantheons, seinen Campi Santi, auf seinen öffentlichen Plätzen, an seinen Hausfaçaden zu schaffen weiß. Und doch ist's ein schöner, ein reizender Zug des Volkes, daß es so bereitwillig, so freudig jede Größe anerkennt und grüßt. Wir kennen Völker, denen nichts schwerer wird als große Persönlichkeiten zu ertragen, geschweige denn anzuerkennen und zu verherrlichen, wie es die Italiener so gern thun.

September 1873.

Niccolò Tommaseo.

Ein Nekrolog.

Am 1. Mai (1874) ist Tommaseo beinahe plötzlich verschieden; und so wenig der berühmte Schriftsteller auch in seinem Leben die Toscaner und speciell die Florentiner geschont hat, Florenz trägt's ihm nicht nach; sein unerwartetes Ende erregte allgemeine und aufrichtige Theilnahme. Der Nestor des Florentinischen Adels und des italienischen Liberalismus, der 82jährige Marchese Gino Capponi ließ sich noch eine Stunde vor dem Tode seines alten Kampfgenossen an dessen Sterbebett geleiten und die blinden Greise wechselten noch einmal Händedruck und Worte der Freundschaft. Am folgenden Tage wurde nach florentinischer Sitte und unter ungeheurem Zudrange des Volkes die Leiche bei Fackellicht aus dem bescheidenen Häuschen am Ponte alle Grazie nach dem ländlichen Friedhofe von Settignano gebracht, wo die Gattin des Verstorbenen ruht. Acht Tage darauf öffneten sich die Thore des italienischen Pantheon von Santa Croce, wo Macchiavelli, Galilei, Alfieri und so viele andere große Italiener begraben liegen, um die ungeheure Menge der

Trauernden aufzunehmen, welche aus allen Provinzen des Königreichs herbeigezogen, wie von den Berg- und Küstenländern, welche noch unter österreichischer Herrschaft stehen und wohl noch lange stehen werden. Jenes Leichenbegängniß galt dem Menschen und dem Freunde, diese Feierlichkeit mag als der letzte Tribut der Verehrung betrachtet werden, welche dem Patrioten und dem Schriftsteller dargebracht wurde.

Wer und was war Tommaseo? Wie kommt's, daß sein Tod durch ganz Italien empfunden wird, als ob ein Manzoni oder Cavour ausgeathmet hätte? Hat er, wie Jener, ein Werk geschrieben, das dauern wird, so lange die italienische Sprache dauert? Hat er eine That vollbracht, wie Dieser, welche die Erlösung der Nation nach sich geführt oder ein neues Zeitalter eröffnet? Nichts von alledem; und um den ungeheuren Ruf zu begreifen, den er erlangt, muß man das südliche Leben überhaupt und Italien insbesondere kennen, wie es vor 1848 war, oder von den Ueberlebenden gehört haben, wie es war. Es ist bekannt, daß Tommaseo vor 1848 kein politisches Amt bekleidet, überhaupt nicht öffentlich theilgenommen hatte an der Politik, und obschon seine besten Werke seitdem erschienen sind, so liegt doch die Periode seines wirksamen Einflusses hauptsächlich zwischen 1828 und 1848, zur Zeit, wo die Grundlagen des neuen Italien in den Herzen und Köpfen der Nation gelegt wurden.

Auf der Oberfläche schien es, als gäbe es kein politisches Leben in Italien. Die Presse existirte noch nicht. Jeder freie Ausdruck des Gedankens ward als ein Verbrechen betrachtet und demgemäß bestraft. In dieser allgemeinen

Stille begann der persönliche Einfluß die Bedeutung wiederzugewinnen, die er einst besessen. Ein Mensch wirkte durch sein Gespräch, seine Haltung, sein Betragen, wie in den Zeiten Sokrates'. Die Druckerei, welche in unsern Tagen überall das einzige Vehikel des Gedankens zu sein scheint, kam gar nicht in Frage. Selbst zehn Jahre später noch gingen Giusti's Gedichte handschriftlich von Hand zu Hand und waren darum nicht weniger jedem Kind einer irgendwie gebildeten Familie in der ganzen Halbinsel bekannt. Männer, die ihr Leben über kaum einen Zeitungsartikel geschrieben und nun Senatoren oder Geheimräthe sind, wurden als die Schiedsrichter in Sachen des Geschmackes, oder als Muster der Tugend, oder als Vorkämpfer des Liberalismus in ganz Italien anerkannt; und ihre Stellung ist nicht im Geringsten erschüttert, seit die Oeffentlichkeit ihre Bedeutung wiedererlangt hat. Die Männer, welche in Turin um Gioberti und Balbo, an den lombardischen Seen um Manzoni und Rosmini, in Florenz um Gino Capponi und Vieusseux sich sammelten, waren ebenso viele Apostel, welche die gute Botschaft von Ort zu Ort trugen, die gute Botschaft eines neuen Italiens, katholisch und liberal zugleich, und von ihm nicht nur die Erneuerung der Kirche und des Staates erwarteten, sondern auch die Herstellung von Dante's und Petrarca's Vaterland zum einstigen Primato. Geselliger Verkehr und gemeinsames Studium dienten als der Tiegel, aus dem der neue Glauben hervorgehen sollte. Die Patrioten verbanden sich durch Reisen von Stadt zu Stadt in einer Art stillschweigender Freimaurerei — zu der der italienische Volkscharacter von der Natur ganz besonders organisirt scheint — und gelehrte

Commentare über Dante und Virgil sprachen zu der ganzen Nation wie durch eine geheime Ziffersprache; während Andere, welche der That mehr als dem Gedanken, Wort oder Glauben trauten, sich in Verschwörungen zusammenthaten und gelegentlich ihrer patriotischen Leidenschaft in voreiligem Losbrechen Ausdruck gaben. Florenz ward damals das Asyl für die literarischen Opponenten, welche von den österreichischen Provinzen, aus dem jesuitischen Piemont und dem despotischen Neapel dorthin eilten, sich um den letzten der Capponi, den würdigen Vertreter eines würdigen Geschlechtes, zu schaaren. Hier gründete Vieusseux die Antologia, eine offenbar gegen Oesterreich gerichtete Zeitschrift. Hierhin zog sich Leopardi zurück, hier lebten Balbo, Poerio, Niccolini, und endlich auch Tommaseo, damals ein ganz junger Mann, aber schon die Individualität, die er bis an sein Ende bleiben sollte. Eine ungewöhnliche Gelehrsamkeit, unterstützt von einem ausgezeichneten Gedächtniß und begleitet von einer ungemeinen Leichtigkeit der Feder, war damals schon der hervorstechende Zug des merkwürdigen Schriftstellers, in dessen fleckenlosem persönlichen Character sich cynische Philosophie und strenger Republikanismus, glühende Vaterlandsliebe und brünstige Frömmigkeit vereinigten. Tommaseo konnte nie dazu gebracht werden, eine Stelle, einen Orden, einen Heller von irgend einer herrschenden Gewalt anzunehmen. Er lebte von seiner Feder, armselig genug, aber so stolz in seinem fadenscheinigen Gewand als Antisthenes selber. Als er Gesandter der Venetianischen Republik in Frankreich war, lebte er in Paris mit 4 Franken täglich, welche er aus seiner eigenen Tasche zahlte, und der ganze Betrag seiner frais de représentation während sechs Monaten kostete die Republik nicht mehr als 600 Lire (= 480 R. M.).

Niccolò Tommaseo war überhaupt eine eigenthümliche Erscheinung. Als Schriftsteller, als Politiker, als Mensch fragmentarisch, launenhaft, voller Lücken, stets thätig, aber auch stets zersplittert, kam er mit allem und allen in Berührung, und hat doch keine bleibende Spur hinterlassen. Kein Name ist bekannter als der seinige; aber wenige haben seine Werke gelesen, wenige billigten seine Stellung im öffentlichen Leben, wenige blieben ihm lang' enger befreundet. Im Anfange des Jahrhunderts in Dalmatien geboren und im Seminar erzogen, kam er fünfzehnjährig nach Padua um die Rechte zu studiren. Dort verband er sich in Freundschaft mit dem sieben Jahre älteren Rosmini, „dem größten lebenden Philosophen Europa's", wie er ihn noch 1838 nannte; ward durch diesen mit Manzoni bekannt, und führte bald in Venedig, bald in Roveredo, bald in Mailand oder Padua ein ungebundenes Literatenleben, dessen Gewohnheiten ihm bis an sein Ende anhingen. Mißtrauisch, empfindlich, kränkelnd, stand er immer allein von Jugend auf. Tommaseo hat sehr viel über sich selber geschrieben, und schildert sich als Knaben wie wir ihn als Mann und Greis gekannt: unzufrieden mit sich, mit den andern, immer zur Kritik geneigt und Meister in der Kunst die Fehler anderer aufzudecken, freilich auch seine eigenen zu erkennen und sich damit zu quälen, aber ohne ernstlich zu versuchen sich ihrer zu entledigen. Er blieb sein Leben lang ein Kritiker in dem alten Sinne des Wortes, und er liebte es seine Kritik vornehmlich an denen zu üben, welche im Besitze waren. Daher denn auch seine Popularität unter den Neidern und den Mittelmäßigen; sie wußten dem Manne Dank, der mit Geist, Gelehrsamkeit, reiner Gesinnung ihr Spiel spielte, meist ohne sich dessen selber bewußt zu sein. Bei Tommaseo, der überhaupt viel an den verstimmten Hypochonder von Weimar erinnert, thut man wohl sich ins Gedächtniß zu rufen, was Goethe bei der Beurtheilung Herders anempfahl: die moralische Wirkung krankhafter Zustände zu beachten, sich zu hüten manche Charaktere ungerecht zu beurtheilen, indem „man alle Menschen für gesund nimmt und von ihnen verlangt, daß sie sich auch in solchem Maße betragen sollen.“

Auch nachdem Tommaseo, gegen Ende der Restauration, nach Florenz gekommen, dort von dem zehn Jahre ältern Gino Capponi herzlichst empfangen worden, an Vieusseux's „Antologia“ einen thätigen Antheil genommen hatte, blieb er in der heiteren Umgebung und der regelmäßigen Thätigkeit im Grunde der Unstäte, Düstere, der er immer gewesen war. Toscana war, wie schon bemerkt, damals die liberale Oasis Italiens, und in Florenz hatte sich der immerhin zahme Widerstand gegen die Zustände des Vaterlandes concentrirt. Das Organ der kleinen patriotischen Gruppe war die „Antologia“; die Waffe war, wie zu einer Zeit in Deutschland, die literarhistorische Kritik. Kein Mitarbeiter hatte eine ätzendere Tinte als Tommaseo. Auch sollte er der berühmten Zeitschrift ihr Ende bereiten. Im Jahre 1834 ward sie zweier Aufsätze halber, die dem Zaren und dem Kaiser von Oesterreich mißfielen, beide aus Tommaseo's Feder, unterdrückt. Der gelehrte Journalist selber mußte seinen Stab weiter setzen, und wanderte nach Frankreich, noch immer der freie unabhängige Cyniker, der keine Fessel ertragen, sich nie zu einer bestimmten Anstellung, ja nur zu einer regelmäßigen Thätigkeit verbinden wollte. Seine Tonne genügte ihm bis ans Ende, und er stand nie an, jeden der ihm in die Sonne trat, und wäre es Alexander gewesen, namentlich wenn es Alexander war, mürrisch wegzuweisen. Sein kleines ererbtes Einkommen und seine Feder genügten dem enthaltsamen oder vielmehr bedürfnißlosen Manne; alle Lehrstühle, die man ihm anbot, wies er stets zurück.

Dem Dreißigjährigen ging schon ein wohlbegründeter Ruf voraus, als er ins Exil wanderte. Eine unendliche Anzahl von gelehrten und andern Aufsätzen, Broschüren, Uebersetzungen, Commentaren, vor allem sein „Dizionario de' Sinonimi" (1832), hatten seinen Namen in ganz Italien bekannt gemacht, und bald sollte er sich mit seiner immer bereiten, stets aufs schärfste zugespitzten Feder auch in Frankreich einen Namen machen. Ich glaube nicht, daß irgendein Fremder in diesem Jahrhundert das Französische mit derselben Leichtigkeit, Eleganz und einschneidenden Feinheit geschrieben als Tommaseo. In Paris war es auch, wo er seinen Commentar zu Dante, der von Jugend auf seine wie seiner ganzen Generation Lieblingslectüre gewesen war, beendigte. Tommaseo war im höchsten Grade was ich einen ungeduldigen Schriftsteller nennen möchte. Kaum hatte er eine Idee empfangen, so mußte sie auch schon auf's Papier geboren werden; kaum hatte er sie niedergeschrieben, so mußte sie auch in den Druck und vor's Publikum. Von Dante springt er plötzlich auf ein anderes Feld, sammelt, auch darin an Herder erinnernd, illyrische, dalmatische, corsische Volkslieder, und geht zu diesem Zweck selber nach Corsica, von wo ihn die Amnestie von 1838 zurückrufst. In den zehn Jahren, die folgten, veröffentlichte Tommaseo seine einzigen einigermaßen componirten Werke: Fede e Bellezza und die Memorie poetiche — einen mittelmäßigen Roman und eine unerfreuliche Selbstbiographie; freilich auch das ganz in Tommaseo's Art aus tausend Brillantscherben zusammengesetzte ästhetische Lexikon; es trug ihm einen Sessel in der Crusca ein.

Eine leidenschaftliche Natur, gepaart mit einem bittern und unverträglichen Temperament, ließ ihm keine Ruhe. In allen seinen Schriften ist eine fieberhafte Rastlosigkeit. Als Schriftsteller war er in der That, was die Franzosen einen mauvais coucheur nennen. Mit einem hervorragend kritischen Verstande und einer agressiven Gemüthsstimmung mußte er stets Alles und Alle angreifen. Obgleich Republikaner und Katholik, lebte er weder mit Mazzini noch mit dem Vatican in Frieden. Ein aufopfernder Patriot sein ganzes Leben über, bekämpfte er entschieden und beständig jede Allianz mit Piemont; und, obgleich ein erklärter Gegner der weltlichen Macht des Papstes, konnte er der herrschenden Partei die Einnahme Rom's nie verzeihen, wie er auch nie, selbst nach Jahren nicht, Cavour's Cession von Nizza und Savoyen hatte gutheißen wollen.

Selbstthätig, nicht kritisch oppositionell, griff Tommaseo zuerst 1848 in die Politik ein. Eine Rede, die er im venetianischen Athenäum gegen die Censur gehalten, ein Brief an die Bischöfe, in dem er sie aufforderte in Wien auf die Autonomie Lombardo-Venetiens hinzuwirken, hatte die Aufmerksamkeit der österreichischen Gerichte auf ihn gezogen. Er wurde, zugleich mit Manin, verhaftet im

Januar des verhängnißvollen Jahres. Natürlich wurden beide zwei Monate später freigesprochen, jubelnd vom Volke durch die Straßen der Lagunenstadt begleitet und zu den obersten Leitern der wieder erstandenen Republik ernannt. So war es Tommaseo's Einfluß zuzuschreiben, wenn Venedig das savoyische Bündniß ablehnte; und, wie's bei solchen Charakteren zu gehen pflegt, je mehr ihm die Ereignisse Unrecht gaben, desto mehr steifte er sich, in Gervinus'scher Art, auf seine Unfehlbarkeit. Tommaseo hat sich eigentlich nie mit dem Königreich Italien ausgesöhnt. Der Republikanismus und der Katholicismus saßen ihm zu tief im Blute: denn ein Gläubiger und ein gereizter Gläubiger ist er geblieben.

Als Botschafter der venetianischen Republik nach Paris gesandt, lebte er dort, wie er einst als junger Flüchtling dort gelebt, in einem Dachstübchen. Nach Besiegung der Revolution segelte der Ex-Dictator nach Corfu, wo er seine schriftstellerische Thätigkeit wieder aufnahm, hunderterlei Gegenstände in hundert Schriftchen besprach, darunter die religiöse Frage, damals wie später nach 1860, nach 1870, mit ausgesprochener Sympathie für Pio Nono, der während seiner kurzen Gefangenschaft sich für ihn in Wien verwendet hatte, unter Nachweis der Nothwendigkeit, wo nicht eines Kirchenstaates, so doch eines unabhängigen Patrimoniums für den Nachfolger Petri. Obgleich noch immer antipiemontesisch gesinnt, geht er endlich doch nach der einzigen Stadt, in der damals ein Italiener frei reden, schreiben, athmen konnte, nach Turin, wo er aufs freudigste empfangen wird, wo man ihm sogleich einen Lehrstuhl anbietet, den er, wie früher in Florenz, ausschlug, um seine Unabhängigkeit zu bewahren. Auch fühlte er sich in Turin, trotz seiner Wirksamkeit — er redigirte eine einflußreiche Zeitschrift — trotz des Ansehens, dessen er genoß, nicht heimisch. Namentlich war dem intransigenten verdrießlichen Manne des sittlichen Ernstes der gewandte, skeptische, heitere Cavour ein Dorn im Auge. Noch gereizter ward diese Antipathie nach 1859, namentlich aber nach der Abtretung Savoyens und Nizza's. Damals war es, als er sein bitterböses Pamphlet schrieb: Il segreto de' fatti palesi; bald darauf erschien sein zweites auto-biographisches Werk: Il secondo esiglio, drei ganze Bände! Auch hier noch bekommen wir mehr als billig die ewigen Recriminationen des rechthaberischen Tadlers zu hören, den nichts versöhnen konnte, am wenigsten die hohen Ehren und Orden, mit denen ihn die königliche Regierung zu überhäufen suchte.

Nach der Unification Italiens zog sich der schon seit Jahren Erblindete ganz nach Florenz zurück, fortwährend mit seinem Lebenswerke, dem Wörterbuche der italienischen Sprache, beschäftigt, das unvollendet bleiben sollte. Nur von Zeit zu Zeit gab er noch ein Lebenszeichen seines politischen und religiösen Interesses von sich in den Zeitungen: meist Ausbrüche verletzter Eitelkeit oder altjüngferlicher Frömmigkeit und Unzufriedenheit. Eigentlich konnte es ihm niemand recht machen: vor allem aber konnte er es sich selbst nicht recht machen, und das geheime Bewußtsein davon verstimmte ihn nur noch mehr. Nur wenige suchten ihn noch in seiner Einsamkeit auf: wer ihm nahe gekommen, fürchtete die nicht immer schonenden Ausfälle seiner Laune.

Fragt man sich aber beim Schluß eines so ereignißvollen, unausgesetzt thätigen Lebens: welche Resultate denn eigentlich vorliegen, so kann man eben nicht anders als constatiren, daß dieser scharfe Verstand, diese riesenhafte Gelehrsamkeit, dieses wunderbare Gedächtniß, diese stylistische Begabung — Tommaseo, obschon manchmal etwas manierirt und gequält im Ausdruck, ist doch einer der besseren Meister der italienischen Prosa — dieser rastlose Fleiß, diese antike Ehrenhaftigkeit, diese Zähigkeit des Charakters und der Gesinnung doch nichts dauerndes in Werk oder That zu vollbringen vermochte.

„So oft it chances in particular men
That — -- — — — — --
— — — — the dram of ill
Doth all the noble substance often dout . .“

Dieser eine Fehler aber, der so viele und so große Eigenschaften des Mannes fortwährend hemmte und lähmte, war, wenn wir nicht irren, ein überreiztes Selbstgefühl. Wenn trotz alledem ganz Italien bei der Nachricht von seinem Tode so tief erregt wurde, wenn es Tommaseo einen Platz neben Garibaldi, Mazzini, Manin und Manzoni einräumt, so ist es nicht der Mangel an Perspective, der den Italienern eigenthümlich ist und sie so oft zu den sonderbarsten Parallelen verleitet; auch nicht jene andere Eigenthümlichkeit des italienischen Volkes: die etwas gar zu willige Bewunderung jedes einigermaßen überlegenen Mannes — gewiß eine liebenswürdigere Schwäche als das deutsche Bekritteln jeder Superiorität, die den Erfolg noch nicht für sich hat. Noch weniger ist es seine ephemere Regierung der venetianischen Republik, obschon er in deren Vertheidigung große Energie und Festigkeit an den Tag legte; oder gar seine literarischen Werke, welche die aufsteigende Jugend kaum noch liest. Es ist das Leben des Mannes und das Beispiel, das er der Nation gegeben, welches ihm eine so hohe Stelle anweist in der Geschichte der politischen Wiedergeburt Italiens. Die schlichte Entsagung, mit der er ohne je zu murren die lange Nacht der Blindheit ertrug; die unermüdliche Beharrlichkeit, mit der er bis zur letzten Stunde seines Lebens fortarbeitete — denn er saß über dem Werke, das stets seinen sichtbarsten Rechtsanspruch auf den Ruhm ausmachen wird, dem Wörterbuch der italienischen Sprache, als der Tod ihn überraschte. In einer Stellung, wo er Wohlhabenheit, Popularität und Ehren hätte gewinnen können, hat er sie immer verachtet, und ist als armer Mann gestorben, wie er als armer Mann gelebt hat. Als die Ereignisse Alles um ihn her verändert hatten, durfte er mit Horaz ausrufen;

„Mihi res, non me rebus submittere conor“

und wacker in der That schwamm er sein ganzes Leben über gegen den Strom, treu seinen gleich unpopulären Idealen: Republik und Religion. So spricht denn die Inschrift, die bei der Leichenfeier den 7. Mai über dem Thore von Santa Croce zu lesen war*), wohl den Gefühlen der Nation, wenn sie sagt:

„Für die Christenseele Niccolò Tommaseo's, des Dalmatiers, bittet Gott um Frieden in dieser Kirche, in der

---

*) Verfaßt von dem ausgezeichneten Philologen, Prof. J. del Lungo, dem gelehrten Herausgeber Dino Compagni's.

Florenz einen so reichen Schatz großer Männer und unsterblicher Hoffnungen im Namen Italien's bewahrt, das italienische Volk, von einer See zur andern, vereinigt in dem Schmerz um das gemeinsame Leid und im Andenken an die Gesinnungen, für welche er, zum Besten Italiens, schrieb, handelte und litt."

Mai 1874.

Giosue Carducci's neueste Gedichte.

Ein Bändchen neuer Gedichte von Carducci; so gut wird's einem nicht alle Tage.*) Viele sind's freilich nicht; aber wenn's erlaubt wäre eine dreiste Hand an die bescheidenste Zeile eines Alten zu legen, so möchte man wohl hier, mit leichter Umsetzung der Worte, Martials knappen Vers wiederholen: Sunt ***mala,*** sunt quaedam mediocria, sunt ***bona*** plura. Und giebt es wohl viele poetische Sammlungen heutzutage, von denen man dasselbe zu sagen versucht wäre? Giosuè Carducci (sein Kriegsname war lange Enotrio Romano) ist ohne Zweifel der bedeutendste Dichter, den Italien seit Leopardi's Tod hervorgebracht — ja, ich wage weiter zu gehen, Europa hat, seit es Heinen verloren, nicht Viele auftreten sehen, welche ihm gleich kämen, und selbst der helle Stern des Westens, Bret Harte, verbleicht etwas vor diesem Glanze. Freilich wird Carducci nicht jedem zusagen, und seine neuesten, vollendetsten Gedichte werden noch mehr und noch mehrere verletzen als alle früheren. Für zarte Ohren ist seine Sprache nicht gemacht;

---

*) Nuove Poesie di Enotrio Romano (Giosuè Carducci). Volume Unico. Imola. Ignazio Galeati e figlio. 1873.

auch ist überhaupt seine Muse keine freundlich lächelnde, heiter gesellige, nachsichtig milde:

No, le luci non ha di Maddalena
Molli e del pianger vaghe;
No, balsami non ha la mia Camena,
Per le fetenti piaghe.

Carducci ist ein gebildeter und genialer Baudelaire, der da glaubt, was er dichtet. Aber ein Baudelaire, wird man einwenden, der Genie, Bildung und Gesinnung hat, ist kein Baudelaire mehr. Doch wäre ein solcher Einwand speciöser als schlagend. Baudelaire hat den äußersten Cynismus in die reichste Form gekleidet, welche seine Sprache ihm bieten konnte: dasselbe thut Carducci; nur ist bei ihm Natur was bei jenem Absicht ist; nur findet er stets mühelos, wo jener peinlich sucht; nur athmet hier Alles überströmende Gesundheit, wo dort ekle Krankheit wohlgefällig ihre Pestbeulen aufdeckt; nur macht bei dem Italiener wirklich indignatio versum, während sie beim Franzosen ihn blos einzugeben scheint. Auch steht unserem wiedererstandenen Hellenen der Geschmack des Classikers stets als rathender Mentor zur Seite, und bedeutet ihn, wo Trivialität am Platz ist, wo nicht; vor allem seine Meisterhand spielt das weichste zugleich und stärkste, das volltönendste und reichste der Instrumente, nicht das, für den poetischen Gebrauch wenigstens, unbiegsamste, ärmste, klangloseste. Zudem hat Carducci mehr als eine Saite an seiner Leier, und wer des Cynismus, selbst des farben- und formenreichsten, überdrüssig wird, hat nur das Blatt zu wenden, um sein Auge am lieblichsten Idyll zu weiden, um der süßesten Elegie zu lauschen. Heidnisch unmittelbar, kräftig wie der Geruch des frisch umgewühlten Ackerfeldes, ist das wunderbare Sonett an den Ochsen; Goethisch gefühlt ist der Zusammenhang des Menschlichen mit der Natur im Gespräch mit den Bäumen. Eine Schilderung, wie die des Spazierganges der beiden Liebenden auf dem Kirchhof unter rieselndem Regen ist von einer dichterischen Wahrheit und Evidenza, wie sie nur den ganz wenigen Günstlingen der Muse vergönnt ist in Worten hervorzuzaubern.

Gelido il vento pe' lunghi e candidi
Intercolonnii ferìa: su i tumoli
  Di garzonetti e spose
  Rabbrividian le rose
Sotto la pioggia che, lenta assidua,
Sottil, da un grigio cielo di maggio
  Battea con faticoso
  Metro il piano fangoso.

Plastisch wie eine antike Statue, und dabei farbenhell wie ein Rubens, tritt die blonde Maria der Maremma-Idylle vor uns hin auf dem Hintergrunde des gesunden, einfachen Bauerlebens im Style des alten Latiums. Beinahe einzig in der modernen italienischen Poesie ist die lyrische Verherrlichung des Weines; man wird an die Alten, an die besten unserer unzähligen deutschen Trinklieder erinnert, was freilich dem Dichter seine nüchternen Zeit- und Landesgenossen nicht verzeihen werden. Ist doch ihrer gesitteten Anständigkeit das Gefühl für das Poetische in der Bacchusgabe ganz abhanden gekommen.

Indeß bleibt die Satire doch der liebste Tummelplatz des Dichters: nirgends ist er origineller, mächtiger. Das ist nicht die feine und heiter lächelnde Plauderei Montaigne-

Horazens; das sind nicht die schweren Keulenschläge Juvenals, nicht Parini's klatschende Peitschenhiebe, noch die Streiche, die, wie ein glitzernder Arlecchino durch die Maskenmenge gleitend, Guiseppe Giusti, bald mit der Pritsche, bald mit der schwanken Gerte rechts und links austheilt; das ist der schwirrende Bogen des Archilochos, und wir glauben das Wimmern des Lykambes und seiner Töchter zu vernehmen, die der Unbarmherzige getroffen mit seinen vergifteten Pfeilen. Gerecht oder ungerecht, eingegeben vom Haß oder von der Entrüstung, reißt diese Satire uns mit fort. Der derbe Ausdruck vermag uns nicht zu beleidigen; denn man sieht, es ist nicht Gefallen am Schmutz, es ist die Heftigkeit der Leidenschaft, welche ihn inspirirt. Grausam, unerbittlich schüttet er seinen Köcher aus, selbst über brave Leute, die's nicht so streng verdient hätten; und doch können wir dem unerschrockenen Schützen nicht gram werden. Was liegt uns daran, ob die unschuldigen Opfer bluten mit den schuldigen; ob die Knute fällt, wo's der Ruthe genug war? Wir sehen den Züchtiger vorübersausen auf seinem Brandfuchs, strahlenumglänzt gleich Eugène Delacroix' Phöbus, strahlensendend, tödtliche Strahlen, und die Ungeheuer der verpesteten Niederungen sich bäumend, sich krümmend in der versengenden Gluth seiner Dichtermajestät.

Avanti, avanti, o sauro destrier della canzone!
L'aspra tua chioma porgimi, ch'io salti anche in arcione,
  Indomito destrier.
A noi la polve e l'ansia del corso, e i rotti venti,
E il lampo delle selici percosse, e dei torrenti
  L'urlo solingo e fier.

Wer gewisse Lieder liest, beginnt zu begreifen, was die Alten erzählen von dem Selbstmorde dessen, den die rabies des Archilochos getroffen, proprio iambo. Gleich im ersten Gedichte, A certi censori, sind drei Porträte von der mitleidslosesten Aehnlichkeit! Und welche Sprache! Selten war classischer vollendetere Form von brennenderer Leidenschaft beseelt. Auch die Eigennamen fehlen nicht, und wie in Bronce gegossen bleiben die Züge für ewig stehen: so leben, Dank Pascal, Dank Voltaire, für ewig die Namen Escobars und Frérons. Daran waren wir nicht mehr gewöhnt im Vaterlande der Rücksicht, und, oh, wie einem der reinigende Sturmwind wohlthut nach all dem schwülen Gesäusel in Prati's monotoner Aeolsharfe! Wie einen der Strom dieser mächtigen Symphonien, erweckt, ergreift, trägt, wenn man eingeschlafen war unter dem Geklimper der Aleardischen Guitarre!

Auch ist nicht alle Satire persönlich. „Der Gesang Italiens beim Betreten des Capitols" — um nur eines zu citiren — ist wie der Gewissensschrei Italiens selber, der sich aus beklemmter Brust hervorringt. Er ruft aus, was gar manchem Italiener tief am Herzen nagt, wenn er's auch sich und andern nicht zu gestehen getraut: Weniger eigne Kraft als fremde Gnade oder fremdes Interesse haben dir dein Vaterland erobert. Was du auch früher gewagt und gelitten haben magst, die Entscheidung fiel nicht durch dich. Was du selber dazu gethan, war nicht so sehr würdevolle Mannesthat, muthiges Opfer, Einsetzen des Lebens, daß dir das Leben gewonnen sei: es war Klugheit und Mäßigung, weise Schonung und behende Gewandtheit. In weichen Socken bist du aufgetreten, um ja niemanden aus dem Schlafe zu wecken; aus der Vorsicht und dem „Tacte" hast du der Tugenden höchste gemacht. Kein Fenster hast du erbrochen, das verätherisch hätte klirren können; gestohlen hast du dich ins Erbe deiner Ahnen, erstohlen hast du dir die Hauptstadt, während die beiden mächtigen gefürchteten Schutzherren auf Leben und Tod rangen.

Zitte, zitte! Che è questo frastuono
  Al lume della luna?
Oche del Campidoglio, zitte! Io sono
  L'Italia grande e una.

— — — — —

Brava
Io fui tanto e sottil, che sono entrata
  Quand'egli (Brennus) se ne andava.

So von der Metze Fortuna protegirt, rechts und links sich verbeugend, dich windend zwischen dem Kepi und der Pickelhaube, stets auf den Knieen, kamst du zum Ziele:

Cosi la eredità vecchia di Troia
  Potei raccapezzare
A frusto a frusto, via tra una pedata
  E l'altra, su bel bello:
Il sangue non è acqua: e m'ha educata
  Niccolò Machiavello.

Und nun, da du endlich dein eigener Herr zu sein wähnst oder vorgiebst, suchest du nicht, an's Dienen gewöhnt, schon mit den Augen den neuen Gebieter? Gestern noch klatschtest du dem Turco Beifall:

. . . oggi i tuoi bimbi gravi
  Si vestono da ulani.

Angelangt da oben, wie schmiegest du dich und biegst dich; wie fürchtest du dem Pfäfflein auf die Füße zu treten, der dir denn doch am Ende die Pforte des Himmels verschließen könnte; wie lebst du von Mitteln und Mittelchen, wie streichest du wechselnd dein gebrechlich Kütschlein an, bald grün, bald blau, und bleibt doch immer dasselbe.

E cosi d'anno in anno, e di ministro
In ministro, io mi scarco
Del centro destro sul centro sinistro
E'l mio lunario sbarco;
Fin che il Sella un bel giorno, al fin del mese,
Dato un calcio a la cassa,
Venda a un lord archeologo inglese
L'augusta mia carcassa.

Das Messer schneidet tief, viel zu tief sicherlich, und doch, wer sollte zweifeln, daß es selbst so wohl thut: ferrum sanat. So übertrieben das Gefühl auch sein mag, so grell der Ausdruck dieses Gefühls, es ist gut, daß es existirt. Es giebt kein besseres Zeichen für Italiens Zukunft, als daß, der Nothwendigkeit, der Ohnmacht zum Trotz, mit der sich Italien in seinen eigenen Augen so leicht entschuldigen könnte, doch der Jugend das Blut in die Wangen steigt, wenn sie daran erinnert wird, daß es ihr nicht gegeben war, ihre Hauptstadt dem übermüthigen Protector zu entreißen; und, wie wahnwitzig auch vor dem nüchternen Verstande die Unternehmen von Aspromonte und von Mentana sein mögen, es ist ehrenvoll, daß es Italiener giebt, welche Aspromonte und Mentana nicht vergessen, und nicht müde werden zu klagen, daß Italien seine Vollendung nicht auf diesem Wege gewinnen konnte. Das werden nun freilich die meisten ihrer Landsleute gewiß nicht zugeben wollen, und da kein Volk der Welt einen kitzlicheren Patriotismus besitzt, so werden sie gar bitter über die Ungerechtigkeit des Dichters klagen. Sie wollen nun einmal nicht einsehen, daß man Jemanden lieben kann und ihm doch unangenehme Wahrheiten zu sagen hart genug ist; während doch gerade die Männer, welche die italienische Empfindlichkeit am wenigsten geschont, sich noch immer als die besten Freunde ihres Vaterlandes erwiesen haben. Sind aber die unangenehmen Wahrheiten gar so offenbar übertrieben, wie sie es bei dem poetischen Jeremias sind, dessen neueste Zornergüsse wir hier mittheilen, so kann man sich denken, wie der Patient aufschreit.

Sobald unser Dichter die Waffe der Satire wegwirft und, anstatt sich vom Kampfplatze zurückzuziehen und ins stille Landleben zu seiner blonden Maria oder auch in seine friedliche Bibliothek*) zu flüchten, den Streit mit dem Hymnus der Begeisterung weiterführen zu können glaubt, scheint sein Arm wie seine Stimme sofort zu ermatten. Eine kräftige, gedrungene Originalität des Ausdrucks und des Gedankens macht platten Gemeinplätzen und großen Worten Platz: es ist, als ob der Dichter abdanke, es einem Schüler überlasse, den Kampf auszukämpfen. Man lese z. B. gleich im ersten Gedichte die rhetorischen Stolbergs-Phrasen über die „Tyrannen" und „den bleichen Jüngling, der den Tod für die Freiheit träumt", welche, freilich nach

*) Giosuè Carducci ist einer der gelehrtesten und scharfsinnigster Kritiker Italiens. Seine Ausgabe Angelo Poliziano's ist ein wahres Meisterwerk.

einem wunderbar poetischen Uebergang, sich an die obenerwähnten satirischen Porträte großartigen Styls anschließen, wie ein Zimmer voll moderner Gypswaaren aus einem Modeladen an einen Saal der Renaissance, den edle Sculpturen des Alterthums schmücken. In dem Poëm an einen „Heinianer Italiens“ ist das Gegentheil der Fall. Es schließt mit einem aristophanischen Hohngesang auf die italienischen Nachahmer, der nicht niederschmetternder und nicht lebendiger sein könnte, während er mit einem Phantasie-Porträt Heine's beginnt, das auch nicht die geringste Aehnlichkeit mit dem deutschen Dichter hat, und worin der Italiener einfach sich selber im Spiegel malt. Er nimmt Heinen viel zu sehr beim Worte, glaubt an Heine'sche sittliche Entrüstung, an Heine'sches Apostolat u. s. w. Der Gassenjunge, der „Juddebub“ in Heine entgeht ihm gänzlich. Wohl Wenige unserer Generation haben die Gelegenheit gehabt, Heine, den Dichter und den Menschen, genauer zu kennen, als der Schreiber dieser Zeilen und er weiß besser als irgend einer, welch unerschöpflicher Quell von Geist und Witz da immerfort sprudelte, welche künstlerische Gewissenhaftigkeit — Rahel sagte von ihm: er habe ein Sieb in seinem Ohre, das nichts Geschmackloses durchlasse — welche dichterische Redlichkeit in dem Manne war, mehr als das, welche Herzensgüte sich mit seiner Genialität vereinte; aber — uns Heinen als einen heldenmüthigen Tyrtäus, als einen Blutzeugen des neuen Evangeliums darstellen zu wollen, das heißt uns denn doch zu viel zumuthen, selbst von Seiten eines Poeten.

Es ist eben wieder einmal der leidige Perspectivfehler, der uns so vieles an dem wirklich großen Talente Carducci's verdirbt. Der Mann ist noch auf der kindlichen — um nicht zu sagen kindischen — Stufe, auf der alles in Zeit und Raum Entfernte schön und groß erscheint, alles Naheliegende aber häßlich und mesquin ist. Omne remotum pro magnifico. Nun ist bei einem Greise diese Gewohnheit, den laudator temporis acti zu machen, manchmal recht liebenswürdig, immer ganz natürlich; wie's nun einmal im Wesen des Menschengeistes ist, leiht er den Gegenständen, was ihm selber gehörte: den Glanz der Jugend. Aber wenn ein junger Mann sich alles Ernstes einbildet, unser Jahrhundert sei die Zeit der Gesinnungslosigkeit, Feigheit und Gemeinheit par excellence, das Ferne aber, das er nur abstract, nicht concret sieht, sei eitel Ehrsamkeit und Tugend, so beweist er dadurch blos, daß es ihm total an philosophischem Blicke fehlt, und den braucht doch wohl ein moderner Dichter. Kann er nicht wie die Halbgötter des Parnasses, wie ein Shakespeare, ein Goethe, die Welt und die Menschheit sehen wie sie sind, im Guten und im Bösen, und sie in dieser göttlichen Unparteilichkeit wiederspiegeln, so mag er sie immerhin, je nach seinem Temperament (wie wir's ja Alle thun), optimistisch oder pessimistisch ansehen, das muß er mit sich selber ausmachen, und es will uns bedünken, als ob Carducci wie Leopardi entschieden zur letzteren Anschauungsweise hinneige — aber Zusammenhang, Einheit muß doch in der Weltauffassung sein, wie sie denn auch gerade bei Leopardi überall durchgefühlt wird. Ein Dichter, der da glaubt: alles Schöne und Erhabene, wie alles Häßliche und Gemeine der Menschheit gehöre einer Zeit an, kann die Menschennatur nicht begriffen haben, und das gehört doch wohl zum Dichter. Auch heißt es, sich die Sachen doch gar zu bequem machen, da man nicht gestehen will, daß die Menschheit eben doch nicht viel taugt, sich an den Zeitgenossen zu halten, und den nun der Vorwelt zu Ehren in den Koth zu ziehen. Jedenfalls beweist es, daß man die Welt nicht kennt, und „keck aus seinem heißen Kopfe der Dinge Maß nimmt, die sich selber richten.“ Das fühlt denn der heißköpfige Dichter doch auch manchmal selber:

Che mai canta, susurrano, costui torbido e sol?
Ei canta e culla i queruli mostri della sua mente,
E quel che vive e s'agita nel mondo egli non sente.

Solche Anwandlungen der Aufrichtigkeit und des Besinnens aber sind selten und dauern nicht lange: gar bald hat die „Partei“ den Dichter wieder. Dagegen wäre nun nichts einzuwenden: auch Aristophanes war ein Mann der Partei — freilich der entgegengesetzten; aber das Credo der politischen Partei, zu der Hr. Carducci geschworen, ist eben ein gar armseliges und vor Allem ein gar unpoetisches. Solange es nicht unmittelbar selbst in den Vordergrund tritt, und der Poet sich begnügt, den Krieg ins feindliche Lager zu tragen, ist alles recht gut, und wir — obschon unverbesserliche Conservative und unerschütterliche Patrioten — ergötzen uns gern an den pittoresken und plastischen Carricaturen, die unsere Parteigenossen, unser Vaterland, ja unsern alten Kaiser selber ins Lächerliche ziehen; aber nun will der Künstler doch auch seine Götter malen; allein, o Jammer, da hilft selbst sein Talent nicht aus: sie sind zu nichtssagend, als daß der geniale Maler etwas aus ihnen machen könnte. Dazu kommt noch, daß der Hohn offenbar dem Manne viel natürlicher ist und ihn ganz anders inspirirt als der Enthusiasmus. Liest man gewisse Hymnen auf die Freiheit, so glaubt man versificirte Briefe Garibaldi's aus Caprera zu lesen. Es ist das sehr charakteristisch für südliche Dichter, und erklärt uns gar manches, selbst bei den Alten, etwa wie die durchaus natürlichen, keineswegs affectirten Attitüden unserer italienischen Volksmänner uns jene Schlagworte und Posen plutarchischer Helden erläutern, die wir nüchterneren Nordmänner so oft versucht sind, als rein theatralische Effecte anzusehen. Ebenso können wir eine große dichterische Begabung uns nur schwer mit einem ganz hohlen Ideal zusammenträumen. Bei uns ist eben immer das Ideal reich, während die sinnliche Form oft arm, öfter geschmacklos ist. Uns wird es demnach nie leicht werden, zu verstehen, wie ein bedeutender Mensch, der über die Marquis-Posa-Jahre hinaus ist, sich noch immer mit Worten begnügen, ja berauschen kann, an der Oberfläche kleben bleibt, jeden Kleon für einen Gracchus hält, jeden Cäsar für einen Nero; wie eine dichterische Natur auf die nüchternsten aller Menschlichen, auf Marat, Robespierre und Saint-Just Hymnen dichten und an dem Evangelium von 1793 Gefallen finden kann; wie ein Mann, der gedacht und gelesen hat, den Despotismus bewundern mag, sobald er nur eine rothe Mütze trägt, und in die blinde Wuth des Stiers geräth, dem ein rothes Tuch vorgehalten wird, sobald er nur eines Thrones ansichtig wird, mag auch die unbedingteste Freiheit und die schönste Cultur sich um und unter diesem Thron entfalten.

Und wenn der Dichter sich nun einmal durchaus „auf die Zinne der Partei“ stellen will, so mag er's immerhin thun, wenn er sich dadurch auch, zugleich mit der Billigkeit, der höheren Einsicht begiebt: aber dann wähle er doch wenigstens einen Parteistandpunkt, welcher eine künstlerische Auffassung erlaube. Man wird uns nicht glauben, wenn wir ohne Parteileidenschaft und Parteivorurtheil zu sprechen behaupten, indem wir zugeben, absolut nicht zu begreifen, wie ein Denker, ein Historiker oder ein Künstler, der den Namen verdient, allen Ernstes Jacobiner sein kann. Jedes andere politische Ideal, welches die Culturwelt gekannt, lehnt sich doch an etwas, geht aus von etwas, das im Gefühl, in der Phantasie, in der Sittlichkeit, dem Gedanken oder wenigstens einem permanenten Interesse der Gesellschaft liegt; das französisch-republikanische Ideal aber ist rein inhaltslos, eine bloße Form, wenn's hoch kommt, ein Product des mechanischsten Rationalismus. Man kann sich denken, wie eine derbe, einfache, schlichte Bauernrepublik, gleich derjenigen des alten Latium oder unserer Ditmarschen, für sittlich gestimmte Naturen etwas Verführerisches hat; wie das Patriarchenthum früher Zeiten das Gemüth ansprechen mag. Auch das legitime Königthum von Gottes Gnaden appellirt doch immer an ein höheres Princip. Die constitutionelle Monarchie hat die Idee des Vertrags, gegenseitiger Pflicht, und die personificirte Continuität der Nation als Voraussetzung und Grundlage. Die Tyrannis beruht auf dem Höchsten im Menschen, auf der Macht der Persönlichkeit; der Feudalismus, auf dem Innigsten des Gemüthes, der persönlichen Treue. Die Aristokratie, sei sie nun Waffenadel oder städtisches Patriciat, hat ihren Ursprung in der Tüchtigkeit, dem männlichen Zusammenhalten, und bewahrt ihre Macht durch Tradition, Pietät und ein ausgeprägtes Gefühl der Würde. Wie unheilvoll auch factisch die hochfliegenden Ansprüche einer gregorianischen Theokratie oder einer Dante'schen Universalmonarchie gewesen, wie utopisch auch der platonische Traum eines von „Philosophen" gelenkten Staatswesens sein mögen, da ist überall ein Höheres, Selbstloses, das angerufen wird; ja sogar im Communismus ist ein tiefer warmer Zug der Menschlichkeit nicht zu verkennen. Aber umsonst suche ich in dem Ideal von 1793 irgend etwas, das einem tieferen Gedanken oder einem berechtigten, dauernden, realen Interesse entspräche, das auf Selbstvergessen als auf eine Pflicht hinwiese. Ich stoße nur auf sesquipedalia verba: zum höchsten auf eine Art chinesischer Conception des Staates, welche die Persönlichkeit neutralisirt, alles auf wohlverstandenen Egoismus, sicheren Besitz und Genuß zurückführt, mit der Vergangenheit bricht, an die Stelle des Organismus den Mechanismus setzt, und schließlich praktisch die Gebildeten unter die Herrschaft nicht etwa der Ungebildeten brächte — die wäre zu ertragen, denn der Ungebildete ahnt die Harmonie der Gesellschaft, welche der Gebildete erkennt — nein der Halb- und Viertelgebildeten, d. h. der Arbeiter, Handwerker, vornehmlich aber der Kleinbürger der Städte, wenn sie den Staat nicht, wie in Nordamerika, sammt und sonders den Schwindlern und Unsauberen ausliefert. Auch die anderen politischen Organisationen führen praktische Nachtheile in ihrem Gefolge, ja sittliche Gebrechen, als Heuchelei, Servilität, Schlendrian, Hochmuth und so vieles andere, das sich freilich auch in der modernen Demokratie wiederfindet; aber sie lassen doch immer Raum für die Persönlichkeit, die in der Demokratie sich nur durch Confiscation der Demokratie, d. h. durch Cäsarismus, geltend machen kann.

Zur Noth begreift man noch, wie dieses prosaisch nüchterne Ideal, dessen Verwirklichung die unumschränkte Herrschaft der Mittelmäßigkeit stabiliren würde, welches in seiner kalten Abstraction geradezu die Verneinung der Kunst wie der Geschichte, wie überhaupt des organischen Lebens ist, vor einem halben Jahrhundert, als es noch eine gewisse Jugendfrische besaß — die Franzosen nennen das la beauté du diable, und meinen, das nichtssagendste Mädchengesicht habe sie einmal im Leben — man begreift, sage ich, wie zur Zeit der Juli-Revolution ein französischer Dichter, wie Auguste Barbier, dessen Grundzug tribunicische Rhetorik ist, daß ein aus preußischem Junkerthum geflüchteter Widerspruchsgeist, halb Romantiker, halb Jude, sich für das Ideal von 1793 habe begeistern können — aber ein Classiker wie Carducci, ein poetischer Polytheist im Jahre 1873, wenn jenes Ideal sich nur all zusehr rings um uns her verwirklicht hat, der sollte doch wahrlich den Anachronismus nicht begehen, seiner eigenen Natur nicht so weit untreu werden, daß er sich vor der Déesse Raison, dem Etre Suprême oder auch nur vor dem Mene Tekel der liberté, égalité, fraternité in den Staub lege. Mich will's bedünken, als ob es Heine, noch mehr als Barbier, dem Italiener angethan. Die Seite Heine's, die wir lange überwunden haben, die nur der Mode jener Zeit ihre vorübergehende Popularität zu danken hatte, nicht aber, wie bei Barbier, in der nationalen und individuellen Natur begründet war, sie scheint Carducci besonders imponirt zu haben; und seine Nachahmungen dieser schon im Original falschen Manier gehören nicht zum Glücklichen in seiner Sammlung: wir werden der repubblica vergine, der repubblica santa — es handelt sich von der Robespierre's und Gambetta's — bald genug müde.

Und nicht allein die hochtrabende Juli-Phraseologie Heine's, auch seine schlechten Witze — denn Heine war der Meister im schlechen Witz, wie er es im guten war — hat er ihm nachgemacht: das „Madame, ich liebe Sie," jener Vergleich zwischen Immanuel Kant und Maximilian Robespierre — die Vornamen spielen eine Hauptrolle in dieser Heine'schen Manier — deren einer Gott, der andere den König guillotinirt, das „du alter Frühling, du langweilst mich", und so vieles andere, ist treulich wiedergegeben.

Auch die wirklichen Uebersetzungen sind nicht zum Gelungenen zu zählen, weder die Heine'scher noch die Platen'scher Dichtungen. Ueber die Wörtlichkeit wollten wir schon nicht klagen, obgleich man sie heute denn doch etwas übertreibt und das Original, anstatt es, wie in einem geistreichen Stahlstich, mit ganz verschiedenen Mitteln auf ganz verschiedene Weise erst in sich und dann für andere wiederzuschaffen, chromo-lithographisch reproduciren will, woraus denn immer etwas ungefüges und total irreführendes wird. Schlimmer ist die ebenfalls in Italien erst seit einiger Zeit, unter uns Deutschen schon früher in Aufnahme gekommene Manie, die prosodischen Maße des Originals servil zu copiren. Der wahre Uebersetzer — wenn's denn durchaus Uebersetzer geben muß — sollte stets nur den Vers anwenden der in seiner Sprache für ähnliche Gegenstände und Stimmungen gebraucht wird. So sollte man z. B. den zwölfsylbigen französischen Alexandriner, wie den griechischen jambischen Trimeter im Deutschen stets nur durch den fünffüßigen Jambus, den Hexameter von Horazens Satire nur in Wieland'schem Bummelvers, die tragischen Chöre der Attiker nur in Schiller'schen Reimen wiedergeben, um dem Geist des Originals wie dem unserer Sprache treu zu bleiben. Hr. Carducci irrt sich sehr, wenn er glaubt, daß seine holprigen, peinlich correcten Nachahmungen des „Königs von Thule", des „Pilgrims von Sanct Yust" oder des Heine'schen „Gangesliedes" irgendwie den Tonfall der deutschen Gedichte oder gar das Anschmiegen der Form an das Gefühl hervorbringe, das wir an jenen bewundern; viel besser hätte er frischweg die Form des stornello, des Sonetts und der Terzine angewandt. Sehr gelungen wollen mir dagegen die Uebersetzungen der „Weber", „Karls I." und des „Kaisers von China" bedünken. Hier nähert sich der Dichter wieder der Satire, und auf dem eigenen Grunde fühlt er sich wieder sicher und gewandt. Noch mehr freilich fühlt er sich wohl und von der Welle getragen, wenn er der Satire die classische Form geben kann; denn im Grund ist doch Carducci noch immer, wie bei seinem Début, ein impönitenter Classiker.

Als Vorkämpfer des guten alten Classicismus — nicht des arkadisch-conventionellen, sondern des echten hellenischen — wie ihn sein Landsmann Angelo Poliziano verstand, hatte er sich einst in seinen „Juvenilia" offenbart; wenn auch noch manchmal etwas Seicentismus mitunterlief; als ein Vorkämpfer des antiken Classicismus zeigte er sich noch vor wenigen Jahren in den „Decennali", und auch heute wieder tritt er auf als Vorkämpfer für das gute alte ambrosische Recht des Menschen- und Götterfrühlings von

Hellas. Da mag denn manchmal immer noch etwas zu viel Mythologie, latinisirende Wortstellung, complicirte Inversionen mitunterlaufen; man vergißt es gerne, sobald man an Gedichte kommt wie jenes, welches den classischen Sonnengott gegen die romantische Mondgöttin vertheidigt:

„Su le guglie gotiche ti adorni
Di lattei languori
E civetti a' poëti perdigiorni
E a' disutili amori.
— — — —
Odio la faccia tua stupida e tonda
L'inamidata cotta,
Monacella lasciva et infeconda
Celeste paolotta.*)

Das ganze Gedicht ist reizend, voll heidnischen Naturgefühls und robuster Sinnlichkeit, schön gedacht und gesagt, schöner gefühlt und gesehen, und selten hat wohl der Sonnencultus einen einfacher poetischen Ausdruck gefunden als hier. Auch das Lied „Panteismo" gehört hierher, ebenso das letzte der drei Primavere elleniche. Man fühlt, das Heidenthum des Mannes ist keine Rolle, in die er sich hineingedacht; es ist Natur und Wahrheit, wenn er, ein poetischer Julian Apostata, ausruft:

Muoiono gli altri Dei: di Grecia i numi
Non sanno occaso: ei dormon ne' materni
Tronchi e nei fiori, sopra i monti i fiumi
I mari eterni.

*) Dies der Name, den die Italiener den Klerikalen geben.

Nein, so dichtet, so fühlt nur ein wahrer Gläubiger, und die unvergängliche Macht des Alterthums spricht wieder einmal unmittelbar zu uns durch einen der Beneidenswerthen, die man für jene Günstlinge der Camöne halten möchte, von denen Horaz singt:

Graiis ingenium, Graiis dedit ore rotundo
Musa loqui.

November 1873.

Bei Gelegenheit einer italienischen „Faust"-Uebersetzung.

Die Uebersetzungen aus dem Deutschen ins Italienische mehren sich auffallend in den letzten Jahren und liefern neue Beweise, daß nach und nach der Einfluß deutscher Cultur die einst allmächtige Herrschaft der französischen Bildung in der Halbinsel zu erschüttern anfängt. Anfängt! müssen wir wiederholen. Noch ist das ganze Geschlecht derer, die Italien wieder hergestellt haben, in französischen Anschauungen befangen, politisch, philosophisch, literarisch; am wenigsten freilich in letzter Beziehung, wo die Emancipation von der französischen Lehrmeisterin schon ziemlich weit vorgeschritten ist. Natürlich hatte und hat die deutsche Literatur, und folglich auch der deutsche Geist eine Schwierigkeit zu überwinden, welche dem Eindringen der französischen Bildung nicht im Wege stand, dasjenige der spanischen und englischen nur in geringem Grade aufhielt: die Sprache. Und zwar ist dieses Hemmniß von viel größerer Bedeutung seit dem Beginne des vorigen Jahrhunderts als je zuvor. Die Philosophie und Wissenschaft bediente sich in Spanien und England noch der mittelalterlichen Universalsprache, des Lateinischen, als die spanische und englische Dichtung in der

Vulgärsprache schon ihren Höhepunkt erreicht, ja hinter sich hatte. Nicht so in Frankreich; und wenn die Ideen eines Montesquieu, Diderot, Rousseau ebenso schnell in Europa durchdrangen, als die der Lateinschreibenden Bacon, Hobbes, Newton, so ist es allein der Sprache zuzuschreiben, welche als eine neulateinische ihrem Wortschatze nach, als eine analytisch-logische ihrer Syntax nach, gar leicht in den Besitz der gesammten gebildeten Menschheit übergehen konnte.

So war es denn ganz natürlich, daß Italien nicht nur in den Zeiten Galiani's, Beccaria's, Filangieri's französisch dachte, daß selbst Misogallen, wie Alfieri und Monti, in französischen Formen dichteten, sondern daß noch bis auf unsere Tage die philosophische, wissenschaftliche, ja selbst die literarische Bildung überwiegend französisch war. Noch heute liest jeder gebildete Italiener über Vierzig die neueste Revue des deux Mondes, ehe er seine eigene Antologia, geschweige denn eine englische oder deutsche Zeitschrift zur Hand nimmt. Der ungeheure Anstoß, den die französische Revolution und das erste Kaiserreich dem politischen Leben des Continents gaben, trug nicht wenig dazu bei, diesen Einfluß französischer Bildung in Italien zu bestärken. Erst spät begann man, anfangs noch sehr verworren, zu ahnen, daß der französischen Geistesarbeit des vorigen Jahrhunderts eine deutsche gefolgt war, welche jene erweitert, ja überflügelt hatte und auf dem Punkte war, dieselbe in ganz Europa, wo nicht zu verdrängen, so doch ihr das Feld streitig zu machen. Merkwürdigerweise war es durch die Franzosen selber, durch das Medium französischer Sprache, daß den Italienern diese erste unklare Kenntniß von dem Ideenschatze kam, den Deutschland von Herder's Auftreten bis zu Goethe's Tode angehäuft hatte. Auch war man versucht, sich bei dieser unvollständigen Kenntniß zu begnügen, indem man immer die geheime Ueberzeugung nährte, diese neue Bildung, die letztgekommene Europas, werde doch immer nur abstracter Natur bleiben und wenig oder keine Wirkung auf das praktische Leben ausüben. Ein Anderes noch stand dem Eindringen der deutschen Ideen in Italien entgegen: die österreichische Herrschaft. Man wollte sich nicht mit einer Literatur befreunden, welche die Sprache des verhaßten Fremdherrschers sprach. Endlich drangen, beinahe zugleich mit den deutschen Ideen, die neuenglischen durch, und da sie an sich leichter zu fassen sind, als die unsèren, auch in einer leichter faßbaren Sprache sich darboten, so machten sie den deutschen eine gefährliche Concurrenz, und Italien war in Gefahr, ein Glied, und zwar das wichtigste, in der Kette europäischer Bildung zu überspringen, das deutsche.

Fassen wir nämlich den Bildungsgang Europas richtig auf, so haben die einzelnen Nationen, welche im Mittelalter gleichzeitig an der Culturaufgabe arbeiteten, seit der Renaissance aufeinanderfolgend ihren Beitrag zur Lösung derselben beigebracht: zuerst Italien (1470—1530), dann, nach siegreichem Kampfe gegen Deutschland und Protestantismus, Spanien (1550—1600). Ihm folgte England (1600—1700), an dessen Stelle Frankreich während des achtzehnten Jahrhunderts trat, bis Deutschland auch dieses ablöste und, nachdem es sich in sechzig Jahren harter Arbeit und genialen Schaffens (1770—1830) eine eigene Bildung begründet, die geistige Hegemonie auszuüben begann. Auch letzteres scheint seitdem wieder die Führung an England abgetreten zu haben. Italienischer Skepticismus hatte also spanischen Dogmatismus hervorgerufen, und der englische Empirismus war im Grunde nur eine Reaction gegen diesen. An ihn schloß sich der französische Rationalismus fortführend, erweiternd an und gab seinerseits wieder dem deutschen Historismus den entscheidenden Anstoß; es ist aber nicht zu verkennen, daß die Grundidee der deutschen Cultur die Idee der Evolution, des organischen Werdens, die Mutter der neuenglischen Idee — die Idee vom Kampf ums Dasein — gewesen ist. Diese letztere nun, wie sie schon vor Darwin durch die großen englischen Oekonomisten ausgeführt worden und seitdem sich sonderbar mit dem positivistischen Protest gegen die Metaphysik und dem Bentham'schen Radikalismus verquickt hat, ist in Italien zugleich mit der deutschen Idee eingedrungen und hat diese kaum aufkommen lassen: eine gar empfindliche Lücke in der italienischen Bildung, deren schlimme Folgen nicht ausbleiben konnten. Beinahe die ganze herrschende Partei leidet an diesem Gebrechen, es fehlt die idealistische Grundlage, und die utilitarische Rücksicht ist die bestimmende Richtung ihres Handelns und Denkens. Bislang nun freilich haben die gescheiten Leute von ausschließlich anglo-französischer Bildung, im Gefühle der erzielten Erfolge — ein wenig auch in dem Stolze der Ignoranz, die so gerne verachtet, was sie nicht kennt — etwas hochmüthig auf diese ganze deutsche Bildung, als auf eine unpraktische, theoretische, schwerfällige Masse herabgesehen. Seit aber, in den letzten zehn Jahren, die Resultate dieser so belächelten Cultur auch politisch und commerziell hervorgetreten sind, beginnen sich die Herren doch zu besinnen, und wären sie jung genug, sie würden sich gewiß an die Arbeit machen, das Versäumte nachzuholen.

Indeß hatten sich glücklicherweise für Italien selbst in jener Generation, tüchtige Einzelne, sei es durch die Umstände mit Deutschland in Berührung gebracht, sei es durch die eigene Natur zur deutschen Bildung hingezogen, dieser genähert, sie zu erfassen gesucht, sie ihren Landsleuten zu vermitteln unternommen. Ihnen hauptsächlich ist es zu danken, wenn die jüngere Generation, die Männer von Zwanzig bis Vierzig, sofern sie überhaupt arbeiten, sich vorzugsweise auf die Aneignung deutscher Bildung geworfen haben. Hier tritt in der That das umgekehrte Verhältniß ein: die Minderzahl huldigt englischen Ideen — und zwar bezeichnenderweise nicht der deutsch-englischen Strömung, sondern der französisch-englischen Strömung eines Mill und Genossen — während die Majorität sich dem Studium deutscher Philosophie und Geschichte, deutscher Wissenschaft und Literatur zugewendet hat. In dieser Generation nun ist die deutsche Poesie ebenso populär, als es in der vorhergehenden die französische war. Kein Italiener im reiferen Mannesalter, der nicht Victor Hugo und Lamartine mit derselben Liebe und Bewunderung ans Herz geschlossen, als seine eigenen Leopardi, Niccolini und Giusti. Nicht so mit den jüngeren Männern; ihnen stehen, selbst wenn sie des Deutschen nicht mächtig sind, die deutschen Dichter, vor Allen Goethe und Heine, viel näher als Musset und Béranger. Auch Schiller, Uhland, Platen sind ihnen durch Uebersetzungen näher gebracht; indeß sind es vor Allen die beiden Obengenannten, die ihnen in den vielfältigsten Versionen zugänglich und familiär geworden.

Maffei, in seinen volltönenden, mäßig declamatorischen Versen, die namentlich Schiller's etwas rhetorisirende Poesie trefflich wiedergeben, hat vielleicht am meisten dazu beigetragen, den Weg zu öffnen. Man vergißt so ganz bei seiner schwungvollen Cadenz, daß man es hier mit Uebersetzungen zu thun hat, daß der italienische Leser, erstaunt und erfreut, den gewohnten Ton zu hören, ihm willig folgte, und wenn er auch nicht immer eine getreue Idee des Originals bekam, so begann er sich doch mit dem fremden Geiste zu befreunden. Auch Zendrini's, vielleicht etwas zahme, Versionen Heine's fanden viel Beifall und haben sich auch eine große und verdiente Popularität erworben; denn sie geben mit innigstem Verständniß, feinstem Geschmack, dichterischstem Gefühl die Orginale wieder. Ihm werden freilich Chiarini's schwerfällig-genaue, Carducci's wort- und versgetreue Uebertragungen schulmeisterlich entgegengehalten, doch will uns bedünken, daß auch dieser talentvolle Dichter — möglicherweise der bedeutendste unter den lebenden — auf seiner Seite ebensoweit geht, als Maffei auf der seinen. Seine Verse — wir sprechen natürlich nur von denen seiner Uebersetzungen — sind kaum noch italienisch zu nennen, der deutsche Gedanke bleibt dem Italiener beinahe ebenso fremd und unvermittelt, als wäre er in seinem nordischen Gewande geblieben. Versmaße, die er nie gehört, grammatische Verbindungen, die ihm schier widersinnig erscheinen müssen, eine holprige Cadenz, die Einem wie ungelenke Prosa vorkommt, sollen ihm den Ton und die Weise des Originals näher bringen, erregen aber in ihm nur die Vorstellung einer bizarren Wort- und Bildanhäufung.

Nicht so Guerrieri, der verdienstvolle Uebersetzer von Treitschke's „Cavour“. Seine Uebertragungen des „Faust“ und „Hermann und Dorothea's“ *) sind wahre Meisterwerke und halten wunderbar die Mitte zwischen dem Aufgeben und dem ängstlichen Festhalten des Originals, welche die Scylla und die Charybdis der Uebersetzer zu sein pflegen. Sie sind weder Nachahmungen, wie die Maffei's, noch Photographien, wie die Carducci's.

Peruzzini hat in seiner trefflichen und reichen Auswahl deutscher Lyriker, Zendrini in „Heine", S. Menascio auch schon gezeigt, wie beide Klippen poetischer Uebersetzung wohl zu vermeiden sind; doch kommt Guerrieri hierin die Palme zu. Er giebt geistreiche, verständnißinnige, tiefpoetische Nachschöpfungen. Man denkt unwillkürlich an die herrlichen Kupferstiche vergangener Zeiten, die uns in ihrer Freiheit und durch so ganz verschiedene Mittel eine so viel treuere und im höchsten Sinne künstlerischere Idee des farbenvollen Originals gaben, als unsere Lichtbilder, welche jede Schattirung fälschen, jeder Linie eine übertriebene Bedeutung geben. Guerrieri ist in der That verfahren wie ein geistreicher und empfindender Künstler, der, sich der Verschiedenheit seines Materials ganz bewußt, nur mit den diesem Material eigenthümlichen Mitteln den Sinn des Urbildes wiederzugeben unternimmt. So übersetzte einst Wieland, anstatt im steif-holprigen, undeutschen Hexameter Klopstock's, die Episteln und Satiren des Horaz im bequemen Verse des „Nathan"; so übertrug Schiller den Trimeter des Euripideischen Dialogs und die kunstvollen lyrischen Versmaße seiner Monodien in einfache echt deutsche (sogenannte) fünffüßige Jamben und in volltönende Reime, ähnlich denen seiner Chöre in der „Braut von Messina";

---

*) Fausto. Parte Prima. Erminio e Dorotea di Volfango Goethe. Traduzioni di Anselmo Guerrieri Gonzaga. Firenze, 1873.

so derselbe Schiller und Göthe die Alexandriner Racine's und Voltaire's in jenes, unser dramatisches, Versmaß.

Das epische oder, richtiger zu sprechen, das erzählende Versmaß der Italiener ist die ottava rima; in ihr haben, seit Bojardo, Pulci, Ariost, Tasso, alle heiteren und ernsten Erzähler zu ihren Hörern und Lesern gesprochen; sie entspricht vollständig dem Hexameter der Griechen, weit mehr als unser eigener, auf einem ganz falschen Principe beruhender, durchaus künstlicher Hexameter, welcher, Dank Göthe, in unsere dichterische Sprache eingebürgert worden und, Dank seinem Genie, uns eine liebe Form geworden ist, der aber ohne dies sein Genie sicherlich ebensowenig hätte deutsch werden können, als es der alcäische und sapphische Vers je geworden sind. Um sich von der Willkürlichkeit des ganzes Processes, der auf einem colossalen, seitdem längst berichtigten Mißverständnisse beruht, eine adäquate Vorstellung zu machen, denke man sich einmal das Gegentheil, das auch wirklich existirt, das Wiedergeben des deutschen Reimes und Accentfalles in lateinischen Reimen und in Arsen und Thesen statt der Längen und Kürzen. Es wäre höchst merkwürdig zu wissen, was wohl ein Römer für eine Miene gemacht hätte zu:

Gaudeamus igitur,
Juvenes dum sumus.

Ebendasselbe ist doch im Grunde unser Hexameter mit seinen Daktylen und Trochäen, wie „lebenden" und „edelst". Doch wir reden ja nicht von deutschen Uebersetzern, sondern von Italienern, und da könnten wir nicht genug die

Methode Guerrieri's anempfehlen, stets in seiner Sprache das Versmaß auszuwählen, welches demjenigen entspricht, in welchem die fremde Nation Gegenstände wie der gerade vorliegende zu behandeln pflegt. Ist es möglich, natürlichere Verse zu schreiben und dabei doch getreuer das Original in Gedanken, Gefühl und Ausdruck wiederzugeben, als z. B. in der Strophe, in welcher die vier Göthe'schen Verse übersetzt sind, die uns Hermann's Mutter schildern, wie sie:

Stellte die Stützen zurecht, auf denen beladen die Aeste
Ruhten des Apfelbaums, wie des Birnbaums lastende Zweige;
Nahm gleich einige Raupen vom kräftig strotzenden Kohl weg:
Denn ein geschäftiges Weib thut keine Schritte vergebens.

Der Italiener versucht nicht einmal den „strotzenden" Kohl zu übersetzen, er wählt einen total verschiedenen Ausdruck, der, auf seine Weise wirkend, doch vor den Augen des Lesers ein ähnliches Bild hervorzaubert. Er denkt nicht daran, in vier Verse zusammenzudrängen, wozu er acht braucht; ihm genügt es, uns in dieselbe Stimmung zu versetzen, die im Original herrscht:

E vede il pero, e vede il pomo bellò,
Che sotto il dolce peso han curvi i rami,
E rimette i sostegni a questo e a quello,
Dove più forti appoggi il carco brami;
E toglie via da un cavolo modello,
Che anch' esso par che il suo soccorso chiami,
Alcuni bruchi che rodean le foglie;
Chè non fa un passo invan l'accorta moglie.

Noch besser als die beschreibenden und erzählenden Stellen gelingen dem Uebersetzer die etwas schwungvollen, gehobenen, wie die am Anfange des sechsten Gesanges dem fremden Richter in den Mund gelegten, worin er die Hoffnungsfreudigkeit der ersten Revolutionstage schildert:

E i primi banditor del gran messaggio
Non fûr quant' altri riveriti e conti,
Cui mai splendesse delle stelle il raggio?
Non s'eressero allor tutti le fronti?
E la lingua, lo spirito, il coraggio
Non l'attinsero tutti a quelle fonti?

Diese Göthe'sche Einfachheit, welche den Italienern seit Ariosto ganz abhanden gekommen schien, ist hier vielleicht noch bewundernswerther als der harmonische Tonfall. Doch will uns scheinen, als ob der Uebersetzer in seiner Wiedergabe des „Faust" noch größeres geleistet habe. Nur wer die romanischen Sprachen und ihre Literatur durchaus besitzt, kann sich eine Vorstellung machen, wie schwer es ist, in denselben den familiären, volksthümlichen, etwas archaischen Ton anzuschlagen, der im „Faust" vorherrscht, ohne trivial zu werden. Die Bestimmtheit aller Versformen einerseits, die Reinlichkeit und Noblesse des Ausdrucks andererseits sind den Romanen dermaßen zum Bedürfniß geworden, daß es kaum möglich scheint, Verse wiederzugeben wie:

Es möchte kein Hund so länger leben,

ohne sie entweder recht gesittet zu umschreiben oder aber die Entrüstung aller Leser herauszufordern. Guerrieri hat es gewagt, durch Anschlagen des alten Tones, wie er so vielfach im Morgante Maggiore, mehr noch in den Rappresentazioni oder Mysterien des Mittelalters wiederklingt, selbst solche Kühnheiten vor sein prüdes Publikum zu bringen. Die Sprache ist so natürlich, so fließend, so ganz die Sprache der Unterhaltung, und dabei doch eines so poetischen

Schwunges fähig, daß wenigstens für Solche, welche das unerreichbare Urbild nicht wie unsereiner unauslöschbar im Sinne tragen, eine fast täuschende Wirkung erreicht wird. Nur äußerst selten nimmt der Uebersetzer zu Flickworten seine Zuflucht,*) und wirkliche Mißverständnisse sind mir keine aufgestoßen,**) wie sie in den französischen Versionen so häufig unterlaufen. Man sieht eben, der Italiener hat in Deutschland gelebt, hat mit seinem Dichter gelebt, hat sich in seine Dichtung eingelebt; er ist nicht wie die Franzosen zu thun pflegen, eines schönen Tages mit Dictionnaire und Grammatik an seinen „Faust" herangegangen, sondern hat ihn lange und liebevoll mit sich herumgetragen. So passirt ihm denn auch nicht, wie seinem französischen Rivalen, daß er glaubt, „Faust schlägt das Buch auf" wolle heißen: „Faust schlägt auf das Buch", oder: „Wie sie kurz angebunden war" beziehe sich auf Gretchen's Unterröcke. Wenn er ein Wort wie „Tegel"

*) Leider ist schon auf den ersten Seiten ein leidiges Flickwort, das gleich, jedoch mit Unrecht, gegen den Uebersetzer einnimmt. Faust sagt da: Son già dieci anni, se non faccio errore! Vielleicht hat der Uebersetzer nur das „an die zehn Jahre" wieder geben wollen, aber es klingt fatal.

**) Vielleicht hat Guerrieri in der Unterredung Mephisto's mit dem Schüler wirklich mit dem „grande e picciol mondo" den Makrokosmus und den Mikrokosmus gemeint. Jeder italienische Leser aber wird es als „vornehme und niedere Gesellschaft" verstehen, woran Göthe gewiß nie gedacht. — Ich füge hinzu, daß die seitdem im I. und II. Band meiner „Italia" erschienenen Uebersetzungen der Göthe'schen Hymnen und Elegien Guerrieri's Namen auch in Deutschland die verdiente Anerkennung verschafft haben. Sie verdienen dieselbe in der That im vollsten Maaße, denn sie sind womöglich noch gelungener als die Faustübersetzung.

findet, so ist er bewandert genug in der deutschen Literatur-Geschichte, um sogleich an Humboldt's Landhaus zu denken, und er braucht kein Lexikon und keine Sprachlehre um Rath zu fragen, wenn er sich von dem Sinne des Wortes „spuken" und dem Gebrauche des Neutrums „es" Rechenschaft ablegen will; daher er denn auch wohl nie „Es spukt in Tegel" übersetzen wird: „Man speit in den Tiegel" (on crache dans le creuset), wie ein berühmter französischer Uebersetzer es that.

Es wird immer eine offene Frage bleiben, inwieweit metrische Uebersetzungen überhaupt berechtigt sind, und ob ein Mensch des neunzehnten Jahrhunderts für einen wirklich gebildeten gelten kann, so lange er nicht die fünf modernen Culturspracheni, wenn nicht reden, so doch wenigstens lesen kann. Indeß wenn poetische Uebersetzungen, welche mehr als Hilfsmittel zum Lesen des Originals sind, irgendwie Berechtigung haben, so ist es der Fall, wenn sie so in jedem Sinne vollendet sind als die Guerrieri's, in denen Treue im Wesen, Italianität in der Form, Verständniß des Originals so vollständig vereinigt sind. Ist es ein Wunder, wenn die italienische Jugend — ich spreche von der freilich wenig zahlreichen, welche überhaupt intellectuelles Interesse hat — diese Uebersetzung des größten Dichterwerkes der neueren Zeiten sich so schnell angeeignet, wenn Hunderte von Versen aus derselben schon heute Sprichwörter geworden sind? Wer weiß, ob nicht in fünfzig Jahren, wenn die politische Leidenschaft sich einigermaßen gelegt hat, Guerrieri's „Faust"-Uebersetzung in Italien den Platz einnehmen wird, den bei uns die Voß'sche Homer-Uebersetzung, die deutsche Vulgata, wie Heine sie witzig nannte, noch immer einnimmt?

Januar 1874.

III.

Französisches.

Ueber einige revolutionäre Gemeinplätze.

Ueber den wissenschaftlichen Werth der Schrift Lotheißens über das Frankreich der großen Revolution*) haben wir uns an anderem Orte ausgesprochen; ebenso über das nicht unbedeutende literarische Verdienst desselben; hier möchten wir nur einige Worte über gewisse Vorurtheile des Verfassers, welche Vorurtheile einer ganzen Generation und einer ganzen Partei sind, sagen. Da lesen wir zum hundertstenmale das alte Gerede, das uns in Frankreich in jeder Zeitungsspalte begegnet, von der unabweislichen Nothwendigkeit der Revolution, von dem tiefen Verfall Frankreichs vor derselben, von dem vergeblichen Bemühen des aufgeklärten Despotismus, dem Ausbruche zuvorzukommen.

Wer jene Zeiten aufmerksam, namentlich aber unbefangen und parteilos studirt hat, der muß anerkennen, daß der vielberufene sittliche und politische Verfall Frankreichs im Vergleiche mit dem des Deutschen Reiches und Italiens ein glänzender Zustand genannt werden konnte;

---

*) Literatur und Gesellschaft in Frankreich zur Zeit der Revolution 1789/94. (Zur Culturgeschichte des achtzehnten Jahrhunderts von Ferdinand Lotheißen. Wien, Druck und Verlag von Carl Gerold's Sohn. 1872).

er muß zugeben, daß, was ein Friedrich der Große und ein Leopold für Preußen und Toscana gethan, wohl auch hätte für Frankreich geschehen können, wenn Choiseul ein Friedrich, ein Leopold, ja nur ein Tanucci, ein Aranda oder ein Pombal gewesen wäre. Weit entfernt, ohnmächtig und unfruchtbar zu sein, hat der aufgeklärte Despotismus sich als die bestmögliche und wünschenswertheste Staatsform, wenigstens für Frankreich, bewiesen, das nie weniger unter Favoritismus und Willkür gelitten als unter Napoleon III. und das, sogleich nach seinem Falle, die „persönliche Regierung“ — so lautet ja wohl der Mode-Ausdruck für despotisme éclairé — wiederhergestellt hat. Wenn Josef II. nicht so glücklich in seinen Reformen war als sein großer Zeitgenosse, so war es durchaus nicht die vom Fatum vorherbestimmte Sterilität der „Reform von Oben“, wie's uns die festländischen Liberalen glauben machen möchten, sondern weil er zu hastig und unüberlegt dabei vorging, weil er stets, wie Friedrich von ihm sagte, den zweiten Schritt thun wollte, ehe er den ersten gethan hatte.

Auch den Einfluß der Ideen des 18. Jahrhunderts auf die Herbeiführung der großen Revolution scheint uns Herr Lotheißen übertrieben zu haben, wie Sybel denselben zu gering geschätzt, während er zu viel Werth auf die materiellen Ursachen, namentlich das Elend der Landbevölkerung, gelegt hat. Die Wahrheit liegt, wenn wir nicht irren, mitten inne. Die unglückliche äußere Politik Ludwig's XV., namentlich der Verlust der Colonien, hatte die höheren Classen, welche damals allein die öffentliche Meinung bildeten, mißstimmt. Das niedere Volk war, durch Hunger und Elend gereizt, zum Aeußersten bereit; die Mittelclassen, genährt mit Mably's und Rousseau's Ideen, träumten eine Reform des Reiches an Haupt und Gliedern; Turgot, einer der genialsten Staatsmänner aller Zeiten, war auf dem Punkte, diese Wünsche in einem höheren als Rousseau's Sinne zu befriedigen und zugleich das Elend des Volkes zu mindern, die Fehler aller seiner Vorgänger wieder gut zu machen, als der wahre Urheber der französischen Revolution, Ludwig XVI., ihn fallen ließ, wie er später vor Mirabeau zurückscheute, der allein ihn und Frankreich noch hätte retten können. Wenn ein einziger Mensch überhaupt als schuldig an dem Ungeheuren betrachtet werden kann, so ist's dieser schwache Monarch. Denn Schwäche ist schlimmer als Bosheit und Grausamkeit, Verrath und Feigheit, weil sie zu den Folgen aller dieser Laster zugleich führt. Wir Deutschen, die wir von 1840 bis 1858 etwas Aehnliches erlebt, wissen davon zu erzählen. Weder gegen Ludwig XVI., noch gegen Lafayette, noch gegen die Girondisten aber, die sich Alle dieses Fehlers schuldig gemacht, ist die Geschichtsbeurtheilung, zu welcher sich Herr Lotheißen bekennt, strenge genug.

Das harte Urtheil, das der Verfasser über den Clerus, den Adel und die Pariser Gesellschaft des 18. Jahrhunderts fällt, will uns ebenso unbegründet erscheinen. Wie kann man sagen, daß „die französische Geistlichkeit keiner Aufwallung mehr fähig war" — eine Geistlichkeit, die noch erst mit Voltaire den heftigsten aller Federkriege geführt, die Calas, de la Barre, Sirven mit dem Fanatismus der Zeiten Torquemada's verfolgte, welche bald nachher den Eid auf die Constitution verweigerte und zehn Jahre lang unter allen Entbehrungen, in Höhlen und Kellern versteckt, die Flamme des Katholicismus wach hielt in Frankreich und weder vor Martyrtod noch grausamster Verfolgung zurückbebte, als es galt, dem Glauben ihrer Väter treu zu bleiben? Wie darf man wagen, die Freiheits-Ideen des französischen Adels einen „Zeitvertreib müßiger Geister“ zu nennen? Also die Lameths und die Lally-Tollendals, die Lamarcks und die Mirabeaus amüsirten sich nur mit den Idealen des Jahrhunderts? Also nur zum Zeitvertreib zogen Lafayette und seine adeligen Freunde über die See, um die Rebellen gegen England zu vertheidigen? Also nur auf eine geistreiche Unterhaltung war das Leben Derer gerichtet gewesen, die den 4. August, die schönste, wenn nicht die politischste That der Revolution vollbrachten? Nein, nicht zum „Zeitvertreib“ opfern „müßige Geister“ in einer Nacht der Begeisterung tausendjährige Privilegien, um sich dem Bürgerstande gleich zu machen; nicht zum Zeitvertreib gründete ein Labourdonnaye ein modernes Reich in Indien.

Und Paris sollte damals nur „die hohe Schule der Galanterie, der Höflichkeit, der zierlichen Oberflächlichkeit“ gewesen sein! Herr Lotheißen muß doch die gleichzeitigen Denkwürdigkeiten gelesen haben, die Briefe Walpole's oder Mlle. de L'Espinasse's, Rousseau's „Confessions“ oder Madame d'Epinay's „Memoiren“. Also das Paris Diderot's und d'Alembert's, Holbach's und Helvetius', Grimm's und Buffon's war nur eine hohe Schule der Galanterie? Die Salons von Madame du Deffand und Madame de Choiseul waren nur Zeugen einer zierlichen Oberflächlichkeit? Madame de Luxembourg und Madame du Chatelet konnten einen Rousseau und einen Voltaire nichts lehren als Höflichkeit. Nie war mehr Ernst im französchen Leben als gerade damals, nie mehr wahre

Begeisterung, nie mehr Einfachheit — man erinnere sich nur des berühmten Kalbsbratens von Madame du Deffand; zu größerem Raffinement verstiegen sich die berufenen Soupers des verleumdeten Jahrhunderts ja nicht.

Auch die Sentimentalität jener Epoche war durchaus keine falsche, wie Herr Lotheißen uns wohl glauben machen möchte. Nie vorher und nachher sah Frankreich so viel wahre Leidenschaft, so innige Liebes- und Freundschafts-Verhältnisse. Oder war Rousseau's Liebe zu Madame d'Houdetot, dieser zu Rousseau's edlem Freunde falsche Sentimentalität? War Mlle. de L'Espinasse's Leidenschaft, die sie aufrieb und in ein frühes Grab brachte, nur Komödie? War Madame du Deffand's späte rührende Neigung zu Walpole, war Mme. de Choiseul's eheliche Bewunderung für ihren Gatten, war die Liebe des Chevalier de Boufflers und der Mme. de Sabran, war Alles das erheuchelt, selbst eingebildet, überspannt und ohne Betheiligung des Herzens? Daß die Damen Marquisen und Herzoginnen waren, ist doch noch kein hinreichender Grund, selbst für einen Demokraten, ihnen Innigkeit und Wahrheit des Gefühles abzusprechen. Das Leben der Nation pulsirte eben damals noch im Adel. Erst mit der Revolution trat die Bourgeoisie als solche auf die Bühne und kam zum Mithandeln; und wahrlich, sie hat sich nicht besser bewährt in den achtzig Jahren, die seitdem verflossen, als der französische Adel des achtzehnten Jahrhunderts.

Freilich war Frankreich in politischem Verfall, aber ist es denn wahr, wie die Liberalen es als ein Axiom aufstellen und Herr Lotheißen es ohne weiteres als widerspruchlos annimmt, daß, „wo das öffentliche Leben eines

Volkes leidet, man mit Bestimmtheit schließen kann, daß auch seine geistige Thätigkeit krankt?“ Beweist uns nicht die Geschichte das gerade Gegentheil? Wie zerfressen von der schlimmsten Demagogie Athen war, als Sophokles dichtete und Thucydides schrieb, sagt uns Aristophanes, und zu Plato's Zeiten war's gewiß nicht besser geworden. In Rom war gar keine Literatur zur Blüthezeit der Republik, und das geistige Leben begann erst mit dem Verfall des Staates, d. h. zur Zeit des Gracchus und des Marius. In Italien sah das Ende des Quattrocento und der Anfang des Cinquecento die höchste Geistesblüthe, welche die Menschheit gekannt, also zu einer Zeit, als Florenz dem Cäsarismus der Medicäer gehorchte, Rom unter Alexander VI. und Leo X. Zeuge der sittenlosesten Priesterherrschaft war. Nicht unter Karl V., erst unter Philipp II. und seinen Nachfolgern bis auf Philipp IV., d. h. während der Glanzperiode der Inquisition und des spanischen Absolutismus lebten und schrieben Cervantes und Lope de Vega, Calderon und Moreto. Ob Deutschlands öffentliches Leben sehr gesund war, als unsere geistige Thätigkeit sich am üppigsten und schönsten entfaltete, vermag jeder Halbunterrichtete zu beantworten. Frankreich aber hatte geradezu seine bedeutendste Epoche in geistiger Beziehung nach den Friedensschlüssen von Aachen und Paris, das heißt nach den Verträgen, die seinen tiefsten Verfall besiegelten. Und wie war das öffentliche Leben angethan unter Fleury und Choiseul, unter Madame de Pompadour und Madame du Barry? Welcher Unbefangene aber wird leugnen wollen, daß Frankreichs geistige Blüthe, trotz Montaigne und Rabelais, nicht im sechzehnten Jahrhunderte war, als noch

Alles unbeholfen italienisirte, noch im siebzehnten, trotz Descartes und Pascal, Molière und Racine, als das Spanierthum kaum überwunden war und der französische Geist noch keine speziell nationale Cultur hervorgebracht hatte. Nein, Frankreichs größte Zeit war die seiner politischen Ohnmacht und des schlimmsten Absolutismus, die Zeit Ludwig's XV., als die Ideen Montesquieu's und Voltaire's, Diderot's und Rousseau's die Welt beherrschten, als die französische Sprache die Sprache der europäischen Bildung war, als für mehr denn hundert Jahre der Same der französischen Weltanschauung über den Continent verbreitet war, da die Encyklopädie und die Encyklopädisten als Apostel eines neuen Evangeliums allüberall bewundert wurden, als jeder Hof Europas einen Repräsentanten des französischen Geistes zu Gaste hatte, als der größte Mann des Jahrhunderts französische Ideen verwirklichte und durch sie die Wiedergeburt Deutschlands vorbereitete. Nein und abermals nein, wir wollen uns nicht, wie es der Franzose nur zu viel gethan, von der Phrase und dem Gemeinplatz beherrschen lassen, wir wollen uns nicht dem Parteigeiste gefangengeben, wir wollen den Muth haben, zu sagen: das geistige Leben ist unabhängig vom politischen; die größte Revolution der Neuzeit ist in vielem Guten, was sie gestiftet, das Werk der Privilegirten, in vielem Schlimmen, das des dritten Standes; die gesellschaftlichen Zustände des 18. Jahrhunderts, die unsere Väter vertilgt haben, hatten ihr Schönes; die Sittlichkeit — wenn man darunter nicht die correcte Lebensführung, sondern den idealen Gehalt des Lebens versteht — die Sittlichkeit des französischen Adels vor der Revolution war größer und höher als die des französischen Bürgerthums unter Ludwig Philipp und Napoleon III.; die Revolution, die in Frankreich die letzte Tradition des künstlerischen und wissenschaftlichen Lebens zerrissen hat, brachte keine verjüngte und erstarkte Thätigkeit auf dem geistigen Felde zu Tage, und es bedurfte erst des Opfers einer ganzen Generation (1790 bis 1820), ehe das geistige Leben Frankreichs wieder aufblühen konnte.

September 1872.

Jules Michelet.

Der Tod räumt gewaltig auf in dem „Geschlechte von 1830", wie man in Frankreich die Männer zu nennen pflegt, welche, um die Scheide des Jahrhunderts geboren, kurz vor und nach der Juli-Revolution in vollster Mannesblüthe standen. Immer lichter wird der herrliche Wald, und jeder mächtige alte Stamm, der fällt, zeigt nicht nur die eigene Größe, sondern auch die Kleinheit des Nachwuchses in hellerem Lichte. Nach Cousin Villemain, nach Villemain Sainte-Beuve, Mérimée, Alexander Dumas, denen Delacroix, Ingres, Hector Berlioz um wenig Jahre oder Monate vorausgegangen waren. Nur die vier großen Historiker der Revolution — Guizot*), Mignet, Thiers, Michelet — schienen dem Alter wie dem Gram trotzen zu wollen. Jetzt ist auch Dieser Einer ins Grab gesunken, und immer einsamer ragen die Ueberlebenden aus dem Menschengestrüppe empor, mit dem der umwühlte Boden Neufrankreichs bedeckt ist.

---

*) Wir denken hier an Guizot's „Englische Revolution", worin die Nutzanwendung auf Frankreich offenbar der Grundgedanke des Verfassers ist.

Michelet war einer der Reichsten jenes reichen Geschlechtes; und doch war er Pariser, wie Victor Cousin: das heißt er gehörte einer Race an, die schon mit verarmtem Blute und verkümmerten Seelenkräften auf die Welt zu kommen und mehr durch Feinheit und Schärfe, als durch Fülle und Kraft des Geistes sich auszuzeichnen pflegt. Aber er stammte nicht aus dem blasirten Kleinbürgerstande der Hauptstadt, wie der Philosoph, sondern aus einem Stamme von Arbeitern, damals noch der gesündesten Volksclasse von Paris. Ein rüstiger Arbeiter ist er geblieben bis in sein Alter: noch vor zwei Jahren, hier in Florenz, pflegte der Vierundsiebzigjährige um fünf Uhr Morgens an die Arbeit zu gehen. Man sah der untersetzten Gestalt, dem glänzenden Auge, dem breiten Munde über breiter Kinnlade die strotzende Fülle der Natur wohl an: Charakter, Geist, Phantasie — Phantasie vor Allem — waren mächtiger in Michelet, als in irgend einem seiner Altersgenossen. Vor Kampf und Streit bebte der Mann nie zurück. Ungleich den meisten seiner Landsleute, rechnete er stets mehr auf sich selber als auf Andere, opferte er ohne Zaudern eine officielle Stellung, ein sicheres Einkommen, wenn es galt, eine Sache zu vertheidigen, die ihm am Herzen lag, und was er ergriff, lag ihm am Herzen. So groß war sein Unabhängigkeitssinn, daß er nicht einmal von einem Verleger abhängen wollte. Er gab alle seine Werke selber heraus, und der Mann, der stets im Reiche der Träume zu verweilen schien, verstand es sehr wohl, sich sein Plätzchen auf dieser festgegründeten Erde zu sichern, das er nur sich selber danken wollte. Auch sein hohes Selbstgefühl, das freilich später, wie bei so vielen Franzosen, in Selbstvergötterung ausartete, auch seine, wenigstens in der ersten Hälfte seines Lebens, durchaus gesunde Sinnlichkeit verriethen überströmende Kraft.

Michelet's Laufbahn als Mensch und Schriftsteller theilte sich in der That in zwei Hälften, die einander wenig ähnlich sahen. Er begann mit einer Uebersetzung G. B. Vico's, den er sozusagen Frankreich offenbarte als den Schöpfer der Philosophie der Geschichte lange vor Herder; dann waren es die Tischreden Luther's, die er ins Französische übertrug. Zwei treffliche, ja unübertroffene Schulwerke folgten: die Tableaux synchroniques und der Précis der neueren Geschichte. Bald treffen wir auf vollständigere Werke voll gelehrter Forschung, wie die „Geschichte der römischen Republik" und die „Origines du droit français", in denen die deutsche historische Wissenschaft den Franzosen zuerst ernstlich vermittelt ward. Die ersten sechs Bände der „Histoire de France", welche ihm den Lehrstuhl Daunou's am Collége de France, einen Platz im Institute, die Stelle als Geschichtslehrer bei Prinzessin Clementine eintrugen, füllten die besten Jahre dieser ersten Periode (1833—1843) aus. Dann begann der Kreuzzug, den er, verbunden mit Edgar Quinet, gegen die Jesuiten predigte. Seine Vorlesungen im Collége de France und die drei volksthümlich gehaltenen zündenden Bücher, die daraus hervorgingen („Des Jésuites", „Du Prêtre", „De la Femme et de la Famille", „Le Peuple"), fanden ein ungeheueres Echo. Das war nicht Voltaire's scharfe, zischende Waffe, das waren Keulenschläge, die hallend niederfielen. Um so gefährlicher war der Angriff, als man es hier mit einem Manne des neunzehnten Jahrhunderts zu thun hatte, der den Geist der Religionen wohl verstand, nicht allein ihm gerecht geworden war, sondern tiefe Sympathien dafür gezeigt. Das war kein Mann der Schlagworte, das war ein Gelehrter von gründlichem Wissen, der im Jesuitismus die Fälschung der Religion, nicht die Religion selber angriff. Das war ein Poet, der zur Phantasie und zum Gemüthe zu sprechen wußte, ein Denker, der den tiefen Sinn des wahren Christenthums besser verstand, als seine Gegner, die privilegirten Vertheidiger des Katholicismus.

Für Michelet selbst, für die französische Literatur war dieser Kampf kein Glück. Die Leidenschaft bemächtigte sich des Mannes, nahm ihm die Ruhe, die zum Suchen der Wahrheit und zur Sicherheit des Urtheils, wie zum reinen Ausdruck beider nöthig ist. Die Schaar der Schmeichler that das Uebrige; nächst Victor Hugo war Michelet wohl der Mann seiner Generation, dem am plumpsten geschmeichelt wurde und dem es am meisten geschadet hat. Er begann, sich als einen Propheten anzusehen, jedem seiner Worte selber zu lauschen, sich für verpflichtet zu halten, nur im Tone der Orakel zu reden. Ich lernte ihn kennen als blutjunger Mensch, in jenen Jahren seiner Uebergangs-Periode, wo der Gelehrte sich schon als Tribun entpuppt hatte — soviel ich mich erinnere, hatte Heine, der große Stücke auf ihn hielt, mich an ihn adressirt — und ich sah ihn erst zwanzig Jahre später wieder, als seine politische Weltanschauung mir eine noch unübersteigbarere Schranke entgegensetzte, als sein Genie, sein Ruhm, sein Alter und die Nationalität. Letztere war durchaus nicht verletzend, wie sie es bei den jüngeren Franzosen zu sein pflegt. Jene große Generation, die ihr Vaterland über Alles liebte, so stolz darauf war, so viel Recht hatte, stolz darauf zu sein, trug das furchtbare Geschick mit ganz anderer Würde und Humanität, als die Vierziger und Fünfziger es thun. Michelet hatte der Zusammenbruch des modernen Frankreich selbst gebrochen; aber wie edel und zartfühlend war er — mehr so als klarsichtig und wahr — wenn er mir sagte: „Alles das ist nur ein großes Mißverständniß zwischen Deutschland und Frankreich.“ Ich sah ihn zum letztenmale auf dem grünen Platze in Pisa, wo die vier herrlichen Marmorgebäude des Mittelalters in einsamer Schönheit leuchten. Eine Ruine wandelte er da umher unter den Ruinen: quantum mutatus ab illo, dem wir Jungen in jenen Jahren, welche dem Staatsstreiche vorausgingen, gelauscht hatten mit Ehrfurcht und Begeisterung, nicht nur wenn die etwas mühevolle Rede sich stoßweise, wie pythische Inspirationen, den Lippen des Lehrers entrang, auch in der Unterhaltung, da jedes der sententiösen Urtheile, in denen er sich zu ergehen liebte, uns eine Offenbarung tiefster Weisheit dünkte. Er war damals gerade damit beschäftigt, die nüchternsten und prosaischesten aller Sterblichen, die Männer von 1793, zu poetisiren, mit der einzigen Ausnahme Robespierre's, den er nicht leiden mochte, in dem er den ehemaligen Jesuitenzögling witterte, und die Jesuiten waren dem Manne noch unerträglicher, als es ihm Kaiser und Könige später wurden. Ich habe ihn im Verdacht, seine Bewunderung der Architektur des Mittelalters, der er so schöne Seiten gewidmet, nur deßhalb in Verachtung und Verunglimpfung derselben umgesetzt zu haben, weil er das Christenthum, nach der clericalen Reaction von 1850, sich nicht mehr ohne Jesuitismus denken konnte. Und wer sollte es ihm verargen?

Von diesem zweiten Michelet, wie er sich von 1847 bis 1852 metamorphosirt hat und bis an sein Ende geblieben ist, wird wohl wenig übrig bleiben, obschon auch hier, zumal in der Revolutionsgeschichte, Geist, Phantasie, Gelehrsamkeit die Fülle ist. Den Michelet der ersten Hälfte dieses Jahrhunderts aber wollen wir uns nicht durch die bald leidenschaftlich-unmäßige, bald greisenhaft-sinnliche Production der letzten zwanzig Jahre verdunkeln lassen.

Wenn Thiers' Geschichtsschreibung durch die unvergleichliche Intelligenz, Guizot's durch philosophische Tiefe, Mignet's durch einzige Objectivität, Thierry's endlich durch künstlerische Vollendung, bei wohlthuender Wärme und festester gelehrter Grundlage, diejenige der Engländer und Deutschen weit hinter sich läßt, — Macaulay und Ranke nicht ausgenommen, welche freilich jene Franzosen durch andere Eigenschaften überragen — so ist es bei Michelet die Lebendigkeit der Phantasie, welche den Leser fesselt oder immer wieder anzieht. Selten ist die intuitive Kraft eines Menschen, der eigentlich nicht Künstler noch Poet war, intenser und zugleich schöpferischer gewesen. Denn er erräth nicht allein, was in dem tiefsten Grunde der Personen, welche in der Weltgeschichte handeln, wie der Massen, die darin dunkel streben und treiben, sich unseren blöden Augen entzieht, er zaubert es auch herauf für uns, und wenige Striche genügen ihm. Man lese selbst noch in seiner „Renaissance", in seiner „Réforme" (Tome VII und VIII seiner „Histoire de France") die Porträts von Margarethe von Oesterreich, der alten Tante am Spinnrocken, welche die Fäden des Hauses Burgund um ganz Europa spinnt; dasjenige Maximilian's selber, des Kaisers, „à coudes percés, dont la vie fut un perpétuel halali, qui avait les jambes du cerf, et la cervelle aussi.“ Freilich ist hier schon Manier, aber doch noch immer mit lebhaftestem Colorit. Noch belebter und zugleich geschmackvoller sind die Schilderungen in den ersten sechs Bänden seiner französischen Geschichte, welche ein Zeitraum von fünfzehn Jahren von den acht letzten trennt. Die Landschaft Galliens, die Natur der Celten, der Römer, der Franken, weiterhin der hundertjährige Krieg und der Jungfrau von Orleans Siegeslauf und Ende; vor Allem Ludwig's XI,, des Gründers von Frankreichs Einheit, großes und unheimliches Wirken: das sind Seiten, die man nicht wieder vergißt, wenn man sie auch nur Einmal gelesen. Hier ist die Fülle der Phantasie noch nicht ausgeartet, wie späterhin, bald in traumhaftes Irrereden, bald in kindisches Spielen mit Worten, Bildern, fixen Ideen. Hier ist die Sprache bei aller Freiheit noch maßvoll, bei aller Fülle einfach; es ist ein neues, bis dahin unbekanntes Französisch, aber es ist doch noch Französisch. In späteren Jahren verließ der Historiker immer mehr die Traditionen des französischen Geschmackes, muthete er der Sprache zu, was sie nicht leisten kann, ward er ihrem Geiste untreu. Dieses schärfste aller Werkzeuge des menschlichen Geistes ward in seinem Munde ein sibyllinisches Lallen. Den Mißbrauch der Ellipse namentlich trieb er bis zur äußersten Willkür, Copula, Verbum drohten ganz aus seiner Satzbildung zu verschwinden, Von einer fortlaufenden Erzählung war nicht die Rede mehr: der Ausdruck war stets originell, auch prägnant; nur oft gar zu prägnant und gar zu originell. Carlyle, an den Michelet oft erinnert, ist dunkel durch unklare Gedanken, die unklar ausgedrückt sind, Michelet ist dunkel durch Mißbrauch der Farbe, wenn ich so sagen darf: er weiß seine Phantasie nicht in bestimmte Form zu zäunen, wie Carlyle den ahnungsvollen Gedanken nicht in feste Form gerinnen zu lassen weiß. Michelet's Bilder sind Skizzen, aber Farbenskizzen, nicht Bleistiftzeichnungen. Manchmal glaubt man nur eine Palette zu sehen, wie vor den letzten Bildern des größten Landschaftsmalers unseres Jahrhunderts, wie vor den Gemälden des alt gewordenen Turner, dem der Franzose in mehr als Einer Hinsicht ähnelt. Auch würde man sehr irren, wollte man Michelet's glühenden Styl mit Victor Hugo's rethorischer Prunksucht vergleichen, die im Grunde kalt ist, wie des Teufels Umarmung. Alles ist gesucht, gemacht und wird Zerrbild unter der Hand des Verfassers der „Misérables“; Alles fließt natürlich aus Ueberfülle in die Feder des Historikers; er müßte sich Gewalt anthun, um die Bilder wegzuweisen, die sie ihm aufdrängen, aber als Phantasiegebilde aufdrängen, für die er Worte suchen muß, nicht aber Wortgebilde, denen er einen Sinn untergeschrieben hat. Man sieht es jedem Satze Hugo's an, der Mann zerbricht sich den Kopf, etwas recht Bizarres, noch nicht Gesagtes zu sagen, oder aber er läßt sich verführen durch den Wortklang und, als echter Reimdichter, durch die Wortassonanz zur Ideenverbindung bringen; er ist Sklave des Wortes; Michelet, selbst wenn er dem Wahnsinn nahe scheint, ist der Gebieter der Worte, die sich nur gar zu oft sehr unwillig fügen.

Uebrigens mag Michelet als Schriftsteller einen schlimmeren Einfluß ausgeübt haben, als Victor Hugo; dieser folgt im Grunde doch einer französischen Tradition oder, um genauer zu sprechen, jener spanisch-französischen Tradition des Geschmackes, welche seit Corneille neben dem echten Flusse der nationalen Sprache hinströmt. Michelet, der spätere Michelet, ist durchaus unfranzösisch in der Sprache, ganz individuell; wer seine Wege geht, ohne seinen Compaß zu haben, kann nur in Manier gerathen; wer einen der befahrenen Kanäle französischer Ueberlieferung verfolgt, mag auch ohne Lootsen sich zurechtfinden und mit der Nation in Fühlung bleiben.

Schlimmer noch als mit der Sprache ist es mit den Ideen, ich sollte sagen, den fixen Ideen Michelet's. Am Ende seiner Laufbahn war er ganz parti pris geworden. Nicht allein stand sein Urtheil fest über Alles und war in einer glänzenden Phrase so fertig ausgemeißelt, daß nichts mehr daran zu ändern war: auch das Bild, das er sich von einem Zustande, einer Person gemacht, war sogleich geronnen und nicht wieder flüssig zu machen. Dazu die Monomanie, seine frisch erworbenen medicinischen Kenntnisse zu verwerthen, die einem gewissen senilen Sinnlichkeitskitzel sonderbar zusagten und nicht nur seine kleinen pathologisch-naturwissenschaftlichen Schriften — wie „L'Amour", „La Femme", „L'Oiseau", „L'Insecte" — aus jedem keuschen Haushalte entfernen müssen, sondern auch seine letzten Geschichtswerke gar sehr verunzieren. Nicht allein der Kaffee soll uns die Encyklopädie erklären, auch Ludwig's XIV. Verdauung muß herhalten, noch mehr seine Krankheit, die den Erbfolgekrieg explicirt, wie die noch minder appetitliche Franz' I. die italienischen Verwicklungen. Ja, es wird sogar untersucht, was wohl Ludwig's XIII. körperliche Stimmungen gewesen sein mögen, als er — Ludwig XIV. zeugte! So kam es denn, daß seine Phantasie, und zwar in den letzten Jahren eine unreine Phantasie, ihm oft die festesten Thatsachen verrückte und ihre eigenen Gebilde an deren Stelle schob. Da er wenig mehr las in der letzten Zeit — wenig Urkundliches meine ich, denn er trieb nur gar zu viel Allotria — so mußte die Erinnerung herhalten, und der Mann, der nicht allein die historischen Archive Frankreichs verwaltet, sondern auch besser als einer seiner Landsleute studirt und benützt hatte, nahm die „schwankenden Gestalten, die früh sich einst dem trüben Blicke gezeigt", am Ende für Wirklichkeiten und gab sie naiv als solche.

Man kann sich wohl eine Vorstellung machen von dem, was die Geschichte des neunzehnten Jahrhunderts geworden wäre, welche er in den letzten zwei Jahren, und zwar mit durch die Krankheit bedenklich erschütterten Geisteskräften, plante und schon theilweise niederschrieb. Zeitungen, Werke dritter Hand, Auszüge von Auszügen, Zeitschriften-Essays sollten ihm statt der Documente dienen; er verließ sich auf seinen „Blick", aber die Augen des alten Sehers waren trübe geworden; der Gram um sein Vaterland hatte ihn schon vor vier Jahren tödtlich getroffen, und die Hand, die so viele glänzende, lebensvolle Gestalten gemalt, war gelähmt. Der Tod war eine späte Erlösung. Muß er es nicht für alle die Männer eines Geschlechtes sein, welches an Frankreich und die Revolution geglaubt sein Lebenlang mit jenem naiven und innigen Glauben, mit dem die Hugenotten des sechzehnten Jahrhunderts an Christum und sein heiliges Wort glaubten? Nicht die rohen, leidenschaftlichen

Hasser des jüngeren Geschlechtes, kalt im Grunde ihrer Seele, und deren leidenschaftlicher Haß nur verletzte Eitelkeit ist, sind zu bedauern in der furchtbaren Katastrophe Frankreichs, wohl aber jene Männer, die etwas außer sich zu lieben, für etwas außer sich zu leiden vermochten, und Keiner mehr als Michelet, der Geschichtsschreiber Frankreichs und der Revolution.

Februar 1874.

Prosper Merimée und die Unbekannte.

I.

Es ist schwer sich in Deutschland eine Vorstellung von dem Aufsehen zu machen, welches die Veröffentlichung der intimen Briefe eines der geistreichsten Zeitgenossen in Paris hat hervorrufen müssen.*) Merimée's Ruf war zwar nie ein lärmender, populärer, oder auch nur ein verbreiteter, wie Victor Hugo's, Lamartine's, Georg Sand's; aber er war ein gediegenerer und die kleine Gemeinde seiner Bewunderer, anfangs nur aus den Erwähltesten der Nation bestehend, hat sich von Tag zu Tag vermehrt, wird sich von Jahr zu Jahr vermehren, vielleicht gerade in dem Maße als die Eigenschaften des Schriftstellers seltener und folglich immer mehr Ausdruck einer unwiederbringlichen, vergebens zurückgesehnten Vergangenheit werden.

Geboren im Jahre 1803, gestorben während des Krieges von 1870, gehörte Merimée zu jenem glänzenden Nachwuchse, den der umgewühlte Culturboden Frankreichs in der ersten Hälfte dieses Jahrhunderts zur Verwunderung

---

*) Lettres à une Inconnue par Prosper Merimée. Paris. Michel Lévy 1874. Zwei Bände in 8.

und Bewunderung Europas noch einmal hervortrieb. Es war ihm beschieden, wie den Zenith des neuen Frankreichs (1825 bis 1835), so den Bankrott desselben, zu schauen und in jedem Sinne durchzuleben. Da nun aber in Frankreich, Dank der Centralisation, die bedeutenderen Zeitgenossen stets auch Lebensgenossen sind, so hatte er mit allen literarischen und politischen Persönlichkeiten der dreißiger und vierziger Jahre in Verbindung gestanden. Zugleich Novellist und Historiker, Mitglied zweier Akademien, Sohn eines geschätzten Malers, dabei Generalinspector der Monumente Frankreichs, gehörte er der Gelehrten- und Künstlerwelt ebenso sehr an, als der schönen Literatur. Sein Freundschaftsverhältniß zur Gräfin von Montijo — sagte man doch ziemlich laut vor zwanzig Jahren, der geistreiche Schriftsteller habe die Heirath des Kaisers mit der Tochter seiner Freundin zu Wege gebracht — näherte ihn dem kaiserlichen Hof und brachte ihn mit den Kreisen des Bonapartismus in nächste Berührung, welche von der in der ersten Hälfte des Jahrhunderts tonangebenden Gesellschaft so sehr verschieden waren. Ein gern gesehener Gast in Saint-Cloud und Fontainebleau, in Compiègne und Biarritz, zugleich Senator des Kaiserreichs, war er in der Lage, einem guten Theil der Weltkomödie hinter den Coulissen und bei den Proben zuzusehen. Merimée sprach vier der fünf Hauptsprachen Europas geläufig und ohne fremden Accent, las außerdem deutsch und russisch ohne Schwierigkeit, kannte die Literaturen aller dieser Sprachen aus dem Grunde. Er war viel gereist, hatte den Orient verschiedene Male besucht; in Spanien und England, wo er sehr häufig erschien, war er wie zu Hause. Italien und Deutschland waren ihm nicht unbekannt. Viele bedeutende Fremde, namentlich Engländer und Spanier, aber auch Deutsche und Italiener, wie Bismarck und Cavour, waren ihm persönlich nahe gekommen. Vor Allem, er war ein scharfer und unbefangener Beobachter, und da er nicht ahnen konnte, daß diese vertraulichen Plaudereien je das Licht der Oeffentlichkeit sehen würden, so ließ er der „unbekannten" Freundin gegenüber gerne seinem Witze wie seinem Aerger oder seiner Wehmuth die Zügel schießen. Ganz Paris muß also wohl ein so zu sagen persönliches Interesse an diesen Briefen haben, etwa wie Berlin es an Varnhagen's Tagebuch nahm, nur daß den Franzosen die Kurzweil von einem ungleich bedeutenderen, geschmackvolleren, leidenschaftsloseren Schriftsteller und Menschen bereitet wird. Der Anekdotenjäger, wie der Liebhaber feiner Ironie und exquisiter Sprache wird seine Rechnung beim Lesen dieser Briefe finden; mehr noch der Geschichtschreiber, der nicht viele so unparteiische und so gescheidte, dabei so trefflich gestellte Zeugen der Ereignisse unserer Zeit finden dürfte; am meisten aber der Philosoph, insbesondere der Psychologe, und der geistige Epikuräer, welchem es gar selten so gut wird mit einem so liebenswürdigen, feinen, redlichen Collegen zusammenzutreffen, als welchen unser Briefschreiber sich durchaus zeigt.

Wir wollen hier keine Analyse dieser merkwürdigen Correspondenz geben, die sich überhaupt kaum analysiren läßt. Solche Bücher wollen gelesen sein: ein paar Citationen thun's nicht: und zwar wollen sie gelesen sein, wie man Göthe's Gespräche mit Eckermann liest, mit Muße, je nach Stimmung, eine Seite heute, die andere morgen.

Gleichgestimmte Leser werden es in ihrer Bibliothek haben wollen, als ein „Besitzthum für immer", wenn nicht neben, so doch auch nicht allzufern von Cicero's Briefen an Atticus. Denn, so groß auch das anekdotische und augenblickliche Interesse sein mag, das Beste an dem Buche ist der tiefe Sinn, mit dem hier die Welt angeschaut wird; und wie bei allen wirklich bedeutenden Werken der Art, ist die Subjectivität des Verfassers von viel mehr Interesse, als der Gegenstand oder die Gegenstände, mit denen sich derselbe zufällig abgiebt. Der Roman, der zu Grunde liegt, erweckt unsere Neugierde nicht besonders und wir überlassen es gerne dem Leser, sich die verschiedenen Peripetien desselben aus den ewigen Zerwürfnissen und Versöhnungen der beiden Correspondenten, welche namentlich das erste Viertel des Buches füllen, zusammen zu construiren. Die Dame, an welche die Briefe gerichtet sind, will ihr Incognito gewahrt wissen und, obschon es der Alles überwältigenden Neugierde geglückt zu sein scheint, den Namen zu entdecken, wollen wir hier thun, als hätten wir ihn nicht gehört, zumal dieser Name selbst dem besten Kenner der Pariser Gesellschaft gar Nichts sagt. War es zartfühlend oder nicht von Seiten der Dame, diese Briefe ihres Verehrers zu veröffentlichen? Die Antwort überlassen wir den hyperempfindlichen Richtern weiblichen Tactes; wir danken der „Unbekannten", uns diesen Schatz nicht vorenthalten zu haben. Sie hat in der That um so mehr Verdienst, als sie selber in den Augen des Lesers eben nicht viel dabei gewinnt. Vielleicht sieht sie, nach Frauenart, eine genügende Entschädigung darin, daß ihre Eitelkeit die ganz besondere Befriedigung hat, dem persönlichen Kreise von Bekannten, für welche das Incognito nicht existiren kann, zu wissen zu thun, wie einer der bedeutendsten und feinsten Männer des Jahrhunderts dreißig Jahre lang, erst als unglücklicher Liebhaber, dann als nie ganz beruhigter Freund, zu ihren Füßen gelegen. Eine gar unschuldige Genugthuung, wenn man bedenkt, wie wenig der stürmische Freund sich selber über die Natur seiner Empfindungen, wie über den Werth seiner Göttin, irgend welchen Illusionen hingegeben.

Eine äußerst anmuthige, ja schöne Erscheinung, obwohl in bescheidener, ja abhängiger Lage, doch von allem Reiz aristokratischer Gewohnheiten umgeben, als Fremde — sie war Irländerin — pikant für den der französischen Einförmigkeit ganz besonders müden Mann, und doch ohne die äußerlichen Geschmacklosigkeiten, welche der Franzose den Frauen anderer Nationen so gerne vorwirft; Meisterin in der Kunst der Anempfindung, aller modernen Sprachen, trotz der vornehmsten Russin, mächtig und noch gewandter als irgend eine Tochter des Nordens im Anblättern fremder Literaturen, noch glücklicher im täuschenden Anschein des Interesses und des Verständnisses; vor Allem aber ungeheuerlich kokett, stets reizend, nie befriedigend, leise vorgehend, um sich rasch wieder zurückzuziehen, eingehüllt in ihre Eisrinde, hinter welcher sie zuweilen eine heimliche Gluth ahnen läßt, die gar nicht da ist, — behexte sie den Mann, so lange die persönliche Gegenwart dauerte, nicht einmal immer so lange; sobald er dem Zauber des, freilich höchst veredelten oder vielmehr höchst verfeinerten Geschlechtstriebes entronnen ist, schaut er wieder klar die geistige und sittliche Inferiorität der Geliebten, wie nach Winkelmann und Schopenhauer der wahre Bekenner der Schönheit die Inferiorität der physischen Natur des Weibes erkennt, sobald er nicht mehr in den Banden der Sinnlichkeit liegt. Liest man die harten Worte, welche der wahrheitsliebende, rauhe, nie rohe, Mann in der üblen Laune, dem moralischen Katzenjammer, der jedem Zusammentreffen folgte, ausstößt, so kann man sich des Gedankens nicht erwehren, daß er im Grunde seiner schönen Correspondentin gegenüber in der Stimmung Leopardi's zu seiner Aspasia war:

. . . ciò che inspira ai generosi amanti
La sua stessa beltà, donna non pensa
Nè comprender potria. Non cape in quelle
Anguste fronti ugual concetto. E male
Al vivo sfolgorar di quegli sguardi
Spera l' uomo ingannato, e mal richiede
Sensi profondi, sconosciuti, e molto
Più che virili, in chi dell' uomo al tutto
Da natura è minor. Che se più molli
E più tenui le membra, essa la mente
Men capace e men forte anco riceve.

Nur war diese Aspasia eine tugendhafte im buchstäblichen, thatsächlichen, ich möchte sagen, zuchtpolizeilichen Sinne des Wortes. Ja, nicht nur tugendhaft, prüde sogar, und mehr als einmal muß sie sich ob dieser Geschmacklosigkeit von ihrem unbarmherzigen Verehrer durchschelten lassen. Selbst empfinden, selbst denken, insoweit es sich nicht auf persönliche Gegenstände bezieht, ist überhaupt bei Frauen noch seltener als bei Männern, bei denen es doch heutzutage gewiß schon selten genug ist. Nicht eine eigene Beobachtung, nicht ein eigenes Urtheil, nicht einen eigenen Eindruck vermag der Freund von der Freundin zu erlangen, wenn sie in Algier eine fremde Civilisation und Natur, wenn sie in Italien neue Kunstwerke sieht, und ihr der Mann fehlt, der sie auf das Interessante, auf das Bedeutende aufmerksam macht, in welchem Falle sie freilich sich das Schönste gar schnell anzueignen scheint. In der That macht die Empfängerin dieser reizenden Briefe ganz den Eindruck jener correcten Produete einer ganz conventionellen Gesellschaft, bei denen die Leidenschaft nie zum Worte kommt, — außer bei gekränkter Eitelkeit —, bei denen die Rücksicht auf das, was „man" thut und was „man" sagt, immer die oberste ist. Das Bild, das man sich von ihr entwirft, ist ganz das einer geistig und sittlich vorwurfsfreien Person, die absolut unfähig ist, je einen dummen Streich zu begehen. Sie hat eben vom modernen französischen Frauenwesen, das sich einerseits ganz veroht, — sit venia verbo; „verwildert" giebt die Idee nicht wieder — andrerseits petrificirt hat, die schlimmere Seite angenommen, was ihr häufiger und langer Aufenthalt in der Provinz zur Genüge erklärt: die Provinzialrespectabilität, die Furcht, sich zu compromittiren, etwas zu thun, was die Andern nicht thun, spricht aus allem ihren Thun und Lassen.

II.

Merimée war, trotz eines gewissen mehr angenommenen als wirklichen Cynismus, was Goethe eine „frauenhafte" Natur nennt. Er konnte ohne weiblichen Umgang nicht leben. Derselbe war seinem etwas verwöhnten inneren Menschen so nöthig, wie später seinem immer empfindlicher gewordenen Körper die weiche Luft der Provence. Dazu die Gewohnheit des Verkehrs, die sich gerade aus solchen Herbstlieben, — Merimée war ein Vierziger als er die junge Freundin kennen lernte — am leichtesten entwickelt. Soviel ist sicher, eine lange Periode der Freundschaft folgte auf die heftige Phase einseitiger Liebe: eine Situation, die für den schönen, anziehenden Mann eine ganz außerordentliche war, und ihn gerade deßhalb vielleicht reizte. Ich zweifle, daß einer der vier Ringe, welche der Testamentsvollstrecker des Vielumworbenen an schöne Adressatinnen zu bringen hatte, an die Empfängerin dieser Briefe gerichtet gewesen sei. Indeß, wenn auch weit von Alleinherrschaft entfernt, wußte sich die Freundin doch, gewandt und politisch, den interessanten Verkehr mit dem überlegenen Manne bis zu seinem Ende zu erhalten. Der letzte Brief ist zwei Stunden vor dem Tode geschrieben.

Was Merimée als Gelehrter und als Schriftsteller war, ist hier nicht der Ort zu untersuchen. Seine historischen Werke sind mit einer Gewissenhaftigkeit, einer Quellenkenntniß, einer Sicherheit der Methode gearbeitet, die ihnen in Deutschland neben den Arbeiten von Ranke oder Droysen einen Ehrenplatz sichern würden: aber sie sind zu keusch und strenge geschrieben, als daß sie in Frankreich viele Leser und viel Anerkennung finden könnten. Die Novellen Merimée's dagegen gehören nicht nur zum Vollendetsten, das die französische Literatur hervorgebracht; sie werden auch von der Elite der Nation dafür anerkannt und werden, zweifelsohne, so lange leben und zahlreiche Bewunderer zählen, als es Menschen giebt, welche den echten französischen Geist und die echte französische Sprache einer leider vergehenden, ja schon vergangenen Zeit zu schätzen wissen. Hier haben wir mit dem Menschen allein zu thun und finden auch in ihm ein schönes Exemplar des feingebildeten und edelgesinnten Franzosen jener besseren Zeit. Taine in einer, seinen anderen Arbeiten sehr untergeordneten Einleitung, giebt mit gewohnter Systematik und gewohntem parti pris eine ganz falsche Idee von Merimée. Der Sesam-Schlüssel der maitresse qualité reicht einmal nicht aus, das Räthsel eines individuellen geistigen und sittlichen Organismus zu erklären, absonderlich wenn es sich um eine Individualität wie die des Verfassers der Venus d'Ille handelt. Taine will in ihm nur den Mann sehen, der aus Furcht die Dupe irgend eines Menschen oder irgend eines Dinges zu werden, am Ende Dupe seiner selbst wurde; bei dem das zum Lebensprincip gewordene Mißtrauen alle Schaffens- und Lebenskraft lähmte, dem die angenommene Maske der Unbeweglichkeit zur andern Natur geworden und was der unnöthigen Erklärungen einer sehr einfachen, obschon sehr seltenen, Natur mehr sind.

Die Wahrheit ist, daß Merimée ein ganz ursprünglicher Charakter und ein ganz ursprünglicher Geist war. Selbst sein Skepticismus war kein erworbener, angelernter; er war ein natürlicher, wie der Montaigne's: es war der Skepticismus der Wahrheitsliebe: ihm waren vom Anbeginn die großen Worte, sowie die Berauschung durch Worte und die daraus folgende Selbsttäuschung in der Seele zuwider: er haßte allen Schein. „Die Liebe entschuldigt Alles — sagt er einmal in diesen seinen Briefen — nur muß man sicher sein, daß es wirklich Liebe ist." Er hätte gewiß dasselbe vom Patriotismus, der Freundschaft, der Begeisterung, der Naturliebe, dem Kunstgenuß, der Wissenschaft, dem Glauben gesagt. Was er suchte, war wahre Leidenschaft, wahres Gefühl, die er nur gar selten fand; er bekämpfte aber die Worte, welche jene vorstellen sollen, nur um jenen Raum zu schaffen. Den privilegirten Gefühlsmenschen à la Chateaubriand und Lamartine gegenüber, welche wie Schauspieler nur vor'm Publikum schöne Gefühle haben, im Grunde der Seele aber weniger als Andere von Egoismus und Eitelkeit frei sind, mochte er wohl gern den Mephistopheles spielen: aber hier kommt zu Tage, was ein wirklich empfindsames Herz vor den Augen der Menschen verschloß: der ritterliche Muth, mit dem er seines Freundes Libri von allen aufgegebene Sache gegen die Welt und die weltliche Gerechtigkeit ergriff, der tiefe Kummer um sein ins Verderben rennendes Vaterland, der ihm am Herzen nagte; die Liebe zu den Thieren, stets ein Zeichen tief und stark empfindender Naturen; die Anhänglichkeit und Treue an alte Diener und Jugendgenossen: Alles offenbart das warme Gemüth in dem scheinbaren Cyniker. Als eine der zwei alten Engländerinnen, mit denen er in den letzten Jahren zusammenlebte, gefährlich krank wurde, überraschte ein Freund den sprüchwörtlich gewordenen Gefühllosen in heißen Thränen.

Ebenso rein und echt sind seine geistigen Interessen: keine Arbeit, keine Langeweile, kein Opfer scheut er, wenn's gilt, etwas wirklich Schönes zu genießen, zu sicheren wissenschaftlichen Resultaten zu gelangen, seiner Conception den vollendetsten knappsten Ausdruck zu geben. Ueberall sucht er, in Büchern wie im Leben, nach dem unverstellten Hervortreten der Menschennatur, ja man kann sagen, sein ganzes Leben war nichts Anderes, als ein Suchen nach der wahren Menschennatur unter der einhüllenden Rinde der Civilisation oder abseits des großen Stromes unserer Cultur: das Herauskehren, das ins Lichtstellen des wahren Menschen war ihm zu einer Art fixer Idee geworden. Er aber, der alles Ungefähr haßte, das als Mantel für unklares oder faules oder feiges Denken diente, er, dem Klarheit das erste Lebensbedürfniß war, gefiel sich in jenem Halbdunkel, wo das Begreifliche und das Unbegreifliche, seelische und körperliche Kräfte, All und Individuum aneinanderstoßen, sich kreuzen, sich gegenseitig beeinflussen. Er war nicht nur in der Darstellung der Zustände und Ereignisse, welche in diese Sphäre fallen, ein unerreichter Meister: er fühlte eine eigenthümliche Vorliebe für „der Menschheit bestes Theil, das Schaudern", das ihn magnetisch anzog. Dieser tiefpoetische Zug gerade macht Merimée auch den Nichtfranzosen so interessant. Die gesunde Antipathie aber gegen alles Falsche, in Literatur und Wissenschaft, im Staat wie in der Gesellschaft, machten ihn natürlich wie alle Besseren, wie alle Redlichen in dem Vaterlande der Eitelkeit zum Skeptiker: denn man kann beinahe immer sicher gehen, wenn man die echte Gesinnung vorzugsweise bei den Skeptikern dieser vielgeprüften und vielschuldigen Nation sucht. Ist's ein Zufall, wenn der französische Denker, dessen Name gleichbedeutend mit Skepticismus geworden, wenn Montaigne sich einem La Boétie in unverbrüchlicher, glühender Freundschaft hingab? Freilich müssen solche Verächter falscher Sentimentalität und falscher Begeisterung es über sich ergehen lassen, wenn die beschränkten Schwärmer, denen jede Oberfläche genügt, so gut wie die Specialisten der Philanthropie sie als kalte, unempfindliche Egoisten verschreien und die unerbittliche Wahrhaftigkeit, mit welcher solche Geister auf den nicht eben immer gar schönen Grund der Menschennatur zu gehen pflegen, als Menschenhaß hinstellen möchten. Wer näher zusieht, wer überhaupt selber Wahrheitssinn mit dem geringsten Grade von Scharfsicht verbindet, wird die ungeschminkte Derbheit eines Merimée, die nie in Rohheit ausartet, nicht weniger respectiren, als unseres Göthe behutsames Sich-zurückziehen vom gewöhnlichen Menschenkehricht.

Auch der Leser, bei dem das psychologische Interesse nicht das vorherrschende ist, wird seine Freude an diesen Briefen haben, namentlich nach der ersten Hälfte des ersten Bandes, wenn sich der Sturm einigermaßen gelegt hat, und die etwas monotonen Klagen über die Kälte oder die Launen der Geliebten sich weniger häufig wiederholen. Doch auch hier muß man diese Sammlung ganz unmeditirter Herzensergießungen, welche ohne Hilfe irgend welcher Herausgeberscheere in den Druck gekommen, nicht mit Rahel's Briefen oder der Göthe-Schiller'schen Correspondenz vergleichen wollen. Auf der andern Seite liegt freilich auch gerade wieder ein großer Zauber in der unberührten Form und in der offenbar ganz unabsichtlichen Natur dieser Stimmungsbilder und Plaudereien. Ein großer Leser und trefflicher Kritiker, wirft Merimée in beinahe jedem Briefe die feinsten und schlagendsten Urtheile über alte und neue Bücher hin — über alten amentlich; denn er gehört zu den Leuten, welchen die Natur den Abscheu des Mittelmäßigen mit der feinsten Spürkraft für dasselbe ertheilt; da aber nun unsere Zeit selten etwas Anderes als Mittelmäßiges hervorbringt, so bleibt er seinen Alten getreu: Griechen und Römern, Spaniern und Franzosen, Engländern und Deutschen. Braucht er leichtere Lectüre, so liest er Reisebeschreibungen in fremden Ländern, zum Höchsten substantielle Geschichtswerke und Biographien, wo er Thatsachen statt Phrasen findet, oder aber schlechte Romane: ein Bedürfniß, das den höchsten Grad der Bildung verräth, wenn ich mir einen Ausspruch, den ich oft aus verehrungswürdigstem Munde vernommen, aneignen darf. Die Mordgeschichten Ponson du Terrail's waren Merimée's Lieblingslectüre in den letzten Jahren seines Lebens.

Viele Briefe sind aus dem Auslande datirt und seine humoristischen Schilderungen deutschen „Gemüthes" und deutschen Appetits, englischer Heuchelei und spanischer Natürlichkeiten sind nicht minder unterhaltend als seine beißende chronique scandaleuse der vornehmen Pariser Gesellschaft. Ein Virtuose im Erzählen und Beschreiben, erinnern seine Skizzen oft an Mme. de Sévigné's berühmteste Anecdoten. Die Porträts, vom Gassenjungen in Fleetstreet bis zu Herrn Gladstone, von der catalonischen Küchenmagd bis zu Ihrer katholischen Majestät, Isabella II., treten hervor aus der Leinewand, wie Köpfe des Velasquez. Reizend sind seine Beobachtungen der Thiere, deren innere Vorgänge zu errathen er nie müde ward, und die er vielleicht noch besser studirt hatte als die Menschen. Auch seine Küchenrecepte sind nicht zu verachten und würden Brillat-Savarin und Alexandre Dumas alle Ehre gemacht haben: denn Merimée, wie alle echten Franzosen und alle feinorganisirten Naturen, hielt außerordentlich viel auf gute Küche. Auch das Klima und das Wetter ist ihm ein Gegenstand von hoher Bedeutung, und er spricht sich darüber mit derselben Naivetät aus als über Kunstwerke und landschaftliche Schönheiten. Kurz überall sieht man unter der höchsten Civilisation die unmittelbarste Empfindung, und wie die Hofgunst nie dem unabhängigen freimüthigen Manne den geringsten Act der Servilität entreißen konnte, so thaten die feinen Manieren des sich nie verleugnenden Gentleman und das elegante Gewand, das er bis in sein Alter trug, nie seiner Originalität und Natürlichkeit Abbruch.

Nicht minder treffend und sicher war sein Urtheil in der Politik; er war überzeugt — eine Seltenheit in Frankreich bei Männern von seiner Bildung — daß im aufgeklärten Despotismus allein das Heil seines Vaterlandes zu suchen sei. Einen wahren Kassandrablick hatte er für das Kommende, und man sieht bei einer solchen Gelegenheit wieder einmal recht deutlich, wie viele Vortheile der Zuschauer am Schachbrette über den Spieler hat. Doch war auch er bis zu einem gewissen Grade beim Spiele betheiligt: seine Anhänglichkeit an die Person des Kaisers, der auf Alle, die ihm je näher gekommen, denselben Zauber ausübte: seine Würde als Senator, deren Pflichten er gewissenhaft, wenn auch nicht ohne Ironie, erfüllte, wie alle anderen, die er übernahm: sein Inspectionsamt, seine academische Thätigkeit, seine Missionen zogen sein persönliches Interesse mit hinein ins Oeffentliche: und noch vierzehn Tage vor seinem Tode ließ er sich am 4. September, am ganzen Körper gelähmt, in den Senat tragen, um im Augenblick der Gefahr auf seinem Posten zu sein und, da er's mit Worten und Thaten nicht konnte, wenigstens durch seine Gegenwart wider den schnödesten Act der französischen

Geschichte zu protestiren. Aber Merimée war ein viel zu feiner Kopf, als daß er die rohe Leidenschaft oder die heuchlerische Sittlichkeit des Parteimannes in sich hätte aufkommen lassen. Er stand zu den Ereignissen etwa wie Göthe, nur mit mehr Patriotismus, wie es beim Bürger einer lange geeinten Nation von großer Geschichte nicht anders denkbar ist; doch verhinderte ihn dieser Patriotismus so wenig, in Fürst Bismarck den einzigen großen Staatsmann unserer Zeit zu sehen, als Göthen weder sein Deutschthum noch seine Humanität hinderten, in dem Unterjocher Deutschlands und dem Zermalmer der Menschen das größte Genie aller Zeiten zu erblicken. Ganz deutlich sieht Merimée den Ruin des französischen Staates kommen, wie er den Verfall der französischen Gesellschaft als schon längst eingetreten betrachtet: Nous nous en allons à tous les diables", sagt er vom ersteren, lange vor dem Kriege. Qu'est devenue la société française d'autrefois? fragt er sich, wenn er die geschmacklosen Uebertreibungen der vornehmen Kreuzfahrerinnen anhören muß. Was ist aus dem französischen Geist, was aus der französischen Sprache geworden? möchte man ausrufen, wenn man wieder einmal so einen echten Vertreter jenes altfranzösischen Geistes in echtem Französisch reden hört, einen Nachkommen Regnier's und Molière's, Larochefoucault's und Labruyère's, Bayle's und Voltaire's, Chamfort's und Courier's. Wie gesund empört ist der Mann über die Verlogenheit der Demokraten, die Illusionen der Parlamentarier, den Fanatismus der Klerikalen; denn es ist eine wahre Wohlthat, Merimée neben Sainte-Beuve als den einzigen conservativen Franzosen seiner Generation zu sehen, der nicht auf seine alten Tage fromm geworden wäre. Manchmal glaubt man ein Echo des großen Jesuitenfeindes selber zu hören, und der Muth, mit dem er seine unfashionablen philosophischen Ansichten in den fashionablen Kreisen der Hauptstadt wo nicht zur Schau trägt, doch männlich bekennt, ist eine zu seltene Erscheinung im heutigen Frankreich, als daß man sie nicht bewundernd hervorheben sollte.

Es ist nicht leicht, strenger für seine Nation und für seine Zeit zu sein, als Merimée sich hier zeigt; und doch ist es schwer, ihm zu widersprechen, unmöglich ihn zu widerlegen, wenn er in Bitterkeit ausruft: Je suis accablé de honte quand je pense à ce XIXe siècle et que je le trouve de toute façon si inférieur à ses prédécesseurs. Er freilich ist ganz ein Mann des vergangenen Jahrhunderts; wie in der Gesinnung und in der Weltanschauung, so in der Sprache: knapp, relief, lebendig, voll. Da ist keine Spur von Rhetorik, aber auch kein Flecken, den Nachlässigkeit oder Unklarheit zurückgelassen hätten. Die Präcision des Ausdruckes ist ungesucht; die Concision des Satzbaues ist nie dunkel, die Einfalt ist nie trocken. Es ist das ächte, gute, alte Französisch, dessen Traditionen heute so total verloren sind. Wer sich davon überzeugen will, der lese einen dieser Briefe, den unbedeutendsten, und greife dann zu den besten Schriftstellern der zweiten Hälfte dieses Jahrhunderts, zu Renau, zu Taine, zu Dumas fils, und er wird augenblicklich fühlen, welche Kluft auch in dieser Beziehung das neue Frankreich von dem alten trennt.

Januar 1874.

E. d'Alton.

Graf d'Alton Shée ist, nach langjähriger, heiter und würdig ertragener Blindheit, im 65sten Jahre seines bewegten Lebens gestorben. Aus einer irischen Familie stammend, welche mit Jacob II. nach Versailles gekommen und dort naturalisirt worden war, und in seiner Jugend als Wildfang am Hofe Karls X., als eccentric unter Louis Philipp berühmt, lebte er in den Jahren, in den ich ihn persönlich zu kennen das Glück hatte, als ein bescheidener bürgerlicher Familienvater, äußerst mäßig und anspruchslos, nur in den vornehmen Formen schlichtester Höflichkeit noch die Herkunft und Ueberlieferung verrathend. Schon hatte er alle seine Excentricität auf ein ganz anderes Feld, das der Politik, geworfen, wo er sich schon früh der allerradikalsten Seite der Opposition angeschlossen hatte. Der durchaus unbescholtene Mann ist vielfach verkannt worden: er, der in seinem Ausdruck stets ein so sicheres Maaß zu halten wußte, war in seinem Betragen stets übertrieben: die Welt kannte ihn nur als tollen Wüstling, oder als rothen Demagogen: nur die intimsten Freunde wußten, welche gediegene Reserve an Loyalität, altfranzösischer Bildung und sicherem Geschmack er sich neben diesen Auswüchsen einer allzu lebendigen Natur bewahrt hatte, und wie kein wohlbestallter Professor der Nationalliteratur seinen Molière oder Racine auswendig wußte, gleich diesem vornehmen Lebemann.

D'Alton ist auch als Schriftsteller aufgetreten. Seine Denkwürdigkeiten *) hatten ihrer Zeit einen großen Erfolg. Nach wenig Wochen war eine zweite Auflage des schon vorher in einer gelesenen Zeitschrift veröffentlichen Werks nöthig geworden. Kein Wunder eigentlich; denn das französische Publikum hat seinen natürlichen Geschmack für diese so durchaus nationalen Genres stets bewahrt und es dürfte schwer sein, Bände zu finden, in denen die Traditionen des Genres reiner bewahrt wären als in denen d'Altons. Alles was die französischen Mémoiren charakterisirt und ihren eigenthümlichen Reiz ausmacht, ist hier in hohem Grade vereinigt: Natürlichkeit und Leben, pikante Anekdoten und feine Beobachtungen; vor Allem eine ursprüngliche Individualität, um welche sich die Ereignisse gruppiren, die Personen bewegen.

Diese Ereignisse und Personen aber müssen Jedermann interessiren, denn es sind die jener zwanzig schönen Jahre, während deren Frankreich seine Strahlen über ganz Europa warf, nicht die Strahlen seiner hundert Tausende von Bayonetten, wohl aber die seiner Ideen, seines Beispiels, der Sympathie, die es bei den übrigen Völkern zu erwecken wußte, mehr noch der Beängstigungen, die es den absoluten Herrschern des Festlandes einflößte. Niemand war besser

*) Mes Mémoires (1826 à 1838) par le Comte d'Alton Shée, ancien pair de France. Paris. Librairie internationale. 1869 et suiv.

gestellt, als d'Alton, das glänzende Schauspiel des damaligen Frankreich zu beobachten, des politischen sowohl als des literarischen und gesellschaftlichen Frankreich. Geburt und Familienverbindungen brachten ihn natürlich der officiellen Welt, wie der Welt des Vergnügens nahe; seine Neigungen führten ihn bald zu der literarischen und künstlerischen Welt. Seine Beziehungen zu den Protagonisten des öffentlichen Schauspiels gaben ihm sogar eine Rolle im Stück; aber diese Rolle hinderte ihn nicht zu sehen, zu beobachten und nachzudenken. Sein von Natur zur Beobachtung geneigter Geist war wie dazu gemacht, die wesentlichen und bezeichnenden Züge der Dinge und der Menschen, die er unter den Augen hatte, zu ergreifen und wiederzugeben; denn er war weder von Doctrinen noch Abstractionen, weniger noch von Vorurtheilen, religiösen, wie gesellschaftlichen, umnebelt. Er scheute sich in seinen Denkwürdigkeiten nicht, an die großen Fragen heranzugehen, die in jener Zeit der Discussionen angeregt und erörtert wurden; aber in einem Land und in einer Zeit, wo die Freidenker jeden Gläubigen als einen Narren oder Heuchler zu betrachten pflegten, während der Fromme in dem Philosophen nur den Atheisten und Bösen sehen wollte, wo die höheren Classen der Gesellschaft dem Volke wie einem Feinde mißtrauten, wo das Volk jeden Adelstitelbehafteten als einen Verräther ansah, vermochten so engherzige Leidenschaften das Auge des jungen Beobachters nie zu trüben: sein Blick blieb klar, heiter, offen, die Dinge einfach aufnehmend und einfach wiedergebend, wie ein getreuer Spiegel.

Dieses ist auch der Charakter seines Hauptbuches. Der Styl belebt ohne Künstelei, originell ohne Neologismen noch Archaismen, individuell ohne Bemühung, erinnert unwillkürlich an jene auch in Frankreich so seltenen Männer, die doch Frankreich beinahe allein hat hervorzubringen verstanden, an die Männer, die Schriftsteller waren ohne Autoren von Handwerk zu sein. Alles ist geschrieben genau wie ein Mann aus der besten Gesellschaft reden würde, bei dem die sogenannte „Distinction" noch nicht alle Natürlichkeit und Ursprünglichkeit verwischt hat. Eine große Genauigkeit im Ausdruck, — was man die Aufrichtigkeit der Sprache nennen könnte — leiht dieser Lectüre einen ganz besonderen Reiz, dem man heute nicht häufig mehr begegnet; denn das Buch lebt durch die Dinge, nicht durch die Worte. Kurze, treffende Anekdoten, die zu denken geben, ohne daß der Erzähler es übernähme, an der Stelle des Lesers die Gedanken daraus zu ziehen, erzählt mit hinlänglicher Discretion, Niemanden zu verletzen, mit genug Freiheit die Neugierde zu reizen und zu befriedigen, wechseln mit ganz ungemein gelungenen Porträts. Seien es nun einfache Bleistiftskizzen, wie die fünfzehn bis zwanzig Silhouetten der Stammgäste des Café de Paris im Jahre 1830, seien es freigezeichnete und groß ausgeführte Gemälde, welche die Züge vertrauter Freunde oder historischer Persönlichkeiten wiedergeben, diese Porträts lassen stets die Gestalten, die dem Verfasser gesessen haben, vor uns leben. Man meint, man habe sie immer gekannt, oder man sähe sie wieder wie man sie einst gesehen, so gut versteht d'Alton, wie durch plötzliche Intuition, den wesentlichen Zug eines Jeden herauszufinden. Man lese nur die Bildnisse Berryer's, der so lange der Mentor des jungen Pair de France war, die Heinrich Heine's, Alfred de Musset's,

Armand Carrel's, Emil de Girardin's, Achille Bouchet's, Major Fraser's namentlich.

Man ist versucht zu glauben, jene ganze Zeit lebe wieder auf vor unserm innern Auge, jene Zeit tiefer Aufregung und großartiger Eleganz, die noch einen letzten Schimmer der alten französischen Gesellschaft, wie man sie sich vorzustellen liebt, auf sich trug: verliebt in allgemeine Ideen, leicht eingenommen, jung in jedem Lebensalter, eine Poesie und ein Theater lebhaft genießend, die sich noch nicht beifallen ließen zu moralisiren anstatt zu unterhalten; fähig die Pferde einer jener anmuthigen, damals so zahlreichen Bühnenköniginnen auszuspannen, aber auch bereit sich in den heißesten Kampf zu stürzen, um einer Idee zum Siege zu verhelfen; weniger vorsichtig in ihren Urtheilen als unsere hyperkritische Zeit, aber ursprünglicher und frischer in ihren Schöpfungen: ein St. Martins Sommer jenes herrlichen XVIII. Jahrhunderts, des französischsten der französischen Geschichte, dessen Wirklichkeit zahlreiche Ueberlebende damals noch bezeugten. Mitten in dieser Umgebung ein junger Edelmann, kaum den Pagenkleidern entschlüpft, herbeigeeilt von dem äußersten Ende Italiens, um dem letzten Acte der Julirevolution beizuwohnen, vergnügungstoll und deß kein Hehl tragend, in allen körperlichen Uebungen Meister, etwas lärmend vielleicht, aber primesautier, lebensprudelnd, fähig sich in Diderot zu verlieben und für Rousseau zu begeistern, wo nöthig die Nacht des 4. August in Scene zu setzen oder Washington zu Hülfe zu eilen, und der uns, bei der Rückkehr, seine Jugendzeit erzählt und den seltenen und exquisiten Genuß bereitet, uns mit einem Menschen zusammenzubringen, da die Gewohnheit uns fürchten ließ

„nur einem Autor" zu begegnen. Hätte der Erzähler uns von dieser Reise in's Land der radikalen Demokratie nicht noch gewisse Theorieen mitgebracht, die man nicht theilen kann und welche die lebhaften Farben der persönlichen Erinnerungen etwas trüben, wären seine Urtheile nicht zuweilen allzu absprechend, begegnete man nicht hie und da einigen leichten Ungleichheiten in der Ausführung, so würde ich zu sagen wagen, jener Genuß sei ungemischt.

In der That, der Page war alt geworden und konnte doch die Pagenstreiche nicht lassen: schon im Oberhause von 1830 waren sie kaum am Platze. Dem Sechzigjährigen, der bei den letzten Wahlen des Kaiserreichs im Jahre 1869 durch seine Candidatur beinahe die Wahl Thier's scheitern machte, verzieh man solchen Muthwillen nicht. Doch waren hier wie immer seine Motive ganz rein, und das Publikum, auch wie immer, roh in seiner Auffassung. D'Alton blieb eben sein Leben über ein enfant terrible: wie er in seiner Jugend die Aristokratie, der er angehörte, durch seine Unberechenbarkeit compromittirte, so in seinem Alter die Opposition, in der er sich einen Platz gemacht. Die Eitelkeit konnte ihm schlimme Streiche spielen: das persönliche Interesse nie. Er hatte sein Vermögen durch Verschwendung, dann in tollen Geschäften verschleudert: nie hat er gesucht es durch die Politik wiederherzustellen. Ehrlich, muthig, unverdrossen hat er von seiner Feder gelebt lange Jahre: weiter hat er von der Politik Nichts verlangt. In ihm war etwas von Alcibiades und Catilina: aber es fehlte ihm das Genie des Atheners, die Gewissenlosigkeit des Römers. Hätte er in den Zeiten der alten Monarchie gelebt, sein Name würde, ohne Mißklang, neben dem des Chevalier de Grammont genannt werden. Im Frankreich der Revolution sollte dieser Name einem leidenschaftlichen Rhetor zur Amplification einer politisch-oratorischen Thesis dienen. Léon Gambetta hat am Grabe d'Altons versucht, den modernen französischen Radikalismus an die alten französischen Traditionen anzuknüpfen, die diesen Radikalismus selbst roh und systematisch zerrissen. Die Freunde des demokratischen Grafen hätten ihm einen anderen Lobredner gewünscht.

Juni 1874.

Delirium tremens. . .

I.

Ein sonderbareres Buch ist wohl nie geschrieben worden als dieses, und ganz sonderbar ist auch die Wirkung, die es auf den Leser hervorbringt.*) Hat man sich durch ein paar Seiten durchgearbeitet, so fragt man sich erstaunt, wie ein vernünftiger Mensch und noch dazu ein bedeutender Schriftsteller solchen Wahnwitz drucken lassen könne. Der seltsame Rahmen erscheint Einem in seiner anspruchsvollen Kindlichkeit als ein recht läppischer Einfall. Der angehäuften Gelehrsamkeit traut man nicht recht. Auch ist man versucht, sie unnütz und durchaus nicht am Platze, dazu noch recht ermüdend zu finden. Man möchte sich entrüsten über die corrupte Sinnlichkeit, die wie ein Unterton durch die sinnverwirrende Theologie und Metaphysik, wie durch

---

*) La tantation de Saint-Antoine par Gustave Flaubert. Paris, Charpentier 1874. 1 Band in 8°.

Wir machen hier eine Ausnahme von der uns selbst gesetzten Regel, nur solche Recensionen in diese Sammlung aufzunehmen, welche allgemeine Fragen behandeln oder eine bedeutende Persönlichkeit charakterisiren: hier ist das besprochene und analysirte Werk selber die Charakteristik einer Seite, und zwar einer wenig gekannten Seite, des französischen Geisteslebens.

die schimmernden Bilder und die verrückten Situationen durchklingt. Man bedauert, daß eine so schöne Sprache durch so viele fremde und gesuchte Ausdrücke, die gerade dem Französischen so schlecht stehen, verunstaltet, und daß diese Kunst der Sprache überhaupt auf einen so abstrusen Gegenstand verwendet worden. Dringt man weiter vor durch dieses Gestrüpp kindischer Albernheiten, mystischen Tiefsinns, seltsamen Wortgeklingels, bizarrer Traumgestalten, so wird's Einem selber nach und nach ganz wirr; man möchte rufen wie Faust in der Hexenküche: „Weh mir! ich werde schier verrückt," und erwartet jeden Augenblick, auch der Verfasser werde mit Mephistopheles bekennen: „Nun fängt mir an fast selbst der Kopf zu schwanken."

Läßt man sich nun aber gehen, liest Seite um Seite, träumt fort mit dem tollen Dichter, so fühlt man sich unversehens unter einer Art Alpdruck, von dem man sich nicht mehr befreien kann, kaum mehr befreien mag. Es ist, als habe man Hatschisch geraucht und sei fortgetragen in den heißen Orient und in die fernen Jahrhunderte, wo sich Neuplatonismus, Christenthum, ägyptischer Geheimdienst und buddhistische Weisheit im Schatten der Pyramiden und Sphinxe begegneten. Die Luft ist geschwängert mit geiler Wollust und spitzfindiger Dogmatik, eine Riesenvegetation steigt betäubend aus dem fetten Boden; allerhand seltsam Gethier umwimmelt Einen; von allen Seiten lugen Einen ungeheuerliche Götzenbilder an: alte Priester führen wunderliche Reden in fremden Sprachen und, wenn es glückt, und wenn es sich schickt, so sind's „Gedanken". Nach und nach kommt Sinn und Zusammenhang in den Traum, manchmal sogar ein recht tiefer Sinn, und wird auch der Traum nie ein angenehmer, wohlthuender, so ist er doch immer einer, der dem Erwachenden noch Stoff und Anlaß zum Nachdenken giebt. Was Rosenkranz von Göthe sagt: daß er die Atmosphäre des Infernalischen um Mephistopheles her durch das Mittel des Absurden hervorgebracht habe, läßt sich auch auf den Luftkreis anwenden, in den uns die „Versuchung des heiligen Antonius“ versetzt. Man glaube deshalb ja nicht, daß wir, wie ein französischer Kritiker in Herrn Thiers' Specialzeitung*), diese Lucubration Flaubert's für „bedeutender als Göthe's Faust“ halten oder gar für „eines der unsterblichen Werke dieses Jahrhunderts“, ja, „das großartigste (la plus magnifique) dramatische Werk, das vielleicht je geschrieben worden“. Nein, „die Versuchung des heiligen Antonius“ ist und bleibt die bedauerliche Verirrung eines äußerst talentvollen, sehr unterrichteten und — was seltener ist heutzutage — ausnehmend gewissenhaften Künstlers; aber es bleibt auch ein Hervorbringniß, das für Frankreich, welches eben Aehnliches durchmacht, äußerst charakteristisch ist.

Gustave Flaubert ist erst als Dreißiger vor das Publikum getreten und hat jetzt die Fünfzig noch nicht erreicht. Er hatte, obschon ganz bürgerlichen Kreisen angehörig, ein schönes Vermögen ererbt. Gründliche Studien, medicinische wie philosophische, weite Reisen, ein wechselndes Land- und Stadtleben hatten ihn gereift, als er die Feder ergriff. Sein erstes Werk, „Madame Bovary“ (1856), war eine treffliche Sittenschilderung, welche dem Verfasser eine gerichtliche Verfolgung wegen Verstoßes gegen die öffentliche

*) S. „Le Bien public“ vom 8. April 1874.

Sittlichkeit und eine Freisprechung zuzog. Es reiht sich würdig an Balzac's und Stendhal's Romane an, ohne die Poesie des Ersteren, ohne den politisch-religiösen Hintergrund, den der Letztere seinen Erzählungen zu geben pflegt; knapper, fester, wahrscheinlicher als Beide. Der karthaginiensische Roman, den Flaubert 1862 veröffentlichte, bekundete große Kraft und umfassende historische, topographische und archäologische Forschungen; auch er war sehr wahrheitsgetreu, aber die Wahrheit, die er schilderte, keine wohlthuende. Die Fremdheit des Stoffes, die Mischung von Grausamkeit und Wollust — ein tiefer Zug der Menschennatur, den auch Shakespeare in den Töchtern Lear's genial verwerthet hat, Flaubert aber zu craß, zu detaillirt, mit zuviel Wohlgefallen ausmalt — die an's Lächerliche streifende Seltsamkeit der Einzelheiten schadeten dem Buche sehr in den Augen des Publikums; doch fehlte auch die Anerkennung der Urtheilsfähigen — deren Lob oder Tadel, wie Hamlet meint, die eines ganzen Hauses voll Gründlinge überwiegen sollte — einzelnen Partien des merkwürdigen Buches nicht, das sie im Ganzen als einen Mißgriff bezeichnen mußten. Die zwei vorletzten Werke Flauberts, einen Roman (1869) und ein Drama (1874), die ein vollständiges Fiasco gemacht, ist der Schreiber dieser Zeilen durch zufällige Umstände verhindert worden zu lesen. Indeß der Eindruck der beiden ersten Werke, sowie die Persönlichkeit des einst flüchtig gekannten Mannes, die Achtung, die Sainte-Beuve für sein Talent stets gegen den deutschen Schützling an den Tag gelegt, gaben diesem den Muth (und er brauchte dessen nicht wenig), das neueste oben angezeigte Erzeugniß Flaubert's nicht nach den ersten 20—30 Seiten aus den Händen zu legen.

Flaubert behauptet, siebenundzwanzig Jahre an dem abenteuerlichen Buche gearbeitet zu haben, und wir wollen's ihm gerne glauben; denn man sieht dem Werke die Arbeit nur gar zu sehr an. Die Resultate einer ganz ungewöhnlichen Erudition in orientalischer Geschichte, namentlich Religionsgeschichte; die Beobachtungen, die der Schriftsteller in wiederholten und langen Aufenthalten im Morgenland gesammelt; die Einflüsse Comte'scher Philosophie und des Umganges mit materialistischen Aerzten und Naturforschern, sind leicht zu erkennen. Dabei gehört der Verfasser zu jenen, leider immer seltener werdenden Franzosen, welche einen Cultus für ihre Sprache haben und einen Satz zehnmal umzuschreiben bereit sind, bis es ihrem Ohr, ihrem Geschmack und ihrem Gedanken ganz genug thue. Doch schadet die viele Arbeit offenbar dem Buche; denn die Anhäufung gelehrter Details, aufgenommener Localnotizen, fremdartiger Wörter und noch fremdartigerer Gebräuche, die Aufzählung von Stoffen, Parfüms, Ornamenten, religiösen Secten, phantastischen Thieren, ekeln Götzen u. s. w., so sehr sie berechnet sein mag, jenen traumartigen Eindruck hervorzubringen, von dem wir sprachen, wird immer die meisten Leser abhalten weiter einzudringen, und erreicht in der That manchmal einen Grad von Puerilität, der eine ganz andere Wirkung als die beabsichtigte hervorbringt.

Ein zusammenhängender Sinn ist indeß in diesem sonderbaren Rauschgesichte, das, wie ein anderes Delirium aus dem übertriebenen Genuß geistiger Getränke, aus dem unmäßigsten intellectuellen Régime entstanden zu sein scheint. Und zwar ist der Sinn ein echt französischer. Trotz der scheinbaren Discrepanz ist's der alte französische Geist, wie er mit Rabelais die Pfaffen gehöhnt, selbst aber Pfaffe geblieben ist; wie er mit Descartes an die Schwelle des Zweifels, mit Pascal über die Schwelle des Zweifels gedrungen, um zurückzuweichen in die Halbnacht der weihraucherfüllten Kirche. Alles ist französisch an dem Buche: die Kunst der Composition in anscheinendem Chaos, die Sorgfalt und Reinheit der Sprache bei affectirter Kühnheit, das Wohlbehagen an der Zote um der Zote willen, die raffinirte Sinnlichkeit der Bilder und Situationen, die göttliche Tragödie, in der alle Religionen der Kritik, der Analyse, dem Rationalismus erliegen; — auch ein bedeutender französischer Maler, Chenavard, hat vor wenig Jahren den Tod aller Götter gemalt — das Verlieren des Ideals, sobald es keine bestimmte sinnliche Gestalt mehr hat; der Comte'sche Versuch, sich die Ohren zu verstopfen, um das Syrenenlied der Methaphysik nicht hören zu müssen und das sofortige Verfallen in blinden Aberglauben; das leidenschaftliche Interesse an die Frage von der generatio aequivoca, während man doch „positivistisch" nur mit der Ordnung der Thatsachen beschäftigt zu sein, vorgiebt; vor Allem aber jene wunderbare disinvoltura, mit welcher das credo quia absurdum als die höchste Weisheit dargestellt wird, welche sich als Quintessenz aus dem Studium der Geschichte, der Religionen, der Philosophieen, der Naturforschung, aus der Erfahrung des Lebens, aus dem eigenen Nachdenken ergeben soll. Niemand hat's je so weit gebracht wie die Meister der Analyse, die Franzosen, in der

Kunst, ihren Geist in feste Rubriken zu theilen, und, während in dem einen Kämmerlein unverdrossen an der Erforschung des Seienden gearbeitet wird, während in dem andern der Verstand an seinem aprioristisch-mathematischen Gebäude weiter baut, im dritten Gemache ruhig weiter zu bauen, als ob daneben nicht gehämmert würde an einem neuen Tempel, gerüttelt an dem alten, zu dem sie beten. Es ist wohl der Mühe werth, näher zuzusehen, wie so etwas heute vor sich geht, wo statt der Mathematik, wie zu Descartes' und Pascal's Zeiten, die Physiologie den Chor der Wissenschaften leitet; zu erfahren, auf welchen verschlungenen Wegen der denkende Franzose zu jenem Ziele der Entsagung, zu jenem Gehorsam des Intellektes kommt. So sei denn in einem folgenden Abschnitte der ungemein geschickt und erfolgreich, durch Ueberstickung und reiche Umhüllung verborgene Faden des Gewebes gegeben, das uns unter dem so bunten Bilde des Morgenlandes im IV. Jahrhunderte, den geheimen Gedankengang des immer mehr zusammenschwindenden Theiles der französischen Nation schildert, welcher sich noch zu denken die Mühe giebt.

II.

Der heilige Antonius sitzt gegen Abend allein in seiner Einsiedlerhütte am Ufer des Nil. Die Schatten werden länger, die Nacht steigt herauf: mit ihr die Erinnerungen an Jugend und Leben, an Mutter und Geliebte, Lehrer und Schüler, Leidens- und Kampfgenossen, an die Verfolgungen, die Triumphe, die inneren Zwistigkeiten der Kirche. Wehmuth, Mißzufriedenheit, Langeweile überkamen den Eremiten; Seufzer und Lieder der Sehnsucht tönen herauf aus den Wellen des heiligen Stromes wie Wiederhall eigener Gedanken; Schakale knuppern und schnüffeln an der angelehnten Thüre. Seltsame Schatten bewegen sich in dämmernder Beleuchtung. Ein Alpdruck wirft sich auf den durch das Fasten entkräfteten Körper, auf den durch das Fasten überreizten Sinn. Da lehnt sich der Teufel mit beiden Ellenbogen über die Hütte; gleich einer riesigen Fledermaus, die ihre Jungen säugt, trägt er die sieben Todsünden unter seinen Flügeln.

Antonius schlummert ein; sonderbare Träume entführen ihn auf seiner Strohmatte, die sich zu einem weich geschaukelten wellenumspülten Nachen gestaltet. Lockende Speisen steigen auf vor dem Hungernden, der schon die lüsternen Hände danach ausstreckt, aber sich plötzlich besinnend, die Tafel trotzig umstößt, auf der sie ihm credenzt werden. Nicht ganz so glücklich widersteht der Gequälte dem Zauberreize des Goldes; doch der Schwäche folgt der Gewissensbiß auf dem Fuße und in der Reue bemächtigt sich seiner ein Bedürfniß zu wüthen gegen sich, gegen Andere: und siehe, er befindet sich in der altbekannten Weltstadt Alexandria, mit den großen prächtigen Palästen, den schiffbelebten Häfen, den wimmelnden Straßen, dem bunten Volke aller Weltgegenden. Auf einmal bleibt die Menge stehen und alle Blicke richten sich nach Westen, von wo die Mönche der Thebaide, knittel=bewaffnet, unter Hymnengesang heranstürmen, an ihrer Spitze Antonius selber. Vor ihnen flieht das entsetzte Volk; sie aber schonen Niemandes; überall häufen sich die Leichen der Erschlagenen; bis zum Knöchel waten die Frommen im Blute: aber schon sind wir nicht mehr in den Straßen der ägyptischen Hauptstadt, sondern in Nicäa im Concil streitender Kirchenväter und wiederum in der Loge des Kaisers zu Byzanz, während unten im Circus die Kutscher der Grünen und Blauen sich zum Rennen rüsten: da wird das Amphitheater eine Tafel, das Rennen ein Bankett, der Kaiser Nebukadnezar inmitten seiner Frauen, Antonius selber wird Nebukadnezar und kriecht auf allen Vieren. Plötzlich fährt er auf und greift zur Geißel; aber im Schmerze der Geißelung erwacht das Gefühl der Wollust und eine neue Todsünde naht heran in Gestalt der Königin von Saba.

Alle Künste der Toilette, aller Luxus betäubender Wohlgerüche, alle Koketterie der Stellungen, alle Reize der Gaze, alle Verlockungen süßer Reden und versprochener Freuden verschwendet die Gefährliche — umsonst, das Zeichen des Kreuzes rettet den Einsiedler, unverrichteter Sache zieht die Verführerin ab; auf der Schwelle aber, wo sie gestanden, liegt ein wunderlich Kind, das ihm bekannt scheint. Ist's nicht Hilarion, einst sein geliebter Schüler? Auch Der versucht ihn, mit Eitelkeit, Stolz, Neid, und fast gelingt's ihm: wie wohlgefällig erhebt sich schon der Einsiedler über seinen alten Freund Athanasius. Auch die Falle des Sophismus ist nicht leicht zu meiden: „Heuchler, der sich in die Einsamkeit verliert, um sich besser dem Ueberströmen seiner Begierden hingeben zu können! Du entsagst üppiger Speise, dem Wein, warmen Bädern, Sclaven, Ehren; aber wie läßt du dir von deiner Phantasie Bankette, Wohlgerüche, nackte Weiber und klatschende Mengen bieten! Deine Keuschheit ist nur eine verfeinerte Verderbniß und diese Verachtung der Welt nur die Ohnmacht deines Hasses gegen sie.“ Der Rationalismus gesellt sich dazu, ihm die Motive der Märtyrer und ihre Satisfactionen, die Wunder und ihre natürliche Erklärung recht verständlich vorzurücken; die Kritik deckt ihm die Widersprüche der Evangelien untereinander und mit sich selber auf: die Wahrheit allein, die Erforschung der Wahrheit ist des Menschen würdig.

Will er die Männer sehen, die sich ihr widmen? Er trete ein in die große Basilika, wo die Menge wogt und fluthet wie die Meeresfläche. In der Menge unterscheidet er Gruppen. Hier „Männer auf Schemeln, welche mit erhobenem Finger predigen; andere beten dort mit gekreuzten Armen, liegen auf der Erde, singen Hymnen, trinken Wein; um einen Tisch herum feiern Gläubige ihre Agapen; Märtyrer wickeln ihre Binden auf, ihre Wunden zu zeigen; Greise erzählen, auf Stöcke gelehnt, ihre Reisen.“ Antonius horcht auf, hört den Propheten Manes, der die Schöpfung der Welt erklärt; sieht Saturnin, den Syrier, gegen ihn auftreten. Dem folgen Cerdon, Marcion, Ptolemäus, Bardesanes, diesen die Hernier, die Priscillianer, Valentin, der die Welt für das Werk eines delirirenden Gottes hält, Origenes, Basilides, die Elkhesaiten, die Carpocratier, die Nicolaiten, die Marcosier, die Helvidier, Messalier, die Paternier, die dem Teufel geben, was des Teufels ist, Aetius, für den die Verbrechen Bedürfnisse sind, die Gott nicht ahndet, bis endlich Tertullian erscheint und alle ketzerischen Sectirer hinausjagt: „Zerstört die Bilder! Verschleiert die Jungfrauen! Betet, weinet, geißelt Euch! Keine Philosophie! Keine Bücher! Nach Jesus ist die Wissenschaft überflüssig!“ Doch auch er verschwindet plötzlich. An seiner Stelle sitzt Priscilla die Montanistin, auf der entgegengesetzten Seite Maximilla. Sie singen um die Wette das Lob des Meisters und Gatten Montanus, bis sie sich in den Haaren liegen und der Prophet selber sie beruhigen muß. Doch da kommen ja schon andre Schaaren und Secten herangezogen, die Arcontiker, die Tatianier, die Valesier, die des Origenes That vollbringen, die Caïniten, so Sodoma anrufen, die Circoncellionen und wie sie Alle heißen, und sammt und sonders proclamiren sie im Triumph ihre heiligen Dogmen; sie schwellen an, sie stürmen auf Antonius ein: da faßt er sich zusammen und geht muthig auf alle die Ketzer los: „Doctoren, Magier, Bischöfe und Diakonen, Menschen und Phantome, zurück, zurück, Ihr seid Alle Lügen!" Aber immer neue Häretiker ziehen heran, immer furchtbarer werden die Greuellehren, immer gräßlicher die Riten, bis der Einsiedler von Neuem in Ohnmacht fällt.

Wie die Vision wieder beginnt, sieht er sich in dem Kerker, dessen Thore sich auf den Circus öffnen, mitten unter den Christen, die den wilden Thieren der Arena zur Beute dienen sollen. Sie bedenken sich, sie weichen zurück vor dem furchtbaren Ende; und noch im Augenblicke, wo die Bestien schon erscheinen, höhnen und verspotten sie in orthodoxem Hochmuthe den Montanisten, der in einer Verzückung aller Gegenwärtigen vergißt. Ein Schleier breitet sich über die crasse Scene: wie er sich hebt, kommen im Mondenschein Patrizierinnen Rom's, Sclaven und Arme die Leichen der Märtyrer zu bestatten. „Sie erzählen sich die Geschichten ihrer Qualen; der Schmerz wird Extase; immer mehr der Libationen! Die thränenden Augen heften sich auf einander. Sie stammeln vor Trunkenheit und

Weh; allmählich berühren sich ihre Hände, einigen sich ihre Lippen, öffnen sich die Schleier und sie vermischen sich auf den Gräbern unter Bechern und Fackeln. — Der Himmel beginnt zu bleichen. Der Nebel befeuchtet ihre Gewänder; und wie ohne sich nur zu kennen, entfernen sie sich von einander auf verschiedenen Wegen, nach dem Land hin." Aber schon ist das Colosseum den Ufern des Ganges gewichen, ein heiliger Hain; ein Gymnosophist, der seinen Nihilismus lehrt mitten in den Flammen des Scheiterhaufens, der ihn verzehrt. Noch denkt der Einsiedler nach über die Tiefe dieser Weisheit, welche in allen Erscheinungen nur den täuschenden Schleier der Maja sieht, über die Heiterkeit dieses Martyrthums, da hört er seltsame bellende Stimmen und siehe, die Schaar der Thaumaturgen naht heran: Simon der Magier mit Helena Ennoia, Apollonius von Tyana mit seinem treuen Damis. War Jesus besser als dieser, war seine Lehre tiefer, sein Leben reiner, seine Gestalt schöner? Aber Antonius umarmt das Kreuz, indeß der Wunderthäter aufsteigt in jenes Reich jenseits der Formen, wo die Welt der Ideen lebt, voll des Wortes.

„Der da wiegt die ganze Hölle auf", sagt sich der gute Einsiedler. „Nebukadnezar hatte mich so nicht geblendet. Die Königin von Saba hat mich so nicht bezaubert. Seine Art, von den Göttern zu reden, giebt einem Lust, sie zu kennen. Ich erinnere mich deren Hunderte gesehen zu haben, auf der Insel Elephantine, zur Zeit Diocletians". Die Erinnerung wird lebendiger an jenes Götzendéfilé, bis endlich die Gottheiten selber auftauchen und reden, Hilarion aber plötzlich wieder da ist und den tollen Götterfasching, den religiösen Spuk zu commentiren beginnt. Von den gemeinsten, vorsündfluthlichen Ungeheuern bis zu den Thiergestalten, die wir kennen, in den lächerlichsten Ausgeburten der Phantasie bis zu den grausamsten Menschentypen, ziehen sie vorüber, bald das Lachen, bald das Schaudern, bald den Ekel des Zuschauenden erregend. Aber immer klarer, bestimmter, schöner werden die Gestalten: da ist Brahma, und das Trimurti, und hier kommt der menschlichste aller Götter, Buddha. Wie Hilarion sich ergeht, bei jeder That des indischen Menschgewordenen die bezügliche Belegstelle aus den Evangelien parodirend zu citiren, die in der That auf den Gott des Ganges paßt wie auf den des Jordan! Und je höher, reiner, schöner die Lehre des Gottes, den Hunderte von Millionen glauben, desto schwächer fühlt sich Antonius, bis er endlich zusammensinkt. Da erscheinen sie alle, die assyrisch-babylonischen Gottheiten, und die Phoenizier und die Aegypter, die Chaldäer und die Parsis: Oannes und Baal und die Jungfernopfer von Babylon, Ormuzd, der Ahriman unterliegt, die ephesische Diana mit ihren hundert Brüsten, Cybele, die gute Göttin, und Atys, ihr Sohn und Geliebter. Adonis stirbt und die Jungfrauen beweinen ihn. Isis steigt auf und erzählt, wie sie sich mit ihrem Gott in Liebe geeint und unter ihrer Umarmung die lechzende Erde den Nilstrom wie berauscht einsog, da der Typhon Alles versengt hatte. „Alles, was Antonius gesehen, vermengt sich in seinem Geiste. Ihm ist wie in der Betäubung einer Reise, im Uebelsein eines Rausches. Er möchte hassen, aber ein unbestimmtes Mitleid erweicht sein Herz. Er beginnt bitter zu weinen.“ Hilarion sucht ihm seine Wehmuth auszureden, da steigt der Götterfrühling von Hellas vor ihm auf,

Olympos und seine ewig heiteren Bewohner. „Ah, meine Brust erweitert sich. Eine Freude, die ich nicht kannte, steigt hernieder bis in den Grund meiner Seele! Wie schön! Wie schön!“ Und Hilarion: „Sie neigten sich von den Wolken hernieder, die Schwerter zu leiten: man begegnete ihnen am Rande der Wege; man besaß sie in seinem Hause; — und diese Vertrautheit vergötterte das Leben. Es hatte keinen andern Zweck, als frei und schön zu sein.“ Aber Einer nach dem Anderen stirbt dahin, Jupiter will nicht mehr herrschen über „Sclavenherzen, die Beleidigungen, Vorfahren und Eide vergessen“, in einer Welt, wo „überall die Dummheit der Menge, die Mittelmäßigkeit der Einzelnen, die Häßlichkeit der Racen triumphirt.“ Auch Juno entfernt sich, und Minerva sinkt dahin, Herkules' Arme ermatten, Neptun's Dreizack erregt keine Stürme mehr. „Amphitrite, deren weiße Füße über den Schaum liefen, die grünen Nereiden, die man am Horizonte sah, die schuppigen Syrenen, welche die Schiffe aufhielten, ein Märchen zu erzählen, und die alten Tritonen, die in die Muscheln bliesen, Alles ist todt! Die Heiterkeit des Meeres ist dahin!“ Auch Diana, Mars, der den leibhaftigen Moltke kommen sieht („da die Ueberzahl, die Maschinen und die List die Stärkeren sind, ist's besser, als ein Tapferer zu sterben“), Ceres, Bacchus, Apollo, zuletzt auch Venus, von deren rosigen Wangen die Felder von Hellas erglühten: Alle verschwinden und ihnen nach ziehen die abenteuerlichen, unschönen, mystischen Gottheiten Samothrakes, die Götter der Skythen, der Scandinavier, Etrurier, die unzähligen Götter Roms, unter ihnen die der Ehe, so die Braut erwarteten: „Domiduca sollte sie herbeiführen, Virgo ihren

Gürtel lösen, Subigo sie auf das Bett niederlegen, Praema ihre Arme öffnen und ihr süße Worte in's Ohr sagen." Auch die Kindergötter: „Ossipago, so dem Kleinen die Knie fesselt, Barbatus, der ihm den Bart, Stimula, die ihm die ersten Begierden, Volupia, die ihm den ersten Genuß gegeben, Fabulinus, der ihn zu reden, Numera, die ihn zu zählen, Camoena, die ihn zu singen, Census, der ihn zu denken gelehrt", ziehen vorüber. Ihnen folgen die Laren, ja der Gott Crepitus selber, humoristischen Angedenkens, den Aristophanes auf die Bühne gebracht, den Claudius Drusus an die Kaisertafel gesetzt, der ohne Skandal geduldet ward, wie die anderen Bedürfnisse des Lebens, „Mena, die Qual der Jungfrauen, und die sanfte Rumina, welche den vollen blauadrigen Busen der Amme beschützt", auch sie verschwinden mit einem Seufzer: nur Jehovah bleibt, der Herr der Heerschaaren, doch nicht länger als nöthig ist, seinen Fall zu erzählen.

„Alle sind vorüber!" ruft Antonius; da läßt sich eine Stimme vernehmen: „Ich bleibe." Es ist Hilarion, verklärt wie ein Erzengel, glänzend wie eine Sonne. „Wer bist du?" „Mein Reich ist die Ausdehnung des Weltalls, und mein Wunsch hat keine Schranken. Ich gehe ohn' Unterlaß, befreie den Geist und wäge die Welten, ohne Haß und Furcht, ohne Mitleid und Liebe, ohne Gott. Man nennt mich die Wissenschaft." Eine unwiderstehliche Neugierde bemächtigt sich des Einsiedlers: er möchte den Teufel sehen, den Hilarion ihm zu zeigen verspricht. Da hat ihn Satanas schon mit seinen Hörnern gefaßt und fort in's Unendliche! Entzücken der Erkenntniß, Schwindel des Erkennenden! Die Berge, die Seen zeigen sich in

Vogelperspective, die Erde scheint nur noch ein Stern unter Sternen: „Sie ist also nicht der Mittelpunkt der Welt? Stolz der Menschen, demüthige dich!“ Immer weiter, immer höher; der Teufel-Wissenschaft zeigt dem Erstaunten, Hingerissenen die Unendlichkeit der Welten, unterworfen dem Gesetz, ohne Zweck, ohne Ziel. Antonius schwindelt's, er friert. Der Teufel aber argumentirt weiter, wie ein ächter Kantianer: „Die Dinge berühren Dich nur durch das Mittel Deines Geistes: wie ein concaver Spiegel verändert er die Form der Gegenstände — und jedes Mittel fehlt, ihre wirkliche Gestalt genau zu verifiziren.“ Noch einen Schritt weiter und der Teufel wird Schopenhauerianer: „Gut und Uebel gehen nur Dich an — wie Tag und Nacht, Vergnügen und Schmerz, Tod und Geburt, die sich nur auf einen Winkel in der Ausdehnung beziehen, auf eine bestimmte Atmosphäre, auf ein besonderes Interesse. Da das Unendliche allein dauernd ist, so giebt's ein Unendliches und — das ist Alles!“ Antonius aber wendet mit einer letzten Anstrengung den Hoffnungsblick nach Oben und — der Teufel verläßt ihn.

Als er wieder erwacht, zum Tode ermüdet, wie zerschlagen, steigen, wie beim Einschlafen, die Erinnerungen an vergangene Zeiten wieder auf, an vergangene Entzückungen, vergangene Gebete: Seine Mutter, die er böslich verlassen und die vielleicht ohne Begräbniß geblieben, ein Raub der Schakale, Ammonaria, die schöne Jugendgeliebte, die die sehnsüchtigen Arme wollüstig nach ihm ausbreitet: Selbstmordgedanken bemächtigen sich seiner: ein altes Weib erscheint ihm, schrecklich anzusehen, viel älter, viel entfleischter noch als die Mutter: sie preist ihm die Wollust des Todes; und schon steht ihr eine Andere zur Seite, jung, fett, gemalt: sie lädt ihn in's Lupanar; sie sprechen zu ihm, sie singen zu ihm, Tod und Zeugung: „komm", ruft die Eine, „ich bin der Trost, die Ruhe, die Vergessenheit, die ewige Heiterkeit!" „Ich bin die Einschläferin", ruft die Andere, „die Freude, das Leben, die unerschöpfliche Wonne! Und Antonius schwankt zwischen beiden ekeln Gestalten; sie aber streiten, einigen sich, fassen einander an und singen wechselweise: „Ich beschleunige die Auflösung des Stoffes! — Ich erleichtere die Zerstreuung des Samens! — Du zerstörst für meine Erneuerungen! — Du zeugst für meine Zerstörungen! — Belebe meine Macht! — Befruchte meine Fäulniß!" — Endlich schwinden sie. „Der Tod ist also nur eine Täuschung," ruft Schopenhauer's einsiedlerischer Schüler, „ein Schleier, der stellenweise die Continuität des Lebens verhehlt." Aber noch ist er nicht am Ende seiner Prüfungen. Dort drüben jenseits des Nil steht die Sphinx, die unbewegliche, neben ihr die stets rastlose, unstäte Chimäre: Nachdenken und Leichtsinn, Gedanke und Wahn. „Meine Füße," sagt die Sphinx, „können sich nicht mehr erheben, seit sie ausgestreckt sind. Das Farrenkraut ist wie eine Flechte um meinen Rachen gewachsen. Ich habe so lange nachgedacht, daß ich Nichts mehr zu sagen habe... Du aber, Chimäre, bist die unbezwingliche Laune, die geht und vorüberwirbelt."

Auch sie schwinden und, wie unter dem Mikroskop, tauchen auf halbe, doppelte, ungeheuerliche Infusionsthiere aller Art: „den Kopf so nieder wie möglich! das ist das

Geheimniß des Glückes!“ Immer gräulicher werden die Gestalten, halb Thier, halb Pflanze: es ist, als ob alle vier Elemente der Materie sich belebten und um ihn kröchen, schwömmen, glitzerten und schwirrten, im Schooße der Erde, in den Lüften, im Feuer, im Grunde des Meeres. „Insekten ohne Magen fahren fort zu fressen; verwelkte Farrenkräuter fangen von Neuem an zu blühen; verlorene Glieder wachsen wieder an.“ Endlich sieht Antonius kleine kegelförmige Massen, dick wie Stecknadelköpfe, mit Wimpern rings umher. Eine Vibration erschüttert sie;“ und der Einsiedler jubelt wie im Rausche: „O Wonne, o Wonne! Ich habe das Leben entstehen sehen! ich habe die Bewegung beginnen sehen!“ und es bemächtigt sich seiner der glühende Wunsch, „bis in die Materie hinunterzusteigen, selber Materie zu werden.“ „Da erscheint der Tag und wie die Vorhänge eines Tabernakels, die aufgehoben werden, öffnen goldene Wolken den Himmel, indem sie sich aufrollen in weiten Falten. Ganz in der Mitte und in der Sonnenscheibe selber strahlt das Antlitz Jesu Christi. Antonius macht das Zeichen des Kreuzes und beginnt wieder zu beten.“

So wie Antonius aber betet am Ende jeder Franzose und bekreuzt sich, auch der, welcher glaubt, er habe das Leben aus der Zelle springen, die Monere entstehen sehen, auch der, welcher Condillac und d'Holbach, ja Kant und Schopenhauer studirt, auch der, welcher die Evangelien seiner Kritik unterworfen und in jeder Religion etwas vom Christenthum wiedergefunden hat, auch der, welcher Gott und seine Diener am Lautesten gelästert, — und, schlägt's letzte Stündlein, so läßt er den Herrn Pfarrer rufen. Die frühe Gewohnheit ist stärker als der späte Erwerb. Die Eindrücke der Jugend werden wieder lebendig. Die Umgebung macht's ebenso: wozu sie verletzen? Auch kann man nicht wissen. Sicher sind wir doch nie. Schaden kann's ja nicht. Und wenn es nun doch wahr wäre? Ja, die Wette Pascals: der große Jesuitenfeind war doch ein sehr vorsichtiger Mann.

Mai 1874.

Styl- und Gedankenmoden.

Frankreich wird nicht umsonst das Land der Mode genannt. Nirgends ist der allgemeine Geschmack, die allgemeine Ideenrichtung unwiderstehlicher als dort. Nur verschwindend wenige Individuen wagen oder vermögen es, gegen die Strömung zu schwimmen oder auch nur abseits derselben ihre Gedanken im selbstgegrabenen Bette hinzuleiten.

Gegen diese Allmacht der Mode ist der „Zeitgeist", der England und Deutschland bald in dieser bald in jener Richtung fortreißt, ohnmächtig zu nennen. Bei uns folgen dergleichen Strömungen nicht nur viel schneller auf einander — man denke nur wie wenige Jahre Klopstock von Wieland, diesen von Herder, Herdern von Schiller, Schillern von Jean Paul, die Romantik vom Hegelianismus, Jung-Deutschland vom Gervinus'schen Rationalismus trennen —; sie lassen noch immer sehr bedeutende Persönlichkeiten beinahe unberührt: ein Winckelmann, ein Lessing, ein Schopenhauer werden nicht vom allgemeinen Strome fortgerissen. Und auch unter den Männern zweiten Ranges giebt es immer eine nicht unbedeutende Anzahl von Leuten, die ihre eigenen Wege verfolgen, ihre eigene Sprache reden. Nicht so in Frankreich: tritt ein Voltaire und Rousseau auf, so hat er die ganze Elite der Nation hinter sich, und wer anders denkt, anders spricht, gilt für antiquirt oder gar für naiv. Wie fern der Gedanke und die Sprache der Nachfolger von denen des Tonangebers ist, fühlt man kaum, so mächtig ist der Zug, der alle etwas angeregten Geister bald nach der einen, bald nach der anderen Seite hintreibt.

So geht's auch Herrn Laugel.*) Er ist ein Mann von Geist, gründlichster Bildung, hat einen Vortheil genossen, der Wenigen seiner Landsleute zu Theil wird, indem er lange Jahre in England und Amerika gelebt und sich dort eingelebt; er war Zeuge größter Ereignisse, in einer Lage, wo er die Dinge besser als irgend Jemand sehen konnte, und sie mit scharfen Augen sah**); aber selbst in's Ausland verfolgte ihn der Tyrann Frankreichs, die Mode, und gar, sobald er den Fuß wieder in sein Vaterland setzte, gehörte er ihr mit Leib und Seele. Absichtlich sage ich mit Leib und Seele. Denn nicht nur die Sprache, auch die Inspiration ist in dem vorliegenden Buche ganz die moderne französische. Darin nun sähen wir noch kein so großes Uebel; nicht Jeder kann seiner Nation neue Horizonte

---

*) Aug. Laugel, L'Angleterre politique et sociale. Paris, Hachette 1873. 1. Bd., kl. 8. 371 S.

**) Anm. Herr Laugel, der, wenn ich nicht irre, im französischen Gymnasiallehrerseminar erzogen worden, war lange Geheimsecretär des Grafen von Paris, begleitete diesen nach Amerika zur Zeit des Krieges, den er trefflich erzählt hat (Les Etats-Unis pendant la guerre), auch steht er in engster Familienverbindung mit Neu-England. Die natur-philosophischen Schriften Herrn Laugel's (Les problèmes de la vie, Les problèmes de la nature) sind äußerst gehaltvoll und sehr empfehlenswerth.

eröffnen; und wer wäre berufener als Herr Laugel in Tocqueville's Fußstapfen zu treten, dessen Eroberungen zu erweitern, oder doch einen Theil des von ihm eroberten Gebietes von Grund aus zu bebauen? Kann doch nur immer Einer der Erste sein; und es wäre ja ein nicht hoch genug zu schätzendes Glück für die französische Nation, wenn die unter den Gebildeten herrschende Ideenrichtung — und diese ist durchaus die von Tocqueville gegebene — auch vom Kopf in den Busen, vom Intellect in den Willen herabstiege, woran leider nicht zu denken ist. In keinem Lande der Welt ist das meliora video proboque, deteriora sequor allgemeinere, ausnahmslosere Regel als in Frankreich. Alle demonstriren die Bewegung in Wort und Schrift; Niemand steht auf und bewegt sich um dieselbe zu beweisen. Daher der Widerspruch der trefflichsten politischen Einsicht und des erbärmlichsten politischen Handelns, den wir alltäglich bei unsern geistreichen Nachbarn constatiren: man lese z. B. Laboulaye's oder Scherer's Bücher und dann sehe man, wie sie sich in der Nationalversammlung geberden: oder man höre die täglich von Hunderten und Tausenden Gebildeter wiederholten und variirten Klagen über das Sichzurückziehen der Bessern in der Nation und erfahre dann mit Erstaunen, daß die Kläger nie daran denken selber Hand anzulegen. Indeß sind wir ja nicht so unbillig — oder soll ich sagen, so naiv? — diesen Einklang zwischen Theorie und Praxis von irgend einem Gliede der Nation zu fordern, welche immer theoretisch die Freiheit des Willens als das oberste Dogma ihrer Weltanschauung aufgestellt hat, practisch aber, mindestens so weit der Staat in Betracht kommt, nie einen Willen zu haben weiß. Auch wissen wir ja nicht, ob Herr Laugel, der auf jeder Seite seines trefflichen Buches sich von der Ueberzeugung durchdrungen zeigt, daß Gesetze und Einrichtungen Nichts sind, und daß nur Charakter und Gewohnheit die Freiheit begründen oder unmöglich machen, in seinem Lebenskreise handelt, wie der von ihm als Politiker so hoch bewunderte Engländer es in seiner Sphäre thut.

Offenbar hätte uns Herr Laugel mit seiner Sachkenntniß, Lebenserfahrung, Einsicht, ein Buch geben können, das geblieben wäre für die folgenden Generationen Frankreichs, die solcher Bücher sehr bedürfen werden; er hat leider vorgezogen, uns ein Werk zu liefern, das heute begierig gelesen werden mag, in zwanzig Jahren aber geradezu ungenießbar sein wird, und zwar einfach darum, weil Herr Laugel sich auch in der Form der Mode des Tages unterworfen hat, der schlimmsten, unfranzösischsten, der Frankreich je gehuldigt, und jedenfalls derjenigen, die Herrn Laugel's Talent am wenigsten angemessen ist.

In dem allgemeinen Verfall der französischen Traditionen ist der Verderb der Sprache eines der bedauerlichsten Symptome. Selbst die nachlässigsten Schriftsteller des vorigen Jahrhunderts, selbst die affectirtesten Sprachkünstler aus der Zeit der précieuses blieben doch im Grunde dem Geiste der Sprache getreu, wenn sie auch alles Maß überschritten in der Licenz oder der Geziertheit. Selbst die Declamatoren der Schule Chateaubriand's mochten ermüdend werden; französisch aber blieben sie immer. Michelet's zweite Manier und Taine's Styl dagegen drohen die ganze Eigenart der französischen Sprache zu zerstören. Das verzeiht man nun gerne zwei so begabten Malern, selbst wenn sie den Pinsel manchmal gar zu voll nehmen: es ist eben ihre eigenste Natur, es sprechen sich in dieser gewagten Form bedeutende Individualitäten aus. Sie sind die ersten Franzosen, die einseitige Coloristen des Styles zu sein wagten. Bis auf sie herrschte die Zeichnung stets vor: bei den größten Prosaikern — und unserer unmaßgeblichen Ansicht nach ist die vollendete französische Prosa überhaupt die schönste, die je geschrieben worden — ist vollkommenes Maß in Zeichnung und Farbe; bei denen, welche vor Michelet und Taine vorzugsweise durch die Farbe zu wirken suchten, war es Scenenmalerei, Bilderbogenfarbe, wie bei Théophile Gauthier und seiner Schule; anders bei dem großen, jüngst verstorbenen Historiker und dem im Auslande so viel bewunderten Historienmaler Taine, der sich gern für einen Philosophen und Kritiker geben möchte, weil er seine lebensvollen Gemälde in den uns so wohlbekannten Rahmen Herder'scher Geschichtsphilosophie zwängt und gerne die Werke Anderer zum Gegenstande — oder sollte ich sagen zum Vorwande? — seiner Malerei wählt. Bei Beiden war's und ist's die innerste Natur, welche sie zur Anwendung gerade dieser stylistischen Mittel trieb: weder Taine noch Michelet lassen sich von diesen Mitteln tyrannisiren. Nie ist das Wort mächtiger als der Gedanke; oft aber wohl der Gedanke oder das Phantasiegebilde zu mächtig für das Wort, für das französische Wort; so erreichen sie nicht immer jene absolute genaue Deckung der Idee durch den Ausdruck, welche das Ziel alles Styls ist: doch, wie sehr das Ringen nach adäquatem Ausdruck, das Anhäufen der Sprachmittel, um nur den Gedanken irgendwie mitzutheilen, den Leser ermüden mag, es ist immer natürlich. Dem ist nicht so bei Herrn Laugel.

Hier haben wir's offenbar mit einer nichts weniger als poetischen Natur zu thun. Der Verfasser ist ein genauer Beobachter, ein scharfer Denker, und der elliptische seherhafte Satz eines Michelet verräth in seiner Feder die Absicht: die Bilder in Taine'schem Geschmack sind herbeigesuchte hors d'œuvres, deren die Mahlzeit gar wohl entrathen könnte. Bei Herrn Laugel lassen sich freilich die Gedanken eben auch nicht von den Worten gängeln, aber die Gedanken commandiren auch nicht die Worte; Worte und Gedanken laufen parallel neben einander her, wenn ich so sagen darf, als hätten sie nichts mit einander zu thun; oft greifen in einem Satze sehr verschiedene Bilder ineinander, weil eben die bildlichen Ausdrücke für Herrn Laugel abstracte Vocabeln geworden sind. So sind z. B. die constituirten Gewalten Englands „Façaden eines Gebäudes“, „diese Façaden“ werden im nächsten Satze „Werkzeuge“; daneben sind die nicht constituirten Gewalten „Rahmen“, welche die ersten „Ansätze“ des „Gewebes“ des Nationallebens bilden; und während jene „Façaden“ an die „schönen Springbrunnen in einer Landschaft“ erinnern, so erwecken diese „organischen Rahmen“ den Gedanken an „Röhren und hydraulische Maschinen“, die unter dem Boden hinlaufen. Liest man dergleichen bei einem in vieler Hinsicht ausgezeichneten Schriftsteller, so muß man fast glauben, die französische Sprache sei in einem Uebergangsstadium begriffen; sie setze jetzt die durch die Romantiker und ihre Nachfolger in das Wörterbuch eingeführten

Bilder in Abstractionen um. Ein jedes, auch das abstracteste Wort aller Sprachen ist bekanntlich im Ursprung concret gewesen und bildlich gebraucht worden, ehe es abstract wurde. Ueberall, wo diese Transformation vollständig vollzogen ist, wäre es eine Pedanterie, solche Worte noch als Bilder behandelt wissen zu wollen. Es fällt Niemandem ein, einem Schriftsteller einen Vorwurf daraus zu machen, daß er etwas ganz Unwägbares „erwägt", weil das Bild der Waage längst in der Abstraction erblichen ist. Offenbar sind auch für einen modernen Franzosen eine Façade, ein Gewebe, ein Werkzeug, keine Bilder mehr, sondern Abstracta, wie die Worte Oberfläche, Zusammensetzung, Mittel, welche ihre concreten Beziehungen schon seit Jahrhunderten verloren haben. Auch der häufige Gebrauch von Neologismen, das Auslassen der Verbindungswörter, das ewige Voranstellen von Adjectiven, die jeder ehrliche Franzose früherer Zeiten hinter das Substantivum zu setzen pflegte, sind Angewohnheiten, die vom Wege der alten französischen Prosa ableiten: dahingegen der Mißbrauch der Antithese und der Amplification ein uralter französischer Fehler ist, deren ein Mann wie Laugel sich auch nicht schuldig machen sollte.

Aber ich sehe mit Bedauern, daß ich in einen schulmeisterlichen Ton gerathen bin und ein Thema abhandle, das nur wenig Interesse für den deutschen Leser haben kann, während doch der Gegenstand des Laugel'schen Buches des Interessanten so viel für uns bietet. Man erlaube mir indeß die impertinente Bemerkung, daß der deutsche Leser Unrecht hat, wenn er sich für das oben angeregte Thema gar nicht interessirt. Handelt es sich doch zu wissen, was einem literarischen Erzeugnisse Dauer sichert. Nun ist aber keine Literatur der Welt, welche eine größere Masse neuer Ideen, neuer Facten, eigener Empfindungen in die Circulation geschleudert hätte als die deutsche, und wiederum giebt es keine Literatur, die weniger langlebige Werke besäße als die deutsche; denn Klopstock's, Wieland's, Herder's, Fr. Schlegel's und so vieler Anderer Werke leben doch nicht mehr, während die Gedanken, die Gefühle, die an's Licht gebrachten Thatsachen, welche in jenen Werken enthalten waren, nicht nur Deutschland, sondern die Welt durchdrungen, erneuert, ja revolutionirt haben. Dies kommt doch wohl einzig von der mangelhaften Form; und so darf ich zum deutschen Leser wohl sagen: tua res agitur, wenn ich mich bei einem geistvollen und lehrreichen Buche des Auslandes frage, warum dasselbe aller Voraussicht nach für die nächste Generation schon nicht mehr existiren wird?

Herrn Laugel's treffliches Buch ist, meines Wissens, das erste der Art. Obschon es die Verfassung Englands erklärt, so hat es doch wenig gemein mit Gneist's und Bagehot's Werken; denn es ist weder wissenschaftlich wie das erstere, noch philosophisch wie das zweite: es soll uns weder die abstracten Formen, noch die abstracten Grundsätze der englischen Verfassung lehren, sondern uns das Leben derselben zeigen. Auf der anderen Seite wieder giebt uns der Verfasser doch auch keine Bilder aus dem socialen Leben oder der Geschichte Englands, wie Esquiros oder Rodenberg oder Taine, sondern er läßt uns dies Leben mitleben und zeigt uns in dieser Geschichte die Wurzeln dessen, was jetzt ist. Kurz, Gneist ist ein deutscher Gelehrter, Bagehot ein Philosoph der ächtenglischen empirischanalytischen Schule; Taine ein geistreicher Maler, der sich die Gegenstände zurechtrückt, wie sie am bequemsten in seine Composition gehen und sie außen nur sieht, wie er sie schon im Voraus innerlich sah; Esquiros ist ein gewissenhafter und neugieriger Factensammler von Geschick und anmuthigster Objectivität; Rodenberg ein Genremaler, der seine Phantasie stets unter der Controle seiner Bücherstudien hält, und uns immer nur die Oberfläche des englischen Lebens zeigt und zeigen will: sie sind alle diesem englischen Leben gegenüber Zuschauer geblieben und wären sie auch zwanzig Jahre dort gewesen. Laugel aber hat das englische öffentliche Leben nicht etwa nur studirt oder angesehen, sondern mitgelebt, wenn auch nicht äußerlich, so doch innerlich. Man sieht, er hat Jahre lang in der englischen politischen Gesellschaft verkehrt, ihre Parteileidenschaften, Parteiinteressen, Parteivorurtheile zu den seinigen gemacht, ihre Gewohnheiten angenommen; wäre er heute naturalisirt worden, morgen hätte er ins Parlament eintreten können und alle geheimen Tasten des politischen Lebens so gut gehandhabt, als irgend ein junger talentvoller Commoner, den sich eine adlige Sippe zu ihrem Anwalte herangezogen hätte. Nun werfen ihn die Ereignisse wieder hinaus, er recapitulirt, was er erlebt, und recapitulirt es auf seinem vaterländischen Boden, auf dem er sich sogleich ganz als Franzose wiederfindet, und er schreibt dies ausgezeichnete Buch, in dem offenbar der Gedanke an den Verfall Frankreichs eine noch größere Stelle einnimmt, als der an die in der Umwandlung begriffene Größe Englands. Nur jemand, der mitfühlend, mitwirkend, mitdenkend, mitleidend und mitgenießend am Leben eines fremden Volkes, nicht Einer, der es, sei er auch dreißig Jahre lang an Ort und Stelle, wie ein Object studirt, konnte ein solches Buch schreiben, ein Buch, das ich vortrefflich zu nennen nicht anstehen würde, wäre nicht der obengerügte Fehler, daß Herr Laugel, anstatt die Sprache zu reden, welche seiner Anschauungsweise und seiner Natur angemessen ist, sich in einem Modejargon auszusprechen beliebt hat, der heute wohl, bei der allgemeinen Verderbniß des Geschmacks, Wenige unangenehm berührt, ja die meisten Leser wohl gar bezaubern dürfte, der aber einer späteren Epoche höchst beschwerlich zu fallen nicht ermangeln kann.

Auf der anderen Seite war es kein kleiner Vortheil des Verfassers, nachdem er so das englische Leben mitgelebt, sich wieder in eine gewisse Entfernung gestellt zu haben. Nur so hat es ihm gelingen können, was er subjectiv so vollständig verarbeitet hatte, nun auch objectiv für andere darzustellen. Daß, so anerkennend das Urtheil im Allgemeinen für den öffentlichen Charakter des Engländers ist, die Ansicht, die sich der Verfasser vom Engländer als Privatmensch und von seiner sittlichen Anschauungsweise gemacht hat, zuweilen etwas streng ist, hat nicht viel zu sagen bei einem Volke, das die Wahrheit so gut verträgt wie das englische und das nie einem langjährigen Gaste den läppischen Vorwurf der Undankbarkeit machen wird, weil er lieber gerecht, als schmeichlerisch für es gewesen.

Laugel's Buch spricht in sieben Abschnitten vom Charakter der englischen Race, des Protestantismus und der Aristokratie, von dem Hause der Gemeinen, der Entstehung der politischen Sitten, dem Volke und den socialen Fragen, der Colonialpolitik. In jedem dieser sieben Abschnitte finden wir dieselbe Competenz, dieselbe Gedankenfülle und Gedankenschärfe, dieselbe Tiefe der Anschauung. Bei allem Patriotismus ist der Verfasser nie knabenhaft national: ja er wagt es, zuerst vielleicht in Frankreich, seinem Lande verstehen zu geben, daß die französische Revolution durch ihre Verbrechen, das Kaiserreich durch seinen Ehrgeiz vielleicht eben so sehr als englische Herrschsucht Schuld waren an dem langen Kriege, der um die Scheide des Jahrhunderts die beiden Nationen gegen einander bewaffnete. Die Vaterlandsliebe des Verfassers spricht sich auf eine noblere Weise aus, als es bei dem jüngeren Geschlechte, dem er angehört, der Fall zu sein pflegt. Offenbar ist, bei aller Objectivität, die Grundabsicht des Werkes, den Landsleuten zu zeigen, daß nur der die „Freiheit und das Leben verdient, der täglich sie erobern muß", wie schon unser alter Weiser sang: und ich wüßte kein Buch, aus welchem die Franzosen mehr lernen könnten, als aus diesem.*)

---

*) Anm. Die hierauf folgende Analyse und Detailkritik ist hier weggelassen worden.

März 1874.

IV.

Aus dem zünftigen Schriftthum Deutschlands.

G. G. Gervinus.

„Mir dünkt, als ob man in Deutschland mit Nachbeterei und leerer Bewunderung unserer Koryphäen mehr geschadet hätte, als mit zu strenger Beurtheilung ihres Werthes.... Nur muß man nicht gleich den für gottlos oder hochmüthig, für unerkenntlich oder neidisch verschreien, der einmal wagt jenen Heroen mit freiem Blick in's Angesicht zu schauen.“

G. G. Gervinus.

Gesam. kleine historische Schriften. S. 121.

Fast möchte es dem heranwachsenden Geschlechte ein unlösbares Räthsel scheinen, wie ein Schriftsteller ohne Styl, ein Gelehrter ohne Methode, ein Denker ohne Tiefe, ein Politiker ohne Voraussicht, ein Mensch endlich ohne Zauber oder Macht der Persönlichkeit in der Geschichte Deutschlands, der geistigen, sittlichen und staatlichen Geschichte Deutschlands, eine Bedeutung hat gewinnen können, deren nur sehr wenige Männer des Jahrhunderts sich rühmen können. Auch Rousseau hat einen ähnlichen Einfluß — und zwar nicht allein auf sein Vaterland, wie Gervinus, sondern auf die Menschheit — ausgeübt, ohne als Politiker und Philosoph sich über die Mittelmäßigkeit erhoben zu haben, ohne im Stande gewesen zu sein, sich als Mensch den Mitlebenden annehmbar zu machen. Indeß,

Rousseau, wenn er dem Strome der Rhetorik zu widerstehen wußte, war ein vollendeter Sprachkünstler; wo er sich vom Systeme zu befreien vermochte, ein schöpferisches Genie. Er hat, freilich wenige, Gestalten in's Leben gerufen, die nicht untergehen werden; er hat, wenn auch selten, seine Gemeinplätze, Paradoxen und Leidenschaften in eine Form gegossen, die ihnen Dauer sichert. Aber Gervinus. Giebt es einen gebildeten Deutschen, sei er persönlich mit dem Historiker befreundet, sei er sein Parteigenosse gewesen, der, auf's Gewissen gefragt, behaupten wollte, unsere Enkel würden noch im Stande sein, eine einzige Seite von Gervinus zu lesen? Sollte die Antwort anders lauten, als wir vermuthen, so wäre fast zu fürchten, daß die unbestreitbarste unserer Nationaltugenden, die Wahrhaftigkeit, uns im Kampfe um Freiheit, Einheit und Oeffentlichkeit verloren gegangen sei: oder das Loos eines Wolff, eines Klopstock hätte uns eben noch immer nicht überzeugt, daß Geistesthaten — und größere als die unsers Zeitgenossen — nur durch die Form Geisteswerke werden, d. h. Dauer erlangen.

Und doch ist das scheinbare Räthsel durchaus nicht unlösbar. Der Augenblick, in welchem Gervinus auftrat, die Entschiedenheit, mit welcher er einem allgemein empfundenen Gefühle und einem allgemein, wenn auch unklar, erfaßten Gedanken Ausdruck gab, die zähe Hartnäckigkeit, mit der er in der einmal eingeschlagenen Richtung beharrte, dazu das unleugbare Talent des Mannes und seine wahrhaft einzige Arbeitskraft genügen vollständig, um die sonderbare Thatsache zu erklären, wie dieselben Umstände und Eigenschaften hinreichen würden, Rousseau's Einfluß auf seine Zeit zu erklären, selbst wenn er nicht noch daneben sein Genie gehabt, das ihm möglich gemacht, zu dem vorübergehenden Ruhme der historischen Bedeutung den bleibenden Ruhm künstlerischer Werke hinzuzufügen.

Jenen Mangel an absolutem Gehalt und Werth in Gervinus' Werken und diese hohe relative Bedeutung von Gervinus' Wirken darzuthun, soll in den folgenden Seiten unternommen werden. Es versteht sich wohl von selbst, daß wir dem Literarhistoriker gegenüber dieselbe Freiheit beanspruchen, die er selbst sich als Jüngling nahm, als Mann bewahrte, sei's daß er von dem noch lebenden allverehrten Greise Heeren redete, sei's daß er den kaum in's Grab getragenen Göthe vor seinen Richterstuhl zog. Doch versprechen wir, von solcher Freiheit einen maßvolleren Gebrauch zu machen als der Verfasser der Historischen Briefe und des Göthischen Briefwechsels es jenen Größen gegenüber gethan. Noch weniger natürlich werden wir uns bis zu dem Tone hinreißen lassen, den Gervinus gegen den zwanzig Jahre älteren Börne anschlug; obschon, vielleicht auch weil, dieser im gegnerischen Heere dienende Publizist so unendlich viel mit ihm selber gemein hatte. Wenn wir bei der Lösung obgedachten geschichtlichen Problems auch auf den Menschen zu reden kommen, so soll es doch nie der Privatmensch sein, sondern nur die Persönlichkeit, wie sie sich in der öffentlichen, schriftstellerischen und politischen Thätigkeit offenbart hat. Gervinus selbst sagt einmal: „Dichter und Schriftsteller unserer Tage haben es schlimm . . . Da wir das Subjective in unserer Literatur so walten lassen, da wir nicht allein unsere Schriften, sondern auch unser Leben publiziren, so müssen wir uns auch billig gefallen lassen, daß man uns als Menschen und Autoren zugleich betrachtet." Nun hat bekanntlich kein deutscher Schriftsteller „das Subjective so walten lassen", wie Gervinus, und doch hatte er, schon bei Lebzeiten, das Glück, unter die Zahl derjenigen nationalen und sittlichen Autoritäten aufgenommen zu werden, die man nur aus ehrerbietiger Ferne betrachten darf. Haben wir Deutsche ja doch von jeher das Recht der pietätslosen Analyse, ja der alles Grundes entbehrenden Andichtung von Gebrechen, den Friedrich und Göthe gegenüber gestattet, die stets

„. . . der Heuchelei dürftige Maske verschmäht;"

während eine heilige Entrüstung die Unklugen traf und trifft, welche die profane Hand an Idole legen, deren Göttlichkeit die Prüfung aus der Nähe nicht so wohl vertragen kann, als die jener „echten Göttersöhne". Solche unberufene Tempelschänderei läuft eben noch immer in Deutschland Gefahr „den schonungslosesten Anfällen des Parteihasses, der ganzen Wuth des Gelehrtenadels, dem Mißtrauen aller uneingeweihten Zuschauer, dem Abscheu aller zartempfindenden Beobachter ausgesetzt und preisgegeben" zu werden. „Aber — der Wahrheit sei die Ehre."*)

I.

1. Darf man zum tausendsten Male Buffon's Wort le style c'est l'homme anführen, so ist's gewiß bei einer Besprechung von Gervinus, dem Schriftsteller. Wie der Mensch, so war der Styl bei ihm früh fertig und hat sich

*) Gervinus, kl. hist. Schriften, S. 134.

in vierzig Jahren wenig oder nicht geändert. Das erste namhafte Werk, das er als achtundzwanzigjähriger Jüngling, in die Welt schickte, die Geschichte der florentinischen Historiographie*) ist schon genau in derselben wuchtigen und apodiktischen Sprache geschrieben, in welcher seine Hinterlassenen Schriften abgefaßt sind. Die Maßlosigkeit des Mannes bei prätendirter Mäßigung und das stets sich vordrängende Selbstbewußtsein bei angestrebter Objectivität, finden in dieser Sprache und dieser Composition ihren treuesten Ausdruck. Wie der mächtige Strom der Gironde seine gelben Wassermassen zwischen flachen Ufern, so wälzt Gervinus' Rede ihre unendlichen Sätze von Seite zu Seite. Sätze, sagen wir mit Absicht; nicht Perioden denn die Periode setzt Gliederung, Ebenmaß voraus. Hier nirgends ein Strudel, aber auch nirgends ein Halt. Die Abwesenheit aller Alineas ist da nicht zufällig, äußerlich; sie gehört zum Styl, der nie einen Ruhepunkt gewährt, noch gewähren kann, eben weil das ganze Werk immer eine große ungefüge Masse ist, wo kein Gelenke verschiedene Glieder aneinanderknüpft, wo jeder Einschnitt, wie bei einem endlosen Gewebe, den Zusammenhang zerreißen würde, der sich nur durch äußerliches Aneinandernähen wiederherstellen ließe. Daher bei anscheinender, und in einem Sinne wirklicher Gedankenfülle, die ermüdende Eintönigkeit von Gervinus' Styl. Der Schriftsteller dachte eben nie im Voraus, oder doch nur in allgemeinen Umrissen: er hatte ein solches

*) 1883. Die drei Jahre früher erschienene Geschichte der Angelsachsen im Ueberblick ist eigentlich nur eine trockne Zusammenstellung von Daten und Notizen.

Zutrauen zu sich selber, daß er seine Feder laufen ließ, ohne ihr Halt zu gebieten. Und so wenig er über das zu Schreibende vordachte, so wenig dachte er über das Geschriebene nach. Il n'eut jamais le temps d'être court, möchte man von ihm sagen, wie ein geistreicher Franzose sich selbst entschuldigte, indem er damit zugleich in prägnantester Weise die höchste Kunst und die erste Pflicht des gewissenhaften Schriftstellers charakterisirte.

Gervinus war vor Allem ein amplificatorisches Talent. Seine bändereichen Werke entwickeln im Grunde nur eine ganz geringe Anzahl von nicht gerade neuen, noch besonders bedeutenden Ideen — das wahre Geheimniß, beiläufig gesagt, des Einflusses gewisser Schriftsteller auf die Zeitgenossen. Diese Ideen nun in's Unendliche variirend, aus ihnen alle nur erdenklichen Ableitungen, Bezüge, Anwendungen zu entwickeln, sie in bis zur Tautologie gehenden Pleonasmen zu wiederholen, sie mit allen sich dem Schreibenden darbietenden Bildern oder Analogien zu illustriren, war Gervinus' eigentliche Thätigkeit. Das Opfern, diese Grundbedingung allen Styls, war ihm unerträglich. Die „Weisheit des Verschweigens", die Schiller anempfiehlt, war ihm unverständlich. Jeder gute Einfall, jedes verlockende Gleichniß, jeder interessante Seitenblick schien ihm erlaubt; ja er rühmte sich dieses Sichgehenlassens als einer ehrlichen Natürlichkeit, fern von aller Affectation der Schriftsteller, die erst Toilette machen, ehe sie vor's Publikum treten. Dadurch hat denn auch sein Styl den unbestreitbaren Vorzug großer Lebendigkeit; dagegen mußten Klarheit des Gedankens, Ebenmaß des Satzbaues, Geschmack vor Allem natürlich nicht wenig dabei leiden. Nur ein Autor, der sich alles erlaubt wähnt und dessen Feder in die Falle jedes Bildes fällt, das sich ihr aufdrängt, kann Sätze schreiben wie dieser: „Die Pflanze des Thatsächlichen, die hier in typisch einfacher Gesetzlichkeit erscheint, wird hoffentlich gesund und unverstümmelt gefunden, und an der Blüthe des Urtheils, die hier und da in Knospen ansetzt, keine Spur einer Treibkunst entdeckt werden.“ Liest man dergleichen, so begreift man, warum Gervinus nie müde ward, Göthen seine Zeitverschwendung vorzuwerfen: braucht es doch Zeit, sich zu bedenken, ehe man schreibt, sich zu überlesen, ehe man druckt. Was Gervinus von Schlosser sagt, daß er sich nie an des Lesers Stelle zu versetzen wußte noch wünschte, kann mit größerem Rechte von ihm selbst gesagt werden. Auf den Leser Rücksicht nehmen, das wäre ja eine unmännliche Concession: der mag folgen, wie er kann. Wo bliebe denn die Arbeit für ihn, wenn man ihm die Sachen so leicht machte?

Was eigentlich Schönheit des Styles ist, begriff Gervinus ebensowenig als die ganze Schlosser'sche Schule. „O, ich könnte, wenn ich wollte, meine Schriften auch, wie man es nennt, schön abfassen,“ rief der Meister und wiederholt der Schüler, Kriegk. Daß die Schönheit jeder Prosa einfach auf der Klarheit des Gedankens und auf der Richtigkeit und Anschaulichkeit des Ausdruckes beruht, das sah keiner von der Schule, selbst Häusser nicht, ein: man verfiel gleich in die Rhetorik — in das, was man euphemistisch Schwung zu nennen beliebt — mit andern Worten, man wurde affectirt, anstatt schön zu sein. Ein genaues Durchdenken, eine genaue Wahl des Ausdrucks und — was damit zusammenhängt — das Wegschneiden alles Entbehrlichen, das Festhalten am Gedankengang, das Verwerfen alles Unge=

fähren, sei's nun im abstracten, sei's im bildlichen Ausdruck, das macht die Redlichkeit des Schriftstellers aus, die höhere Gewissenhaftigkeit, welche der deutsche Gelehrte der ersten Hälfte dieses Jahrhunderts wohl gar als ein „Forminteresse" abzufertigen und herabzusetzen pflegte. Ein französischer, englischer, spanischer Schriftsteller, unter den Deutschen ein Lessing und Göthe, finden stets den knappsten Ausdruck für die Idee; und giebt ihn ihnen der Genius nicht ein, so suchen sie ihn, bis sie ihn finden. Das Wort, der Satz soll nicht Alles sagen; um anregend weiter zu wirken, — daß heißt, um der Thätigkeit des Lesers etwas übrig zu lassen — muß er wie in einem Keime die aufsteigende Gedankenreihe in sich schließen, durch welche der Schriftsteller zu einer Idee gelangt, zugleich aber auch die absteigende Gedankenreihe, die sich aus seiner Idee ergiebt, — und mit Anschauungen oder Bildern ist es ganz dasselbe wie mit Gedanken. Gervinus aber zählt dem Leser alle die Stufen auf, die er selber hat hinanklimmen müssen; er erläßt ihm keine deren, die weiterführen. In einem Göthe'schen Satze ahnen wir eine Welt: lesen wir ihn zum zwanzigsten Male wieder, so entdecken wir noch Neues, Bedeutendes; in einem Gervinus'schen Satze haben wir alle Blättchen und Fäserchen in der Hand: das Gesammtbild des Gedankengewächses ersteht nie vor unserm innern Auge.

Und wie mit dem Style geht's ihm mit der Composition. Alle seine Werke sind auf etwas Andres angelegt gewesen, als auf das was sie hinterher geworden sind. Die deutsche Unart, an den Druck eines Werkes zu gehen, ehe es beendigt ist, übte er mit einer beinahe Klein'schen

Freiheit. Ja, selbst bei einer wenig umfangreichen Arbeit vermag er sich keinem Plane zu unterwerfen, eben weil er an die Redaktion geht, ehe er noch seinen Gegenstand durchstudirt oder durchdacht hat. Er will eine Geschichte der florentinischen Geschichtschreibung verfassen: es wird eine Charakteristik Machiavelli's daraus, in welcher sämmtliche Vorgänger des Segretario kaum den dreißigsten Theil füllen, die Zeitgenossen und Nachfolger ganz fehlen. Er kündigt eine Geschichte des XIX. Jahrhunderts in vier Bänden an und braucht acht, um nur die geringere Hälfte seines Gegenstandes zu behandeln. Er machte sich eben offenbar an ein ganzes Werk, wie an die jedesmalige Tagesarbeit dieses Werkes; ließ sich von seiner Lectüre leiten, wie von seiner Feder: anstatt den Stoff zu meistern, ergab er sich ihm willenlos. Daher das Unorganische seiner Geschichtswerke. Wie auf der Seite keine Absätze, so im Bande keine Abschnitte, Kapitel, Paragraphen oder nur wenige, meist ganz unmotivirte. Von Verhältnissen kann daher in diesen cyklopischen Gebäuden keine Rede sein und eine Perspective sucht man umsonst. Wie auf einem chinesischen Gemälde der fernste Baum die Proportionen des im Vordergrunde stehenden hat, so wird die Geschichte der südamerikanischen Revolutionen mit derselben Breite erzählt wie die des europäischen Abendlandes und seiner Kämpfe. Der Leser soll eben einmal Theil nehmen, ob es ihn interessire oder nicht, an dem, was gerade dem Schriftsteller der Zufall in die Hand gespielt hat: er soll ihm folgen, wohin seine Laune ihn leiten will. Schon recht; nur muß man auch den Leser zu zwingen verstehen, sonst bleibt nur das Unangenehme der Persönlichkeit, die uns ihre Liebhabereien aufnöthigen will und die wir uns beeilen im Stiche zu lassen.

Daher denn auch, nächst der Maßlosigkeit und der damit zusammenhängenden Geschmacklosigkeit in Gervinus' Form, der lästige Ton des sich selbst Aufdrängenden, der seine Werke in so irritanter Weise erfüllt. Schon ganz jung, lange vor der Poesiegeschichte, deren wohlverdienter Erfolg wohl schon ein wenig Selbstgefühl erwecken durfte, schlägt der Geschichtschreiber den richterlichen Accent an, dem er fortan nicht mehr zu entsagen wußte. Schon aus jeder Seite seines Machiavel lugt das Ich hervor, wie aus Antisthenes' Lumpen. Nicht einen Augenblick wird der Leser zweifeln, wer zum Bilde des Florentiners gesessen hat, und der absprechende Ton des Redenden möchte dem Uneingeweihten von den Lippen eines Greises zu kommen scheinen, der auf ein Leben, reich an nicht anerkannten Leistungen und schlecht belohnten Verdiensten um's Vaterland, zurückblickt, aus dem er, statt weiser Milde, nur bittre Strenge gelernt. Der Subjectivismus, wie er es in aller Unschuld selbst erklärt, schien ihm eben ein großes Verdienst. Es sei an der Zeit, gegen den ruhigen, parteilosen, beschaulichen Objectivismus zu reagiren, behauptet er; man müsse ganz selbst eintreten, das sine ira et studio vertrage sich nicht mit der Aufgabe der Geschichte. Da ist's nun freilich nicht zu verwundern, wenn es dem Schriftsteller nicht glücken will, etwas Dauerndes zu schaffen. Wie sein Styl schon heute gealtert, unlesbar geworden, wie seine Composition — man sollte sagen die Abwesenheit aller Composition — keine klare Uebersicht erlaubt, die dem Leser die großen Linien der Ereignisse für immer in's

Gedächtniß prägen — Mignet ist das z. B. wunderbar in seiner Revolutionsgeschichte gelungen, — so bleibt auch von seinen Schilderungen und Bildnissen Nichts haften. Mommsen's Cäsar oder Hannibal werden uns stets ebenso gegenwärtig bleiben, wie Macaulay's Karl II., wie Thierry's Thomas a Becket. Häußer hat die Schlacht bei Wagram so geschildert, daß wir dabei gewesen zu sein glauben; es giebt Scenen in Michelet's Ludwig XI., in Droysen's Alexander, die an Dramatik mit Schiller'schen Auftritten wetteifern. Welcher Leser erinnert sich eines einzigen Porträts, eines einzigen Gemäldes aus Gervinus' Geschichtswerken? Hat doch die leidige pragmatische Nutzanwendung, unter dem Namen von historischen Gesetzen, alles frische Leben der Geschichte in blasse Abstractionen gewandelt: man sollte glauben, Menschen, Interessen, Leidenschaften wären gar Nichts in der Weltgeschichte: abstracte Ideen seien die Alleinherrscher des Menschengeschlechts.

Und wie geht der „Künstler“, — denn für einen solchen hält Gervinus sich trotz alledem — an seinen Gegenstand heran? Hat er sich lange mit ihm herumgetragen? ihn liebgewonnen? ihn vor seinem inneren Auge wiedererstehen sehen? Fühlt er das dringende Bedürfniß des Künstlers, diesen seinen Gegenstand, wie er ihn sich innerlich wiedergeschaffen, heraus in's Leben treten zu lassen, seiner, wie Göthe zu sagen pflegte, los zu werden? Glich er, wie jeder wahre Künstler, der Mutter, welcher die Frucht ihres Leibes sich unwiderstehlich unter geliebten Schmerzen entringt? Nein, so gemeine naturgeschichtliche Prozesse kennt der Künstler Gervinus nicht. Er ist ein reiner Geist, ein freier Wille, der seinen Stoffen gegenüber immer auf dem Punkte des liberum arbitrium indifferentiae steht. Ihm ist's ganz einerlei, welchen Gegenstand er behandelt, vorausgesetzt, er biete ihm Gelegenheit seine Theorien zu entwickeln und auf seine Zeit zu wirken, eine Weise der Kunstauffassung, die uns Deutschen seit Bodmer und Breitinger ganz abhanden gekommen war. Uns Göthe-verderbten wollte es bedünken, die Kunst schaffe zwecklos, nur sich selbst Zweck, aus Lust am Schaffen, aus Liebe zur Natur und dem Naturgeheimniß, das es zu deuten gilt — nicht um eine moralische Lehre zu ziehen, eine politische These, ein religiöses Dogma zu vertheidigen. Nicht so Gervinus im Begriffe ein „historisches Kunstwerk" zu schaffen, wie er bescheiden sagt. „Hätte ich die politische, die religiöse, die gesammtliterarische oder irgend eine andere Seite der Geschichte meines Volkes für passender und dringender zur Bearbeitung gehalten, so würde ich diese andere ergriffen haben, weil auch kein Lieblingsfach den Historiker ausschließlich fesseln soll." Er ließ sogar dem Verleger die Wahl zwischen einem Werke über die deutsche Dichtung einer politischen Geschichte Europas in der neueren Zeit und einer Politik!

2. Bei alledem hatte nämlich der junge Gervinus die naive Ueberzeugung, er sei berufen, eine Revolution in der Geschichtschreibung hervorzubringen, sie von dem Felde der Gelehrsamkeit, auf das sie sich verirrt, zu dem der Kunst zurückzurufen; und dieser selbstgefälligen Ueberzeugung blieb er treu bis an sein Ende. Man begreift, daß die Ansicht, die Geschichtsschreibung sei mehr als Kunst, denn als Wissenschaft zu behandeln, von einem Kritiker aufgeworfen und vertheidigt worden ist, welcher sich selber

unfähig fühlte, einer historischen Gestalt Relief, einem historischen Ereigniß Leben zu verleihen. Auch wenn Lessing „Emilia Galotti“ nicht geschrieben hätte, blieben die Theorien seiner „Dramaturgie“, wie die des „Laokoon“ unantastbar. Aber daß Gervinus sich selbst dazu berufen gehalten hat, die Wahrheit seiner Ansicht durch die That zu erhärten, ist doch ein Mangel an Selbsterkenntniß, der uns Spätergeborenen fast unerklärlich scheinen will. Wenn wir hörten, daß ein Macaulay, ein Thierry, ja ein Häußer, im Geheimen solche Prätentionen genährt, keinen von uns würde es sonderlich befremden: von dem unerbittlichen Richter menschlicher Schwachheit sind wir wohl berechtigt, etwas weniger Selbstüberschätzung zu erwarten. Nicht mit Unrecht wünschte Gervinus „die Ungenießbarkeit unserer streng gelehrten Werke mehr und mehr verschwinden und eine freiere Behandlungsweise an die Stelle treten zu sehen, die, ohne die Gründlichkeit zu gefährden, einem größeren Publikum die Früchte unserer gelehrten Cultur annehmbar mache.“ Er entschließt sich „die sterile Stoffsammlung“ aufzugeben, denn fortan ist ja „die Kunst der Darstellung nöthig“. Als Muster aber schwebt ihm vor seines Lehrers Schlosser „Geschichte des XVIII. Jahrhunderts“, in der er schon „ein eigentliches Kunstwerk“ sieht!

Ob diese ganze Auffassung der Historik eine richtige sei, lassen wir dahin gestellt*); neu war sie jedenfalls nicht,

*) Ich habe diese Frage schon einmal vor Jahren ausführlich behandelt (Dino Compagni, Paris 1862, p. 286 à 292) und will mich hier nicht wiederholen. Dasselbe sei von dem Verhältniß der Schlosser'schen zur Ranke'schen Schule gesagt, das ich des Weiteren

und fast Alles, was Gervinus über die Aufgabe des Geschichtschreibers sagt, war schon treffender und erschöpfender von Wilhelm von Humboldt auseinandergesetzt worden. Schon bei ihm, dessen Name freilich in Gervinus' Erörterungen nicht erwähnt ist, finden wir jene ganze Entwicklung von der Genealogie zur Chronik, von der Chronik zu den Denkwürdigkeiten, von diesen zur eigentlichen Geschichte, die Gervinus an uns vorüberführt, freilich mit Hinzufügung einer neuesten Phase, „für welche es noch keinen Namen giebt", die aber eine Geschichtschreibung des Wachsens und Werdens der Ideen, der Gesetze sein soll, natürlich mit „künstlerischer Behandlung". Man mag zugeben, daß ein gewisse historische Schule Deutschlands den Werth ihrer wissenschaftlichen Methode überschätzt; es mag sogar unbestreitbar scheinen, daß die reconstruirende Phantasie des Geschichtsschreibers einen freieren Spielraum haben müsse als ihr in jener Schule gegönnt wird; es mag endlich mit Recht behauptet werden, daß die aller Geschichtsforschung innewohnende Zufälligkeit und Unsicherheit, welche uns kaum erlaubt ein gleichzeitiges, von Tausenden von Mitlebenden bezeugtes Ereigniß mit Bestimmtheit festzustellen, von unseren Quellenforschern nicht genugsam gewürdigt wird: es bleibt deßhalb nicht minder gewiß, daß der Historiker ohne Quellenkenntniß — und wollte er auch nur Künstler sein — sich immer in großem Nachtheil befindet gegen den, der seine direkte Inspiration aus den Quellen

in einem Aufsatze über „Ludwig Häußer" erörtert. (S. Revue Moderne 1. Octobre 1867, p. 57 à 96, und besonders p. 59 à 62.) Beim deutschen Leser darf ich ja wohl dies Verhältniß als hinlänglich bekannt voraussetzen.

empfängt. Man möchte ihn dem Maler vergleichen, der in Gemälden, Zeichnungen, Bildwerken, vielleicht auch im Schauspielhause die Natur studirt hat, die er zu schildern sich bemühen will. Nun sind aber sämmtliche Werke von Gervinus Arbeiten zweiter Hand, seit seinem „Ueberblick der angelsächsischen Geschichte" bis zu seinem „Shakespeare", wie denn auch seine erste und einzige Publication auf philologischem Gebiete, die in Verein mit Morstedt besorgte Ausgabe des Thukydides, einen „Text nach den besten Autoritäten" und „Bemerkungen der besten Ausleger", durchaus aber nichts Eigenes bietet. Wo jedoch wirkliche Quellen benutzt sind, wie in der „Geschichte des XIX. Jahrhunderts", ist diese Benutzung so zufällig, so disproportionirt, namentlich aber so kritiklos gewesen, daß sie dem Geschichtschreiber mehr Schaden als Nutzen brachte. Schon Andre haben z. B. nachgewiesen, wie die Veröffentlichung von Prokesch-Osten's Werk die ganze Darstellung der griechischen Ereignisse in Gervinus' Buche als durchaus verfehlt herausgestellt hat; und ein Aehnliches könnte man durch Vergleichung anderer seitdem erschienenen Werke — ich nenne nur Baumgarten's spanische Geschichte — an anderen Partien jener bändereichen Compilation zeigen. Sobald eben ein Zufall dem Historiker ein wenig gekanntes Spezialwerk, ein Tagebuch, ein Memorandum, den Jahrgang einer Zeitung in die Hände gespielt hatte, die ihm und seiner zu vertheidigenden These paßten, so vergaß er vollständig die Existenz jeder anderen Quelle und folgte seinem Lieblingsbächlein blindlings und unverdrossen.

Wir würden zögern, Gervinus daraus einen Vorwurf zu machen, sich vorzugsweise an die Werke anderer Gelehrten gehalten zu haben, wenn er diese nur mit mehr Vorsicht gewählt, wenn er wirklich dem ihm vorschwebenden Ideal künstlerischer Darstellung etwas näher gekommen, vornehmlich aber, wenn er weniger streng für solche gewesen, die ihn gerade von seinem Standpunkte aus so sehr überragten. Wozu sichteten und reinigten unsere Forscher denn die Quellen, wenn jeder Nachfolgende sie noch einmal aufrühren wollte? Wozu hieben unsere gelehrten Handlanger die Bausteine zurecht, wenn kein Baumeister sie zusammenfügen wollte? Nur muß der Baumeister ein Künstler sein, nur muß er vor Allem wissen, was gutes, was schlechtes Material ist. Wer Gervinus' Poesiegeschichte aufmerksam gelesen, weiß wie unvorsichtig er zuweilen in der Wahl seiner Gewährsmänner, wie uneindringlich er oft im Studium seiner Texte verfuhr. Selbst sein Freund und Gönner, Jakob Grimm, wagte die wissenschaftliche Schwäche des berühmten Werkes nicht zu leugnen, noch zu beschönigen. Doch hinderte das Bewußtsein dieser Schwäche den Literarhistoriker bekanntlich nicht, im gereiztesten Tone gegen die Lachmann'sche Schule (in der Nibelungenfrage) zu polemisiren, — eine Polemik, die lebhaft an die um Nichts besser gerechtfertigte des Meisters gegen Otfried Müller erinnert, auch darin, daß Schlosser, wie Gervinus, seinem Gegner an Kenntniß des besonderen Terrains nicht im Entferntesten gewachsen war. Ebenso beweist die Arbeit über Machiavelli nicht nur eine sehr unvollständige Kenntniß des Italienischen, sondern auch eine sehr flüchtige Bekanntschaft mit der Geschichte des Quattrocento. Die abfälligen Urtheile über Guicciardini, als über einen hohlen Rhetor, sind nur Folgen jener schwerfälligen Tactlosigkeit und jenes

Mangels an Perspective, deren Gervinus nie sich ganz zu entledigen lernte; seine herablassende Anerkennung von Artaud's Machiavel, einem Buche ohne allen wissenschaftlichen, noch stylistischen Werth, erweckt geradezu ein ironisches Lächeln, wenn man an die gewöhnlich so hohen Forderungen des strengen Recensenten denkt. Die „Geschichte des XIX. Jahrhunderts" liefert von Anfang bis Ende den Beleg, daß die ökonomischen Fragen, welche in unserer Zeit eine so große Rolle gespielt, ihm ganz fremd sind und er giebt dies selber zu. Wer z. B., um nur Eines zu erwähnen, die Anfänge des Zollvereins, die doch auch eine so große politische Bedeutung haben und welche Treitschke uns erst kürzlich so meisterhaft erzählt, bei Gervinus kennen lernen wollte, würde sich gründlich enttäuscht fühlen.

Auch ist die Abwesenheit aller Anmerkungen bei dem Schüler wie bei dem Lehrer nicht zufällig: nur wenige Seiten ihrer Werke vertrügen diese Controle; denn wie bei Schlosser die Thatsachen, je nach der Laune des Historikers, so oder anders dargestellt sind, so werden sie bei Gervinus ignorirt oder betont, je nachdem sie in sein System passen oder nicht. Gesteht er doch selber ein, daß er an seine Gegenstände herangeht mit einer vorgefaßten Absicht, und ohne sie auch nur flüchtig zu kennen. Nur zu sehr sieht man es denn auch den Werken an:

„Was sie gestern gelernt, das wollen sie heute schon lehren...."

Wir brechen die Citation ab, obschon bei der raschen Consumtion und Wiedergabe in der Heidelberger Buchfabrik das Schiller'sche Gleichniß sich unwillkürlich aufdrängt. Diese Art der schnellen und reichlichen Production mochte bei Schlossern bis zu einem gewissen Punkte gerechtfertigt scheinen: bei Gervinus war sie's weniger; denn der Lehrer hatte eine weit umfassendere Lectüre voraus als der Schüler, und er behandelte seine ungeheuren Gegenstände auf eine weit vielseitigere Weise.

Es war unstreitig ein großes Verdienst Schlosser's, die literarischen und culturhistorischen Elemente in die Geschichtschreibung wieder aufgenommen zu haben; ich sage nicht „eingeführt" wie Gervinus meint, der offenbar von Voltaire's Siècle de Louis XIV. und den ausgedehnten Kapiteln, welche darin der Kunst, der Poesie, der Wissenschaft, den Religionsverhältnissen, den Sitten, dem Handel, der Industrie, den Finanzen gewidmet sind, keine Ahnung hatte. Gervinus gab jedoch gerade diese Behandlungsweise seines Lehrers wieder auf; theils weil er, wie schon erwähnt, von Finanzwissenschaft und Nationalökonomie nicht allzuviel verstand, theils auch weil er eben den Zusammenhang der verschiedenen Nationalthätigkeiten so wenig begriff wie das Wirken des Individuums. Ist doch für einen so abstracten Geist, der nur an die Action der Ideen glaubt, die preußische Handels- und Zollpolitik so unverständlich wie der Charakter Friedrich Wilhelm's III.: Beide beurtheilt er mit den Augen eines süddeutschen Kammerliberalen aus der Rotteck-Welcker'schen Schule und — so sehr er sich auch dagegen wehren mag — ohne aus dem Ideenkreise eines Börne und Genossen herauszukommen. Und hier schon zeigen sich die Symptome jener Abwesenheit aller idealen, speculativen Anschauungsweise, von der weiter unten zu reden sein wird. Doch scheint Gervinus von allen diesen Lücken seiner Bildung keine Ahnung gehabt zu haben und sieht man ihn, nach dem Vorgange seines Lehrers, mit vornehmem Professorendünkel auf einen Varnhagen herabblicken, der in seinen unübertrefflichen Biographien sorgsamste, gewissenhafteste, umfassendste Quellenforschung mit anmuthiger, eleganter Form zu verbinden weiß; sieht man ihn, den Verfasser einer „angelsächsischen Geschichte", an dem vielleicht größten Geschichtschreiber des Jahrhunderts, am Autor der Conquête de l'Angleterre hochmüthig vorübergehen, so ist man denn doch versucht anzunehmen, daß dem Reformator der Geschichtschreibung weniger an der Verwirklichung seines Ideals der „künstlerischen Form auf sicherer Grundlage", als an seiner eigenen Mission gelegen war, dies Ideal zu verwirklichen.

Immerhin. Verzeihen wir dem durch frühe Anerkennung geblendeten, durch große Freunde verzogenen Gelehrten die naive Illusion, sich für einen Künstler gehalten zu haben; hat er ja doch Schlossern auch für einen Künstler der Historik und zwar für den größten nächst Thukydides und Machiavelli gehalten (sic). Schwerer wird's ihn von der Anklage der Oberflächlichkeit und der Unvollständigkeit freizusprechen. Wenn man sich bei Gervinus' Werken nur langweilte, so möchte man sich mit so vielen anderen deutschen Geschichtswerken seit Schlözer und Spittler bis auf unsere Tage trösten, von denen man denn doch Etwas gelernt hat: aber man lernt eben durchaus Nichts aus Gervinus' Büchern, wenn nicht, was sich der Verfasser bei gewissen Ereignissen oder Werken gedacht hat. Das genügt aber doch nicht. Lese ich ein Werk Ranke's oder Sybel's, so wird mir der diplomatische Zusammenhang einer geschichtlichen Thatsache klar: Gervinus hat von Schlosser gelernt, die Diplomatie zu verachten, folglich auch die Archive, in denen sie ihre Depeschen niedergelegt. In's innere Getriebe der Weltereignisse sehen wir somit nie; denn Gervinus steht, ohne sich selbst darüber recht klar zu sein, ganz auf dem Standpunkte jener modernen Schule, französischen Ursprungs, welche einen Ludwig XIV., einen Friedrich II., eine Maria Theresia von ihren Völkern trennt und was wir gewöhnlichen altmodischen Menschenkinder die Weltgeschichte nennen, kurzweg als Kabinetspolitik abthut. Da bleibt denn freilich Nichts übrig als die großen „Volksthaten", wie der Krieg von 1792 oder die Aufstände von 1821. Daß bei diesen Ereignissen, wo das Volk in höchsteigener Person ohne offizielle Repräsentanten auftritt, auch wohl persönliche Interessen mitgewirkt haben könnten, die nicht viel besser waren als die der Diplomatie, scheint den Geschichtschreibern, welche auf diesen Standpunkt gestellt sind, ganz zu entgehen.

Und wie mit der Diplomatie ist's mit den Finanzen. Wer Thiers' „Revolution" oder sein „Kaiserreich" gelesen, hat die klarste Idee von den Finanzen Frankreichs sowohl in den Tagen wo Cambon, wie in jenen, wo Baron Louis sie leitete. Was lehrt uns die „Geschichte des XIX. Jahrhunderts" in dieser Beziehung? Nicht anderes ist es mit den permanenten Interessen der Parteien und Stände, wie Kirche, Grundbesitz u. s. w. Treitschke giebt uns, ohne chronologische Erzählung, ein lebendiges Bild der niederländischen, der piemontesischen Staats- und Standestraditionen; die Verhältnisse der beiden Länder treten übersichtlich und greifbar vor uns; sie gruppiren sich; wir erfahren, wie's mit Beamtenthum, mit Heer, mit

Unterrichtswesen bestellt war; wie Adel und Bürgerthum sich gegenüberstanden; kurz wir lernen was, indem wir zugleich angenehm und lebhaft angeregt werden. Gneist lehrt uns auf welchem Wege die Repräsentativverfassung sich entwickelt aus lokalen Verhältnissen, politischen Nothwendigkeiten und finanziellen Interessen. Hat man Baumgarten's spanische Geschichte gelesen, so hat man einen klaren Begriff vom Parteigetriebe, dem Zusammenhang der verschiedenen Elemente, den Ursachen des Bürgerkrieges, des Provinzialgeistes, der Bigotterie, des militärischen Einflusses auf der unglücklichen Halbinsel. Bei Gervinus sind's immer die alten abstracten Gemeinplätze von Volk und Cabinetten, von öffentlicher Meinung und Absolutismus, welche mit ihrem wesenlosen Wortgefechte die ganze Scene erfüllen.

Ja, selbst aus der „Geschichte der Deutschen Dichtung“ lernt man doch eigentlich wenig, trotz ihrer außerordentlichen Bedeutung für unseren nationalen Ideengang. Freilich ist die Belesenheit — hüten wir uns zu sagen: die Gelehrsamkeit — des Verfassers erstaunlich; freilich ist das Verdienst, auch das literarische, des Mannes nicht hoch genug anzuschlagen, der es zuerst versucht hat, die geistige Geschichte seiner Nation vollständig und im Zusammenhange der Jahrhunderte zu erzählen; freilich ist die Fülle anregender aperçus, trotz ihrer Unordnung, die Wärme der Leidenschaft, trotz aller Einseitigkeit, von größter Wirkung gewesen und regt sogar noch heute den Leser an, wenn auch eher zum Widerspruch als zur Theilnahme. Aber bei alle Dem treffen wir doch auch hier wieder genau dieselben Fehler, welche Gervinus' politische Geschichtschreibung einem so frühen Veralten preis gegeben haben. Wir bekommen Urtheile des Verfassers, keine Geschichte und trotz der Breite keinen Stoff. Dies mag hingehen bei einem Commentar: wer überhaupt ein Buch über Shakespeare lesen kann, wenn er den Dichter selbst zur Hand hat, der hat nur was er verdient, wenn er leer ausgeht. Anders bei einer Literaturgeschichte. Gewisse Werke sind dem Publikum unzugänglich, sei es durch die nicht mehr verständliche Sprache, sei es, weil sie uns wegen ihres Mangels an positivem Gehalt so wenig mehr bieten: solche Werke können aber doch in der Entwicklung der Nation eine große Rolle gespielt haben (etwa wie Gervinus' eigene Werke, wie Gibbon's, Klopstock's, d'Holbach's, um unsern Historiker in guter Gesellschaft zu lassen). Diese sollte der Geschichtschreiber dem Leser entweder analysiren, oder in ihrer Wirkung auf die Zeit zeigen; den Schülern sollte er die Wege weisen, wie sie daran kommen können ohne Zeit zu verlieren. So hat Villemain, ohne selbst Anspruch auf wissenschaftliche Forschung machen zu dürfen, in seiner Geschichte der französischen Literatur des Mittelalters und des XVIII. Jahrhunderts seine Franzosen auf Italien und England und ihren bestimmenden Einfluß aufmerksam gemacht und dadurch ganz außerordentlich fördernd gewirkt. Liest man Gervinus' Werk, so sollte man meinen, unsere mittelaltrige Dichtung, die doch zum großen Theil auf der französischen fußt, unsere geistige Renaissance im vergangenen Jahrhundert, die doch von England und Frankreich ihren Anstoß erhielt, seien durchaus einer nationalen generatio spontanea zn danken gewesen. Immerhin, wenn sein Buch uns als zuverlässiges Nachschlagebuch, wie Tiraboschi's unübertroffene Literaturgeschichte, dienen könnte: aber das wird doch selbst der gläubigste Jünger nicht zugeben wollen. Endlich müßte in einer zweckmäßigen Literaturgeschichte wenigstens Eintheilung, Gruppirung des Stoffes sein. Ist es ja doch so recht das Amt des Geschichtschreibers, Licht in die Massen zu bringen. Man erinnere sich, was Savigny für das römische Recht gethan; man sehe, was H. Hettner für die moderne Literatur thut: wir wohnen hier der Filiation der Ideen und Zeitströmungen bei, dort ordnet sich organisch das scheinbar Chaotische. Bei Gervinus haben wir nichts als unfruchtbare Raisonnements: unfruchtbar, denn sie sind nicht der mitgetheilte Eindruck einer eigenen, bedeutenden Persönlichkeit; sie sind nicht Illustrationen der ästhetischen Gesetze; sie erklären nicht die Ursachen des Erfolges oder Mißerfolges historischer oder literarischer Thaten; sie constatiren nur, in welchem Verhältniß jene Thaten zu den Parteiinteressen und Parteileidenschaften des Herrn Gervinus im Jahre 1840 (resp. 1853) standen. Das ist aber eben durchaus uninteressant und unwichtig für die Nachwelt.

3. Wenn nun der Leser der Gervinus'schen Werke weder durch klare Uebersichtlichkeit und Eintheilung des Stoffes für die mangelnde schöpferische Gestaltungsgabe, noch durch die Gründlichkeit und Zuverlässigkeit der Forschung für die abwesende Anmuth des Styles entschädigt wird, so möchte er wohl doch die gehabte Mühe und Arbeit nicht bereuen, — denn Arbeit und Mühe bleibt's wohl immer, ein fünf= oder achtbändiges Werk von Gervinus zu lesen —, fände er in den Schriften des Geschichtschreibers jenen Reichthum neuer und tiefer Gedanken, jene

kühnen und eigenthümlichen Versuche die geschichtliche Bewegung zu erklären, welche uns immer wieder mit der abstrusen, schwerfälligen oder monotonen Form eines Vico, Hegel oder Buckle versöhnen, und die wir nicht umhin können zu bewundern, selbst wenn es uns unmöglich ist sie zu billigen. Wir nennen hier freilich Geschichtsphilosophen, nicht Geschichtschreiber: aber es war ja in der That Gervinus' ausgesprochene Absicht eine neue Art Philosophie der Geschichte einzuführen: eine Methode, welche darin bestehen sollte die Ereignisse so zu erzählen, daß „die Gesetze der Geschichte" daraus klar hervortreten. In andern Worten, es schien Gervinus geboten, die „Geschichte der Umbildung und der Veränderungen der Ideen vom Staate" zu schreiben. Anstatt nun den einfachen directen Weg zu wählen, um dieses Ziel zu erreichen, anstatt die Theorieen der bedeutendsten politischen Denker der neueren Zeiten von Hobbes bis Mill, von Montesquieu bis Tocqueville durchzugehen und daran nachzuweisen, wie sich „die Ideen vom Staate" allmählich „umgebildet und verändert" haben, zieht er es vor, diese Entwicklung an den Ereignissen selber zu studiren. Nun würden wir es ihm Dank wissen, diesen längeren, mühsameren, aber auch belebteren Weg eingeschlagen zu haben, wenn es ihm nur gelungen wäre jene „Gesetze" aufzufinden, welche keine anderen, als die schon von Machiavelli beobachteten und aufgestellten sein sollen. Leider aber ging Gervinus mit vorgefaßten Ansichten an diese Aufsuchung, begnügte sich mit jeder anscheinenden Bestätigung dieser seiner vorgefaßten Ansichten, schied aus oder ging rasch hinweg über das was unbequem war, legte in die Thatsachen den Sinn, der ihm am Besten paßte, gruppirte sie, wie's ihm am Gelegensten war, gab den unbedeutendsten Ereignissen eine relative Bedeutung, die ihnen nicht zukam, und mußte natürlich so am Ende zu einer Art von Geschichtsphilosophie gelangen, die willkürlicher Systematik zum Verwechseln ähnlich ist. Und einem Denker, dem alle speculative Philosophie eitel Mystik oder Sophistik war, konnte es nicht wohl anders ergehen. Auch zur Erkenntniß der Geschichte gehört eben speculativer Sinn und schon die Thatsache, daß ihm, dem Literarhistoriker, „der Staat das höchste Product des Geistes" war, würde genügen, den unphilosophischen und beschränkten Standpunkt des Mannes zu kennzeichnen.

Wer sich nun die Mühe geben will, dem Forscher auf seiner Jagd nach den „Gesetzen der Geschichte" zu folgen, der wird gar bald finden, wie im Grunde doch Alles auf übereilte Generalisationen, trügerische Analogien und ganz oberflächliches Parallelisiren hinausläuft. Man kennt die Anekdote des französischen Reisenden, der kaum die Alpen überschritten hatte, sich in der ersten italienischen Herberge von einer rothhaarigen Magd bedient sah, und sogleich in sein Tagebuch schrieb: les femmes sont rousses en ce pays-ci. Die Art, wie Gervinus seine „Gesetze" aufstellt, erinnert lebhaft an diese expeditive Methode der Beobachtung, nur mit dem Unterschiede, daß er schon im Voraus entschlossen ist, alle Italienerinnen rothhaarig zu finden. „Das allgemeine Gesetz" ist bekanntlich das der aufsteigenden Linie vom Despotismus zur Aristokratie, von der Aristokratie zur Demokratie, und die absteigende — il ritornar al segno nennt's Machiavell — von der Vielherrschaft zur Herrschaft der Wenigen, von dieser zur Herrschaft eines

Einzelnen. Daß der zweite Theil dieses Gesetzes aller Erfahrung widerspricht — wer wüßte nicht, daß jede Demokratie der Geschichte nicht in Aristokratie, sondern in Einzelherrschaft übergegangen ist? —, das der erste Theil nur auf die Municipalstaaten des Alterthums und des Mittelalters anwendbar ist, will Gervinus nicht zugeben. „Dieses Gesetz," sagt er kühnlich, „ist es, das sich in jedem Theile der Geschichte, in jedem vollkommeneren Einzelstaate vorfindet und so auch in den zusammengesetzten Gruppen." Also Florenz im XV. Jahrhundert ist aus der Vielherrschaft zur Herrschaft der Wenigen übergegangen? Wir sollten doch wohl denken, die Herrschaft der ersten Medicäer, welche durch den Triumph der Demokratie über die Optimaten herbeigeführt worden, sei eine Herrschaft Einzelner gewesen. Aber solche Kleinigkeiten machen den Denker, der die „großen Linien" sieht, nicht irre. So braucht er auch für die Reformationsbewegung eine „aristokratische Phase": was ist einfacher als den Calvinismus für diese Phase zu erklären und zwar den Calvinismus Hollands im XVII. Jahrhundert? Und was braucht's weiter dazu als die cäsarische Demokratie Moritzen's und seiner Nachfolger, welche so recht eigentlich das Werk der Gomaristischen Calvinisten war, zu ignoriren, wie man die puritanische Tyrannei Oliver Cromwell's ignorirt? Nach der Theorie Gervinus' ist Europa seit drei Jahrhunderten im Uebergang aus der Aristokratie in die Demokratie begriffen: da kömmt nun freilich sehr unbequem der Despotismus des XVI., XVII. und XVIII. Jahrhunderts dazwischen, der doch eigentlich vor das Mittelalter gehörte, wenn sich die Geschichte hübsch artig dem großen Gesetze fügen wollte;

aber auch eine so grobe Incorrectheit der Geschichte ist ja sehr leicht zu beseitigen: man macht einfach aus der dreihundertjährigen Blüthezeit der absoluten und legitimen Monarchie eine „Durchgangsperiode" — und Alles ist wieder in der Reihe. Da das ganze System eigentlich nicht auf Wesenheiten, sondern auf Worten beruht, so ist das Hineinzwängen der Dinge eben eine sehr schmerzlose Operation.

„Für was drein geht und nicht drein geht,
Ein prächtig Wort zu Diensten steht."

So scheinen Gervinus auch die Jahrhunderte der griechischen Tyrannis eine nothwendige „Durchgangsperiode" gewesen zu sein, um die Demokratie des V. Jahrhunderts herbeizuführen. Denn, „Beides, die neuere Absolutie und die Tyrannis sind die gleichen Erscheinungen, die sich in allen Zügen entsprechen." Also das orthodoxe Königthum von Gottes Gnaden, die Monarchie Philipp's II. und Ludwig's XIV., Ferdinand's von Habsburg und Jacob's von England ist die gleiche Erscheinung wie die Tyrannei heraufgekommener Demagogen, des Pisistratos und Kypselos? Warum nicht auch gleich Cäsar's, Cosimo's, Cromwell's, Bonaparte's? Was man nicht Alles mit Worten leisten kann! Ob übrigens Argos, Korinth und Theben Demokratien waren wie Athen, ob man selbst die athenische Stadt-Demokratie mit ihrem zahlreichen Sclaventhum mit unseren modernen Staaten identifiziren darf, ob Thukydides selber nicht am Ende doch vielleicht Recht hat, wenn er, sogar vom Standpunkte der sklavenhaltenden athenischen Bürgerschaft aus, die Demokratie des Perikles eine verkappte Einzelherrschaft nennt — das sind Alles unbequeme Fragen;

die hört man lieber gar nicht an, so braucht man sie auch nicht zu beantworten.

Also: „Die politische Entwicklungsstufe, auf der wir die ganze im engeren Sinne sogenannte neuere Zeit stehen sehen, ist der Uebergang von der Herrschaft der Mehreren zu der der Vielen, unter den wechselnden Förderungen und Hemmnissen der Absolutie." Der Unterschied zwischen Herrschaft und Freiheit der Vielen entgeht dem Gesetzgeber der Geschichte offenbar vollständig. Doch dies nur beiläufig. Sehen wir uns die These an, als ob sie unzweideutig wäre. Machiavell hatte zwar, wie alle anderen schlichten Menschenkinder in der Alleinherrschaft eines Ludwig XI., eines Ferdinand des Katholischen Nichts gesehen, als eine Alleinherrschaft, und wenn er sie preist, so war's, weil er in ihr das Mittel zur Constituirung der Nationalität sah; Machiavell „konnte freilich nicht wissen, daß diese Absolutie eine Vorbereitung zur Gesetzesherrschaft und eine Schule der Freiheit war;" aber merkwürdiger Weise finden wir uns Alle in Europa heute ganz einverstanden mit dem so huldvoll entschuldigten Machiavell; wir meinen, Spanien und Frankreich danken jenen Monarchen ihre nationale Abgeschlossenheit, aber von der Freiheit, die beide Völker in dieser Schule gelernt, sehen wir nicht mehr als Machiavell. Indeß, wir Blinden sehen ja auch nicht, daß „die Erschütterungen der französischen Revolution, die Thaten ihres Erben Napoleon, die Werke des Wiener Congresses, das Verfahren der Restauration der monarchischen Gewalt, unmittelbar die härtesten Schläge versetzt und den Sturz der Monarchien" vorbereitet haben. Wir bilden uns ja sogar ein, die monarchische Idee habe recht viel gewonnen in Europa und die Häuser Hohenzollern und Savoyen könnten sich nicht absonderlich beklagen. Wie wortreich und wie gedankenarm, wie anspruchsvoll und oberflächlich ist das doch Alles neben der Geschichtsphilosophie eines Vico oder auch nur eines Th. Buckle!

Noch verführerischer aber, freilich auch noch unfruchtbarer, ist das Parallelisiren nach äußerlichen Aehnlichkeiten, das Gervinus nun einmal nicht lassen kann. So war's Mode um 1840 — eine Mode, der unser Geschichtschreiber bis an sein Ende huldigte — Analogien zwischen dem so grundverschiedenen Entwicklungsgange Englands und Frankreichs anzustellen. Da mußten die Hinrichtung beider Könige, die Herrschaft Cromwell's und Bonaparte's, die Restauration von 1660 und die von 1814, die Einsetzung der jüngeren Linie in den Jahren 1688 und 1830 herhalten; und keiner der so verachteten französischen Doctrinäre von Benjamin Constant's und Royer Collard's Schule, ja Guizot selber nicht, hat dieses Spielen mit Daten weitergetrieben als Gervinus, für den die religiösen und die aristokratischen Interessen, welche in der englischen Revolution eine so große Rolle gespielt, gar nicht zu existiren scheinen, dem es nicht einfällt, daß eine Bewegung, welche auf Herstellung der Tradition und Geltendmachung bestehender Gesetze und Rechte beruht, keine Aehnlichkeit hat mit einer solchen, die von allgemeinen Vernunftprincipien ausgehend neue Zustände begründen, die Tradition wie die bestehenden Gesetze und Rechte über den Haufen werfen will. Was nun aber gar den „Freiheitszug“ durch das Europa des XIX. Jahrhunderts anlangt, so ist doch wohl gerade das Beispiel Frankreichs, welches von Gervinus angerufen wird, eher zum Beweise des Gegentheils angethan. Was Wunder, wenn der Mann am Ende mit solchen Parallelen bis auf Vergleichungen zwischen Bismarck und Polignac, den Verderbern ihrer königlichen Herren, dem dänischen Kriege von 1864 und der Algier-Expedition von 1829, diesen Anfängen des Endes gekommen ist? Ja, daß er endlich in der Entwicklung der Staaten eine „geometrische Progression" entdeckte? „Der Aufstand von Cadix erfolgte fünf Jahre nach dem großen Friedenswerke, von dem die neue Zeit ausgeht, die Julirevolution zehn Jahre darauf und die Februarrevolution achtzehn Jahre nach dieser. Verschiebe sich ein neuer Anstoß der ähnlichen Art nach diesem selben Gesetze (sic), so träfe er in das achte oder neunte Jahrzehnt des laufenden Jahrhunderts, und dies sind auffallender Weise die Zeitpunkte, die in jedem Jahrhundert der neueren Zeit irgend einem Volke seine Freiheit eingetragen haben." Wir deutschen Sonderlinge, die wir uns haben einfallen lassen, die größte Revolution der Neuzeit im Jahre 1866 anstatt im Jahre 1889 zu machen! Wie wäre es, wenn man bewiese, daß das Ende der Jahrzehnte immer sehr günstig für die Geburt großer Männer ist? Man denke nur Lessing 1729, Göthe und Mirabeau 1749, Schiller 1759, Napoleon und Humboldt 1769, Savigny 1779; und wir getrauen uns, noch eine ganz erkleckliche Anzahl bedeutender Neuner herauszufinden. Das heißt man die Gesetze der Geschichte aufsuchen.*)

*) Gervinus hat das Alles in seiner hinterlassenen Selbstkritik zu entschuldigen und wegzuerklären versucht, indem er verlangt, man hätte zwischen den Zeilen lesen sollen. Nun lassen aber

Und wenn sich der Geschichtsphilosoph noch begnügte, wohlfeile Parallelen anzustellen, indem er sich an das Aeußerlichste, Zufälligste hält; aber die offenkundigsten Facten, ja die unbestreitbarsten Resultate der Geschichte werden entstellt oder frischweg geleugnet, wenn's gilt die These des Denkers zu belegen. So soll Napoleon als Beweis dienen, „daß auf fürstliche Reformen von oben herab nicht zu bauen ist;" als ob Napoleon's Schöpfungen nicht, wie diejenigen Friedrich's II. und Peter Leopold's, alle Stürme überdauert, alle „volksthümliche" Gesetzgebungen von 1848 überlebt hätten.*) Wenn man de parti pris solche Thatsachen ignorirt, ist es zu verwundern, daß man

---

seine Worte gar keine andere als die wörtliche Deutung zu. Man lese sie wieder im Zusammenhange mit den vorhergehenden und folgenden Seiten, man wäge jeden Ausdruck der Stelle in der „Einleitung zur Geschichte des XIX. Jahrhunderts" und man antworte, ob sie irgend anders als buchstäblich und eigentlich gefaßt werden kann.

*) Auch im Detail stößt man fortwährend auf solche willkürliche Behauptungen. In einem langen Aufsatze „über historische Größe" vom Jahre 1832 heißt's, „daß der Beiname des Großen Niemand zukömmt und Niemanden je gegeben worden, als Gründern von Reichen oder Gründern einer neuen Ordnung in den Reichen", worauf hin denn Napoleon die Berechtigung abgestritten wird, den Namen des Großen zu tragen, wohl weil er keine „neue Ordnung" gegründet hat? — Für das Volk ist der Name des „Großen" eben nur ein Unterscheidungszeichen und es ertheilt ihn nur solchen Geschichtshelden, die Namensgenossen haben. Napoleon wurde vor 1849 nie der Große genannt; seit der Herrschaft des Neffen nennen wir ihn Alle zur Unterscheidung den „großen Napoleon". Und eine so einfache Frage zu beantworten braucht unser Geschichtsphilosoph 25 Octavseiten und welche Seiten!

am Ende soweit kömmt, einen nassauischen Stamm zu entdecken, aus den 1804 annectirten Regensburgern und Augsburgern, Würzburgern und Bambergern bayerische Stammesgenossen zu machen und zwischen der englischen und der amerikanischen Verfassung, dem Werke der Zeit und dem des Verstandes, der aristokratischen Monarchie und der demokratischen Republik, dem Einheitsstaate und dem Bundesstaate — eine vollkommene Analogie zu stabiliren?

4. Natürlich wird es auf diese Weise sehr leicht, die Geschichte das Widersprechendste aussagen zu lassen: „Wenn es in den mittleren Zeiten der Geschichte der Geist der Genossenschaft war, der das Princip einer aristokratischen Freiheit aufrecht erhielt, so hat sich dieser in der neueren Zeit in einen Geist des Individualismus umgebildet, der die Saat demokratischer Freiheit gestreut hat." Verstehe wer da kann, wie, trotz dieses „Individualismus, in den sich der Geist der Genossenschaft umgebildet," in Deutschlands neuester Geschichte die Individuen so gar keine Rolle spielen. Denn das ist ja ein Glaubensartikel von Gervinus: „Die Bewegungen der Zeit sind von dem Instinkte der Massen getragen. Denn es gehört zu dem wesentlich Charakteristischen unserer Zeitgeschichte, daß der große Einfluß Einzelner, Regenten oder Privaten, in ihr kaum zum Vorschein kömmt." Nun wissen wir freilich, daß diese merkwürdigen Worte vor dem Krimkriege geschrieben worden, daß Gervinus von Cavour und Bismarck, von Thiers' und Gladstone's entscheidendem Wirken damals Nichts ahnen konnte; aber Palmerston, Nicolaus, Friedrich Wilhelm IV., Napoleon III. hatten doch schon bewiesen, daß Einzelne noch immer die Geschicke der Völker in die

verschiedensten, dem Instinkte der Massen geradezu entgegengesetzten, Bahnen zu lenken wußten. Andererseits beweist gerade diese so laut lügengestrafte Behauptung, wie gefährlich dies voreilige Generalisiren ist, welches den Fonds von allem politischen Raisonnement bei Gervinus ausmacht. Wir heben aber diesen Irrthum des Geschichtschreibers so ganz besonders hervor, nicht allein weil er ihn als einen stehenden Refrain auf jeder Seite seiner Werke wiederholt — und in den Werken Anderer wiederholen läßt*) —, sondern vornehmlich, weil er den ganzen Standpunkt des Mannes, der sich schon so frühe, „den freien Blick in das Walten der Individualität einengte“ (Gosche, Gervinus) kennzeichnet. Nur wenn man weiß, wie sehr er sich in einer Theorie festgerannt hatte, welche nie und nimmer, am Wenigsten in einer sogenannten demokratischen Epoche, wahr werden kann, vermag man zu begreifen, wie bitter die Enttäuschung sein mußte, als die Ereignisse von 1859, 1866, 1870 dies Credo seines Lebens so vollständig über den Haufen warfen und bewiesen, daß heute wie immer, wir Deutsche wie alle anderen Völker, „durch den dictatorischen Einfluß Einzelner“, nicht „durch die überwältigende Macht der Vielen Alles überkommen sollten, was wir nationales Eigenthum nennen dürfen“.

Noch aus einem anderen Grunde bestehen wir auf diesem verhängnißvollen Irrthum: es war nicht allein der

*) Siehe namentlich die Schrift Gervinus und seine politischen Ueberzeugungen (Leipzig 1853), in der er sich von einem Vertrauten aller seiner Gedanken erklären, rechtfertigen und — loben läßt.

Irrthum Gervinus', es war der der Nation; und nur dadurch, daß Gervinus der Sprecher der Nation war, wie wir's im Verlaufe dieser Arbeit ausführen werden, hat er die historische Bedeutung erlangen können, die er wirklich hatte. Die gesammte „öffentliche Meinung" Deutschlands glaubte sich in jener Zeit von den leitenden Persönlichkeiten emancipirt, hatte den Glauben an solche verloren; und gerade weil sich hinterher die deutsche Nation so gar gewaltig brüstet mit dem, was sie geleistet, ist es Pflicht, ihr in's Gedächtniß zu rufen, daß es nicht genug ist, bedeutenden Männern das Leben gegeben zu haben, daß eine Nation ihnen auch ihre Thaten erleichtern muß — und wahrlich das haben wir weder Göthen und Beethoven, noch Stein und Bismarck gegenüber gethan. Uns geziemt es das einzusehen, es zu bereuen, nicht aber in verstockter Eitelkeit uns zu überheben, weil die Stärke ihres Genies und Charakters uns gezwungen, Großes zu leisten. Wohl mag der spröde Marmor sich rühmen, daß ohne ihn der Bildner sein Werk nicht hätte schaffen können; doch unerträglich wäre es, wollte er behaupten, ihm käme das Verdienst zu, sich selber zu einem edlen Bilde gestaltet zu haben.

Wahrscheinlich war es gerade unseres Geschichtschreibers scharf ausgesprochene Persönlichkeit, welche ihm überlegene Persönlichkeiten so lästig und verhaßt machte; wie es denn überhaupt der in unserer Nation vorwiegende Individualismus ist, welcher uns so rebellisch gegen unsere bedeutenden Individualitäten sein läßt. Wie viel bequemer ist es, sich biegsamen Theorien als unbiegsamen Menschen zu fügen. Und bei Gervinus kam ein Anderes hinzu. Wir Deutsche werden in unserer Anschauungsweise wohl schon ganz gerne den unberechenbaren Gewalten, welche in der Geschichte wirken, gerecht; nur unser Charakter hat Mühe, sich ihnen zu unterwerfen. Bei den Franzosen findet das Gegentheil statt, sie unterwerfen sich leicht und blindlings im Leben, wenn sie nur theoretisch das Recht des „Unvernünftigen" leugnen dürfen. Nun vereinigte Gervinus Beides: einen erzdeutschen, eigensinnigen, hartnäckigen Charakter und die abstract-mechanische Anschauungsweise der Franzosen, welche den Eingriff Einzelner in die Schicksale der Völker als irrationell bestreiten zu müssen glaubt; wie es denn auch Menschen giebt, bei denen das umgekehrte Verhältniß stattfindet und deutscher Geist sich mit französischem Charakter verbindet.

Was Wunder, daß, als Gervinus seine „Geschichte des XIX. Jahrhunderts" schrieb, welche eine Fortsetzung von Schlosser's „XVIII. Jahrhundert" sein sollte, er die zu behandelnde Epoche als „eine Zeit des Trotzes der Machthaber und der Schlaffheit ihrer Beamten" ansah? Konnte er doch, von seinem Standpunkte eines süddeutschen Kammerliberalen und eines französischen Juli-Parlamentariers, gar nicht begreifen, daß das deutsche Volk auch wo anders als in den Sitzungssälen der Darmstädter und Karlsruher Deputirtenkammer, als in und vor den Lehrstühlen deutscher Universitäten saß, daß ein gut Stück deutsches Volk in „den schlaffen Beamten" und dem geschmähten stehenden Heere steckte, und daß das neue Deutschland nicht von den Professoren und den Kammerrednern, sondern gerade von den Beamten und Offizieren geschaffen werden sollte. Hätte er mit den Augen eines Politikers und Geschichtschreibers, anstatt mit denen eines Doctrinärs voller französischer

Revolutionsideen, die Dinge angesehen, so hätte er das wohl auch schon vor 1840 erkennen können, anstatt nach der landläufigen Weise, alle „Machthaber und Beamten“ als natürliche Feinde des „Volkes“ anzusehen: war ja doch der Zollverein damals schon lange eine vollendete Thatsache. „Ist es nicht eine gewöhnliche Sitte, daß man die versprechenden Talente unter der Jugend dem Katheder und der Schule bestimmt, die im Staate und für das praktische Leben sind, was die Klöster in der Kirche und im religiösen Leben? Und bestimmen sich nicht die, welche sich unter unserer Jugend als Genies dünken, selbst zu Allem, nur eben niemals zur ruhigen und sicheren Thätigkeit im Staate?“ Also die ganze deutsche Bureaukratie seit 1815, vielleicht der tüchtigste politische Stand, den die Geschichte gesehen, bestand aus dem Abfall der Nation. Zu solchen Monstrositäten kann ein gescheidter Mann kommen, der dem Objectivismus den Krieg erklärt, und nur noch seinem subjectiven Dafürhalten Berechtigung zuerkennt. Freilich mochte Gervinus der deutschen Geschichtschreibung vorwerfen, daß sie die Welt zu sehr von der Studirstube und der Bibliothek aus betrachte; freilich durfte er mahnen, daß es an der Zeit sei, sie mit den offenen Augen des praktischen Staatsmannes anzusehen: aber dann mußte man auch praktisch und Staatsmann sein, vor Allem mußte man Hessen und Baden nicht für die Welt halten.

Noch oberflächlicher, wenn auch durch die Zeitlage berechtigter, war das Vorurtheil, daß das politische Leben Alles sei, und zwar ein gewisses politisches Leben, das parlamentarische nach französischem Zuschnitte; daß Kunst, Wissenschaft, Religion, Handel, Industrie nur in zweiter

Linie kämen: ein Vorurtheil, dessen Folge natürlich sein mußte, daß er die Zeit der Restauration, in vieler Beziehung die schönste, welche die Menschheit gelebt, die Zeit Canning's und Martignac's, Rossini's und Weber's, Byron's und Lamartine's, Uhland's und Manzoni's, kurzweg als eine „Zeit des Trugs und der Lüge" verdammt; als ob die größten Zeiten der Geschichte, die Zeiten des Themistokles und Alkibiades, Hannibal's und Scipios, Ferdinand's des Katholischen und Lorenzo's des Prächtigen, Wilhelm's III. und Ludwig's XIV., keine Zeiten „des Trugs und der Lüge" gewesen wären. Besonders merkwürdig aber ist dieß Urtheil über eine literarische und künstlerische Blüthezeit, wie die der Restauration in ganz Europa war, in dem Munde eines Literaturhistorikers. Freilich hatte ja Gervinus die Geschichte der deutschen Poesie eigentlich nur geschrieben, um zu zeigen, welch' ein erbärmlich Ding das geistige Leben sei, verglichen mit dem staatlichen.

Gervinus war bekanntlich der eigentliche Schöpfer der deutschen Literaturgeschichte, und vielleicht hat Deutschland auf diesem Gebiete des Guten nur zu viel gethan. Wie dem auch sei, hier wie in vielem Andern war es Gervinus gegeben, Außerordentliches zu wirken, ohne doch selbst etwas Befriedigendes zu leisten oder dem aufgestellten Ziele irgend nahe zu kommen. Sein Buch war eine bedeutende Thatsache und ein mittelmäßiges Werk. Bis auf Gervinus waren die Literaturgeschichten der Deutschen, wie die anderer Völker es meist noch sind, entweder aneinandergereihte Biographien der bedeutenden Schriftsteller, oder Analysen ihrer Hauptwerke mit Angabe der Schicksale, welche die Texte erlitten hatten, seltener schon mit Aufklärung über die Quellen, aus denen die Schriftsteller geschöpft oder über die Bezüge überhaupt, die sie mit einander haben mochten. Auch Sammlungen von Urtheilen à la Laharpe gab es, oder Auseinandersetzung von literarischen Systemen, welchen die Literaturgeschichte als Beweismaterial diente. Wie wir schon oben angedeutet, war Gervinus der Erste, welcher es unternahm, eine Geschichte der herrschenden Ideen zu geben und den Zusammenhang der Dichtung mit dem staatlichen, religiösen und gesellschaftlichen Leben nachzuweisen. Er vermaß sich, zu schildern wie unsere großen Dichterwerke „aus der Zeit, aus deren Ideen, Bestrebungen und Schicksalen" entstanden, ihr inneres Verhältniß — Entsprechen oder Widerspruch — mit diesen, ihren inneren Werth für die Nation, ihre Wirkung in Mitwelt und Nachwelt" aufzudecken. Der Literarhistoriker, meinte er, müsse „das Verhältniß von Dichter und Gedicht zu der Zeit, zu der Nation, zu der europäischen Cultur, zu der gesammten Menschheit erörtern."

Ut desint vires, tamen est laudanda voluntas.

Wenn auch Gervinus vollständig in dem großen Unternehmen scheiterte, so danken wir es doch ihm, wenn nachher Andere uns eine lange Reihe trefflicher literarhistorischer Werke schenken konnten. Selten hat ein Buch anregender, allgemeiner, tiefgreifender gewirkt, als dieses, und eine solche Wirkung erzielt Niemand, der nicht hervorragende Eigenschaften des Geistes und Characters hat. Nur dem eisernen Fleiße, der Wärme der Ueberzeugung, der Leichtigkeit des Hervorbringens, vor Allem der richtigen Fühlung des augenblicklichen Zeitgeistes, wie Gervinus sie besaß und hier an den Tag legte, war es möglich, einen solchen Einfluß auszuüben; aber diese Wirkung war eine ganz vorübergehende. Das dauernde Kunstwerk, das er zu schaffen vermeinte, hat er nicht geschaffen. Hier, wie überall, überschätzte eben Gervinus seine Kräfte. Es fehlte ihm durchaus an Selbsterkenntniß. Den Mangel der nöthigen allgemeinen Vorbildung fühlte er nicht. Wie schon gesagt, war ihm speculative Philosophie und Theologie einerseits, Nationalökonomie und Naturwissenschaft andererseits fremd; und doch war eine gründliche Kenntniß dieser Disciplinen und ihrer Schicksale durchaus nothwendig, um die Bezüge der Dichtkunst mit dem nationalen Leben darzustellen. Wiederum, Gervinus' streitbare Natur sträubte sich gegen die ästhetische Beschaulichkeit und gegen die historische Neutralität, die erforderlich gewesen wären, um den verschiedenen Erscheinungen des nationalen Geistes in den Dichterwerken gerecht werden zu können. Dazu fehlte es Gervinus eben an der Heiterkeit und Billigkeit, welche nur ein wohlverstandener Skeptizismus geben kann: natürlich weder der philosophische noch der sittliche Skeptizismus, die beide hier nicht in Betracht kommen, wohl aber der Skeptizismus dessen, der an der Realität der Worte und der Formen zweifelt; die wirklichen weltbewegenden Interessen, Leidenschaften und Ideen dagegen unter den verschiedensten Worten und Formen wiederzuerkennen weiß. Gervinus war von vornherein Wortgläubiger, trotz des radikalsten französischen Jacobiners. Er hört nicht auf, aus Worten Systeme zu bereiten und dann sich bitter zu ärgern, wenn die Wirklichkeit diesem Systeme nicht entspricht. Der Historiker — natürlich wenn er nicht aus der Schlosser'schen Schule ist — nimmt die Welt wie sie ist, sucht sie zu verstehen, wie der Botaniker seine Flora nimmt; der Systematiker will der Welt vorschreiben, was sie zu thun und zu lassen hat.

Schon in seinem Programm zu Gudrun (1836) stabilirt Gervinus, was dem Dichter der Zukunft erlaubt sein soll, was nicht; er verwirft den Reim als ein „weibliches Princip" und gestattet nur noch Epos und Satire: wie das der Dichter der Zukunft anzufangen habe, zeigt er ihm selbst in einem epischen Probegesang: denn auch gedichtet hat der Mann, dem nichts Menschliches fremd bleiben sollte. Gleichzeitig schrieb er seine Schrift über den Götheschen Briefwechsel, eine übellaunige Auseinandersetzung in 185 Seiten des Princips, daß der Feigenbaum eigentlich Aepfel, der Apfelbaum aber Feigen tragen solle: ein Princip, das stets die Lieblingsgrille des Autors blieb. Wer diese dreiste Schrift gelesen — wir gebrauchen nicht gerne einen stärkeren Ausdruck — wird unsere Bitterkeit wohl entschuldigen; denn ich glaube in Wirklichkeit nicht, daß die Geschichte irgend eines Volkes ein ähnliches Werk aufweist, worin sich ein junger Mann dem größten und edelsten Menschen seiner Nation, seines Jahrhunderts, was sage ich? aller Zeiten, einem Menschen, der in seinem langen Leben nie das Höchste aus den Augen verloren, der jeden Moment dieses langen Lebens angewandt, die Menschen zu belehren oder zu beglücken, die Leviten liest, weil er seine Zeit so schlecht angewandt. Derselbe unleidliche Hofmeisterton des Dilettanten dem schöpferischen Künstler gegenüber wird auch gleichzeitig bei Besprechung der Malerei, ja der Musik angeschlagen. Wohin die hochmüthige Impotenz des Dilettantismus führen kann, wenn sie sich auflehnt gegen das Genie, das seine Macht, sein Recht und seine Kenntniß bewiesen hat, würde man nicht glauben, wenn man nicht mit eigenen Augen gelesen hätte von den „pitoyablen Tragödien des Corneille und Racine“, oder von dem „sinnleeren Gedanken“ des Rubens „neue historische Personen in alten Kostümen darzustellen“, ein Vergehen dessen sich keine Zeit, „wo sie auch noch so geschmacklos war“, je schuldig gemacht hatte. Ist's da noch zu verwundern, wenn der Kunstkritiker dreißig Jahre, später Mozart und Haydn, Beethoven und Weber, kurz alle Componisten, die sich mit Instrumentalmusik befaßt, als Kunstverderber hinstellt? Dabei genau dasselbe äußerliche Parallelisiren, wie in der politischen Geschichte — die Affinität Händel's und Shakespeare's besteht darin, daß der eine ein in Deutschland naturalisirter Engländer, der andere ein in England naturalisirter Deutscher ist! — dasselbe frivole Umspringen mit den Thatsachen — von der französischen Literatur des XVIII. Jahrhunderts, der Literatur Voltaire's und Rousseau's, im Gegensatz zur deutschen heißt's, daß sie „von Wenigen gepflegt und von Wenigen gelesen wurde“ —; dieselbe Systematik in Aufstellung willkürlichster Gesetze: „Die Sculptur und Malerei hat ihre Blüthe überall erst nach den redenden Künsten gehabt.“ Wollen sich die Thatsachen diesem Prokrustesbette nicht fügen, so weiß man sie schon zu zwingen. „Was in diesen Verhältnissen häufig irrt und die klare Einsicht etwas erschwert, ist nur, daß die Künste sämmtlich unter sich so viel Verwandtschaft haben, daß selten die Eine eine große naturgemäße Blüthe entfaltet, ohne daß die Andere neben ihr sich zu einer unnatürlichen, verfrühten oder verspäteten Blüthe mitgerissen sehe;" — so z. B. die dramatische Kunst der Athener, die ihre „unnatürliche, verspätete Blüthe" wohl nur entfaltet hat, weil die Kunst des Phidias sie „mitgerissen".

Vor Allem aber sind's immer und immer wieder die sittlich practischen Zwecke, worauf's Gervinus in allen seinen Schriften ankömmt: Alles — selbst Shakespeare der Freie — wird zu diesem Sclavendienste gepreßt und moralisch verwerthet. Diese teleologische Art von Geschichtschreibung, welche der deutschen Idee κατ' ἐξοχήν, wie sie durch Winckelmann, Herder, Wolf, Niebuhr, Savigny, Humboldt entwickelt worden, so direct entgegengesetzt ist, hat bekanntlich in der Geschichte der Deutschen Dichtung ihren vollsten Ausdruck erlangt. Dieses Werk, das vielleicht mehr gewirkt als irgend ein anderes deutsches Werk seit Lessing's Literaturbriefen, sollte Deutschland beweisen, daß es literarisch erschöpft sei und fortan Politik, keine Dichtkunst mehr zu treiben habe. Hätten wir erst einmal einen Staat, dann würde unter dem Einflusse des politischen Lebens uns auch eine neue größere Poesie erstehen, eine Poesie wie die englische oder griechische. Alles, was wir nach unserer klassischen Periode gehabt, wäre ja doch gänzlich werthlos. Diese sehr bestreitbare Ansicht und diese äußerst willkürliche Annahme waren nicht ganz neu und Karl Braun vindizirt sie mit Recht Niebuhrn; aber sie war fruchtbar, wie so viele falsche Ideen, wenn sie im richtigen Augenblicke auf das richtige Erdreich fallen. An sich sind sie ganz unhaltbar; wie denn auch, naturgemäß, das ganze Pamphlet schon veraltet ist. Denn, ächt deutsch, ist unser wirksamstes Pamphlet, wirksamer, folgereicher als Swifts' Satiren oder die Briefe von Junius, ein Werk in fünf unendlichen Bänden. Und Gervinus hatte dessen kein Hehl. Ihm war's ja nicht um die historische Wahrheit zu thun, sondern um die praktische Belehrung, die Nutzanwendung. Er machte aus der Pragmatik die erste Tugend des Geschichtschreibers. Er meinte die Pflicht desselben sei, seinem Geschlechte seine Richtung vorzuzeichnen, ihm mit Rath beizustehen, ihm an der Hand der Geschichte zu zeigen, was die Nation zu thun habe, um zu ihren Zielen zu gelangen. Er unternahm es also vollbewußt, „den übungsbedürftigen und schafflustigen Geist des Volks aus den Regionen der Ideen und Ideale auf das praktische, politische Gebiet hinüberzuführen; dem Individualismus und Egoismus, der alle geistige Bildung nährt, ein Gegengewicht zu erwecken im Staat und Staatsleben, in Gemeingeist und Vaterlandsliebe; durch große innere Beschäftigungen, die das Volk in Masse in Anspruch nehmen, die Bedeutung der Einzelnen in den Hintergrund zu schieben und die Achtung vor der Gattung zu erhöhen; ein anderes, ein größeres Interesse an die Stelle der literarischen Interessen zu schieben" — ich kürze ab, denn Gervinus hat die Gewohnheit, dieselbe Idee in hundert verschiedenen Sätzen zu wiederholen — das war es, was er sich vorsetzte. War er dem Unternehmen gewachsen und hat sich sein politischer Takt besser bewährt, als seine historische Gewissenhaftigkeit?

II.

1. Es war Gervinus nicht genug, im Allgemeinen die Nation auf die Politik als auf das ihr fortan zukommende Feld hingewiesen zu haben. Er hielt es auch

für seine Pflicht, sie zu berathen über die Art der Politik, welche sie zu befolgen habe, ja, er glaubte sogar selbst Hand anlegen zu müssen, ein Versuch, den eben nur jener schon gerügte ganz einzige Mangel an Selbstkenntniß erklären kann. Die besten Freunde, gerade diejenigen, welche seine krankhafte Selbstüberschätzung mit auf dem Gewissen hatten, mußten diese Prätention des Mannes, der einst Göthen „ein klein wenig mehr Gabe der Selbstbeobachtung" gewünscht, denn doch belächeln. Dahlmann freilich war der Ansicht, daß „der Geschichtschreiber sich bis zum Staatsmanne zu steigern" habe, und er versuchte es selber. So lange Gervinus noch mit Droysen, Waitz und Häußer Journalismus trieb und natürlich Dahlmann'sche, d. h. doctrinäre Politik vertheidigte, billigte auch der ältere Freund das Vorgehen des Jüngeren. Erst in Frankfurt sahen die Göttinger Gönner, wie wenig des Schützlings besonderes Talent und besondere Charakteranlage ihn zur öffentlichen Laufbahn befähigten. Schlosser hatte sich darin nie getäuscht. Er, der stets „die Wissenschaft ganz vom Leben trennte, das sich selbst regieren solle", der, obschon viel eher als sein Schüler auf's Handeln angewiesen, doch immer seine Grenzen kannte und einhielt, ward nicht müde, seine Bedenken auszusprechen. „Sie werden erleben", schreibt er an seinen Vertrauten, „daß unsere Freunde, Dahlmann, Gervinus u. s. w. das Vaterland in's Verderben stürzen." Und bald darauf von denselben: „Sie haben sich an einer Sache betheiligt, welche sie unmöglich richtig zu treiben im Stande sind."*) So

*) Beredter als man ihn in seinen Werken findet, ist der alte Polterer in diesen Briefen an Kriegk, wenn er die Gründe der Un-

dachte der Lehrer schon im Herbste 1848 von den staatsmännischen Fähigkeiten seines Schülers.

Wie bitter wurde er gar über „den alten Prophetenton der Doctrinäre", als Gervinus seine „Einleitung" herausgab (1852), ein „Pamphlet, das seinen Verfasser lächerlich macht." Schon im Jahre 1846 hatte er sich gegen den Jünger ereifert, der die Sache der Deutschkatholiken lebhaft ergriffen hatte. „Haben Sie jemals gehört, daß eine neue Religion oder Confession im Bierhause geschaffen worden ist? Und doch läßt sich ein Historiker wie Gervinus durch diese Sache blenden und meint, daß dieselbe eine Bedeutung zu erlangen vermöge." Selbst für den nachsichtigen Dahlmann war die Begeisterung des jüngern Freundes für eine

fähigkeit der Professoren in der Politik auseinandersetzt: „Wir Gelehrten bringen unser Leben fast nur auf der Studirstube zu; wir erwerben uns durch stete historische Studien die Fähigkeit, gegebene Zustände in ihren Gründen zu erkennen und zu beurtheilen, und wir vermögen deßhalb durch Belehrung auf dem Katheder und in Schriften mittelbar einen Einfluß auf den Gang der Dinge auszuüben. Dagegen sind wir stets in Gefahr Schaden zu bringen, wenn wir mit unserer Thätigkeit direkt in das praktische Leben eingreifen, weil hierzu etwas gehört, was uns abgeht. Ein Gelehrter vermag wohl alle Mängel des politischen Zustandes seiner Nation zu erkennen, ja vielleicht sogar einen richtigen Vorschlag über deren Beseitigung und die Herstellung eines neuen Zustandes zu machen. Allein sobald sich, was in einer bewegten Zeit leicht und mitunter rasch eintritt, der Zustand ändert, dann ist der Gelehrte nicht gleich dem praktisch gebildeten wirklichen Staatsmanne im Stande, dies sofort zu erkennen und danach seine Ansicht zu modifiziren; er vertieft sich vielmehr in diese, kommt dadurch in Widerspruch mit dem Gange der Dinge, hilft, ohne es zu wissen, diesen in eine Sackgasse drängen und befördert so das verderbliche Streben selbstsüchtiger Parteien und der auf Reaction bedachten Staatsmänner."

solche Sache denn doch zu stark gewesen; aber Gervinus war nicht der Mann dazu, nachzugeben und noch im Jahre 1854 ließ er seine Haltung jener Bewegung gegenüber von seinem alter ego rechtfertigen.*)

Nach der deutschkatholischen Frage sollte es die schleswig-holsteinische sein, welche in ihm das immer nur halbbeschwichtigte Gelüste regte, in's öffentliche Leben einzugreifen. Er war es, von dem die Heidelberger Adresse des Jahres 1846 hauptsächlich ausging und noch im Jahre 1850 bot er der Schleswig-Holstein'schen Statthalterschaft seine Dienste an; noch 1851 ging er nach England, um für die Sache der Herzogthümer zu wirken; natürlich erfolglos. Wie rechthaberisch er dreizehn Jahre später das erfolgreiche In die Hand nehmen der Sache durch Preußen beurtheilte, weiß man.

Victrix causa Diis placuit, sed victa Catoni.

Aber Cato war eben auch kein Politiker. Indeß es war nun einmal der Eigensinn des Mannes, der selber die Worte geschrieben hatte: „In der Politik hat der Erfolg allein Werth", nie einen Erfolg anzuerkennen, wenn er nach einem andern als dem von ihm empfohlenen Recepte erlangt war. Man denkt unwillkürlich an den Arzt der Komödie, der es seinem von ihm aufgegebenen Kranken nie verzeihen kann, troß seiner Prognostik genesen zu sein. Daß die Frage der Herzogthümer nicht durch Schöpfung eines neuen Kleinstaates gelöst worden, war Gervinus so unbehaglich, als es ihm später die Einigung

*) S. Gervinus und seine politischen Ueberzeugungen p. 36—41. Ja, noch in seiner Selbstkritik gegen Braun (1871) sucht er seinen Standpunkt von 1846 zu vertheidigen.

Deutschlands durch nationale Thaten, anstatt der gewünschten nationalen Reden, werden sollte. Auch aus seiner Kritik der „Preußischen Verfassung und des Patentes vom dritten Februar (1847) spricht, trotz aller treffenden allgemeinen Bemerkungen, der unpraktische Sinn des Mannes und seiner Generation. Anstatt das Gegebene, so unbefriedigend es auch sein mochte, zu ergreifen und im Sinne seiner Ideen auszunützen, wie er es in der Theorie an Machiavell so lobend hervorhob, wollte er es in der Praxis verworfen wissen, weil es unvollkommen war, weil es nicht den Erwartungen, sagen wir sogar, weil es nicht den Bedürfnissen entsprach. Es war eben unter den damaligen Liberalen Sitte — und ist's noch lange geblieben — in Worten gegen das französische Politisiren zu eifern und das englische in den Himmel zu heben; in der That war man ganz unter der Herrschaft französischer Anschauungen, verlangte man stets, ächt französisch, erst die vollständige Herstellung des Parteiprogrammes, ehe man an's Werk gehen wollte.

Um diese Zeit (1. Juli 1847) war es, daß Gervinus im Verein mit anderen angesehenen Gesinnungsgenossen die Herausgabe der Deutschen Zeitung unternahm: ein journalistisches Unternehmen, das von großem Einfluß sein sollte, obschon auch hier wieder die leidige Ueberschätzung der eigenen Wichtigkeit und der eigenen Einfälle die wirklichen Verhältnisse etwas verschob. Die Deutsche Zeitung war, ebensowenig wie die zwölf Jahre früher unternommenen Deutschen Jahrbücher, das so ganz unerhörte Werk, als welches es Gervinus darstellen wollte und wie man's nach den schmetternden Posaunenstößen erwarten sollte:

Quid dignum tanto feret hic promissor hiatu? fragte horazisch lächelnd der alte Schlosser. Gervinus meinte, der Ton des Journals, die Gediegenheit der Mitarbeiter, die Richtung des Blattes seien durchaus ohne Antecedentien gewesen in Deutschland, was doch wohl nur von letzterem Punkte zuzugeben ist. In Bezug auf Ernst und Gediegenheit hatte z. B. die Allgemeine Zeitung damals schon lange, soviel es die damaligen Preßverhältnisse erlaubten, gezeigt, daß es an jenen Tugenden im Vaterlande nicht fehle. Bezeichnend für die Zeit waren alle Mitarbeiter des Blattes, mit Ausnahme Matthy's, Professoren; und wohl auch die meisten Leser werden Professoren gewesen sein. Das hing eben mit der ganzen deutschen Entwicklung zusammen. Staat und Literatur hatten sich bei uns parallel weitergebildet, ohne einander zu berühren, geschweige denn zu durchdringen, der erste handelnd, schweigsam, bescheiden, die zweite redend, geräuschvoll, vordringlich. Dem Anschein nach war unser ganzes Leben ein geistiges gewesen; Gervinus selbst glaubte es und meinte es uns vorwerfen zu müssen. In der That war dem durchaus nicht so. Als die Professoren der Wissenschaft den Rücken zu drehen begannen, um sich der Politik zuzuwenden, meinten sie freilich, jetzt fange eigentlich erst die Politik an: mit herkömmlichem Gelehrtenstolze sahen sie in dem deutschen Beamtenthume nur Handlanger und Commis: Parlamentarismus und Preßfreiheit waren ja jenem Geschlechte indentisch mit Politik. Das wortführende Deutschland war eben in den Universitäten, wie das wortführende Frankreich in Barreau war: die Herren hörten sich allein reden; ist's ihnen so sehr zu verdenken, daß sie vermeinten, die deutschen Professoren seien das deutsche Volk, die französischen Advokaten die französische Nation? Und in der That war die „öffentliche Meinung“ in Deutschland die Meinung der Professoren; sie fand in der schwerfälligen Heidelberger Journalistik ihren Ausdruck und, da das übrige Deutschland von einer unabhängigen Presse im englischen Sinne, die zugleich anregend und belehrend die Fragen des Augenblicks vom Standpunkte des praktischen Politikers bespricht, Nichts wußte; da die Gemäßigten des jacobinischen Journalismus der rheinischen Schule, die Liberalen des trockengeschäftlichen oder servilen Tones der offiziellen Zeitungen müde waren, so behagte ihnen jene pedantische Erörterung von Principienfragen, die man am Neckar Publicistik nannte, gar wohl. Was Wunder, daß die gelehrten Zeitungsschreiber sich einbildeten, aus ihnen spräche der Zeitgeist, ohne sich an Faust's Worte gemahnt zu fühlen? Was Wunder, daß sie die Bedeutung dieses Zeitgeistes und dieser sogenannten öffentlichen Meinung überschätzten?

Das Professorenthum, das seit 1837 in's politische Leben Deutschlands eingetreten, sich darin zum Verfechter der gemäßigt liberalen Ideen gemacht, sich in der Deutschen Zeitung ein vielgelesenes und hochangesehenes Organ geschaffen hatte, trat 1848 an die Spitze der nationalen und freisinnigen Bewegung. Die Regierungen ließen es gewähren; die Nation gab ihm unbedingte Vollmacht. Es sollte nun zeigen, ob es das ihm geschenkte Vertrauen rechtfertigen, ob es die ihm gelassene Macht zu benutzen verstehen würde. Aller Augen waren auf die Paulskirche gerichtet, wo es tagte. Gervinus, auf den die Partei schon in Göttingen große Hoffnungen gesetzt, der sich seit neun Monaten als ein unermüdlicher und unerschrockener Kämpe gezeigt, sollte nun auf die Probe gestellt werden. Es galt jetzt die vertheidigten Principien zu verwirklichen. Dazu mußte die Partei geleitet, jeder Schritt abgewogen, die Tactik der Lage jedes Tages angepaßt werden. Es hieß heute rasch im Entschluß, noch rascher im Handeln zu sein, morgen geduldig, abwartend; bald rücksichtslos energisch durchzufahren, bald geschmeidig nachzugeben. Es handelte sich, nicht länger allgemeine Principien aufzustellen, zu erörtern, zur Anerkennung zu bringen, sondern die Gewalt, die man so unverhofft in die Hände bekommen, auch in Händen zu behalten, die lange gewünschten und anempfohlenen Reformen durchzuführen, für die Zukunft sicher zu stellen. Nichts von dem Allem wußten sie zu sein oder zu thun, „die Anmaßenden, die Leute a priori, die Schwärmer ohne Phantasie, die Systematiker, die Grundrechtler und Kaisermacher" — die Worte entfuhren dem alten Schlosser, als er das Treiben seines Schülers und der Genossen seines Schülers mit ansah.

Dieser hatte mehr als alle Andern Gelegenheit gehabt, sich auszuzeichnen: er saß im Siebzehnerausschuß, ward Vertrauensmann der Hansestädte beim Bundestag, dann Mitglied der Nationalversammlung. Er sollte sich auf der Tribüne nicht besser bewähren als auf dem Katheder. Die Worte, die ihm in solcher Ueberfülle in die Feder quollen, wollten nicht von seinen Lippen fließen, der schweigsame, in sich gekehrte Mann war kein Redner. Auch als manager wollte es ihm nicht gelingen. Dazu fehlte ihm die Biegsamkeit, der praktische Sinn, die Menschenkenntniß. Mehr als alle anderen Parteigenossen sprach er von der Nothwendigkeit der Compromisse im parlamentarischen Leben, machte er Front gegen die extremen Parteien von rechts und links; aber er war selber extrem in seiner Vertheidigung des juste milieu, absolut im Aufstellen relativer Meinungen. Keiner der Parteigenossen war weniger zur Transaction gemacht; keiner steifte sich mehr auf abstracte Principien, als der Mann der stets die Nation gemahnt hatte, doch endlich einmal practisch zu werden. Nach wenigen Monaten mußte er den Kampf aufgeben, freilich um, wiederum nach wenigen Monaten, ihn von Neuem aufzunehmen. Und dieses sich immer Zurückziehen und immer wieder Eintreten wiederholte sich fünfmal in den fünf Jahren. Nie ruht die quälende Versuchung, vor die Oeffentlichkeit zu treten, nie vermag er ihr zu widerstehen. So wollte er ganz jung Schauspieler werden, dann Lehrredner, dann historischer Künstler, endlich Politiker; stets braucht's erst der factischen Erfahrung, um ihn — und auch dann nur für kurze Zeit — zu überzeugen, daß die Natur ihn nicht für das öffentliche Leben bestimmt. Diese Unkenntniß seiner selbst und seiner Kräfte setzt ihn immer neuen Enttäuschungen aus; und wohl mag es das dunkle Bewußtsein dieser seiner Impotenz als handelnder Mensch, das Vielwollen und Wenigkönnen auf dem practischen Gebiete gewesen sein, das ihn so bitter stimmte, sein ganzes Leben verfinsterte. Ein Häußer, ein Matthy verschmähten es nicht, nach der großen Bühne von Erfurt die kleine von Karlsruhe zu betreten und „im kleinsten Punkte die größte Kraft" entfaltend, wirkten sie unendlich wohlthätig für das ganze Vaterland. Dazu hätte Gervinus sich nimmer zu entschließen vermocht. Er, dem nur das größte Theater seines Auftretens würdig schien, der Göthen vornehm belächelte, weil er in den Herzogthümern Weimar und Eisenach einen Schauplatz sah, „um zu versuchen, wie einem die Weltrolle zu Gesichte stehe", scheint seines Shakespeare's Worte nie beherzigt zu haben: daß wahre Größe (rightly to be great) nicht im Was, sondern im Wie liegt.

Daß er zum Handeln in der großen Politik nicht berufen sei, das konnte Gervinus, das mochte er nicht einsehen. Er wollte nicht klar darüber werden, daß es ihm nicht nur an der Gewandtheit in der Ausführung fehlte, sondern daß auch sein politischer Blick unsicher war. Weder der Ausgang der deutschkatholischen Bewegung, noch die Lösung der schleswig-holsteinischen Frage hatten ihn darüber belehrt. Mit der deutschen Verfassungsfrage sollte es ihm ebenso ergehen: selbst Dahlmann warf ihm vor, daß er denn doch die südlichen Mittelstaaten und ihre Bedeutung überschätzte. Gervinus beharrte auf seinen politischen Ideen, so unpracticabel sie sich auch erweisen mochten. Nach 1871, kurz vor seinem Tode, empfiehlt er die Wiederherstellung Hessens und Hannovers, die Gründung eines Augustenburgischen Staates.*) Ja, selbst in Fragen, denen er durch seinen Lebensberuf näher stand, z. B. in der Universitätsreform, begegnen wir bei ihm nur ganz unpractischen oder

*) Dreißig Jahre früher, in seinem Aufsatze über Dahlmann's Politik gab er indeß doch noch zu, daß den Staaten napoleonischer Mache keine „Stammesabtheilung" zu Grunde liege, daß ihnen „Gewohnheiten, Sitten, jede ältere Grundlage, auf der sich weiter bauen lasse, fehle."

ganz undeutschen Ideen. Er schlägt vor, die Studienzeit unserer Beamten zu verlängern, die practischen Lehrjahre der Accessisten (Referendare) dagegen zu verkürzen — als ob man des wissenschaftlichen Unterrichtes zu wenig, der practischen Erfahrung zuviel gehabt hätte im damaligen Deutschland — und mit Verkennung des ganzen Grundcharacters deutscher Universitäten, wünscht er die Facultäten, wie in Frankreich, zu vereinzeln, die Philosophie, als eigentliche Universität, von der Akademie, als Lehranstalt für Brodwissenschaft, zu trennen, d. h. uns das zu rauben, worauf wir stets und mit Recht so stolz gewesen, die philosophische Durchdringung unseres professionellen Unterrichts.

Von allen Doctrinärs der Gothaer Partei war eben Gervinus derjenige, dem der Doctrinarismus am tiefsten im Blute steckte, so tief in der That, daß, nachdem er die Doctrine gewechselt, er noch immer ein Doctrinär blieb. Man hat ihm ein Verbrechen daraus gemacht, nach 1849 seine Ansichten geändert zu haben, ein Demokrat geworden zu sein; man hat ihm vorgeworfen, daß ein Mißerfolg hingereicht habe, die Ueberzeugungen seines ganzen Lebens zu ändern, und hat bei dieser Gelegenheit unliebsame Vergleiche zwischen der sprüchwörtlichen „Gesinnungstüchtigkeit“ der Deutschen und dem „frivolen Wankelmuth“ der Franzosen angestellt. Ganz mit Unrecht. Gervinus’ Sinnesänderung war in der That nur scheinbar; sie war kein Abfall von seinen Grundanschauungen, sie war deren naturgemäße Entwicklung. Jeder hat das Recht seine Meinungen zu ändern: die Frage ist, ob’s aus Interesse oder Leichtsinn geschieht, ob in Folge von Belehrung oder Umbildung. Niemand wird bei Gervinus ein niedriges Motiv voraussetzen wollen; aber auch leicht=

fertig war er nicht. Freilich erlaubte er den Ereignissen nie ihn zu belehren; aber er hatte die Redlichkeit seine Ansichten zu revidiren, suchte sich Rechenschaft über ihren Mißerfolg abzulegen und kam dann ganz naturgemäß zur Ueberzeugung, daß er nicht consequent genug gewesen. Wir haben oben schon im Vorübergehen bemerkt, wie Gervinus im Grunde ein süddeutscher Constitutioneller aus der Rotteck-Welcker'schen Schule war, zu der sich auch bedeutende Norddeutsche und Vorkämpfer der germanischen Staatsidee, wie Dahlmann, Waitz — Schlosser nie — verirrt hatten, freilich nur auf Augenblicke. Nach Erfurt trat die Verschiedenheit der Grundanschauung klar zu Tage. Der Constitutionalismus der Süddeutschen war nur, wie der französische, die verkappte Demokratie; denn er beruhte auf einer durchaus rationalistischen Basis. Es ist bei Gervinus gar keine Ungeheuerlichkeit, wenn er meint, Deutschland müsse eine republikanische Durchgangsperiode haben, aus welcher die Monarchie gestärkt hervorgehen würde. Er begriff ja die Monarchie nur als eine Nützlichkeitsanstalt; das Verhältniß der Nation zu ihr als das einer Vernunftehe. Tradition, Legitimität, Loyalismus, ununterbrochene Solidarität der Nation und der Dynastie: das waren Alles dem französisch-süddeutschen Constitutionalismus ganz unverständliche Begriffe. Was war natürlicher als daß er zur rein demokratischen Idee zurückkehrte, da diese gemäßigte Vernunftmonarchie sich als impracticabel erwiesen hatte? Daß er auf Amerika hinwies, wo „sich die Volksherrschaft auf einem unermeßlichen Raume vereinbar gezeigt mit Ordnung und Gedeihen, . . .“ wo „selbst die Verwaltung und Regierung durch Beamte und Vertreter, die von Armen aus den Armen gewählt sind, sich langehin durch Gewissenhaftigkeit, Ordnung und Sparsamkeit im Haushalt bewährt?“ Ist es zu verwundern, daß er in „diesem Staate und dieser Verfassung das Vorbild sah, wohin die durchschnittliche Einsicht, die Unzufriedenheit und der Freisinn in allen Nationen strebt?“ Wenn man denkt, daß auch heute, nach den trostlosen Erfahrungen der letzten zehn Jahre, welche eine in der Geschichte geradezu beispiellose Corruption in Stadt- und Staatsverwaltung, unerhörten Nepotismus und schmachvollste Rechtlosigkeit offenbart haben, ein Laboulaye noch immer Gervinus' Ansichten über die transatlantische Republik theilt, wie soll man es Gervinus zum Vorwurf machen, daß er 1853 in einer solchen Verblendung gelebt? Freilich, hätte er Tocqueville gelesen, oder wäre er auch nur, statt eines politisirenden Professors, der sich die Dinge nach seinen vorgefaßten Ideen zurecht legt, ein simples Menschenkind mit fünf gesunden Sinnen gewesen, das sich aus der wirklichen Anschauung seine Begriffe bildet, vielleicht hätte er auch damals schon sehen können, was Charles Dickens, der doch selbst ein radicaler Demokrat war, schon 1842 sah: „daß der schwerste Schlag, der je der Freiheit versetzt worden, ihr von dieser Republik ertheilt werden würde, indem das Beispiel, das sie der Welt zu geben hatte, fehlschlägt.“

Voraussicht aber — die doch auch, sollte man meinen, dem Politiker nicht ganz entbehrlich ist — ging nun einmal dem Heidelberger Professor durchaus ab; und obschon er nie aufhörte, sein verblendetes Volk im Prophetentone eines Jesaias oder Savonarola zu schelten und ihm alles erdenkliche Unheil als Strafe seiner Verirrungen zu prophezeien, hat sich doch auch nicht eine seiner zahlreichen Prophezeiungen bewahrheitet.*) Darf sich aber ein praktischer Politiker fortwährend in willkürlichsten Conjecturen und Weissagungen ergehen und consequent alle Jahre zwei, dreimal in den wichtigsten Fragen durch die Ereignisse Lügen strafen lassen?

Unter den Prophezeiungen aber, die unser Tiresias nicht lassen konnte, waren ihm die über den unvermeidlichen Sturz der Monarchie und den Triumph der Revolution stets die liebsten. Auch das ist bei dieser rationalistisch französischen Anschauungsweise nicht zu verwundern, daß Gervinus seit 1850 „nicht mehr auf Erhaltung der monarchischen Gewalt hofft, sondern Deutschland, wie früher England und Frankreich, der Revolution verfallen sieht." . . . „Die alt gewordenen Glieder werden dem Medeenkessel der Revolution nicht entgehen können, und, wenn sie wirklich verjüngt werden sollen, nicht dürfen." (Deutsche Zeitung vom 22. December 1848). Natürlich aber versteht er auch, wie die Franzosen, unter Revolution nur Straßenbewegungen und kann er die Revolutionäre nur dann erkennen, wenn sie die Blouse tragen. Als die größte Revolution, seit Luther, 1866 in Uniform auftrat und von geschulten

*) Auch im literarischen Gebiete liebte er das nicht immer glückliche Prophetenthum. „Man darf es wahrsagen, schrieb er z. B. 1836, daß wenn je Zeiten in Deutschland kommen, die politische Größe oder Kraft zeigten, Schiller so sehr vor Göthe vorantreten wird in der öffentlichen Achtung als er jetzt zurücktritt, und je nach dieser activen oder passiven Natur der Zeiten wird man den epischen oder den lyrischen, den männlichen oder den mehr empfänglichen, den äußerlicheren oder den innerlicheren Dichter hervorziehen." Ist Göthe wirklich zurückgetreten seit 1870?

Offizieren und Staatsmännern ausgeführt ward, sah er in ihr Nichts weiter als einen „Bürgerkrieg", den die Cabinette künstlich angefacht. Wie in seinen Geschichtswerken, so in der Beurtheilung der gleichzeitigen Ereignisse läßt er sich von äußerlichen Aehnlichkeiten verführen, sieht in der Märzrevolution ein 1789 und vergleicht den 18. März mit dem 5. October! Bei solcher Unklarheit der Begriffe und solchem Sichgehenlassen in subjectiven Launen und Einfällen, muß es denn natürlich fortwährend, so consequent auch das Princip ist, zu gellenden Widersprüchen kommen. Er, der 1848 im Siebzehnerausschuß meinte, „Oesterreich würde wohl dran thun, wenn es seine Politik von der Deutschlands trennte und statt der Stelle eines lebendigen Gliedes im deutschen Bundesstaate nur eine lose verbundene, selbständigere Stellung nähme," — konnte es Herrn von Bismarck nicht verzeihen, dies Programm in Nicolsburg im Wesentlichen verwirklicht zu haben. Er hatte in den dreißiger Jahren gesungen, wenn man seine Distichen anders Gesang nennen kann:

„Welcherlei Form denn gebt Ihr dem freien, dem einigen Deutschland?"
Welche der Geist und der Trieb selbst aus sich selber erschafft.
„Wollt Ihr den Kaiser zurück, erklärt Euch endlich und deutlich:
Wollt Ihr Hegemonie, preußische oder was sonst?"
Dreimal heilige Einfalt! wir wollen, damit Ihr es wisset,
Einen, der etwas will, Einen, der etwas vermag.
Ob er sich Der oder Die oder Das oder wiederum Die nennt,
Namen nennen ihn nicht; Wollen und Wirken allein.

Als er aber kam, „der Etwas wollte und Etwas vermochte", da erkannte er ihn nicht, selbst dann nicht, als

Er dem Riesen im West, deß Rumpf drei Häupter begehren,
Raubte die Rinder zurück, die er im Elsaße stahl.

Ja, er erwählte gerade diesen Augenblick, um einem der Häupter des Riesenrumpfes — und wahrlich nicht dem Besten — Beifall zu klatschen, die Gambetta'sche Freiheit mit „preußischem Militarismus" gegenüberzustellen. Seit 1850 hatte in der That die Verbitterung des Unglücklichen immer zugenommen. Je mehr ihm die Ereignisse Unrecht gaben, die Nation, dann die Freunde sich von ihm trennten, um so knirschender wurde sein düsterer Unwille gegen das neue Deutschland und seine „Fäulniß". Bald artete der stille Unmuth in naivstes Phantasiren aus. Kein französischer Landkartenpolitiker träumte wie er noch im Jahre 1871 von einer Wiederherstellung „selbständiger Stammkörper" als deutscher Kreise, von einer Verlegung der Reichshauptstadt nach Hamburg, im Jahre 1852 von einem ganz unmotivirten Kriege mit Rußland, als dem volksthümlichsten und nützlichsten, von einer Herausgabe Posens und einer Wiederherstellung Polens? Der Einfluß Klaszko's, des gewandten polnischen Agenten und seines Mitarbeiters an den Anfängen der Geschichte des XIX. Jahrhunderts, läßt sich hier nicht verkennen. So verblendet der damals noch junge Pole auch durch mißverstandenen Patriotismus sein mochte, seine Energie, bei slavischer Biegsamkeit, sein praktischer Sinn, sein klarer Verstand, seine frühe Weltkenntniß mußten dem deutschen Professor gewaltig imponiren; und während er noch zu leiten glaubte, ward er schon geleitet, wie er sich denn auch 1870 von den demokratischen Gesinnungsgenossen leiten — und schmeicheln ließ.

2. In der That hat die Eitelkeit dem begabten und in vieler Hinsicht hochachtbaren Manne sein ganzes Leben durch schlimme Streiche zu spielen nicht aufgehört; sie fährt auch nach dem Tode noch fort, ihm bedenklich zu schaden. Wer würde daran denken, Gervinus' Werke und Wirken einer so scharfen Kritik zu unterwerfen, wenn er dieselbe nicht durch seine Selbstüberhebung immer wieder herausforderte? Wem kömmt es in den Sinn, einen Politiker und Historiker, wie Häußer — ich nenne absichtlich einen Parteigenossen und „Mitschüler" — so strenge nach seiner Legitimation zu fragen? Wenn es nur ist, weil wirklich Häußer als Politiker und Historiker durchaus keine Blößen bietet, die sich im Entferntesten mit Gervinus' Schwächen vergleichen ließen, wenn es ist, weil seine Natur, wie sie aus seinen Reden und Werken hervortritt, eine sympathischere war, als Gervinus', so nehme man irgend einen andern deutschen Gelehrten, der ein zwanzig Octavbände von zweifelhaftem stylistischen und wissenschaftlichen Werthe auf dem Gewissen hat — Deutschland ist ja daran nicht arm, — oder auch einen Gothaer Gesinnungsgenossen, der in der Paulskirche und in Erfurt getagt und sich derselben Irrthümer wie Gervinus schuldig gemacht, — wem wird es einfallen, ihn vor Gericht zu ziehen, wie Karl Braun z. B. es mit dem Verfasser der Poesiegeschichte gethan? Der einzige Grund dazu ist doch eigentlich nur die irritante. provocirende Eitelkeit des Mannes, der sich ganz naiv als Geschichtschreiber mit einem Ranke, Macaulay oder Thierry, als Politiker mit einem Bismarck, Cavour oder Thiers auf eine Linie stellt. Nicht als ob er geradezu solche Vergleiche anstellte; aber sein Gebahren, die Wichtig-

keit, die er sich beilegt, der Ton, in dem er von solchen Männern spricht, fordert unwillkürlich dazu heraus. Wenn Gervinus nicht fortwährend, direct oder indirect, von sich selber spräche, sein Unternehmen und seine Schicksale mit denen der ganzen Nation oder der ganzen Wissenschaft indentifizirte, wenn er nicht jede Gelegenheit vom Zaune bräche, sich selber in Andern zu schildern; wenn er nicht bei jedem Beginnen die Fanfaren schmettern ließe;*) wenn er sich begnügt hätte, wie der große Staatsmann und Schriftsteller es thut, seine Werke und Thaten selber für sich reden zu lassen; wer wollte sich denn die Mühe geben, die Werthpapiere, in welchen sein Vermögen besteht, alle so einzeln und so genau zu prüfen? Und wenn man sich der Arbeit unterzieht, ist man nicht immer und immer wieder versucht, die einem bedeutenden Manne gegenüber gebotene Milde und Nachsicht zu vergessen, da der Mann diese Tugenden nie selber übt und stets über Andere so schroff und herbe aburtheilt?

Was von Gervinus' Jugendbriefen und frühen Aufzeichnungen in die Oeffentlichkeit gedrungen ist, zeigt ihn uns schon mit zwanzig Jahren ganz so, wie er uns mit fünfzig oder sechzig erschien: ein auf das Moralisiren gerichteter vorzeitiger Griesgram, der für das schöne Erbtheil edler Toleranz und Humanität, das uns unsere großen Ahnen hinterlassen, wenig Sinn hat, bemüht sich und Andern die Freude an allem Großen und Schönen recht

---

*) Siehe u. A. Seine Ankündigung der Deutschen Jahrbücher, seine Vorrede zur 4ten Auflage der Poesiegeschichte, und seine Kritik von Artauds Machiavell 1834.

gründlich zu verderben, und in maßlosem Selbstgefühle über alles ihm Unzusagende oder ihm Unverständliche schroff aburtheilend, unbarmherzig den Stab brechend. Frühe fertig abgeschlossen und von Natur dazu angelegt, sich früh für fertig und abgeschlossen zu halten; als Autodidact geneigt — und dies ist der einzige Punkt, wo bei ihm der Autodidact zum Vorschein kommt — seinen Werth an der Summe seiner Anstrengungen zu messen, wurde er noch jung von geachteten und der höchsten Achtung werthen Männern der Freundschaft gewürdigt und, sagen wir es nur, von Grund aus verzogen. Es hätte mehr Wahrhaftigkeit gegen sich selber und mehr Bescheidenheit erfordert, als in Gervinus' Natur lagen, um nicht von der frühzeitigen Anerkennung eines Grimm, eines Dahlmann, geblendet zu sein. „Die ältere Generation, sagt Rückert in seiner trefflichen Lebensbeschreibung des Historikers, betrachtete ihn als eine der stärksten Säulen für die Hoffnungen der Zukunft, als eine lebendige Verkörperung der besten Eigenschaften unserer deutschen Art." Wenn er „in seiner eigenen Person die Würde der deutschen Wissenschaft, die Sache der Freiheit und des Fortschritts in der deutschen Nation gleichsam verkörpert sah", so „wagte doch Niemand an einer solchen Herauskehrung des persönlichen Selbstgefühls — die doch in dieser schlichten Offenheit und beinahe naiven Zuversichtlichkeit nach den Gewohnheiten unseres deutschen Lebens als eine Art von unicum gelten durfte — irgend etwas Unberechtigtes, oder gar ein Zeichen krankhafter Selbstüberschätzung zu sehen", wie wir Nachgeborenen es doch thun müssen, um gerecht zu sein. Selbst die Celebritäten der Eitelkeit, Männer, welche wie Lamartine und Victor Hugo, wie Schopenhauer und Richard Wagner des Größenwahnsinns geziehen werden konnten, haben Gervinus an Selbstzufriedenheit nicht erreicht. Und sie Alle haben doch der Nachwelt irgend ein Leuctra und Mantinea aufzuweisen; wodurch soll sie sich aber jenes Selbstgefühl von Gervinus erklären? Eigentlich doch nur durch jene frühe Anerkennung von Männern, die gewiß keinen Unbedeutenden ihrer Freundschaft gewürdigt hätten und deren Zeugniß wir auf Treu und Glauben annehmen müssen;

Denn, wer den Besten seiner Zeit genügt,
Der hat gelebt für alle Zeiten;

und jene Anerkennung würde uns sicherlich genügen. Aber „das Lob ist wie der Wein. Mäßig genossen gibt er Muth und Kraft, ein Uebermaß davon steigt zu Kopfe.“ Gervinus ist er zu Kopfe gestiegen und als der Ruhm, Einer der Sieben zu sein, hinzukam, war der Rausch vollständig. Er hatte das Gleichgewicht verloren, vermochte nicht mehr zu halten, was er versprochen. Nun konnten die Folgen nicht ausbleiben. Sobald die Resultate jene großen Hoffnungen der Freunde, jenes ungemäßigte Selbstvertrauen des politisirenden Gelehrten als unberechtigt erwiesen, mußte er sich, verletzt und gekränkt, zurückziehen. Seine Natur aber erlaubte ihm nicht, sich wie der Fromme in Entsagung, wie der Skeptiker in Beschaulichkeit, vor der Welt „ohne Haß“ zu verschließen. Ihm war ja alle Frömmigkeit Aberglaube, Entsagung galt ihm als Fahnenflucht, Beschaulichkeit nannte er Trägheit, Skepticismus schien ihm Selbstsucht. Und doch, ohne sich darüber klar zu sein, übte der scharfe Verurtheiler selbstgenügsamer

Isolirung selber immer mehr diese Isolirung. So sehr in der That, daß er zuletzt die Sprache seiner Jugend, die Sprache seiner Freunde nicht mehr verstand und acclamirt von denen, die er einst am Meisten verachtet, sich fragen mußte: „ob er, ob die Welt verrückt sei."

Es war Gervinus' Lebensüberzeugung, daß „die Bedeutung der Einzelnen in den Hintergrund zu schieben, die Achtung vor der Gattung zu erhöhen" sei. Die von ihm herbeigewünschte Demokratie wäre ja nur die Erfüllung dieses Wunsches gewesen. Aecht französisch-optimistisch pflegte er großen Männern ihre Verachtung der „Gattung" vorzuwerfen, selbst wenn sie, wie Friedrich, bei dieser gründlichen Verachtung ihr Leben der Gattung gewidmet hatten. Er selber, bei aller Achtung vor der Menschheit, hat thätig, gemeinnützig wirkend, Nichts für sie gethan. Dem Optimismus eines Leibnitz, eines Mill kann man nur bewundernd gegenübertreten, selbst wenn man ihn nicht zu theilen vermag; denn ihm entsprach in beiden Fällen ein Leben, das ganz dem Dienste dieses perfectibeln Menschengeschlechtes gewidmet war. Die Gervinus'sche Achtung für die Menschheit hielt der ersten Berührung mit der Wirklichkeit nicht Stand; und kaum hat er fühlen müssen, daß die Menschen doch anders sind, als man sie sich in seinem Hörsaale gedacht, so ändert er nicht etwa seine Ansichten über die herrlich-göttliche Natur des Menschen, sondern er zieht sich weislich vor ihr zurück und sucht eine Zuflucht im stillen Reiche des Dichters. Und hätte er nur, wie er sich's einbildete, in Shakespeare wirklich „einen Ort der Sammlung und Gemüthsfassung" gefunden; wäre ihm „die Erhebung der Seele über die Niederungen der Wirklichkeit weg" nur ein wahres Bedürfniß gewesen; aber nein, bis in das reine Reich des Künstlers, der über allen Kirchen und Parteien schwebt, brachte der schwarzsichtige Grübler die Tagesinteressen und die Tagesleidenschaften. Wie anders Schlosser mit seinem Dante!

Auch Schlosser war ein Feind des Heroencultus; glaubte aber deshalb keineswegs die Gattung bewundern zu müssen: er war, wie viele metaphysisch angelegte Naturen, ein Pessimist und Menschenverrächter in der Theorie, wie Luther, der große Woller, in der Theorie ein Leugner des freien Willens war. Auch Schlosser konnte sich ärgern, hart und ungerecht sein, poltern; aber der Grundzug seines Wesens war human. Von der „Hypochondrie, an der Gervinus litt, hat er nie etwas gewußt," sagt er selber. Wie die beiden Humboldt, wie Jakob und Wilhelm Grimm und andere Ueberlebende, hatte er, bei aller anti-rationalistischen Gesinnung, doch vom XVIII. Jahrhundert noch eine gewisse kosmopolitische Weite,*) eine gewisse tolerante Religiosität und freie Anschauung in Fragen der Sittlichkeit ererbt, welche der um 1805 und 1810 geborenen Generation von deutschen Gelehrten total abgingen. Der ganze, auf sogenanntes Deutschthum und sogenannte Sittlichkeit gegründete Hochmuth des Geschlechtes, welches von

*) Rückert (auch Gosche theilweise) geht zu weit, wenn er Schlossern, und dem jungen Gervinus nach ihm, allen Patriotismus abspricht. Wie Göthe, liebte es der Alte gegen „das seltsame Geschlecht" der Deutschen loszuziehen: er wäre nie fähig gewesen, während eines Nationalkrieges, wie der von 1870, sich von seinem Vaterlande abzuwenden. Gervinus selbst hat, im Nekrolog Schlosser's, des Lehrers Patriotismus überzeugend und warm dargelegt.

1837—1858 etwa den Ton in den gelehrten und politisirenden Kreisen Deutschlands angab, war jenen Aelteren fremd. Bei Schlosser zumal schlug unter der Hülle des Grobians ein weiches Herz: er konnte weinen.*) Aber nicht nur besser, menschlicher, milder, auch gesünder war Schlosser als sein Schüler. Seine naive Unbefangenheit war ihm über den Büchern nicht verloren gegangen; sein Blick, wie sein Gefühl waren spontan geblieben: er war wirklich was Hermann Grimm von Gervinus sagt, „Einer noch vom alten, unabhängigen Adel der Literatur." Er durfte wohl sagen: „Mein Gemüth ist demokratisch, meine Neigungen, Gewohnheiten, Verstand sind ewig aristokratisch;" bei seinem Schüler fand das gerade Gegentheil statt. Schlosser vermochte es, sich vom Leben abzuwenden ohne Bitterkeit: Gervinus nicht. „Sie glauben nicht, wie still mein Leben hinfließt und wie sehr das Alter mich vor aller Ambition und sogar vom Bedürfniß des Umgangs befreit hat. Das suchte ich von jeher ausschließend durch die Studien; das verstehen weder die Gelehrten noch das Publikum; mir ist es gerade die Krone des Lebens. Es ist das sehr individuell und beruht auf Organisation. Gervinus, den ich ziemlich oft sehe, muß mehr nach außen wirken und scheinen; das liegt in seiner Natur und er ist glücklich darin. Ich wollte ihn immer auf meine Art die Studien zu betrachten treiben, weil dies völlige innere Ruhe gibt; aber ich habe eingesehen, daß er auf seine Art nützlicher ist: meine Menschenverachtung und Comtemplation würden für sein Nerven-

*) Man lese bei Kriegk (p. 30) den rührenden Brief beim Verluste seiner Adoptivtochter.

system nicht passen." Auch Schlosser übte also das Odi profanum vulgus et arceo; aber es war nicht um, wie Gervinus, nach alter deutscher Untugend in einer Gevatterschaft rechthaberisch sich einzunisten, sondern gerade um sich den Coteriengeist ferne zu halten.*) Der Schüler verstand den alten bourru bienfaisant nur halb, machte aus jedem Worte übler Laune, das ihm entfuhr, ein Princip und wußte dann nicht mehr, was er damit anfangen sollte; so namentlich mit des Meisters angeblicher Deutschenverachtung. Schlosser's mystische, speculative Seite nun gar blieb dem Verächter aller transcendentalen Philosophie und alles Aberglaubens immer ein Buch mit sieben Siegeln; und doch ist seine Liebe und Anhänglichkeit an den Lehrer unstreitig der rührendste, menschlichste Zug in Gervinus' Leben, so weit es dem Publikum offen liegt, wie denn auch sein Nekrolog Schlosser's und seine Kritik der „Geschichte der alten Welt", die angenehmsten und wohlthuendsten Schriften sind, die er hinterlassen.

Wie Gervinus als Mensch im Verkehr mit Menschen war, weiß der Leser nicht und braucht es nicht zu wissen. Er hält sich an die Werke und Worte des Mannes, aus denen ihm denn eine gründlich unliebenswürdige Natur hervortritt, die ihn eher abstoßen muß, als sie anzuziehen vermag: eine ernste, strenge, herbe Natur, deren beste

*) „Die Deutschen sind ein seltsam Geschlecht,
Ein Jeder meint: Will nur was Recht.
Was Recht ist, soll aber vornehmlich heißen,
Was Ich und meine Gevatter preissen.
Das Uebrige ist ein weitläuftig Ding;
Das schätz' ich lieber gleich gering." Göthe.

Tugenden, wie nach Hamlet die des Dänenvolkes, durch Eine einzige Untugend neutralisirt, durch eine einzige schlimme Angewöhnung verleidet wurden. Wir kennen die Untugend; es ist die schrankenlose Eitelkeit, mit der er sein nicht immer angenehmes Ich herauskehrte. Die schlimme Angewöhnung war die des ewigen Moralisirens. Man kann keine zwei Seiten von Gervinus lesen, ohne auf „sittlichen Ernst“, „Gesinnungstüchtigkeit“, „Frivolität“ und andere Vocabeln des sittenrichterlichen Jargon's zu stoßen. Nun sollte dem Manne daraus kein Verbrechen gemacht werden, wenn er nur von seinen Zeitgenossen geredet — stand er doch an der Spitze der Reaktion Atta Troll'scher „Gesinnung“ gegen Heine'sche Leichtfertigkeit — aber schwer wird es, ihm diesen schulmeisterlichen Ton den großen Männern gegenüber zu verzeihen, denen wir unsere ganze moderne Bildung danken. Die Weise, wie ein Wieland abgekanzelt wird, wegen seines „schmählichen Spielens mit Verhältnissen und Personen“; die Art, wie der liebenswürdigen Anna Amalia, der Incarnation des vergangenen Jahrhunderts mit all seiner reizenden Heiterkeit und Humanität, der wahren Gründerin des deutschen Musensitzes, die Leviten gelesen werden; die ganze sittliche Entrüstung über das Weimarer Treiben, das Göthen „in zuviel glücklichen Rausch warf“ und durch welchen „die Welt einen großen Theil der Kräfte ihres großen Dichters verlor“: das ist Alles geradezu unerträglich für Menschen — und sie sind doch wohl die Mehrzahl in unserem Jahrhundert —, welche die Welt weder mit den Augen eines piagnone aus Savonarola's Secte, noch mit denen eines Puritaners aus Hudribas' Zeiten anschauen.

Und warum denn immer der „sittliche Ernst“?

Sir Toby. Dost thou think, because thou art virtuous, there shall be no more cakes and ale?

Twelfth Night. Act. II. Scene III.

Warum denn nicht die sittliche Heiterkeit? Ist denn die Hypochondrie eine Tugend, die Fröhlichkeit ein Laster? Muß denn die Sittlichkeit immer mürrisch und übellaunig sein? Muß ihr jede menschliche Schwäche fremd sein? Oder gibt es nur eine Art menschlicher Schwäche? Ist ein steifer austère intrigant, wie Guizot, sittlicher als ein beweglicher Thiers, ist es ein würdevoller Gladstone mehr als ein humoristischer Palmerston? Und hat Necker's sittlicher Ernst Frankreich mehr gefördert als Mirabeau's Frivolität? Auch Alba hatte sittlichen Ernst, auch Egmont war frivol in diesem Sinne. Gibt es doch für diese Weltanschauung nur Ein Laster und erlaubt sie doch Alles zu sein: eitel, hochmüthig, hart, neidisch, heftig, herrschsüchtig, heuchlerisch, egoistisch, solange man nur recht ernst dabei ist, seinen Schneider baar bezahlt und keinem Mädel in die Wangen kneift. Was würde aus Dr. Martin Luther's, aus Lessing's, und gar aus Göthe's Sittlichkeit bei dieser düsteren Moral? Die wagten wohl auch einmal den Mantel der Würde wegzuwerfen, „weil sie sich zutrauten, sie jeden Augenblick wieder aufnehmen zu können.“ (Göthe über Lessing). Wohl begreifen wir bei Herder'n, dem Kranken, den hohepriesterlichen Standpunkt; wohl verzeihen wir ihm, dem Apostel, der eine Saat voll neuer Ideen in die Weltgeschichte geworfen, der, mit dem hinreißenden Feuer und der Zaubergewalt des für Sachen und Ideen Begeisterten, das Schöne unwillig bei Seite stieß oder leidenschaftlich zertrat, um zu seinem hohen Ziele zu gelangen. Wenn aber die ganze Begeisterung nur einem System gilt, oder nur der eigenen Persönlichkeit, sollen wir auch dann stets verzeihen, stets beschönigen? Wir möchten nicht gerne bitter werden; aber unsere Ungeduld muß uns der Leser wohl schon zu Gute halten, wenn wir so fortwährend von Unbestechlichkeit und Gesinnungstreue als von hohen Tugenden reden hören, während wir gewohnt waren, sie als einfache Pflichten jedes ehrlichen Mannes zu betrachten: Pflichten, die jeder anständige Mann ganz anspruchslos als selbstverständlich übt, ja, Pflichten, deren Nichterfüllung einen Menschen augenblicklich entehren würde. Sollte man doch glauben, wenn man gewisse sittliche Entrüstungsausbrüche mitanhört, die ganze Welt, mit Ausnahme der sieben Göttinger Professoren und der zweihundert Gothaer Constitutionellen, sei eitel Corruption. Nein, die öffentliche Sittlichkeit ist nicht das Privileg einer Partei und einer Schule; und unser Jahrhundert, mehr denn irgend ein anderes, zeigt uns in allen Ländern Europa's Republikaner und Legitimisten, Patrioten und Fürstendiener, die, treu ihrer Ueberzeugung oder ihrem Herrn, unendlich mehr gelitten, geopfert und entbehrt für ihre Sache als Gervinus, da er seine Professur in Göttingen aufgeben oder für seine „Einleitung“ Rede stehen mußte, — und die sich deßhalb doch weder die Martyrer- noch die Heldenkrone decernirt haben.

Dies übertriebene Selbstgefühl, dies lästige Tugendbewußtsein aber ist's, was uns in Gervinus' polemischen Schriften so unangenehm berührt. Dieses ewige Verdächtigen der Moralität und der Absichten seiner Gegner, diese heftigen und schwerfälligen Angriffe gegen Alle die, welche nicht auf seiner Seite standen, sind nicht, wie Pascal's Provinciales, wie Swift's Drapier's letters, objective, beinahe unpersönliche Satiren gegen die Thorheiten oder Bosheiten der Gegner; es sind Selbstapologien, welche fortwährend in Selbstpanegyriken ausarten; und wohl kennt die Literatur keines Volkes eine Schrift, die sich in dieser Naivetät und Virtuosität des Selbstlobes mit der nachgelassenen „Selbstkritik" unseres Autors vergleichen könnte. Diese stete Beschäftigung mit sich selbst begann aber schon früh: nur trat sie Anfangs noch verschämt auf, als Portraitmalerei bedeutender Männer, deren Züge er dann natürlich nach den seinen zurechtlegen muß. Da Objectivität eine Untugend ist, so ist's denn auch ganz natürlich, wenn aus Machiavell dem Absolutisten ein Liberaler, aus dem schwachmüthigen Vaterlandsverleugner Forster ein energischer Patriot wird. „Le moi est haïssable", sagt der große Jesuitenfeind: es ist aber ganz besonders so, wenn es so anmuthlos und ungefällig ist, wie das Ich, welches Gervinus, wenn nicht besaß, so doch herauszukehren liebte.

Unter all den Portraits, die Gervinus versucht, ist ihm keines besser gelungen, als das Börne's. Es ist ähnlich, lebendig, gerecht, wenn auch furchtbar streng; merkwürdiger Weise aber hat der Historiker, indem er den „demagogischen Rollenspieler" schilderte, unvermerkt das sprechend ähnliche Bildniß des doktrinären Rollenspielers entworfen. Auch Börne war verbittert und legte sich in seiner Verbitterung auf's Prophezeien. „Wie denn diese Weissagungen nicht eintreffen, so stürmt die rastlose Ungeduld in den späteren Bänden noch mehr und der Aerger frißt noch schärfer in den Wahrsager." Trefflich schildert er den Mangel an Patriotismus bei Börne, der „sein Nest beschmutzt und vom Thiere Sitte und Zucht lernen" solle. In beredtester Weise geißelt er bei Börne die Thatkraft in Worten, die sich nie in Thaten erweist: „Sie predigen Energie; ums dritte Wort hört man von ihrer Kraft und dem kriegerischen Character ihrer Reden. Allein es ist die Wuth, die Unmacht eines leidenschaftlichen Weibes." Wie es so häufig bei ihm vorkömmt, ist er hier offenbar seiner Feder nicht mehr Herr; und am Ende kommen zu der unparlamentarischen Vergleichung mit einem leidenschaftlichen Weibe, noch solche mit „Clowns", „Hofnarren" und „Thoren", — Ausdrücke, die wir uns wohl hüten, dem Verfasser des Aufsatzes zu appliciren, einmal weil sie ihm nicht mehr als Börnen zukommen, vor Allem aber weil dieser Ton nicht in unsern Gewohnheiten ist. Aber nicht allein in seiner Heftigkeit und Reizbarkeit, seiner Rücksichtslosigkeit und seinem Tugendstolze, auch in seinem Prunken mit Unbestechlichkeit und seinem hartnäckigen in Einseitigkeit ausartenden Unabhängigkeitssinn — in der Weise wie ihn die Partei früh verwöhnte und ihn zu einer Autorität machte, an die man nicht ungestraft rühren durfte — vor Allem darin glich Gervinus seinem Gegner, daß er, wie Börne, der Ausdruck seiner Zeit, der Führer einer Bewegung war, die indirect auf die Geschichte des Vaterlandes und direct auf die öffentliche Meinung im Vaterlande einen entscheidenden Einfluß geübt und daß er, bei geringem, bleibendem, absolutem Werthe seiner Schriften und ohne eine officielle Stellung eingenommen zu haben, eine so bedeutende Rolle in Deutschlands Geschichte gespielt hat.

3. Unsere ganze Geschichte besteht, wie die Geschichte jedes Volkes, mehr als die jedes anderen Volkes, aus Action und Reaction. Abwechselndes Vorwalten des norddeutschen oder des süddeutschen Elementes charakterisirt den deutschen Staat im Mittelalter, wie in unserem und dem vorigen Jahrhunderte. Reformatorische und autoritative Bewegungen lösen sich ab auf dem religiösen Gebiete. In der neueren deutschen Literatur tritt dieser Charakter noch auffallender hervor, weil die Gegensätze schneller aufeinander folgen, einander näher gerückt sind. Von Gottsched's französischem Classicismus zu Klopstock's teutonischer Begeisterung; von des Messiassängers religiösem Schwung zu Wieland's heitrer, fast epikureischer Lebensweisheit; von Lessing's Rationalismus zu Herder's ahnungsvollem Schauen, von Schiller's hellenischem Idealismus zu Novalis' christlicher Romantik, folgen sich Schlag auf Schlag von Jahrzehnt zu Jahrzehnt die entgegengesetzten, fast unwiderstehlichen Strömungen des geistigen Lebens in Deutschland. An der nationalen Bewegung von 1813 hatte die Romantik ihr gut Theil gehabt. Doch artete sie auf dem öffentlichen Gebiete noch schneller aus, als auf dem literarischen und artistischen. Gegen die lächerliche Nichtigkeit der Deutschthümler von 1815 bis 1825 erhob sich die französirende Reaction des jungen Deutschland. Heine lieh dem Jacobinerthum ein poetisches Gewand, Börne diente ihm mit seinem stets bereiten Witze, Ruge stutzte ihn auf mit Hegel'scher Philosophie. Deutschland war der frisch-fromm-fröhlichen Turnerei müde; das christlich-germanische Thema war abgesungen; man hatte das Mittelalter herzlich satt und wußte den übermüthigen Revolutionärs Dank, andere wenn auch manchmal gellende

Saiten angeschlagen zu haben. Das Verdienst jener Schule um Deutschland war kein geringes: freilich war ihre Richtung nur negativ; aber auch „der Geist, der stets verneint", hat seine Berechtigung. Die bedeutendsten Anhänger waren Juden und schon dadurch zur kosmopolitischen Reaction gegen das engherzige Deutschthum besonders berufen.*) Wir — ich meine die Generation und die Partei, in deren Sinne ich zu reden glaube — stehen jener Schule so ferne, daß uns ein parteiloses Anerkennen ihres Werthes leichter wird, als Andern. Freilich hatte auch sie bald ihre Mission erfüllt und schon in der Mitte der dreißiger Jahre regt sich der Gegensatz; am Entschiedensten, am Rücksichtslosesten bei Gervinus. Hier liegt seine wahre Bedeutung.

Die neue Zeit, die für Deutschland mit den Jahren 1837—1840 beginnt, und deren Eintritt durch die Göttinger Verwicklung, den Kölner Kirchenstreit und die Kriegsrüstungen gegen Frankreich bezeichnet ist, war von dem damals noch jungen Gervinus verkündigt worden. Er zuerst, er am heftigsten stand auf gegen Franzthum und Weltbürgerthum, gegen Hegel'schen Fatalismus, gegen jungdeutsche Frivolität, gegen das materialistisch-genüßlerische Evangelium, das damals in der Literatur herrschte. Aber anstatt der romantisch-mittelaltrigen Ideale der vorletzten

*) Eine schöne Aufgabe für den Geschichtschreiber unserer Zeit wäre, über den Einfluß der Juden auf unsere Entwicklung zu schreiben. Deutschland dankt ihnen Unendliches und kann sein Geschick loben, dies Element als Gegengewicht gegen exclusives Germanenthum in seinem öffentlichen und geistigen Leben zu hegen. Natürlich müßte es Gegengewicht bleiben, nicht Uebergewicht werden, um auch fortan noch heilsam zu wirken.

Generation setzte er ein prosaisch-nüchternes, hausbacken-sittliches Ideal. Es war nicht mehr der turnende, langlockige, deutsche Jüngling von 1820, der für Kaiser Barbarossa schwärmte; es war der arbeitsame, biedere Bürgersmann, welcher als der wahre Vertreter des Deutschthums gepriesen ward. Der katholisirenden Tendenz der Romantik ward poesielosester Protestantismus entgegengestellt. Die Hegel'sche Version des Optimismus — „Alles was ist, ist vernünftig", kommt doch am Ende auf dasselbe heraus als Leibnitzens tout est au mieux dans le meilleur des mondes — ward bekämpft mit einem praktischen Pessimismus sonderbarster Art. Gegen die Leute, die aus lauter geschichtlichem Sinn keine Geschichte mehr machen wollten, proclamirte Gervinus die Rechte moderner Entwicklung. Der deutschen Bescheidenheit setzte er deutschen Hochmuth gegenüber, den Hochmuth auf deutsche Wissenschaft, auf deutsche Tugend vor Allem. Die receptive Seite des deutschen Charakters und Geistes, der alles Fremde leicht und willig aufnimmt, sich aneignet, oft bis zum Punkte sich selbst darüber zu verlieren — eine Seite, die sogar bei den germanisirenden Romantikern noch stark vertreten war — bekämpfte er auf's Entschiedenste; empfahl förmlich, ausdrücklich das Abschließen gegen alle fremden Einflüsse. Vor Allem war es die Betonung der Gesinnungstüchtigkeit als des Einen, das Noth thue. Dadurch namentlich hat er seinem ganzen Geschlechte die Signatur gegeben, welche es so unpopulär im Auslande machen sollte, als das vorhergehende und das darauffolgende Geschlecht draußen beliebt waren und sind. Waren die Deutschen aus der Heine'schen Schule mehr oder minder fanfarons de vice gewesen, so zeigten sich die Deutschen der Gervinus'schen Schule als fanfarons de dureté: so groß war ihre Angst, noch für gute, weiche, gefühlvolle Deutsche aus Jean Paul's Zeit gehalten zu werden. Als Gervinus in seiner Weise übertreibend von der „jähen und grellen Verschlimmerung aller Sitte und aller Denkart" im Vaterland redete, war er der Wortführer der ungeheuren Mehrheit des gebildeten Deutschland, das der knabenhaften burschenschaftlichen Komödie, wie des falschen Byronismus der deutschen Jacobiner gleich überdrüssig war und meinte, es sei Zeit, dem gefährlichen Spiele mit revolutionären und emancipativen sowohl als reactionären Ideen ein Ziel zu setzen.

Aber noch eine andere nicht minder bedeutende Reaction verkörpert sich für uns in Gervinus: die Reaction des öffentlichen Lebens gegen das ausschließlich geistige. Jedes zündende Buch ist immer ein Product zugleich und ein Producent des Zeitgeistes. Der Augenblick, in dem es erscheint und der manchmal sein Hauptverdienst auszumachen scheint, ist nie zufällig. Wenig Bücher haben gewirkt wie die „Geschichte der Deutschen Dichtung". Von seinem stylistischen und wissenschaftlichen Werthe war oben die Rede. Hier gilt's seine historische Bedeutung festzustellen. Da hatte man ein ernstes Werk vor sich, das Zeugniß ablegte von langen, wenn auch nicht immer ganz sichern Studien, von einer unermeßlichen Belesenheit, von festester Ueberzeugung. Das deutsche Publikum war damals noch nicht verwöhnt. Wir, um in dies Dickicht einzudringen, Licht, Luft und Weg darin zu finden, bedürfen der Axt, die denn auch manch schönes gesundes Gewächs wegräumen muß. Damals arbeitete man sich noch gewissenhaft durch, indem man jedes Gesträuch schonte, ja zu verwerthen suchte. Selten ist ein Buch in einem günstigeren Momente erschienen. Daher vor Allem das Aufsehen, das es erregte. Es sprach den noch uneingestandenen Gedanken einer Generation aus. So hatten einst Herder's Fragmente durchgeschlagen. Die Wirkung war verschieden, aber gleich mächtig überall. Den Einen schien's eine revolutionäre That, den Andern eine reactionäre. Den Sinn, den Grundgedanken begriff Jeder sogleich. Genug der Literatur; fortan sei die Politik der einzige Gedanke der Deutschen: dieser Refrain ertönt hundertfältig von jeder Seite des merkwürdigen Buches. „Der Wettkampf der Kunst ist vollendet; jetzt sollten wir uns das andere Ziel stecken, das noch kein Schütze bei uns getroffen hat, ob uns auch da Apollon den Ruhm gewährt, den er uns dort nicht versagte.“ Oder wäre es möglich, daß „diese Nation, die in Kunst, in Religion und Wissenschaft das Größte vermocht hat, im Staate gar nichts vermöchte?“ Zwar ist er überzeugt, daß, „wird uns heute in Deutschland das gleicheste Recht, so geht morgen die Moral hin, die unsere inneren Zustände bis dahin vor denen jeder anderen europäischen Nation glücklich gemacht hat, was jeder einsichtige Fremde, der zu uns kommt, einzusehen beginnt. Erlangen wir heute politische Größe und Würde, so büßen wir im selben Momente die alte Einfachheit und nationale Bescheidenheit ein.“ Aber solche Bedenken halten nicht lange an. Bald kommt wieder die Ueberzeugung zu Tage, daß im Gegentheil Deutschlands politische Wiedergeburt auch eine sittliche sein wird, und, mit Zuversicht wendet er sich gegen Börne und Genossen, die beflissen sind, „jeden Grundsatz und jede Sitte zu lockern, jedes Vorurtheil, zugleich aber auch jedes gesunde Urtheil zu zerstören, gegen alle bestehenden Dinge zu verstimmen, an die Stelle der Bildung Entsittlichung und Verwilderung zu setzen, die Gemüther mit der Macht des Bösen auszustatten, auf geistigen Schleichwegen allen Staatssinn und Staatsbegriff aufzulösen." Also diese Jacobiner, die für den modernen Staat agitiren, sind ihm zugleich Feinde der Staatsidee! So schwer ward es ihm, seine eigenen Ideen wiederzuerkennen, wenn sie nur ein etwas verschiedenes Costüm trugen. Denn war es nicht im Grunde dasselbe, wenn Gervinus sagte: „Warum im Centrum des Weltalls (!) gelegen, dies Volk nicht moralisch (!) und politisch die Stelle im Rathe der Völker einnehmen solle, die ihm physisch zugewiesen sei," und wenn Börne, ganz in Schlosser'scher Weise, den „deutschen Michel" aufgibt, weil er Philosophie und Poesie treibt, anstatt Politik? Freilich meinte Börne revolutionäre und demokratische Politik, während Gervinus — wenigsten damals noch — gemäßigte constitutionelle Politik meinte. Im Grunde gingen beide doch, wie schon öfters angedeutet, von ganz französischen Anschauungen aus; nur blieb der Eine bei 1791, der Andere bei 1793 stehen.

Wie's bei allen Reactionen zu gehen pflegt, wurde auch hier von beiden Seiten viel übertrieben. Manchmal mochte der heftige Streiter wohl selber einsehen — in seiner Jugend wenigstens — daß er, wie alle Vorkämpfer einer Reaction, zu weit ging. Aber schwerlich würde der alternde Mann, der noch auf seinem Jugendstandpunkte stand, als die Nation schon längst wieder einmal gegen die von ihm geführte Bewegung reagirt hatte, ja, als schon gegen diese Reaction wieder eine Gegenströmung eingetreten war, geschrieben oder auch nur unterschrieben haben, was er in seiner Jugend so klar gefühlt. „Es ist unleugbar, daß sich die verschiedenen Richtungen der Menschen successiv in einer natürlichen Reihenfolge und stets unter Vorwaltung einer Einzigen entwickeln, und daß es zum jeweiligen Gedeihen jeder Einzelnen, wie die Menschen einmal sind, das Beste ist, wenn sie eine Zeit lang überschätzt wird." Keine Richtung ist wohl so „überschätzt" worden — die Sperrschrift rührt von Gervinus selber her — als diejenige des Mannes, welcher diese Linien geschrieben hat: aber er und seine Richtung hätten nimmer gewirkt, wie sie es gethan, wenn sie nicht überschätzt worden wären. Dadurch, daß ihm seine Zeitgenossen eine so übertriebene Autorität zuerkannten, kam dem Theile des deutschen Volkes, welches dem Staate fern stand, erst recht zum Bewußtsein, daß „nach den Jahrhunderten unserer religiösen, scientifischen und artistischen Richtungen, über denen wir den Staat ganz vergessend jämmerlich versinken ließen, uns fast nichts übrig blieb als die politische Richtung; wenigstens führt die natürliche Reihe von jenen immateriellen zu diesen materiellen Interessen, von dem Streben nach dem Wahren, Schönen und Guten, nach dem Rechten und Nützlichen." Wie unbegründet die Vorstellung von einem versunkenen Staatswesen, wenigstens für Preußen war, ist oben berührt worden: daß das Streben nach dem Wahren, Schönen und Guten sich wohl auch mit dem Rechten und Nützlichen verbinden lasse und verbunden hat, bedarf keines Beweises.

Es ist sehr fraglich, ob es besonders wünschenswerth ist, daß jeder Staatsbürger sich auch thätig am Staatswesen betheilige, ob es nicht nähere höhere Pflichten gibt als die Bürgerpflichten, ob jene Theilnahme der Unberufenen nicht geradezu gefährlich werden kann. Die Ansicht, welche sich Gervinus vom modernen Staate, als einem nothwendig demokratischen, machte, ist eine sehr bestreitbare: der Dienst, den er dem politischen Leben Deutschlands geleistet, indem er die Professoren und Privatdozenten aus den Hörsälen in die öffentliche Arena rief, ist gar zweifelhaft; aber — daß Gervinus, mehr als irgend ein Anderer, dies gethan, daß der gelehrte Theil der Nation seinem Rufe gefolgt, daran kann kein Zweifel sein. Er war offenbar selber der Mann, wenn auch nicht der „Staatsmann", den er herbeigewünscht, „der uns das deutsche Staatsleben aus Schlaf und Apathie erwecken sollte, uns die Vorzüge des politischen, des thätigen Lebens in's Licht setzte, ja als die höchsten pries, der den Staat und die Wirksamkeit im Staate über Alles setzte und dadurch, falls es ihm gelänge uns zu überreden, uns den dunkeln Dünkel über unser sogenanntes geistiges Leben verleidete, unsere Geister ermuthigte, nach diesem Berufe zu greifen und unsere Energie anspornte, für diese Wirksamkeit thätig zu sein. Denn wo könnte auch eine solche stachelnde Ansicht nützlicher sein, wo wäre sie nöthiger als in diesem Zweige für dieses unser Vaterland? So lange nicht die größten Köpfe der Nation es würdig und lockend finden, sich auf diesem Felde zu versuchen, sich in's practische Staatsleben zu werfen, so lange harren wir vergebens auf ein deutsches Staatsleben." Wir wissen, das deutsche Staatsleben existirte und gedieh munter, während es Gervinus so versumpft glaubte; wir wissen aus der Geschichte Griechenlands und Italiens, Englands und Spaniens, daß die Völker nicht auf jene successive Weise zu Werke gehen, daß die Epochen des intensivsten politischen Lebens auch die Zeiten der größten Blüthe der Künste und der Literatur waren. Immerhin hatte Gervinus die Genugthuung — wenn anders dem unzufriedenen Manne je genug gethan werden konnte —, daß er für Jahre lang das gelehrte Deutschland auf diese eine Fährte gelenkt, daß er seine Einseitigkeit, seine Heftigkeit ihm mitgetheilt, daß er durch sein Uebertreiben einiger Grundwahrheiten und durch sein leidenschaftliches Vermengen derselben mit vielen grundfalschen Anschauungen, welche der Eitelkeit und der Leidenschaft Anderer schmeichelten, sich für ein Jahrzehnt an die Spitze der geistigen Bewegung in seinem Vaterlande gestellt. Gerade diese Einseitigkeit, diese Heftigkeit, diese Hartnäckigkeit, diese Uebertreibung waren es, welche Gervinus einen größeren augenblicklichen Einfluß verschafften, als Dahlmann, der doch genau dieselbe Sache, in gewählterer Form, mit mehr politischem Tacte, größerer Bescheidenheit, und einem gediegeneren Wissen vertheidigte. Dahlmann hat für uns Nachgeborene eine größere Bedeutung als Gervinus. Bei Lebzeiten hat er weniger angeregt, weniger Feinde provocirt, weniger Kampfgenossen um sich geschaart.

Von den vier Männern dieses Jahrhunderts, welche durch ihre schriftstellerische Thätigkeit am Eingreifendsten auf den Ideengang ihrer Nation in politischen Fragen gewirkt, war Gervinus derjenige, welcher am raschesten durchdrang, aber auch am raschesten von der Zeit überholt wurde. Gerade weil das Ganze seiner politischen Anschauungen am oberflächlichsten und engsten war, eben nur für den Augenblick paßte, verbreitete es sich schnell, und vermochte es nicht lange vorzuhalten. Faktisch hat

Gioberti am mächtigsten gewirkt, während er als Schriftsteller der Vergessenste ist. Der ungleich tiefere und originellere Tocqueville ist nie in's Volk gedrungen, aber nicht allein die wenig zahlreiche Elite seiner Landsleute hat er über das wahre Wesen der Demokratie und die Hohlheit des Ideals von 1789 belehrt und bekehrt, alle politischen Denker Europa's, denen es weder an speculativem noch an historischem Sinne fehlt, stellen ihn schon heute höher als Montesquieu und glauben seinen Anschauungen, eben weil sie über Worte und Formen hinaus in die Dinge selber dringen, die dauerndste, wenn auch nicht die allgemeinste Anerkennung voraussagen zu können. Am vollständigsten hat der Vierte dieser berühmten Altersgenossen, John Stuart Mill, die Ideenrichtung seiner Nation geändert. Weniger schnell als Gervinus: der Deutsche hatte schon längst seinen Einfluß schwinden sehen, als der Engländer endlich durchdrang, in den sechziger Jahren. Seine Weltanschauung war weniger tief und weniger eigenthümlich als die des Franzosen: sie war eine Tochter von Comte's Positivismus und Bentham's Utilitarismus: dieser Mangel an metaphysischer Basis und idealem Gehalt ist ihre Schwäche, ist die Schwäche des neuen England. Aber dieses neue England, wie es ist, das England Cobden's, Bright's, Gladstone's, H. Spencer's, Buckle's und Harrison's ist undenkbar ohne Mill und es ist verschiedener vom England Wellington's und Palmerston's, als das Deutschland von 1870 sich vom Deutschland von 1830 unterscheidet — im Grunde der politischen Weltanschauung, wohlverstanden, nicht in den politischen Formen oder Machtverhältnissen. Persönlich wird ein Jeder den Einen oder den Andern dieser drei politischen Schrift=

steller und Tonangeber vorziehen, je nachdem seine eigene Natur angelegt ist. Wer das Staatsleben von einer gewissen beschaulichen Höhe betrachtet, wird sich mehr hingezogen fühlen zu dem aristokratischen Denker, dem classisch gebildeten Staatsmanne mit den feinen Lebensformen und dem vornehmen Tacte, der edlen Sprache und der humanen Tradition. Wer vor Allem gemeinnützliche Thätigkeit schätzt, rastlose Aufopferung für den Mitmenschen und verständigen Idealismus, der wird dem nie ermüdlichen, unter seiner nüchternen Hülle so begeisterten Philanthropen, dem unpoetischen, phantasielosen aber wohlwollenden, stets seiner selbst vergessenden, durch und durch wohlwollenden Schwärmer, dem exacten, sonnenklaren, freilich auch beschränkten Logiker folgen wollen. Und wer möchte sich an den Deutschen anschließen, der weder mit der Ruhe des Denkers über den Ereignissen und den Menschen, noch mit der eingreifenden helfenden Rührigkeit des Wohlthäters in ihrer Mitte stehen wollte? Vielleicht der thatendurstige Jüngling, welcher der Bücher und der Schulbänke überdrüssig, nur Streitlust athmet und sie gerne mit oder ohne Motiv an Allen und Jedem ausließe, welcher männlichen Freimuth bewundert, selbst wo er unnütz verwundet, dem hartnäckiges Beharren eines Mannes auf sich selbst imponirt und sei's getrieben bis zum Eigensinn. Und war nicht ganz Deutschland ein solcher Jüngling in den vierziger Jahren? Und ist es uns so ganz unmöglich uns in jene Zeit zurückzuversetzen?

Die Grundidee von Gervinus, nach welcher das politische Leben das höchste und manneswürdigste sei, will uns falsch bedünken. An die nothwendige Aufeinanderfolge der verschiedenen Nationalthätigkeiten vermögen wir nicht zu glauben. Der Staat, den Gervinus träumte, scheint uns nicht mehr das Ideal des Staates. Und dennoch zählen wir ihn noch immer, in demselben Maße wie seinen so tief gehaßten Gegner, unter die Wohlthäter Deutschlands: hat er doch heftiger, aber auch erfolgreicher als irgend ein Anderer am gelehrten und literarischen Deutschland in seinem tiefen Schlafe gerüttelt. Was aus Deutschland geworden ist, dankt es freilich nicht ihm, noch seinen Parteigenossen, ja kaum sich selber. Der Zollverein, die Befreiung Schleswigs, die Loslösung von Oesterreich, sind das Werk anderer Mächte als der deutschen Professoren, Literaten und Kammerredner. Die Einigung des Vaterlandes und die Sicherstellung dieser Einheit durch den Wiedererwerb der alten Rheinmarken ist dem deutschen Volke von dem Feinde aufgezwungen worden, wie die heilvolle Amputation von 1866 ihm von einem verhaßten Machthaber aufgezwungen worden war. So war's in unseren Tagen, so war's in den Tagen der Reformation. Aber daß das deutsche Volk, bei aller Verblendung über die Wege, welche es zu solchen Zielen führen sollten, doch diese Ziele im Auge behielt, sie freudig dankbar erkannte, als es auf dem ihm so unbehaglichen Wege dazu gelangt; daß es weder jungdeutschen Jacobinismus, noch mittelaltrige Romantik, sondern den modernen, freien und mächtigen Nationalstaat, welches auch immer seine Formen sein mögen, als dies Ziel erkannt: das dankt es dem Geschlechte von 1840, welches sich in Gervinus am Prägnantesten, wenn auch nicht am Angenehmsten verkörpert. Noch ein Anderes dankt es ihm, dies freilich ohne die Absicht derer, welche jene Schule bildeten: Deutschland hat sie am Werke gesehen und hat gelernt — was die Franzosen noch immer nicht eingesehen — daß der Staatsmann sich weder auf dem Katheder, noch in der Gerichtsstube bildet, sondern im Dienste des Staates. Möchten wir es doch nie wieder vergessen.

Oktober 1873.

Einiges über den Verfall der deutschen Sprache und der deutschen Gesinnung.

(Bei Gelegenheit einer Schrift von Dr. Fried. Nietzsche gegen David Strauß.)*)

I.

Der Leser wird sich wohl wundern den noch wenig genannten Namen eines jungen Schriftstellers so ohne weiteres der bejahrten Autorität des Gelehrten gegenübergestellt zu sehen, dessen Name nun schon seit mehr als einem Menschenalter jedem halbwegs unterrichteten Deutschen vertraut ist und von vielen mit Verehrung oder Liebe, von andern mit dem nicht weniger schmeichelhaften Gefühle des Hasses ausgesprochen zu werden pflegt. Zweierlei Gründe bestimmten den Schreiber dieser Zeilen erst die angezeigte Schrift gegen den berühmten Feind des Christenthums zu lesen, dann sie durch öffentliche Besprechung in einem Weltblatte wie die „Allg. Ztg." in weiteren Kreisen bekannt zu machen. Wer das Werkchen Nietzsche's über

*) „Unzeitgemäße Betrachtungen" von Dr. Friedrich Nietzsche. Erstes Stück: „David Strauß, der Bekenner und Schriftsteller." Leipzig, E. W. Fritzsch. 1873.

die Entstehung der Ilias und das Wesen der Volksdichtung gelesen, wem seine Schrift über die Geburt der Tragödie bekannt ist, durfte überzeugt sein, daß nicht so leicht etwas banales aus solcher Feder fließen würde und war sicher, daß es jedenfalls nicht der furor theologicus sein konnte, der diese Feder führte. Uns Deutschen fehlt es durchaus nicht an polemischer Literatur; aber unsere Polemik ist gerade keine Zierde unseres Vaterlandes: Lessing und Lichtenberg sind vielleicht die einzigen deutschen Schriftsteller, welche an Pascal oder Paul Louis Courier erinnern; überall sonst finden wir plumpe Invective, meist hervorgerufen durch verletzte Eitelkeit, oder aber schweres Artilleriefeuer unbeholfener Gelehrsamkeit, bei dem der Laie Mühe hat, sich in den massenhaften und complicirten Bewegungen des schwerfälligen Materials zurecht zu finden. Hier konnte der Angriff kein persönliches Motiv haben, und da der Verfasser seine eigenen Gedanken zu haben pflegt, dieselben aber wiederzugeben in bester Schule gelernt hat, so sind wir im voraus sicher seine Polemik nicht ohne Gewinn, jedenfalls nicht ohne Genuß zu lesen. Andrerseits ist es bei keinem Volke so gerathen, ja geboten, wie bei dem deutschen, gegen Strömungen des Geschmacks und der Denkweise anzukämpfen, welche, von der Autorität berühmter Namen geführt, oft das ganze höhere Leben der Nation nach e i n e r Seite hinzureißen drohen. Unsere ganze geistige Geschichte seit mehr als hundert Jahren ist ein Aufeinanderfolgen derartiger entgegengesetzter Strömungen. Auf Klopstock'sche Schwärmerei folgte Wieland'scher Epikureismus, auf die naturalistischen Stürmer und Dränger die classischen Idealisten von Weimar. Romantik und Jung-

Deutschland, Kosmopolitismus und Deutschthümelei, Heine'sches Jacobinerthum und Gervinus'scher Doctrinarismus haben sich nach einander über die Nation ergossen und, unserem vielgerühmten Individualismus zum Trotz, eine zeitweilige Alleinherrschaft geübt, wie sie andere Nationen nicht ertragen hätten. Das Correctiv nun aber liegt bei uns eben darin, daß auf jede dieser einseitigen Actionen eine freilich nicht weniger einseitige Reaction folgt, und so durch das Nacheinander ein Gleichgewicht hergestellt wird, welches bei anderen Nationen sich im Nebeneinander darstellt.

So begrüßen wir denn auch Nietzsche's geistreiche Schrift als das erste Anzeichen einer Rückkehr zum deutschen Idealismus, wie ihn unsere Großeltern angestrebt, einer Reaction gegen die platte positivistische Auffassungsweise, die seit einem oder zwei Jahrzehnten sich bei uns vordrängt, als ein kühnes Wiederaufpflanzen des alten guten Banners deutscher Humanität gegen die Beschränkung nationaler Selbstbewunderung, als einen Mahnruf über unseren materiellen Erfolgen nicht unsere geistigen Pflichten zu vergessen und, wie die Gründer unserer Cultur, es uns angelegen sein zu lassen der Nation, bei aller Geistesfreiheit, das religiöse Gefühl und den speculativen Sinn zu bewahren, ihr, ohne sie der Convention gefangen zu geben, schönere Formen des Lebens zu schaffen.

Lebendig, gedrängt ist die Sprache wie die Beweisführung des Büchleins. Schlag fällt auf Schlag; Ironie, ja Hohn; bald fein, bald derb, stets ungezwungen, führen gern das Wort. Doch so heftig der Ton, er ist nicht gereizt, und selten artet der Zorn in Rohheit, der Spott in Geschmacklosigkeit aus. Unbarmherzig, schonungslos, ja zuweilen respectlos gegen den Gegner, erscheint der Angreifer doch nicht als persönlich: man fühlt, er bekämpft in Strauß nur den Mann, in dem sich ihm die ganze herrschende Richtung verkörpert; und nur in diesem Sinne wollen wir auch unsere Bemerkungen über den eminenten Schriftsteller verstanden wissen, der am Abende eines ruhmreichen Tages, zugebracht in den höchsten Regionen des geistigen Lebens, sich zum Wortführer des intellectuellen Mittelstandes gemacht hat; Genie, Character, Gelehrsamkeit von D. Fr. Strauß, dem Theologen und Hegelianer, dem Literaturhistoriker und Humanisten, sind so anerkannt und so unbestreitbar, daß Niemand auf diesen wird beziehen wollen, was wir über den Verfasser des „alten und neuen Glaubens" zu bemerken nicht anstehen, da er sich herabgelassen hat, seinen großen Namen einer Art Literatur zu leihen, von der ihn Alles zu trennen schien.

II.

Zwei Dinge sind es vor allen, welche die Entrüstung des Polemisten hervorrufen, denen seine beredten Angriffe besonders gelten: die Selbstzufriedenheit, mit der Strauß durch sein ganzes Buch vom alten und neuen Glauben hin das Thema Wagners variirt: „wie wir's doch so herrlich weit gebracht;" und die Nachlässigkeit, mit welcher der, Populärschriftsteller gewordene, Gelehrte die deutsche Sprache behandelt und — mißhandelt. In beiden Dingen ist Strauß nur der Vertreter einer ganzen Legion. Uns scheint sogar Nietzsche nicht genugsam hervorgehoben zu haben, wie tief, trotz einzelner wohlthuender Ausnahmen, der Verfall unserer Sprache überhaupt ist. Die Deutschen pflegen sich in dieser Beziehung einer argen Selbsttäuschung hinzugeben. Weil sie anfangen, sich aus dem schwerfälligen, langathmigen, dunkeln und eingewickelten Gelehrtenstyl herauszuarbeiten, glauben sie dem Ideal einer schönen Prosa um vieles näher gekommen zu sein. Aber sie vergessen, daß die schlottrige Sprache unserer Generation meist nur darum so leicht verständlich ist, weil sie nichts zu denken gibt; weil wir sie mit den Augen lesen können und zu lesen pflegen, nicht mit dem Geiste; weil wir am Anfange jeden Satzes schon genau voraus wissen, was am Ende kommen wird. Die oberste Tugend aber eines Prosaikers, der den Namen verdient, ist: zum Denken anzuregen, uns zu wecken, nicht uns einzuschläfern. Um das zu erreichen, muß freilich der Schriftsteller selbst denken, fühlen, sehen, hören. Nun gehören aber unsere meisten Schriftsteller gewissen Schulen an und schwören in verba magistri, haben fertige Systeme, mit denen sie an alles herangehen, wagen nicht wohl anders zu empfinden, zu denken, zu sehen und zu hören, als es die Autoritäten erlauben. Daher die stereotype Sprache: zuletzt denkt man sich garnichts mehr dabei, und es bleiben nichts als verba, verba praetereaque nihil. Dies war gerade nicht der deutsche Fehler vor fünfzig Jahren; dagegen hatten unsere Väter eine andere Untugend, welche die Söhne pietätsvoll bewahrt haben. Sie hielten das Publicum für ihren gehorsamen Diener, und meinten sich zu erniedrigen, wenn sie es ihm bequem machten. Genug, man verstand sich selber, mochte der Leser sehen, wie er einem nachkam. Was man einmal geschrieben, das blieb stehen, an ein Ordnen, eine Wahl, ein Beschneiden dachte man nicht, man pflanzte den Wald:

des Lesers Sache war's sich den Weg durchzubahnen. Daß aber die Bäume selber zu Grunde gehen möchten in dem gedrängten, luft- und lichtlosen Dickicht, das fiel ihnen nicht ein. Heute pflanzt man nur noch wenige edle Eichen und Buchen an; aber das Gestrüpp und Unkraut, das überall um sich wuchert, ist ebenso unwegsam, wenn auch weniger fruchtbar und pittoresk als ein Hegel'scher oder Jean Paul'scher Urwald.

Dazu das Ungefähr und die Geschmacklosigkeit des Ausdrucks. Die Wahrhaftigkeit alles Styls besteht in der Richtigkeit der Worte. Eine Sprache hat keine Synonyme. Ein Gedanke, ein Gefühl, eine Sinneseigenschaft hat nur ihren einzigen Ausdruck: Sache des gewissenhaften Schriftstellers ist es sich nicht zufrieden zu geben bis er das Wort findet das auf seinen Gedanken paßt und ihn darstellt, wie der gute Handschuh die Hand zeichnet, die er bekleidet.

Welche Unbestimmtheit aber herrscht in unserer Sprache von heute! Wo ein Wort steht, könnte beliebig auch ein anderes stehen: hat ja der Schriftsteller doch nur eine ungefähre Idee von dem, was er sagen will; was durchaus nicht mit der Nüance, dem beabsichtigten Helldunkel zu verwechseln ist, die auf der Wortpalette unserer herrlichen Sprache ihre entsprechende Farbenschattirung ebenso sicher findet als die bestimmteste Vorstellung die ihrige. Und dasselbe Ungefähr treffen wir in grammatikalischer Hinsicht: man construirt nicht nur ohne Rücksicht auf den Tonfall, als ob dieser ein ganz äußerliches Geklingel wäre, das mit dem entschiedeneren Hervortreten des Gedankens durchaus nichts zu thun habe — man construirt auch ohne Rücksicht auf syntaktische Regeln: einem Conjunctiv ist ein

Indicativ, einem Präsens ein Imperfectum verbunden, zwei Präpositionen, welche verschiedene Casus regieren, werden kühnlich mit demselben Casus angewandt, um sich die Wiederholung zu ersparen, die Conjunctionen gar auf das liederlichste miteinander verwechselt. Das heißt man dann „recht natürlich, unaffectirt schreiben;" etwa wie es so recht gemüthlich und ungezwungen ist in Schlafrock und Pantoffeln an den Mittagstisch zu kommen. Wollen aber die Herren „schön schreiben", dann stecken sie sich Morgens früh in den schwarzen Frack, binden die weiße Halsbinde um, ziehen Glanzstiefel an und — bewegen sich in dem ungewohnten Costüme wie die Theaterhelden auf unseren Bühnen, die um ein Glas Wasser bitten als sprächen sie ein Todesurtheil. Daher denn auch die Geschmacklosigkeit unserer Schriftsteller à la mode. Aller Geschmack ist Anpassen der Form an die umgebenden Umstände: anders kleidet man sich bei umwölktem Himmel, anders bei Sonnenschein. Sein Jagdgewand soll man nicht auf dem Balle tragen. Faust spricht nicht mit Gretchen wie Tasso mit Eleonoren von Este. Nun sprechen aber beinahe alle unsere modernen Classiker von den höchsten Interessen der Menschheit, von Religion und Philosophie, im Tone der Bierkneipe; Fragen der Nationalökonomie oder der Politik dagegen behandeln sie in der Sprache platonischer Begeisterung oder aber sie wechseln gar ab mit hohem Pathos und „gemüthlicher" Trivialität — was sie dann Inspiration und heiteres Sichgehenlassen zu nennen belieben. Was nun gar Maß und Ebenmaß anbelangt, so sucht man dergleichen, da es in der Conception nicht ist, stets auch vergebens in dem Styl. Wer wird sich auch die Mühe geben seinen Stoff, sei er logisch, sei er künstlerisch, zu ordnen; wer wird Hinter- und Vordersatz in Gleichgewicht zu bringen suchen, und einem Bilde, sei es auch noch so hinkend, entsagen, wenn deren schon genug da sind, ein anderes abbrechen ehe es, mit Shakespeare zu reden, zu Tode gehetzt ist, ein drittes nicht durch Hereinziehung fremdartiger Gleichnisse lähmen?

Doch genug der Klage; wir wollten nur andeuten, wie vieles noch zu Nietzsche's Sündenregister, nur was die Sprache betrifft, hinzuzufügen wäre. Daß aber der zornesmuthige Kläger sich gerade gegen Strauß gewandt und in ihm die Mode gewordene Liederlichkeit unserer Sprachverderber gegeißelt, können wir ihm, wenn er auch etwas weit geht in seinem kritischen Eifer, nur zum Ruhm anrechnen: denn ein unerbittliches Gericht dieser Art verfehlt seinen Eindruck wenn es über obscure Leitartikler gehalten wird, und der Muth die Lieblinge des Volkes auf die Anklagebank zu bringen, ist von jeher die höchste Art des Muthes gewesen.

III.

Noch berechtigter als der Prozeß, welchen Nietzsche der deutschen Prosa in einem ihrer gefeiertsten Vertreter macht, ist das Ungestüm mit dem er das deutsche Volk aus seiner unvergleichlichen Selbstzufriedenheit aufzurütteln sucht; und da es wiederum Strauß ist, der dieser nationalen Unart einen etwas gar zu lauten Ausdruck gegeben, so ist es nur natürlich, daß er auch hier als Typus des selbstgefälligen deutschen Philisterthums herhalten muß, wie wir denn auch sammt und sonders von den Fremden für solidarisch mit ihm erklärt worden sind. Sollte man in der That Strauß, dem Bekenner, Glauben schenken, so wäre die deutsche Nation gerade jetzt in einem paradiesischen Hafen angelangt, von wo sie selbstbefriedigt zurückschauen könnte auf die überstandene Reise: und das wollten wir ihr schon nicht verargen, noch ihr die unschuldige Illusion zu benehmen versuchen; wenn aber Strauß der nur zu willig Horchenden beweisen will, daß sie auch die Schöpferin des Hafens sei, in dem sie eingelaufen, daß sie ihr Werk ansehen dürfe und selbstgefällig ausrufen: „Siehe es ist wohlgethan," so vergeht er sich an der Wahrheit und sündigt er gegen sein Volk, dem er Wahrheit schuldet, nicht Schmeichelei. Nein, Nietzsche hat hundertmal Recht, wir sind noch nicht am Ziel angelangt, wir dürfen noch nicht die Hände in den Schoß legen: wir haben den Staat auszubauen, den man uns hergerichtet, weil wir ihn nicht selber herzurichten vermochten; wir haben ihn wohnlich und gefällig zu machen, was er durchaus noch nicht ist; wir haben eine gesittete Gesellschaft zu schaffen, die noch nicht existirt; wir müssen unsere Philosophen und Dichter, die dem „Gebildeten" fremd geworden, wieder in unser Fleisch und Blut dringen lassen; wir müssen unsere Sprache, unsere Sitten säubern und veredeln — kurz, wir haben noch das meiste zu thun ehe wir, mit unserer nationalen Cultur befriedigt, hochmüthig auf andere Nationen herabsehen dürfen.

Freilich haben wir Genien gehabt, an deren herrlichen Werken wir uns erfreuen dürfen, und die mit den Größten aller Zeiten und Völker als Ebenbürtige erscheinen: aber es sind deren im Grunde — eben weil den besten Deutschen so oft die Form fehlte, welche allein den Werken des Geistes Dauer verleiht — nur vier oder fünf, welche noch lesbar sind; während Engländer und Franzosen die noch stets gelesenen Schriftsteller vergangener Jahrhunderte zu Dutzenden zählen. Wer liest bei uns noch Klopstock, Wieland, Herder, Schlegel, Tieck, aus denen wir doch noch so viel zu lernen hätten? Und wer liest nur jene vier oder fünf wie er sie lesen sollte? Schlägt doch Strauß selber eine Art Blumenlese aus Göthe vor, und stellt gewissen Werken Schillers eine Art von Zeugniß aus, daß er sie genügend befunden für den deutschen „Gebildeten“. Wer aber nicht aus jedem Fragment Göthe's die Quelle herrlicher Weisheit lauter rieseln sieht, für den sind auch seine „Meisterwerke“ nichts; und wer Schillern nicht auch dann an sein Herz schließt, wann er in seiner Begeisterung sich verirrt, der liebt Schillern nicht. Dann aber erst, wenn der ganze Göthe, der ganze Schiller Eigenthum der Gebildeten in Deutschland geworden, könnte die Rede sein von wirklicher deutscher Cultur. Was der gebildete Deutsche heute liest und schreibt, wie er sein Leben geordnet, beweist nur zu überzeugend, daß er jene Cultur noch nicht erreicht hat, die unsern Classikern als Ideal vorschwebte, ja, daß er nicht einmal seine eigenen Geisteshelden kennt, wie er sie kennen sollte. Man wird uns nie glauben machen, daß ein Deutscher, der in seinen Göthe gedrungen, der sich noch zuweilen am Anblick von Wieland's Juwelen ergötzte, unsere Tagesliteratur auch nur anblättern könnte, ohne von ihrer gähnenden Langeweile, ihrer Leere, ihrer prätentiösen Gespreiztheit, ihrer Geschmacklosigkeit angewidert zu werden. Man vergleiche unsere Zeitungen, unsere Romane und Schauspiele mit denen Englands und Frankreichs, und man gestehe: unsere Literaten haben nicht aus unsern Classikern gelernt, was die Franzosen und Engländer aus den ihrigen: gefällig, natürlich und richtig zu schreiben. Hier gilt es entweder oder. Entweder Göthe ist unser; dann könnten wir eine solche Literatur weder produciren noch consumiren; oder — nun die Alternative ist klar — Göthe ist eben noch nicht unser, und wir sollten ein wenig bescheidener thun, ehe wir ihn so ohne weiteres als ein Product der deutschen Nation darstellten. Es ist so süß auch ein 40 Millionstel von solchem Ruhme für sich zu beanspruchen, und dabei vergißt man denn ganz in glücklicher Selbstbewunderung was es einen Göthe gekostet haben muß in dem Leben, unter den Sitten, mit der Sprache, die er vorfand, das zu werden was er geworden: unser Vorbild, unser nie genug studirter Nationallehrer.

Diese Selbstvergötterung aber ist bei uns um so anmaßender, als gerade das deutsche Volk es seinen großen Männern nie besonders leicht gemacht hat. Wie Friedrich der Große sich die Gunst der Nation erst durch die unbestreitbarsten Erfolge erobern mußte und noch bei Lebzeiten verlor, sagt die Geschichte. Wie ein Göthe und Beethoven angefeindet und gehemmt wurden, wissen wir zur Genüge. Wie sauer es Schopenhauer und Wagner geworden ist zu einer späten Anerkennung zu gelangen, das haben wir noch miterlebt. Und wurde nicht die genialste, kühnste und folgenreichste That des 19. Jahrhunderts, der Krieg von 1866, so recht wider den Willen des deutschen Volkes vollbracht? Schon weniger spröd ließ sich das Material, weniger stumpf das Werkzeug an, im Kriege von 1870: doch, allen Respect vor Marmor und Meißel, die Ehre die Statue geschaffen zu haben, kommt ihnen nicht zu, sondern der Meisterhand, die mit ihnen gearbeitet.

Nietzsche's kleine Streitschrift ist weit entfernt vollständig zu sein, und in den Fragen, die sie vollständig — man ist versucht zu sagen, etwas zu vollständig — erörtert, will uns manches falsch aufgefaßt scheinen. So z. B. ist es durchaus verfehlt, das Wesen einer Cultur allein in den Styl zu setzen. Der Styl ist nur die Form einer Cultur, und wo diese Form fehlt, ist eben die Cultur auch formlos, d. h. unschön. Deßhalb ist er aber noch nicht die Cultur selber: diese wirkt zunächst auf das Wesen selber. Gerade die deutsche Nation mag darin als Beispiel gelten. Wir hatten viele und wir haben noch einige wenige Menschen, welche ihren Geist mit dem classischen Alterthum, mit Shakespeare, mit Kant und Göthe genährt, und trotzdem in ihrer Sprache, in ihren Lebensgewohnheiten diese ihre Geistesbildung nie und nirgends verrathen, sich im Qualm einer Bierstube wohl fühlen, deren Ohr nicht durch die im Ausdruck und in der Aussprache rohe Rede ihrer Gesellschaft, deren Auge nicht durch die Häßlichkeit des sie umgebenden Hausrathes unangenehm berührt wird — Menschen, die Wohnhäuser, Statuen, Gemälde ohne allen und jeden Kunstwerth interessant, ja schön finden, und deren Gedanke doch in den höchsten Regionen weilt, deren Gemüth der zartesten Empfindungen fähig ist. Armselig und unschön, roh sogar, waren die Formen einer Jean Paul'schen Welt, herrlich schön aber die Humanität, welche diese geschmacklose Hülle barg, und was war sie anderes als Cultur? Freilich, ein Göthe fühlte was dieser Cultur noch fehlte, ließ es sich sauer werden es ihr zu geben, und hat uns in sich selbst ein glänzend, einzig Vorbild gegeben dessen, was deutsche Cultur sein könnte, wenn zur Durchbildung des Gedankens und Gefühls sich die Ausbildung angemessener Formen gesellte.

Ein anderes möchten wir an der kleinen Schrift rügen. Nietzsche überschopenhauert zuweilen Schopenhauer — man erlaube uns den Anglicismus. Daß seine Sprache bis zur Manier nach der des Philosophen gebildet, ist in unsern Augen kein Flecken, und es wäre nur zu wünschen, daß alle unsere Schriftsteller in diese Schule gingen, nächst Lessing's und Göthe's Schule die beste, die sie frequentiren können. Wenn aber ein Mann wie Nietzsche es noch für nöthig und schön erachtet, die Schopenhauer'schen Spottlieder auf Hegel und die Hegelei fortzusingen, so begeht er eine Ungerechtigkeit und eine Geschmacklosigkeit zugleich. Eine Ungerechtigkeit, die man leicht für Unkenntniß halten könnte. Denn Hegel's Philosophie als eitel Salbaderei darzustellen, sie mit Fichte's Logomachie oder gar mit Schelling's mystischen Phantasien in einen Topf werfen zu wollen, ist mehr als ungerecht; es ist ein Urtheil ohne Verhör. Hr. Nietzsche selber, ohne es zu ahnen, hat Hegel'sche Philosophie mit der Muttermilch eingesogen; unser ganzes geistiges Leben ist mit ihr getränkt, wir (ich meine die wissenschaftlich gebildeten Deutschen) können mit dem besten Willen gar nicht mehr denken wie das Geschlecht von 1800 gedacht; eben weil Hegel — zu unserm Segen oder Unsegen, lasse ich dahin gestellt — auf unsere ganze geistige Thätigkeit ebenso bestimmend eingewirkt hat, wie Bacon auf die Englands im XVII. und XVIII. Jahrhundert. Auch von der Sprache Hegels sollte man mit mehr Respect reden. Hegel's Satzbildung ist freilich die verwickeltste und abstruseste, die man sich denken kann; dagegen ist sein Vocabularium einzig in unserer Prosa: stets ist das Wort treffend, oft kühn, gewöhnlich originell, vor allem aber voller Relief und dabei immer im Geiste der deutschen Sprache. Seine Aesthetik ist eine wahre Fundgrube für den Lexikologen, und selbst seine schwäbischen Provincialismen, die ihm bis nach Jena, Heidelberg und Berlin hängen geblieben, weiß er dem heikelsten Geschmacke des Franken und Obersachsen mundgerecht zu machen.

Ja, auch von einer gewissen Tactlosigkeit können wir Hrn. Nietzsche nicht freisprechen, und da er zur Wagner'schen Gemeinde einerseits, zur Schopenhauer'schen Schule andrerseits zu gehören scheint, nimmt dieser Fehler uns nicht gerade wunder. Daß die Meister, ihr Leben über verkannt, dem vornehmen Todtschweigen oder der plumpen Intoleranz ihrer Feinde und Neider mit Leidenschaft, Gereiztheit und vorkommenden Falls mit Unerbittlichkeit entgegengetreten sind; daß Schopenhauer namentlich, im Bewußtsein seiner Ueberlegenheit, im Vertrauen auf seinen Nachruhm, mit Verachtung aller kleinen Mittel der Reclame und des Charlatanismus, vernichtende Worte über die marktschreierische Weise seiner Gegner gesprochen; daß er, gereizt durch die Stumpfheit seiner Zeitgenossen, in der Form wie im Wesen zu weit in seiner Verdammung gegangen ist, begreift und entschuldigt man gern, wie wir auch Wagnern seine Derbheiten, Heftigkeiten und Selbstbelobungen nicht zu hoch anrechnen wollen, da sie zum größten Theile durch Verdächtigungen, Angriffe und ihm in den Weg geworfene Hemmnisse hervorgerufen worden: aber eine andere Sprache ziemt dem Rebellen oder Verfolgten, eine andere dem Sieger, der sich sein Reich erobert. Den Nachgebornen vollends steht es schlecht an, die durch die Umstände berechtigten, oder doch entschuldbaren, Flecken — anders können wir die beredten Schimpfdigressionen Schopenhauers nicht nennen — an des Meisters großem Werk immer wieder zu erneuern und aufzufrischen. Heute hindert keine Hegel'sche Alleinherrschaft mehr den gebildeten Deutschen, sich Schopenhauer zu nähern; der Scheffel, unter den man seine Leuchte setzen wollte, ist für immer weggenommen, und wer die Augen von ihrem Licht erfüllt hat, braucht nicht mehr zu fürchten, daß ein paar Straußische wegwerfende oder captiöse Redensarten jenes Licht wieder auszulöschen vermöchten.

Auch unvollständig ist Nietzsche's kleine Schrift. Sie bespricht im Grunde nur zwei Punkte: die Form des ganzen Strauß'schen Buches und den Inhalt des vierten Capitels: „Wie ordnen wir unser Leben." Beides kritisirt er auf die geistreichste und überzeugendste Weise. Namentlich ist uns aus der Seele gesprochen, was er über jene unglaubliche „Zugabe" sagt, welche der Verleger wohl von Strauß verlangt haben wird, um die fünfundzwanzig Bogen auszufüllen. Keine unserer dreihundert Literaturgeschichten enthält eine solche Blumenlese von breitgetretenen Gemeinplätzen und ranzig gewordenen ästhetischen Urtheilen als diese Seiten über die Erbauungsschriftsteller und Componisten, welche dem aufgeklärten Bürger der „Jetztzeit" an Stelle der Bibel und der Orgel anempfohlen werden. Warum Nietzsche die drei andern Capitel des Buches nicht besprochen, oder doch wenigstens nur ganz im Vorübergehen abgefertigt hat, ist uns nicht recht klar. Vielleicht hat er gefürchtet, sich durch eine Widerlegung ex professo desselben Fehlers schuldig zu machen, dessen Strauß sich schuldig gemacht hat: des Einbrechens offener Thüren.

In der That ist es zu verwundern, daß unter all den Protestirenden, welche Einsprache gegen Straußens Buch gethan, keiner auf den Gedanken gekommen ist einfach und rund herauszusagen, daß das ganze Buch überflüssig war. Strauß fragt die Gebildeten Deutschlands: ob „sie noch Christen sind?" Er mochte sich begnügen zu antworten: „nein," ohne sich die Mühe zu geben, jedes Dogma und jedes Mirakel einzeln zu beleuchten und zu widerlegen. Nein, der gebildete Deutsche glaubt nicht mehr an die Menschwerdung Gottes in Christo zur Erlösung von den Folgen des Sündenfalles — und das ist das ganze Christenthum. Wer überhaupt denkt, so wenig es auch sei, und dabei aufrichtig ist, der kann, sobald er etwas von Kopernikus und Keppler, Galilei und Newton gehört hat, d. h. sobald er weiß, daß die Erde nicht der Mittelpunkt des Weltalls ist, nicht mehr glauben, daß Gott unsertwegen, und allein unsertwegen, die Welt geschaffen und sich selbst geopfert habe, — wie die Darwin'sche Theorie, wenn sie dieselbe mathematische Gewißheit erlangte, aller Teleologie ein für alle Mal ein Ende machen würde. Sollte aber einer doch noch an jenes eigentliche Christenthum glauben, so wird ihn Straußens Raisonnement nicht davon abbringen. Dieß soll jedoch keineswegs sagen, daß wir der Religion unserer Väter, unserer schlichteren Landsleute ebenso gegenüber stehen, wie etwa dem Mahomedismus oder Buddhismus. Ihre Formen und Gebräuche sind uns verehrungswürdige Gewohnheiten und Symbole geworden. Fünfzig Geschlechter unseres Fleisches und Beins, Geschlechter, denen wir unsere

Civilisation verdanken, haben ihr ganzes höheres Leben nur in jenem Ideale gelebt; Millionen von Thränen, Hoffnungen, Tröstungen des besten Theiles der Menschheit hängen am Kreuze, das den Gott getragen: wie sollten wir nicht mit Ehrfurcht aufblicken zu diesem Glauben unserer Eltern; ja mehr als das, wie sollten wir nicht wünschen, daß unsre Söhne durch das Symbol der Taufe in die Gemeinschaft und Nachfolge unserer Nation aufgenommen; daß sie durch die Lectüre und den Unterricht eingeweiht werden in die geschichtliche Grundlage des Christenthums, ohne welche die Geschichte der Menschheit ein unverständliches Buch für sie bleiben würde; ja, daß die Stiftung der Familie durch den Ehebund unter Anrufung jener Namen vollzogen werde, welche für uns doch noch immer die „unbekannten höheren Wesen, die wir ahnen," wenn auch nur symbolisch, darstellen? Deßhalb werden wir aber immer noch keine Christen sein.

Wiederum, die Frage: „Haben wir noch Religion?" ist eine ganz müßige. Wer Religion hat, d. h. wer da glaubt, daß es geheimnißvolle Mächte giebt, die unser Verstand nie begreifen, unsere Sinne nie betasten werden, dem wird sie keine Wissenschaft und keine Aufklärung rauben, wie denn Kant selber bis an sein Ende eine Religion gehabt hat. Wer aber dieses Gefühl nicht hat, nur das Begriffene oder Betastete als seiend anerkennt, der hatte vor einem Jahrtausend nicht mehr Religion als heute nach Voltaire und Condillac, ja sogar nach Büchner und Strauß. Das einzige, was wir behaupten können, ist daß aus dem oben angegebenen Grunde, den Entdeckungen der Astronomie, die anthropomorphische Form der Religion, welche bis jetzt die vorherrschende war, und noch heute im Brahmismus und Christenthum die ungebildeten Massen beherrscht, fortan nicht die Form der Religion der Gebildeten sein wird.*) Religion wird er deßhalb jedoch nicht weniger haben, wenn er überhaupt dazu angelegt ist, was nicht von der Zeit, sondern von der Individualität abhängt.

Endlich: „Wie begreifen wir die Welt?“ ist, wie Nietzsche sehr richtig bemerkt, eine ganz unlogische Frage. Ein Begriff ist kein Glaube, und die Wissenschaft, die es mit Begriffen zu thun hat, kann nun und nimmer die Religion ersetzen. Hier ist evident eine Verwirrung aller bräuchlichen Ausdrücke bei Strauß. Die Religion gibt uns eine fertige Erklärung des Weltgeheimnisses: dadurch beruhigt sie die suchende, geängstigte Menschenseele. Die Naturwissenschaft läßt das Weltgeheimniß bei Seite liegen und beschäftigt sich mit der Lösung von Fragen, die es nur scheinbar berühren. Die Naturwissenschaft kann deßhalb auch die Metaphysik nicht ersetzen, welche allein dem Gebildeten sein könnte, was die Religion in ihrer rohesten Form dem Ungebildeten ist: eine Lösung des Welträthsels. Sie kann uns, ebenso wenig wie der Rationalismus, über die Sinnenwelt und ihren logischen Zusammenhang hinausbringen; während Religion und Metaphysik uns gerade darüber hinaus versetzen und, wie die Kunst, einen Zusammenhang suchen, der nicht logischer Natur ist. Dies entgeht auch nicht immer dem Manne, der einst so schön und tief über die Natur des Mythus geschrieben, und spricht er von

*) „Je trouve bon qu'on n'approfondisse pas l'opinion de Copernic,“ sagte schon der um seinen Glauben besorgte Pascal; und auf's Geistreichste und Tiefste hat Leopardi in seinem Dialoge „Copernicus und die Sonne“ obigen Gedanken entwickelt.

Politik, von dem geheimnißvollen Wesen einer nationalen Dynastie u. s. w., so kommt ihm das Verständniß zeitweilig wieder für jene Beziehungen und Kräfte, welche keine Naturwissenschaft analysirt. Und glaubt er wirklich, daß ein Geschlecht sich der rationalistischen Begriffe in seinem Staat entschlagen könne, seinen „Glauben" aber nur auf jene Begriffe und Sinneswahrnehmungen gründen könne? Glaubt er, daß ein Volk einer Moral, welche außer Zusammenhang mit allem Ideal stehe, nachleben und doch seine humane Bildung bewahren könne?

Wir hätten gewünscht, daß Nietzsche diese Punkte, an die wir in einem Aufsatz nur anstreifen können, in dem Rahmen eines Buches, der ihm ja zu Gebote stand, des Weiteren erörtert hätte. In der heillosen Begriffsverwirrung, welche in diesen Theilen von Straußens Werk herrscht, liegt vielleicht noch mehr „verborgenes Gift" als in dem Capitel über die praktische Lebensordnung, das uns in jenen Rausch der Selbstzufriedenheit versetzen soll, vor dem Nietzsche so eindringlich, muthig und beredt warnt.

September 1873.

Ueber historisches Wissen und historischen Sinn.

Herrn Nietzsche's Schriften haben das Verdienst, den Leser anzuregen, sei es zum Widerspruch, sei es zum Beifall, sei es zum Nachdenken.*) Sie sind meist schön und lebendig geschrieben, in einer Sprache, welche bei aller Erregtheit rein, bei aller Bildung eigenthümlich bleibt. Die Gedanken haben zuweilen wohl etwas Herausforderndes in ihrer paradoxalen Haltung, aber sie sind fast immer geistvoll. Der Verfasser nennt selber seine beiden letzten Schriften „unzeitgemäße"; wir möchten sie recht im Gegentheil „zeitgemäße" nennen: sind sie doch offenbar aus der Reaction gegen die Zeit hervorgegangen, wenden sie sich doch an die Zeit. Herr Nietzsche spricht in der That im Namen einer ganzen Classe von Deutschen und er spricht gegen eine ganze Classe anderer Deutschen. Sind seine Schriften etwas jugendlich, unfertig, mehr negativ als positiv, und werden sie dennoch mit eifriger Zustimmung Vieler, mit heftiger Einsprache der Mehrzahl gelesen, so ist das eben ein Beweis,

---

*) Dr. Friedrich Nietzsche: „Unzeitgemäße Betrachtungen." Zweites Stück: „Vom Nutzen und Nachtheil der Historie für das Leben." Leipzig 1874.

wie unklar gährend noch Alles in jener aufstrebenden Classe von Deutschen ist, wie sehr die andere, conservative sich in ihrem Besitze bedroht fühlt. Es ist wohl der Mühe werth, ehe wir Herrn Nietzsche's These näher beleuchten, einen Augenblick über den Zusammenhang dieser fast noch embryonischen Entwicklung einer neuer Geistesrichtung in Deutschland nachzudenken.

I.

Die Kriege von 1866 und 1870 haben die eigenthümliche Wirkung gehabt, einerseits wohl dem deutschen Philister eine hohe behagliche Selbstzufriedenheit einzuflößen und den deutschen Gelehrtenhochmuth bis zum Paroxysmus zu steigern, andererseits aber auch eine große Anzahl gelehrt Gebildeter zur Einkehr in sich selbst, zum Nachdenken über ihre eigene Thätigkeit und den Werth derselben anzuregen. Die Ueberlegenheit deutscher Wissenschaft sowohl über die anderer Völker und Zeiten als auch über alle anderen Thätigkeiten dieser Epoche und der deutschen Nation war in den letzten zwanzig Jahren zu einem recht monotonen Schlagwort, mehr noch, zu einem unanfechtbaren Glaubensartikel geworden. Ja, wer damals nach Deutschland hingehorcht hätte, dem wäre es wohl vorgekommen, als ob alles nationale Leben sich in den Regionen concentrire, wo man eben jener Wissenschaft ex professo oblag, oder sich höchstens bis zu den Kreisen ausdehne, welche, von jenen Regionen ausgehend, mit ihnen in stetem Zusammenhang bleibend, nach ihnen hinblickend, in den Kammern und in der Presse die öffentliche Erörterung staatlicher Fragen sich ausschließlich angemaßt hatten. Mit welch vornehmer Verachtung sprach man nicht in solchen Kreisen von der geistlosen Bureaukratie, dem pedantischen Militärwesen, dem eitel-unwissenden Junkerthum, welche das deutsche Staatsleben überwuchernd erstickten. Da kommt unerwartet der entscheidende Augenblick der That, und siehe da, anstatt jener vielverläumdeten Schmarotzer-Vegetation zeigt sich ein hochgebildeter, patriotischer Beamtenstand, ein Nationalheer, wie's noch kein Volk gekannt, und ein zahlreicher Kleinadel, der das Beispiel des Muthes, der Pflichttreue, der gediegensten Kenntniß seiner Profession giebt.

Während nun die Mehrzahl jener gelehrt Gebildeten, obschon es ihnen unbehaglich zu Muthe wird, doch fortfährt, sich als die Nation, diese so plötzlich und so glänzend hervorgetretenen Elemente aber nur als Resultate ihrer Thätigkeit, ihrer Bestrebungen zu betrachten, fangen Andere in diesen Kreisen an, irre zn werden an sich selbst, an ihren Lehrern, an deren Lehren. Entweder fragen sie sich, ob denn wirklich ihr Vaterland vornehmlich in diesen ihren Sphären lebt, oder sie fassen den Muth, sich diese Sphäre näher anzusehen, zu prüfen, ob die nationale Lebenskraft, die sie einst in sich geschlossen, noch immer da ist oder ob sie nicht mittlerweile in andere Gegenden, auf andere Schichten des Volks übergegangen ist. Da merken sie denn bald zweierlei: erstens, daß jene emsigen Bienenkörbe, trotz aller Arbeit, alles Schwirrens, nur noch sehr wenig Honig sammeln und daß, wenn die rastlosen Arbeiterinnen in denselben jeden fremden Ein- oder Andringling so heftig mit ihren Stacheln verfolgen und forttreiben, sie wohl das unheimliche Bewußtsein einer Unfruchtbarkeit haben, die sie gerne verbergen möchten. Zweitens aber wird der Prüfende bald erkennen, wie wenig Zusammenhang zwischen der Arbeit und den Arbeitenden ist. Er staunt, daß diese unausgesetzte Beschäftigung mit der Wissenschaft die Menschen, die sich ihr hingeben, nicht tiefer berührt, mit anderen Worten, daß die Wissenschaft ihre bildende Kraft verloren zu haben scheint. Vergleicht er nun den lärmenden Hochmuth und die relative Sterilität der modernen deutschen Gelehrsamkeit, sei es mit der Genialität des vorhergehenden Gelehrtengeschlechtes, sei es mit der Bescheidenheit und den ungeheuren Erfolgen, welche Handel, Beamtenstand und Heer in aller Stille vorbereitet und so vollständig erzielt haben, so wird er wohl bitter gegen seine Standes- und Fachgenossen und wirft ihnen in heftigen Worten ihre Schuld vor. Diese Erbitterung steigert sich noch, wenn er sieht, daß jene Herrscher im deutschen Geistesleben, jene geistigen Erzieher des deutschen Volkes auch nach Außen hin Manches gehemmt und gelähmt, in Allem aber die wirkliche Nation — Handels-, Beamten- und Militärstand — anstatt ihren Geschmack zu bilden, in ihrer Formlosigkeit und äußeren Rohheit bestärkt haben. Da ereifert er sich und, wie es zu gehen pflegt, wird er recht ungerecht in seinem Eifer. Er meint, wenn er nur darauf losschlüge, nur das hohle Gehäuse zertrümmere, in dem die Schatten vergangener Zeiten ihr Wesen treiben, so habe er schon eine gute That gethan. So hat sich unter den jüngeren Gelehrten eine Art radicaler Opposition gebildet, welche nur allzu gern das Kind mit dem Bade ausschüttet und sich, im dunklen Bewußtsein dessen, was ihr selber fehlt, manchmal gar wild geberdet. Es ist wieder eine Schaar von Stürmern und Drängern im Anzug, wie im Jahre 1770, und Herr

Nietzsche ist einer ihrer geistvollsten und muthigsten Häuptlinge; aber — der Herder ist er doch nicht, der dem dunklen Drange der Mitstrebenden Richtung und Ziel wiese: er läßt es fürs erste beim Niederreißen bewenden. Vielleicht soll dieser Sturm und Drang überhaupt seinen Herder nicht haben, wie auch jener der Romantiker ihn nicht fand; denn er ist, was auch Herr Nietzsche, der selber tief drinnen steckt, dagegen sagen mag, ein Sturm und Drang der Verneinung, der Reue, der regrets; er hat seinen Ursprung im Gefühle des verfehlten Weges, den man eingeschlagen: keinem jungen Manne aus den Kreisen, in denen heute das nationale Leben pulsirt, wird es einfallen, sich an diesem Sturm und Drang zu betheiligen; den überläßt er uns Gelehrten, die zu alt sind, umzusatteln, zu jung — und zu ehrlich — sich in dem wesenlosen Getriebe ihrer Sphäre behaglich zu fühlen.

Die Sache ist: Deutschland hat die Bedeutung der Wissenschaft überschätzt; die Träger derselben haben sich als die Vertreter der Nation betrachtet, und die draußen stehende ungeheure Mehrzahl der Nation hat sich in rührender Bescheidenheit vor ihnen zurückgestellt, sie in ihrer Selbstüberschätzung bestärkt. Staat, Religion, Kunst, Gesellschaft wurden der Wissenschaft untergeordnet oder sollten doch von ihr inspirirt werden. Und es ist ganz natürlich, daß es so gekommen. Die deutsche Wissenschaft — und ich spreche hier wie in dieser ganzen Ausführung allein von den historischen Wissenschaften — hat am Ende des vorigen und am Anfange dieses Jahrhunderts so Gewaltiges geleistet, während Staat und Handel, Kunst und Religion so wenig zuwege brachten; sie hat damals so offenbar die besten Kräfte der Nation an sich gezogen, in ihrem Dienste verwendet, daß es nicht auffallen kann, wenn man des leise eingetretenen Umschwunges nicht gewahr wurde. In der That sind dem rückwärts Schauenden schon in den Dreißiger Jahren die Symptome dieses Umschwunges bemerkbar. Das bedeutendste, das in die Augen fallendste unter diesen Symptomen hat Jeder schon genannt: es ist der Zollverein, der erste nationale Erfolg des preußischen Beamtenthums. Indessen trieben's die Leute noch 30 Jahre lang so weiter, gruben fort in den Schachten, die ihre Väter geöffnet, indem sie die von ihnen überkommenen Werkzeuge und Methoden noch vervollkommneten. Am Ende ward ihnen natürlich die Methode die Hauptsache; sie fuhren fort zu graben und zu graben, nachdem schon längst kein Gold — oder doch gar wenig Gold — mehr zu finden war in den Minen, und bemerkten gar nicht, daß unterdessen draußen die Nation auf den gewaltigen Gedanken jener großen Väter das neue Gebäude in ruhigem, anspruchslosem Fleiße aufführte, unter dem sie ein neues Leben beginnen wollte. Da es nun auf einmal so strahlend und herrlich dastand, fiel's plötzlich einigen Jüngeren da drinnen ein, daß doch vielleicht ihr „methodisches" Arbeiten nicht Alles sei, daß einige vereinzelte Goldadern — und wer wollte leugnen, daß gar mancher historische Bergknappe der letzten dreißig Jahre noch überaus kostbares Metall an den Tag gefördert? — sie über den Werth des ganzen Treibens geblendet und getäuscht. Sie möchten umkehren; aber es ist zu spät, und so meutern sie in ungerechtem Zorne gegen ihre Führer — als ob sie nicht selber diese Führer, diese Thätigkeit gewählt!

Ein Grundirrthum dieser jugendlichen Männer und speciell dieses ihres Wortführers kommt daher, daß sie Deutschland noch immer für eine große Universität halten und meinen, jeder Deutsche sei ein Privatdocent oder Professor der Geschichte und Philologie. Gingen sie einmal nach Hamburg oder Chemnitz, so würden sie schon genug und nur zu viele „unhistorische" Deutsche finden, und blickten sie ein wenig in die Berufsthätigkeit deutscher Beamten und Officiere, so würden sie sich schon überzeugen, daß die „hypertrophische Tugend" der Historik sie nicht am raschen, sicheren, dem Augenblick gemäßen Handeln hindert.

Andererseits, wie sehr sich auch unsere Gelehrten überheben mögen, wir müssen doch auch ihre Verdienste in dieser Richtung nicht verkennen. Die deutsche historische Wissenschaft der letzten dreißig Jahre war ihrem ganzen Charakter nach national und protestantisch. Die Herren Professoren mögen sich noch so viele Illusionen über ihre Objectivität machen, über ihre wissenschaftliche Unbestechlichkeit und Gewissenhaftigkeit, über die Unfehlbarkeit ihrer wunderbaren Methode — und ich glaube wirklich, käme heute Thukydides vor's Publikum, ein Privatdocent aus Leipzig oder Göttingen würde dem unglücklichen Historiker, der nicht aus dem Ranke'schen oder Waitz'schen Seminar hervorgegangen, in irgend einem „literarischen Centralblatt" schon seinen Mangel an Methode recht gründlich auseinanderzusetzen wissen — unsere akademischen Lehrer der Geschichte mögen sich noch so sehr über die Unsicherheit alles historischen Wissens und über die Unmöglichkeit aller Feststellung anderer als der gröbsten, summarischesten Thatsachen zu täuschen suchen; sie haben, ohne es zu wollen und zu wissen, den protestantischen und nationalen Interessen gedient, ihnen zuliebe die Geschichte gebeugt, in diesem Sinne die Thatsachen gesichtet und zusammengestellt. Die Beamten, welche einst auf der Universität diesen Studien nahegekommen, haben den Wust des Wissens bald genug abgeschüttelt und vergessen; die nationale und protestantische Tendenz ist ihnen allein von all dem Detail geblieben. Die Bürger und Officiere, welche sich durch die Werke jener Gelehrten durchgearbeitet oder aus den Zeitungsartikeln, sei's den Nachklang, sei's den Auszug solcher Werke aufgenommen haben, kümmern sich wenig um das „Quellenstudium", auf das die Herren Verfasser so sehr stolz sind; sie folgen der Richtung, welche der Schriftsteller in der geschichtlichen Entwicklung findet, oder in sie hineingelegt, oder gar von seinen Lesern selber sich aufzwingen läßt — und das ist die nationale und protestantische. So, und nur so, haben unsere Gelehrten am Gang der deutschen Dinge mitgewirkt; die Nation war von dem nationalen und anti-katholischen oder vielmehr anti-christlichen Geiste bewegt seit den Zwanziger-Jahren; diesen Geist theilte sie der Gelehrtenwelt mit und war derselben dankbar, wenn sie von ihr mit einem ungeheuren Aufwande von Forschung, Kritik und System autorisirt ward, diesen ihren Geist als legitim zu betrachten.

Zu andern Zeiten und bei andern Völkern ist freilich dieser Apparat durchaus nicht für nöthig erachtet worden. Es genügte, daß der Historiker die Sprache seiner Quellen gründlich kannte, in der allgemeinen Geschichte gehörig bewandert war, Jurisprudenz und Nationalökonomie studirt hatte, im Uebrigen aber natürliches Urtheil besaß — was ihm Alles auch vor Erfindung unserer unfehlbaren

Methoden möglich war —; hatte er sich gar durch eigene Erfahrung und Thätigkeit mit Staatsführung und Verwaltung vertraut gemacht, so brauchte er sich wahrlich nicht erst „methodische Textkritik“ als einzigen Schlüssel zur geschichtlichen Wahrheit anzueignen. So bereiteten, der Alten und der großen Geschichtschreiber der Renaissance nicht zu gedenken, noch im heutigen Frankreich und England geistvolle Politiker, wie Guizot und Macaulay, der Nation ihre historische Nahrung; in Deutschland waren es die Professoren. Was Wunder, wenn sie etwas trocken schmeckte, was Wunder, wenn die Lehrer und Schriftsteller, welche dem wirklichen Staatsleben so ganz fern standen, das Wichtige vom Unwichtigen, das Nöthige vom Unnöthigen nicht zu unterscheiden wußten? Die Nation hat doch aus alledem das ihr Zusagende herausgespürt und sich zunutze gemacht. Für's praktische Leben freilich hat sie dabei nicht lernen können, was ein Grieche und Römer, ein Franzose und Engländer aus ihren Historikern lernen mochten. Es ist eben mit der deutschen Historik wie mit der deutschen Philosophie und dem größten Theile der deutschen Literatur: sie ist vorzugsweise von Gelehrten für Gelehrte geschrieben, und selbst dem Laien, der sich mit ihr beschäftigt, bleibt stets ein wenig Staub auf den dadurch gewonnenen Anschauungen und Gedanken sitzen, den er dann große Mühe hat, wieder abzuschütteln; denn der Deutsche, selbst der, welcher nicht den gelehrten Kreisen ex professo angehört, wird gewöhnlich erst nachdem er die Dreißiger zurückgelegt wieder jung und verhältnißmäßig frisch, natürlich in Urtheil, Auffassung, Aufnahme von Eindrücken. Das System, die Abstraction, das fertig ihm aufgezwungene

Urtheil haben ihm die natürliche, unmittelbare Anschauung stets schon getrübt; und wenn sie auch nicht tief genug eingedrungen sind, um ihn in seinem Handeln zu hemmen, so hindern sie ihn doch entschieden daran, daß er die Gegenstände unbefangen und direct auf sich wirken lasse. Das dunkle Gefühl, daß dem so sei, war es auch, was die Stürmer und Dränger, was zwanzig Jahre später die Romantiker, was in unserem Jahrhundert das junge Deutschland zum Kampf gegen die gelehrte Bildung im Allgemeinen und gegen das Treiben der Universitäts-Professoren im Besonderen aufregte, und zwar stets mit der Uebertreibung und Heftigkeit, welche den Abtrünnigen eigen zu sein pflegt. Nie hat ein Grieche, ein Römer, ein Engländer oder ein Franzose, die Alle aus dem Leben herausschrieben, das Recht des Lebens auf Heinse'sche, Friedrich Schlegel'sche, Heine'sche Weise gegen die Schule geltend gemacht. Die ewige Forderung, Literatur und Leben zu versöhnen, sich gegenseitig durchdringen zu lassen, welche jede aufsteigende Generation wieder in Deutschland erhebt, hört man dort nie; eben weil die gegenseitige Durchdringung dort bestand und besteht. Wir sind aber Alle, Herr Nietzsche nicht ausgenommen, entkuttete Schulmeister; daher unsere Wuth gegen die Schulstube und — unsere Unbeholfenheit im Gebrauche der errungenen Freiheit, unsere Täppigkeit, wenn wir uns als Cavaliere geberden wollen, ohne unsere Bildung daheim zu lassen, „die Bänke zu hüten“.

Herr Nietzsche ist aber auch ungerecht gegen die deutschen Gelehrten selber, wie er es gegen ihre Wirksamkeit ist. Ihre Untugenden sind doch nur die ihres Standes, nicht unserer Zeit, unseres Volkes. Der Gelehrte, der aus der Wissenschaft seinen Broterwerb macht, nimmt stets eine unvortheilhafte Stellung ein und er gleicht dem Priester, der von seinem Altar lebt. Mit der Idee der Wissenschaft, wie mit der Religion, verbindet sich immer die der Uneigennützigkeit, und die Vertheidigung der persönlichen, irdischen Interessen, welche uns bei anderen Ständen ganz natürlich erscheint, däucht uns hier verletzend, unzart; wir protestiren sofort gegen den Geist der Coterie, sobald sich diejenigen gereizt zur Abwehr zusammenschaaren, welche uns durch ihre Thätigkeit selber ganz besonders zur Duldung oder zur Verachtung der Gegner verpflichtet scheinen. Wie im Allgemeinen der Widerspruch zwischen der hohen, göttlichen Mission des Priesters mit der schwachen menschlichen Natur stets einen Mißklang hervorrufen muß, sobald der Träger jener Mission sich dieser seiner Schwäche und Unzulänglichkeit nicht ganz bewußt bleibt; wie speciell der Gegensatz zwischen der gepredigten Demuth und dem geübten Hochmuth uns am Geistlichen so sehr beleidigt; ebenso ist uns die Rohheit der Gemüther oder der Formen bei Menschen, die mit dem gerühmten Bildungsmittel der Wissenschaft fortwährend umgehen, ganz besonders verletzend. Das war aber Alles gerade so in den Tagen und dem Vaterlande Filelfo's und Poggio's wie heute im gelobten Lande der Universitäts-Professoren. Man irrt sich eben über die bildende Wirkung der historischen Wissenschaft. Diese Wirkung übt die Geschichte nur aus, so lange sie künstlerisch oder philosophisch oder politisch angeschaut und betrieben wird. Und dies führt uns wieder zu Herrn Nietzsche's eigentlicher These zurück; denn seine Unterscheidungen der historischen Betrachtungsweisen, so sonderbar auch die Benennungen sein mögen, laufen auf das soeben Gesagte hinaus.

II.

Herr Nietzsche meint, man könne sich der Vergangenheit gegenüber auf dreierlei Weise verhalten: entweder historisch, indem man sie als ein Wirkliches vor Augen behalte, oder unhistorisch, indem man sie vergesse, oder endlich überhistorisch, indem man sie contemplativ betrachte. Er ist mit Recht der Ansicht, der handelnde Mensch müsse wechselweise historisch und unhistorisch zu sein wissen, das heißt, sich bald den Zusammenhang mit der Vergangenheit lebhaft vergegenwärtigen, bald ihn ganz außer Augen lassen, bald sich selber als Fortsetzung einer Entwicklung, bald als Centrum derselben ansehen. Auch verhehlt er nicht, obschon er sich für diesesmal nur an die Handelnden wendet, daß ihm im Grunde der „überhistorische" Mensch, der die Geschichte künstlerisch oder philosophisch, das heißt als die ewige Einerleiheit des Willens zum Leben in den verschiedensten Erscheinungsformen auffaßt, höher steht als der historische oder unhistorische Mensch.

Bei dem Lebendigen nun, dem Handelnden, sei kein Gleichgewicht in Deutschland, meint der „Unzeitgemäße"; da herrsche die historische Seite vor, überwuchere, ersticke das frische, unbefangene, naiv-egoistisch unhistorische Leben und Handeln. In der That könne man die Historie auf drei Weisen auf sich wirken lassen, die alle ihre Vortheile für das Leben hätten, freilich auch ihre Nachtheile; diese aber überwögen jene im heutigen Deutschland. Die

Historie wirkt monumental — wir würden statt der bizarren Bezeichnung lieber den Ausdruck „exemplarisch" vom Juristen entlehnen — wenn vergangene Größe uns vorschwebt, sei's um uns zur That aufzumuntern, indem sie uns die Möglichkeit des Großen zeigt, den Ruhm vorhält, den die Geschichte dem Handelnden bereitet, sei's um uns von der That abzuschrecken, indem sie uns die eigene Kleinheit ins Gedächtniß ruft oder, den trivialen Ausdruck zu gebrauchen, mit den Todten die Lebendigen todtschlägt. Die Historie kann aber auch antiquarisch behandelt werden, welche Behandlungsweise im conservativen Sinne ihren Ursprung hat und conservativ auf das Leben wirkt. Pietät und Trieb nach Aufrechthaltung des Zusammenhanges mit der Vergangenheit führen zu dieser Art von Historik, welche wohlthätig bleibt, so lange sie nicht in unterschiedslose Werthschätzung alles Vergangenen, das heißt in blinden Conservatismus oder „gelehrtenhafte Gewöhnung" ausartet. Endlich kann man der Geschichte auch kritisch gegenüberstehen, indem man ihre tausend Fesseln, mit denen uns die Vergangenheit belastet hat, zerreißt, damit das Leben wieder Raum gewinne — ein gar gefährliches und schmerzliches Vorgehen, das man aber mit dem unhistorischen Sinne zu verwechseln sich hüten muß; dieser vergißt die Vergangenheit und lebt und handelt, als wäre sie nie gewesen. Der kritische Sinn richtet sich gegen sie, um sie zu zertrümmern; er wäre es, den man als den Reactionär par excellence darstellen sollte, während er in der That als der Revolutionär verschrieen ist.

Alle diese drei Behandlungsweisen der Geschichte nun wirken nur noch in ihrem schlimmsten Sinne auf Deutschland, wenn wir Herrn Nietzsche Glauben schenken sollen, und zwar aus dem einfachen Grunde, weil die Historie Wissenschaft zu werden prätendirt hat. Daher sei es gekommen, daß all unsere Bildung „nur ein Wissen um Bildung“ geworden, daß „ein merkwürdiger Gegensatz eines Innern, dem kein Aeußeres, eines Aeußeren, dem kein Inneres entspräche“, entstanden sei, daß „der moderne Mensch eine ungeheure Menge von unverdaulichen Wissenssteinen mit sich herumschleppe“. Mit anderen Worten, die Geschichtswissenschaft hat Deutschland daran verhindert, eine nationale Cultur zu haben. Wie aber hat das die Geschichtswissenschaft zuwege gebracht? Durch die Veräußerlichung des Wissens, antwortet Herr Nietzsche: sie hat den Menschen in sich entzweit, den Wissenden vom Handelnden und Fühlenden getrennt und so die Persönlichkeit geschwächt. Sie hat ein solches Gewicht auf die Objectivität gelegt, daß das Subject, der eigentliche Träger der Geschichte, das auch allein sie zu schreiben berufen sein sollte, sich dabei ganz selbst aufgegeben hat oder aufgegeben zu haben glaubt. — Zweitens hat die Geschichtswissenschaft die Einbildung unserer Zeit gefördert, „daß sie die seltenste Tugend, die Gerechtigkeit, in höherem Grade besitze als jede andere Zeit“, indem sie meint, jene ihre gerühmte Objectivität sei nichts Anderes als Gerechtigkeit; während doch diese nur von starken Richtern, nicht von gleichgiltigen Eunuchen geübt wird. — Drittens wurden durch dieses Uebermaß von historischem Wissen „die Instincte des Volkes gestört und der Einzelne nicht minder als das Ganze am Reifwerden gehindert“. Schon früh wird der sichere Blick getrübt und geblendet durch „allzu helles, allzu plötzliches, allzu wechselndes Licht. Die Masse des Einströmenden ist so groß, das Befremdende, Barbarische und Gewaltsame dringt so übermächtig . . . . . auf die jugendliche Seele ein, daß sie sich nur mit einem vorsätzlichen Stumpfsinn zu retten weiß"; das heißt, man ist blasirt, ehe man noch das Leben kennt. — Viertens aber wird durch jenes Uebermaß „der jederzeit schädliche Glaube an das Alter der Menschheit, der Glaube, Spätling und Epigone zu sein, gepflanzt". Unsere ganze geschichtliche Bildung strebt also verkappt dahin, wohin das Christenthum offen strebte: die Zukunft als werthlos darzustellen, die pflanzende, schaffende Thätigkeit, welche auf jene Zukunft als etwas Wirkliches hinwirken möchte, zu lähmen, als werthlos darzustellen, uns stets als Erben, nie als Erblasser zu betrachten, uns zu beweisen, „daß es gut sei, alles Geschehene zu wissen, weil es zu spät dafür sei, etwas Besseres zu thun". Dieser sterile Hochmuth nun, der unsere Generation als Zweck und Vollendung der weltgeschichtlichen Entwicklung hinstellt (wie das Christenthum Natur, Menschheit, Universum für die Anhänger der alleinseligmachenden Kirche geschaffen glaubte), bringt endlich fünftens eine Zeit „in die gefährliche Stimmung der Ironie über sich selbst und aus ihr in die noch gefährlichere des Cynismus; in dieser aber reift sie immer mehr einer klugen, egoistischen Praxis entgegen, durch welche die Lebenskräfte gelähmt und zuletzt zerstört werden". Aus dieser, für Herrn Nietzsche namentlich durch E. v. Hartmann vertretenen, tödtlichen Weltanschauung kann uns nur die Jugend retten. Sie leitet unser Geschlecht „zu einem Proteste gegen die historische Jugenderziehung des modernen Menschen", sie fordert, daß „der

Mensch vor Allem zu leben lerne und nur im Dienste des erlernten Lebens die Historie gebrauche". So allein können wir wirklich zu dem kommen, was uns so sehr fehlt: einer nationalen Cultur, welche „nur aus dem Leben hervorwachsen und herausblühen kann" ... Die deutsche Jugenderziehung dagegen bezweckt eine äußerliche, vom Leben getrennte Cultur, d. h. ein Wissen. „Ihr Ziel, recht rein und hoch gedacht, ist gar nicht der freie Gebildete, sondern der Gelehrte, der wissenschaftliche Mensch, und zwar der möglichst früh nutzbare wissenschaftliche Mensch, der sich abseits von dem Leben stellt, um es recht deutlich zu erkennen; ihr Resultat, recht empirisch-gemein angeschaut, ist der historisch-ästhetische Bildungsphilister, der altkluge und neuweise Schwätzer über Staat, Kirche und Kunst. . . ." Mit dieser Erziehung muß gebrochen werden, und jeder Jüngling muß sich vor Allem von der Abwesenheit einer deutschen Cultur überzeugen, er muß wieder „unhistorisch" werden und vergessen lernen, zugleich aber auch „überhistorisch", indem er seinen Blick auf Kunst und Religion richtet. Freilich wird die erste Generation dadurch nicht zum Ziele gelangen, sie muß sich aufopfern für die nachfolgende. Sie muß thun, was einst die Griechen gethan, als sie mitten im Chaos von ausländischen, semitischen, babylonischen, lydischen, egyptischen Formen und Begriffen sich auf sich selbst zurückbesannen, jenes Chaos organisirten und eine eigene Cultur schufen. Anstatt Convention und Maskerade, wie jetzt, werden Kunst und Religion diese Cultur anpflanzen, welche in der „Einheit des deutschen Geistes und Lebens nach der Vernichtung des Gegensatzes von Form und Inhalt, von Innerlichkeit und Convention" bestehen soll.

III.

Dies das dürre Gerippe des Nietzsche'schen Raisonnements, das der talent- und geistvolle, selbstdenkende, erregte Verfasser mit dem Fleische einer lebendigen, originellen, stellenweise hinreißenden Sprache umkleidet hat, und es hat uns wahrlich nicht wenig Ueberwindung gekostet, so unbarmherzig den Kern der merkwürdigen Schrift aus seiner schönen Schale loszulösen. Fragen wir uns nun aber, ob wir trotz aller Sympathien auch mit dem Kopfe immer des Schriftstellers Partei nehmen, seine Thesen zu den unsrigen machen können, so müssen wir sofort unsere Reserven machen. Ja, im Allgemeinen scheint uns Herr Nietzsche das Richtige getroffen zu haben; aber auch im Einzelnen? Und namentlich, hat er in seiner Zerstörungswuth nicht gar zu sehr vergessen, daß, wer uns so viel nimmt, uns auch etwas geben muß?

Nur vorübergehend wollen wir noch einmal an das schon in unserem ersten Paragraphen Gesagte erinnern, indem wir die Prämisse der ganzen Schrift für viel zu weit gegriffen erklären. Hr. Nietzsche spricht, als ob die ganze deutsche Nation eine akademische Erziehung genossen und im historischen Wissen erstickt wäre. Dies ist durchaus auf die schriftstellernden Deutschen zu beschränken, oder es ist doch jedenfalls festzustellen, wie wir es gleichfalls schon gethan, daß die nicht-schriftstellernden Deutschen, welche eine solche historische Ueberbildung erhalten, dadurch wohl in ihren Anschauungen und Urtheilen, keineswegs aber in ihrem Handeln gelähmt und irre gemacht werden. Das haben sie im Kriege gezeigt, das zeigen sie schon lange jedem Aufmerksamen in ihrem Auftreten außerhalb der Sphäre unserer Civilisation, sei es als Reisende im Himalaya und an den

Quellen des Nil, sei es als Kaufleute in Japan und China, sei es als Abenteurer in Mexico und San Francisco. Würden sich endlich einmal unsere Romanschriftsteller, Historiker, Reisebeschreiber, Dichter, Dramatiker unter freien Menschen recrutiren, anstatt unter freigelassenen oder noch im Joche ziehenden Kathedermännern, so würde wohl auch unsere Literatur jenen abstracten Charakter verlieren. Man lese nur einmal wieder die politischen Reden von 1862 eines deutschen Kammerredners, wie Herrn Professor Virchow's oder selbst Herrn Professor Gneist's, — man sieht, wir wählen wahrlich keine Untergeordneten als Standesvertreter — und vergleiche sie mit denen Bismarck's, die heute noch gerade so frisch, inhaltsvoll und anregend sind als vor zehn Jahren, und man wird sofort verstehen, was wir meinen. Warum sollte nicht auch früher oder später ein künstlerisch begabter Officier uns eine Geschichte des deutsch-französischen Krieges geben?

Es ist ohne Zweifel ein großer Irrthum der deutschen Professoren gewesen, aus der Geschichte eine Wissenschaft machen zu wollen, was sie ihrer Natur nach nicht sein kann; aber es ist ihnen doch glücklicherweise bis jetzt nicht gelungen, die Geschichte als Wissenschaft in die Jugenderziehung, speciell in den Gymnasial-Unterricht einzuführen. Es mag Ausnahmen geben, aber im Allgemeinen läßt der Lehrer der Geschichte seine Kritik vor der Schulstubenthür und lehrt die Geschichte, sei's dogmatisch, sei's erzählend, wie der Lehrer des Griechischen wohl auch seine Conjecturen und Emendationen dem Schüler meistens nicht vorträgt, sondern ihm den gedruckten Text seines Alten als das Gegebene, Unzweifelhafte in die Hand giebt. Daß beide aber selber daheim die Details geprüft, ist eine Nothwendigkeit. Nicht daß wir unfehlbare Methoden hätten, um hinter den historischen Thatbestand oder den ursprünglichen Text eines Schriftstellers zu kommen, wohl aber weil nur wer alles Einzelne geprüft, das Ganze so besitzen kann, daß er es Andern mittheilen darf. Das will nicht sagen, daß unser, sowie überhaupt das europäische Unterrichtssystem nicht einer tiefgehenden Veränderung bedürfe; wir glauben sogar, daß aller Geschichtsunterricht in den niedern Classen sich auf Lesen des Herodot, des Plutarch, des Cornelius Nepos, Joinville's, Muntaner's u. s. w., in den höheren Classen auf das Einprägen der Rahmen beschränken müßte, welche der Schüler früher oder später durch Lektüre auszufüllen hätte. Wir sind ferner der Ueberzeugung, daß das Studium der alten Sprachen fünf Jahre später, als es geschieht — das heißt erst nach vollendetem dreizehnten Lebensjahre — begonnen, die Grammatik von der robusteren Intelligenz des Knaben in zwei Jahren im Wesentlichen erlernt, und die drei bis vier übrigen Jahre dem größtentheils cursiven Lesen der Classiker gewidmet werden könnten. Wir halten endlich dafür, daß die ersten sechs Jahre des Unterrichts nur zur Stärkung des Gedächtnisses und des Beobachtungsvermögens verwendet werden sollten*) — aber aus alledem folgt noch gar nicht, daß

*) Der Schreiber dieses, ein eifriger Anhänger des classischen Unterrichts und welcher alle Lehrgegenstände dieser fünf entscheidenden Jahre (13—18) ausschließlich auf die alten Sprachen und die Mathematik beschränkt wissen möchte, war zu der Ueberzeugung von der Nützlichkeit dieser Reform durch Nachdenken und Erfahrung gekommen; er hat sie seitdem in Holland mit dem größten Erfolg durchgeführt gesehen und erfährt nun, daß dasselbe auch in Schweden geschehen ist.

die Kenntniß des Vergangenen keinen Theil des Jugendunterrichtes mehr ausmachen, noch weniger, daß unsere Lehrer nicht fortfahren sollten, auf der Universität sich eine gelehrte Bildung zu erwerben. Oder glaubt Herr Nietzsche, daß die deutschen Gymnasial-Lehrer je aus der Reihe der Geschäftsleute, der Staatsmänner oder der Künstler hervorgehen könnten? Nur Eines halten wir für ein wirkliches Unheil, und das ist, daß unsere Historiker sich nicht aus diesen Kreisen recrutiren, wie es Herodot und Thukydides, Sallust und Cäsar, Machiavelli und Guicciardini, Clarendon und Grote, Mignet und Thierry gethan. Wie sehr die Theilnahme am wirklichen Staatsleben, sei sie auch noch so indirect — und die Theilnahme unserer Kammern am staatlichen Leben war und ist doch noch sehr indirect — dem Historiker zugute kommt, sieht man auf den ersten Blick, wenn man ein Werk Sybel's, Häußer's oder Treitschke's mit einem Werke Wachsmuth's oder Schäffer's, ja Leo's und Schlosser's vergleicht. Man fühlt schon den Uebergang aus der „wissenschaftlichen" Behandlung der Geschichte zur künstlerischen und politischen, welche im Grunde die allein statthaften sind, so lange man die Vergangenheit nicht eben „überhistorisch", d. h. philosophisch betrachten will. Warum aber Geschichte nimmer, wie Physik oder Chemie, eine Wissenschaft werden kann, das haben hervorragende Denker, wie Montesquieu, Wilhelm v. Humboldt und Schopenhauer, so unwiderleglich dargewiesen, daß es als eine unnöthige Dreistigkeit erscheinen könnte, wollten wir diese ihre Darweisung hier abgeschwächt noch einmal vorbringen.

Herr Nietzsche meint, der historische Sinn, welcher doch eigentlich die Grundlage der ganzen deutschen Bildung von

Winckelmann bis auf Hegel ausmacht, sei vom Uebel: er habe uns zu Anbetern des Erfolges gemacht, er habe uns gelehrt, über dem Werden das Sein zu vergessen, er habe uns das Gefühl und damit auch die Kraftlosigkeit des Epigonenthums eingeimpft.

Ueber den Werth des historischen Sinnes an sich wollen wir nicht rechten. Man darf nie vergessen, wie er sich in Deutschland nur als Reaction gegen den Mechanismus und Rationalismus des achtzehnten Jahrhunderts entwickelt hat. Daß er allein jenen „überhistorischen“ Standpunkt, der Herrn Nietzsche mit Recht so überlegen dünkt, möglich macht, scheint uns unwiderleglich; daß er aber durchaus in den Augen seiner ersten Verkünder, vor Allem Hamann's und Herder's, nicht eine Vernichtung oder nur Geringschätzung der Persönlichkeit implicirte, beweist ein Blick auf ihre Schriften. Denn recht im Gegentheile dachten und sagten sie, als sie das Wachsen dem Machen, das Werden dem Absoluten, den Organismus dem Mechanismus entgegensetzten, der höchste, herausgewachsene und gewordene Organismus sei die große Individualität, und ebenso sei diese auch wiederum das wirksamste, schöpferischeste Element in der geschichtlichen Weiterentwicklung. Niemand hat mehr für die Totalität der individuellen Thätigkeit gegen die Arbeitstheilung geeifert als sie, und wer sie richtig versteht, wird, anstatt zu einem stumpfen Fatalismus, gerade zum Handeln, Eingreifen, Geltendmachen seiner Persönlichkeit getrieben werden.

Auch unsern Cultus des Erfolges scheint uns der Verfasser nicht ganz richtig aufgefaßt zu haben. Freilich sind wir historisch und philosophisch gebildeten Deutschen in unserer Geschichtsbetrachtung alle Darwinianer vor Darwin gewesen: wir glaubten und glauben, daß in der Weltgeschichte, wie in der Natur, stets dem Stärkeren der Sieg bleibt. Aber es fällt durchaus nicht uns Allen ein, wie Hegel es implicite that, hinzuzufügen: dem Besseren. Mit anderen Worten, wir begnügen uns, Thatsachen zu constatiren; wir wollen mitnichten ihren moralischen Werth abwägen. Jenes Gesetz wird uns von Geschichte und Natur offenbart; wir haben es zu erkennen, wie uns die Unfreiheit des Willens aus dem Rückblicke auf unseren eigenen empirischen Charakter und auf den Anderer als Gesetz offenbart wird, was uns durchaus nicht hindert, im praktischen Leben zu handeln, als ob wir freien Willen hätten. Ja, Männer wie Knox, Calvin und Luther haben, sollten wir meinen, ganz anders energisch gehandelt, als alle Prediger der Willensfreiheit. Wir behaupten z. B., daß der Jesuitismus im sechzehnten und siebzehnten Jahrhundert in Spanien und Oesterreich gesiegt habe, weil er der Stärkere war; es ist uns aber nie eingefallen, ihn deßwegen als den Besseren hinzustellen. Ja, wir gehen noch weiter, wir bekämpfen ihn, seine Folgen, seine Nachwüchse mit dem Gefühle, daß wir, die wir uns als die Besseren fühlen, wohl am Ende auch wieder die Stärkeren werden könnten. Hätten wir diese Hoffnung nicht, so würden wir nicht streiten; deß kann man sich versichert halten.

Wir fühlen uns als Epigonen, meint Herr Nietzsche, und in Einem Sinne hat er wohl Recht: unserer Wissenschaft, unserer Literatur gegenüber sind wir es auch; aber wie Mancher — Herr Nietzsche einer der ersten — fühlt sich nicht auch als Progone? Mag sein, daß sich einige

„Bildungsphilister" und Professoren recht Wagner-Millisch stolz fühlen, daß sie es so unendlich weit gebracht; wir kennen aber auch gar Viele, und nicht die Schlimmsten, welche die literarische Inferiorität unserer Zeit wohl fühlen und anerkennen. Mag sein, daß manch junger Privatdocent sich wertherisch blasirt und ohnmächtig fühlt in dieser Erkenntniß. Der gebildeten deutschen Jugend im großen Ganzen ist doch etwas Anderes aufgegangen in den letzten Jahren: sie stehen da als Hoffende, als Strebende; sie sehen, daß die literarische Productivität der Nation für den Augenblick erschöpft ist, daß die staatliche, bislang auf so falschem Wege, endlich ins richtige Geleise gebracht worden ist. Sie möchten diese neuen Wege gehen, aber doch das Erbtheil der Väter nicht zurücklassen; sie sind keineswegs gewillt, nordamerikanisch-„unhistorisch" zu sein; sie wollen anknüpfen an die Gründer deutscher Literatur wie an die Gründer des modernen Staates, an Schiller und Göthe, wie an Friedrich und Stein, die Universalität bewahren und doch sie selber sein, in der neuen nationalen Existenz sich die humane Gesinnung einer Zeit bewahren, wo der nationale Staat noch nicht existirte. Sie haben das Gefühl ihrer Formlosigkeit und das Bedürfniß, sich Formen anzueignen, und zwar Formen, die jener Bildung der Väter entsprechen. Mit anderen Worten, sie wollen, was Herr Nietzsche so sehnlichst herbeiwünscht: eine nationale Cultur.

Wodurch aber wird diese nationale Cultur erlangt werden? Ist's durch möglichst unhistorische Realschulbildung? Ist's durch den ausschließlichen Betrieb der Naturwissenschaften? Ist's, wie unser Verfasser meint, durch eine neue Kunst und Religion? Uns will bedünken, unsere Cultur ist schon im Anzuge, und wir glauben schon die charakteristischen, nicht eben immer angenehmen Züge derselben unterscheiden zu können. Erstehen in ausgebildeten Formen kann sie erst, wenn die allernächste Vorbedingung zu ihr da ist: Wohlstand, und zwar angehäufter oder ererbter Wohlstand, der Muße und Freiheit im Gefolge führt, ohne welche keine Cultur denkbar ist. Wir sind keine Südländer; das Zusammentreffen hoher geistiger Bildung mit ursprünglich einfachen, natürlichen Sitten, aus denen die Cultur des Perikleischen Zeitalters und, obschon in geringerem Grade, diejenige des italienischen Quattrocento hervorging, wird uns nie ganz zu Theil werden können; aber eine Cultur wie die französische oder englische, wenn auch verschieden von diesen in Wesen und Form, kann das neue Deutschland wohl noch schauen. Einer nationalen Religion wird sie freilich entrathen müssen, denn der Glaube der gebildeten Deutschen — und nur die Gebildeten nennen wir die Nation — ist entweder ganz negativ oder ganz unbestimmt: in beiden Fällen unproductiv, wenn es sich darum handelt, dem Leben Formen zu geben. Doch ist der metaphysische Sinn, der Idealismus, wenn man will, noch nicht aus der deutschen Weltanschauung gewichen — die immer größere Verbreitung Schopenhauer's und die Gleichgiltigkeit gegen den englischen Positivismus beweisen es — und wenn dieser vage Idealismus nicht genügt, dem Leben bestimmte Formen zu geben, so verhindert er doch, daß verknöchernde Formen je die Seele unserer kommenden

Cultur ersticken. Auch die deutsche Kunst — die Musik — ist mehr dazu angethan, die Volksseele zu erwärmen und auf das metaphysische Weltprincip hinzulenken, als Lebensformen zu schaffen; aber sie ist doch ein mächtiger Kampfgenosse der Cultur gegen Verwilderung. England hat eine Cultur, d. h. eine Einheit des inneren und äußeren Lebens, ohne irgend eine Kunst, außer der Poesie, aus sich heraus geschaffen. Warum sollte es Deutschland nicht? Das Einzige, was ihm dazu noththut — und darin treffen wir hoffentlich Herrn Nietzsche's Billigung vollständig — ist das Aufgeben, nicht des classischen Jugendunterrichtes, sondern der Parasitenbildung, vor Allem des Lesens von Büchern über Bücher und Werke der Kunst. Sobald der Deutsche sich dazu wird entschließen können, alle Literatur- und Kunstgeschichten, Aesthetiken und Kritiken beiseite zu lassen, sobald er ohne Anleitung seinen Göthe wird lesen, seinen Dürer schauen, seinen Mozart hören wollen, braucht es nichts weiter. Für den Rest werden schon die neuen Lebensverhältnisse sorgen. Wenn Herr Nietzsche aber jene Schmarotzer-Literatur unter „historischer Bildung" versteht, so müssen wir ihm beistimmen: sie ist vom Uebel. Doch irrt er sich, wenn er meint, wir Deutschen litten daran mehr als andere Nationen. Auch im Auslande gibt es „altkluge und neuweise Schwätzer über Staat, Kirche und Kunst" genug; auch in Frankreich und Italien, vor Allem aber in Rußland und England greift das Wissen um die Dinge anstatt der Kenntniß der Dinge, das Abstrahiren anstatt des concreten Anschauens, die krankhafte sterile Vielseitigkeit anstatt gesunder Ausschließlichkeit, das Allemgerechtwerden statt des muthigen Verdammens und Anerkennens immer mehr um sich und untergräbt täglich mehr den Charakter ehemals scharfgezeichneter nationaler Culturen.

Welches aber wird der bestimmende Factor in der deutsch-nationalen Cultur sein? In England war's, trotz aller Ausdehnung des Handels, die Land-Aristokratie; in Frankreich war's der Hof; in Italien das städtische Patriciat. Wir zweifeln nicht, daß es in Deutschland das Heer sein wird. Die allgemeine Wehrpflicht hat in wenig Jahren dem Rheinländer die preußische Physiognomie aufgedrückt; dem von Außen Zuschauenden verräth sich schon etwas Aehnliches bei dem Süddeutschen. Diese Physiognomie mag weniger angenehm sein als die des englischen Gentleman, des französischen Höflings, des italienischen Patriciers; eine Physiognomie ist es immerhin, und zwar eine stark ausgeprägte. Je mehr einerseits der Wohlstand steigt, je nationaler andererseits das Heer wird, desto mehr schleift diese Physiognomie ihre eckigen brandenburg'schen Formen ab, ohne doch die älterlichen Züge ganz zu verlieren. Dazu kommt das Gefühl des eigenen Werthes, der Anerkennung, welche das Ausland zollt, um dem Auftreten Sicherheit zu geben, welche ein untrügliches Anzeichen und ein höchst schätzbarer Vorzug jeder nationalen Cultur ist; es kommt die philosophische Bildung hinzu, um dem Handeln und Scheinen idealen Rückhalt zu sichern. Warum sollte nicht die Zeit kommen, wo ein wohlhabender Deutscher, der, nach classischer Gymnasial-Bildung und einjährigem Dienst im Heere, in den Handel, in den Beamtenstand, in die Diplomatie, in den Ackerbau, auf das Forum, in das Heer selber übertritt, bei aller Persönlichkeit den Stempel einer nationalen Cultur tragen würde? Dann wäre ja jene

Einheit wiederhergestellt, die Herr Nietzsche herbeisehnt, und wer weiß, ob uns dann nicht eine Poesie oder eine Kunst erstehen wird, welche so universell ist, als Göthe's und Beethoven's, aber zugleich sich so enge an's öffentliche und nationale Leben anschließt, als Shakespeare's oder Moliére's Schöpfungen.

Juni 1874.

Ueber Sprachvermengung.

Es hat in Deutschland immer Leute gegeben, die sich berufen glaubten, lebhaften Protest gegen fremden Einfluß auf die vaterländische Sprache und Literatur einzulegen, und man hat zu allen Zeiten versucht, diesem als ein Uebel betrachteten Einflusse durch mehr oder minder gewaltsame Zurückführung zum Nationalen zu steuern. Die Proteste sind aber stets verhallt, ohne ein Echo zu finden, die Versuche stets an der Gleichgiltigkeit des Publicums gescheitert, und unser liebes Vaterland ist nach wie vor dem fremden Einflusse zugänglich geblieben. Umsonst hat man Thor und Freja, Hermann und Thusnelda heraufbeschworen, umsonst haben patriotische Schneider „deutsche Röcke“ erdacht; unser Volk ist Jupiter und Venus, Orest und Iphigenien treu geblieben, und wir lassen noch immer unsere Paletots nach Pariser Mustern schneiden. So auch mit der Sprache. Weder die „Klagmären“ haben die „Tragödien“, noch die „Jungfernzwinger“ die „Klöster“ aus dem Volksmunde zu verdrängen vermocht. Es fragt sich nur, wer Recht hat, der Volksinstinct oder die Sprachpädagogen.

Schon zu Luther's Zeiten, dann wieder zu Opitz', Leibniz', Thomasius', Klopstock's, Arndt's Tagen wurde geeifert gegen die Französirung unserer Sprache, und sollte man dem Herrn Brandstäter glauben, so stünde es heute schlimmer als jemals, so wäre namentlich, „seit einigen Jahren die Nachahmung gallischer Redeweise in auffallender Zunahme begriffen"*). Uns das zu beweisen, hat der treffliche Patriot Auszüge aus mehr als 700 Schriften gemacht und gibt sie uns hier in einem Bande, nicht ohne am Anfange und am Ende die obligate Diatribe in Jahn'schem Style gegen die Verwälschung unserer Generation anzubringen. Der Ton des gelehrten und äußerst fleißig gearbeiteten Werkes, da, wo es nicht nur eine trockene Zusammenstellung von Citaten ist, macht ganz den Eindruck, als sei er ein Nachklang aus der Blüthezeit deutschthümelnder Franzosenfresserei. Die Behauptung aber, welche dem ganzen Buche zu Grunde liegt, kann nur als eine falsche, die Vertheidigung derselben als eine ganz mißlungene betrachtet werden. Die neuere deutsche Schriftsprache, weit entfernt, immer mehr Fremdwörter aufzunehmen und fremde Redeweisen nachzuahmen, ist von Leibniz auf Lessing, von Lessing bis auf unsere Tage, in beiden Beziehungen immer reiner und selbstständiger geworden, wie es ein vergleichender Blick auf die ersten besten Schriftsteller unserer und der vergangenen Zeit beweist. Die Belege aber, welche Herr Dr. Brandstäter zum Gegentheile vorbringt, sind so willkürlich als möglich gewählt, wie es leicht nachzuweisen ist.

*) Die Gallicismen in der deutschen Schriftsprache mit besonderer Rücksicht auf unsere neuere schönwissenschaftliche Literatur, von Dr. Franz August Brandstäter. Leipzig, Hartknoch, 1874.

Der Verfasser spricht nicht von den Fremdwörtern: er meint, dieser Gegenstand sei schon oft und gründlich genug behandelt worden; er wendet sich vorzugsweise gegen „die phraseologischen und syntaktischen Gallicismen", indem er sich, wie man sieht, selber solcher Fremdwörter bedient, deren Ursprung unzweifelhaft ist. Manche der von ihm angeführten Beispiele sind äußerst zutreffend; aber wir übertreiben nicht, wenn wir sagen, daß mindestens neun Zehntel der als Gallicismen angeführten Redensarten, wenn auch nicht immer zu loben, doch durchaus deutsch sind*). Wir wollen hier nicht auf Einzelnes eingehen. Hätte der

*) Man nehme aufs Geradewohl eine Seite heraus, und zwar die erste: „Es abgewinnen", „ähnlich" statt „solch ein", „alle Zeit haben" statt „Zeit genug", „Einen antreten" („Da tritt ein braun Bohemerweib mich an"), „armer" liebkosend statt „lieber", „auf dieses" statt „darauf". Ist das Alles französisch? Sind es: „eine Sprache besitzen", „einer Meinung sein", „was hast du?" (anstatt „was fehlt dir?"), „Gesellschaft sehen", „Maßregeln nehmen", „du hast gut reden", „begegnen" (für „geschehen"), „entwaffnen" intransitiv gebraucht, „Schwüre leisten", „sich wegen eines guten Einfalls loben", „gemacht" statt „geeignet" u. s. w.? Noch schlimmer steht es mit den syntaktischen Gallicismen, die 140 Seiten des Buches füllen. Auch hier sind die meisten angeführten Beispiele entweder gut deutsch oder, wenn fehlerhaft, doch deßhalb durchaus noch nicht aus dem Französischen entlehnt. So: „Du weißt nicht, welche Sophisten (statt Sophistinnen) die Liebe aus uns Frauen macht"; „den Namen der Koloniaten führen"; „Liebe des Vaterlands"; „Ich warf mich zu den Füßen der Weinenden"; „Möge es ehren die Geschichte"; „Ich sehe dieses Elends kein Ende"; „Alles ist nicht Gold was glänzt"; „Die Tugend, die ich anschauend erkenne, werde ich sie auch ausführen; „Nach einer verzweifelten Gegenwehr"; „Keine nicht" u. s. w. Dagegen können

Verfasser auch sein Anklage=Register auf das Unwiderleglichste beschränkt, wir müßten doch sein Bemühen für ein fruchtloses halten; denn eine Sprache, wie ein Mensch, wie ein Volk, wird nicht durch gute Lehren gebessert.

---

wir dem Verfasser nur beistimmen, wenn er sich gegen den unveränderlichen Nominativ der Apposition erhebt („Auch finden Sie dort einen Neffen, der munterste, artigste Mensch von der Welt"); wenn er „gedankt", „gefolgt" als Passiva perhorrescirt; sich über „lehren" mit dem Dativ, „helfen" mit dem Accusativ ereifert (indeß scheint der Verfasser nicht zu wissen, daß das Richtigere auch im Französischen in den meisten Fällen lui aider, nicht l'aider ist); ebenso wenn er „Einem widersprechen", „Einem heißen" mißbilligt; oder wenn er gegen Anakoluthien protestirt, wie: „Aus sechs Wunden blutend, gab es doch keine Kugel, mir des Lebens Schande zu ersparen", welche übrigens im Französischen vielleicht noch weniger als im Deutschen zuläßig sind. („Cela prédit" ist kein Französisch.) Aber diese wirklich gerechtfertigten Rügen sind sehr selten, und überdies ist es, wie schon bemerkt, dem Verfasser nur selten erlaubt, die betreffenden Redeweisen als Gallicismen zu bezeichnen. So scheint mir, daß, wenn Lessing seinen Marinelli sagen läßt: „Alles, was ich zu thun habe, ist, zu verhindern, daß sie nicht gestört werden", er wohl eher einem auch im Lateinischen und Griechischen herrschenden Sprachgefühl gehorcht, als eine französische Wendung nachgeahmt hat. Ebenso hat wohl auch Göthe kaum an ne-que gedacht, als er seinen Jetter von Philipp II. sagen läßt: „Er ließ sich nicht sehen als in Prunk und königlichem Staate". Dagegen wundert mich, daß Herr Dr. Brandstäter nicht solche offenbar dem Französischen nachgebildete Journal-Ausdrücke, wie „Rechnung tragen" oder „Tragweite" geißelt; daß er nicht das alte deutsche Anakoluth: „Ich habe Niemanden so schön gefunden, als ihn", vertheidigt gegen das logischere, undeutsche „Ich habe Niemanden so schön gefunden, als er (ist)", das sich in den Sprachgebrauch einzuschleichen droht.

Unsere Sprache ist im großen Ganzen besser und reiner geworden, obschon wir weniger große Prosaiker haben, als am Ende des vorigen Jahrhunderts; aber sie ist es geworden, weil wir dieselben hatten. Erst wenn der nationale Ideengehalt da ist, kann die Sprache ganz national werden, wie eine Dichtung, Göthe zufolge, erst dann national wird, wenn die Zustände des Vaterlandes einen nationalen Gehalt bieten. So lange Deutschland keine eigene Geistesbildung hatte — das heißt zwei Jahrhunderte lang — lallte es natürlich die Sprache der Franken, von deren Bildung es lebte, genau wie's heute die Italiener thun. Ja, es kommt die eigenthümliche Erscheinung vor, daß Männer, denen Deutschland einen großen Theil seiner Bildung verdankt, selber noch mit der fremden Terminologie ringen mußten und erst ihre Schüler der deutschen Idee den deutschen Ausdruck gaben. Man vergleiche Kant und Schopenhauer. Wenn unsere Journalistik noch vielfach in Wort und Wortfügung mehr als billig französirt, so kommt es eben daher, daß die politischen Anschauungen der Deutschen sich bislang auf den französischen Zuständen, Parteiungen, Einrichtungen, Doctrinen aufgebaut hatten; doch wäre das Bischen Französiren im Ausdruck gerne zu verzeihen, wenn sich jene Anschauungen nur vollständiger umgebildet hätten und wenn jene Gallicismen weniger nachlässig und geschmacklos hingeworfen wären. Auch unser Heer heißt eine „Armee" und ist geführt von „Generälen" und „Seconde-Lieutenants", eingetheilt in „Bataillone" und „Regimenter", was es doch nicht gehindert hat, eine recht glorreiche und echt deutsche „Campagne" zu machen; und wer wird es Friedrich dem

Großen nachtragen, daß „er Französisch redete, da er doch deutsch handelte"?

Alle forcirten Versuche, die Sprache zu germanisiren, sagten wir, helfen zu nichts, und es däucht uns, die Geschichte dieser Versuche beweist es zur Genüge. Nicht die Sprachreinigungs-Gesellschaften des siebzehnten Jahrhunderts, nicht Klopstock und seine Barden, nicht die Deutschthümler der Zwanziger Jahre haben uns unsere verlorene Sprache wiederhergestellt, sondern Lessing, Herder, Göthe, die nicht auf ihr Deutschthum zu pochen pflegten. Es ist damit ungefähr wie mit dem deutschen Staate gegangen, dessen Herstellung auch kein Werk der Jahn und Gervinus war, sondern das von Männern, welche das Vaterland sicherlich nicht unnütz im Munde führten und bei denen man nie leidenschaftlichen Ausfällen aufs Ausland begegnet. Da wird nur immer von „dem unheilvollen Einflusse des Französischen auf unsere Muttersprache" gesprochen; was wir aber diesem vielgeschmähten wälschen Einflusse danken, davon ist nie die Rede. Wo haben sich denn unsere besten Prosaiker gebildet? Wieland sprach und schrieb das Französische wie ein Franzose. Lessing verdeutschte als Jüngling die französischen Komiker, kannte Corneille, Racine, Molière auswendig, hatte alle französischen Kunstrichter studirt. Winckelmann las seinen Bayle und seinen Montesquieu beinahe täglich. Göthe war des Französischen so mächtig, daß er sich ernstlich fragen konnte, ob er nicht französischer Schriftsteller werden sollte. Man braucht nur Schiller's historische Werke, vor Allem aber seinen „Geisterseher", das Muster vollendeter Prosa, zu lesen, um zu sehen, was er den Franzosen dankte; Heine's und Chamisso's gar nicht zu gedenken. Ja, man könnte so weit gehen, zu behaupten, daß wir den stylistischen Wert unserer Schriftsteller an dem Maßstabe ihrer Kenntniß des Französischen bemessen können. Freilich werden uns Meister des Styls, wie ein Herr v. Sallwürk, den Herr Dr. Brandstäter citirt, einwerfen, daß „wir Unrecht thun, Göthe's Prosa unter den Mustern unseres Styls zu nennen. Von Schiller kann in dieser Beziehung ebenfalls nicht die Rede sein." Dagegen ist eben nichts zu sagen: Wer die Deutschheit, die Concinnität, die wohlgegliederte Architektonik, die Sicherheit des Ausdruckes in der Göthe'schen Sprache nicht fühlt, dem ist nicht zu helfen. Freilich dankt er diese schönen Eigenschaften zum großen Theile dem Studium des Französischen, das durch seinen logischen und klaren Satzbau, seinen lebendigen Schritt, die darin übliche äußerste Richtigkeit in der Wortwahl, stets eine treffliche Schule für den Deutschen bleiben wird, der das deutsche Sprachgefühl sicher und unbeirrt in sich trägt. Man lese unsere gelehrten Historiker der ersten Hälfte dieses Jahrhunderts, welche meist des Französischen ganz unkundig waren, und man wird sehen, zu welcher Schwerfälligkeit, Unverständlichkeit es führt, wenn man jener heilsamen Disciplin ganz entrathen zu können glaubt. Wenn man aber unsere jüngeren Geschichtschreiber, wie Sybel, Häußer, Treitschke, Baumgarten und so viele Andere mit jenen vergleicht, so wird man dagegen wohl versucht, zu glauben, daß ihnen das Lesen französischer Quellen nicht unnütz gewesen ist; obschon wir nicht leugnen wollen, daß der natürliche Entwicklungsgang der Sprache, syntaktisch ebensowohl als in der Flexion, immer und überall von der Synthese zur Analyse weiterschreitet und folglich auch zum großen Theile den leichteren Gang unserer modernen Prosa herbeigeführt hat. Auch das rasche Lesen unseres an Zeitungen und Zeitschriften gewöhnten Geschlechtes mag dazu beigetragen haben; der Hauptgrund bleibt aber doch immer, daß die Klarheit und Einfachheit der englischen und französischen Prosa die deutschen Leser an eine weniger schwerfällige Speisenbereitung gewöhnt hat.

Auch von einer andern Seite will „der unheilvolle Einfluß“ Frankreichs uns nicht so erschreckend scheinen. Unsere ganze moderne Bildung ist wesentlich von Frankreich angeregt worden, wie es Hettner sehr schön in seiner Literatur-Geschichte des achtzehnten Jahrhunderts dargelegt hat. Nicht an Luther und Ulrich v. Hutten, sondern an Voltaire und Diderot, an Rousseau und Montesquieu knüpften unsere Väter an, als sie uns eine nationale Bildung zu schaffen unternahmen: und sie hatten dessen so wenig Hehl, als Voltaire und Montesquieu sich schämten, auf Hobbes und Locke als auf die Denker hinzuweisen, denen sie die mächtigste Anregung verdankten. Das Eigenthümliche der deutschen Bildung aber ist gerade das Universelle, Menschliche, Kosmopolitische: die Enge des sich abschließenden Nationalsinnes ist uns zuwider. Wir wollen wohl einen nationalen Staat bilden; aber er soll die von Frankreich entlehnte Bureaukratie, den dem englischen nachgebildeten Parlamentarismus nicht verleugnen. Unsere Literatur hat es nicht zu bereuen, daß sie Alterthum und Orient, Spanien und England, Frankreich und Italien ihre Dichtungsformen entlehnt, um sie deutsch wiederzugebären. Auch unsere Sprache hat wenig bei dieser Aneignung des Fremden eingebüßt, während nichts mehr dazu gemacht war, sie auf Abwege zu leiten, als das ausschließliche Deutschthümeln. Wo ist denn mehr wahres Deutschthum in Gemüth, Weltanschauung und Sprache, in Göthe's Liedern oder in Klopstock's Oden an Thuiskon's Söhne?

Es ist von jeher den germanischen Stämmen eigenthümlich gewesen, daß sie gern und willig fremde Wörter in ihre Sprache aufnahmen, wie denn z. B. das englische Volk fast den ganzen französischen Sprachschatz aufgenommen, ohne daß sein Idiom dadurch an Eigenheit verloren hätte. Ja, wenn das Englische von allen Sprachen das reichste Vocabularium hat, so ist's nur diesem Umstande zuzuschreiben*). So nahmen auch die deutschen Stämme des Festlandes schon früh alle Worte der überlegenen lateinischen Cultur willig auf (man denke an Schule, schreiben, Brief, Meister u. s. w.), und sie folgten darin einem sehr sicheren Instincte. Jedes fremde Wort bringt einen neuen Begriff, für den es gerade das bezeichnendste ist. Selbst wo der Begriff schon in der Muttersprache vorhanden scheint, ist es doch immer nur ein Analogon, nie ein vollständiges Synonym: zwei Sprachen decken sich nie ganz vollkommen, wenigstens nicht in Ausdrücken, welche Gefühle oder Gedanken bezeichnen. Forgetful ist durchaus nicht dasselbe wie oblivious, friendly wie amical. Eine Sprache ist ja kein willkürlich erfundenes Zeichensystem, es ist der Ausdruck einer nationalen Weltanschauung, eines nationalen Charakters, eines nationalen Geistes. Diese aber werden

*) Selbst die Franzosen haben sehr viele sogenannte Doublets, entstanden aus einer späteren directen Aufnahme aus der lateinischen oder griechischen Schriftsprache.

nicht gefälscht, sondern erweitert durch Aufnahme fremder Elemente, und der alte Ennius hatte wohl ein Recht, zu behaupten, er besäße drei Seelen, weil er Griechisch, Lateinisch und Oskisch verstand. Freilich, wer das nationale Sprachgefühl so sehr verloren hat, daß er unterschiedslos ein Fremdwort für ein deutsches Wort setzt, der vergeht sich schwer am Nationalgeiste. Das thun aber, Gott sei Dank, unsere wirklich guten Prosaiker durchaus nicht; sie brauchen das Fremdwort nur, wenn es einen unserer Civilisation fremden oder neuen Begriff bezeichnet, oder aber wenn es eine Nüance im Begriffe entschiedener betont, und das soll ihnen doch nicht etwa verwehrt werden?

Herr Dr. Brandstäter scheint zu bedauern, daß unsere Sprache keine Universalsprache ist, und citirt einen Ausspruch des Phil. Beroaldus, der im Anfange des sechzehnten Jahrhunderts sagen durfte: „Deutsche Kaufleute, deutsche Studenten und deutsche Künstler finden sich durch die ganze Welt. Die Kenntniß der deutschen Sprache ist für Nichtdeutsche unentbehrlich; denn sie ist neben der lateinischen unter allen Sprachen die verbreitetste und daher für Kaufleute und Reisende die wichtigste zu lernen". Meint aber Herr Dr. Brandstäter wirklich, Klopstock-Jahn'sche Bemühungen, die Sprache zu reinigen oder gar ein trotziges Ignoriren der fremden Sprachen vermöchte jenen Zustand wieder herbeizuführen? Dies könnte doch nur ein Resultat der geschichtlichen Entwicklung sein. Die englische Sprache ist die verbreitetste der Welt, weil der englische Handel der verbreitetste ist (im Mittelmeere und der Levante, wo der italienische Handel vorherrscht, ist es die italienische); es wird sich zeigen, ob der gewaltig aufstrebende deutsche

Handel im fernen Osten nicht bald die Sachlage ändern wird. Die französische Sprache ist die verbreitetste Gesellschaftssprache, weil die gesellige Bildung Frankreichs noch immer die vorgeschrittenste ist in Europa, weil Frankreich noch immer die beliebteste und reichste Unterhaltungs-Literatur hervorbringt. Die Deutschen sollen nur anfangen, amüsante Romane und Lustspiele zu schreiben, das Muster natürlichen und gesitteten Betragens im Umgange zu geben, und die höheren Stände Europas werden nicht lange zögern, die deutsche Sprache als Gesellschaftssprache anzunehmen. Ist es uns doch gelungen, die ganze wissenschaftliche Welt Europas zum Erlernen unserer Sprache zu zwingen. Wenn aber heutzutage kein fremder Gelehrter, der des Namens würdig ist, unsere Sprache ignorirt, so ist es doch wohl einfach darum so, weil Deutschland seit nahezu einem Jahrhundert mit seinen Ideen und Arbeiten das Feld der Wissenschaft beherrscht oder doch bis vor Kurzem beherrscht hat. Dies aber hat es vollbracht, nicht weil es sich eines schönen Tages vorgenommen hat, recht viel Wissenschaft zur Ehre des Vaterlandes zu treiben und solche in möglichst reinem Deutsch niederzulegen, sondern weil es, treu seinem Geiste, sich dem Dienste der Wahrheit und der Menschheit ohne nationale Nebengedanken gewidmet. Da liegt auch unsere Mission in der Zukunft, wie sie in der Vergangenheit dagelegen. Es ist die Pflicht jedes echten Deutschen, diese guten Humanitäts-Traditionen des Vaterlandes zu schützen und zu wahren gegen leidenschaftlich-engherzigen Nationalgeist. Nicht an die Dämmergestalten einer ungewissen Vorzeit, nicht an die Weltherrschaftsgelüste des Mittelalters, an die frisch im Gedächtniß der Nation liegende Figur von Voltaire's königlichem Freunde knüpft sich das neue deutsche Reich an. Nicht aus den Nibelungen oder Gudrun's Versen sind die moderne deutsche Dichtung und die moderne deutsche Sprache erstanden: wir danken sie Männern, welche sich an Homer, an Shakespeare, an Molière herangebildet hatten; und wenn Herr v. Sallwürk meint, die Prosa dieser sei kein Muster unseres Styls zu nennen, so lassen wir ihm die Freude, sich an ältere Muster zu halten. Wir begnügen uns mit dem modernen Deutschland, seinem modernen Staate, seiner modernen Bildung, seiner modernen Sprache, und wenn wir irgendwo eine Barbarei finden in den letzten dreißig Jahren, so ist es unter denen, die diesem modernen Deutschland Friedrich's und Göthe's untreu werden wollen, um uns zu deutschen Chauvins zu machen.

Mai 1874.

V.

Aus dem unzünftigen Schriftthum Deutschlands.

Schopenhauer und das deutsche Publikum.

Hrn. Nietzsche's jüngste „unzeitgemäße Betrachtung" soll mir heute nur zum Anlaß dienen, ein paar Worte zur Verständigung über den Denker und Schriftsteller zu sagen, der, nach langer Nichtbeachtung, der Gegenstand großer und verbreiteter Bewunderung wie heftigster Anfeindung geworden ist. Herr Nietzsche sagt uns*), vielleicht etwas zu ausführlich und doch nicht bestimmt genug, in welcher Weise die Bekanntschaft mit Schopenhauer, die er vor etwa neun Jahren machte, auf ihn gewirkt und wie sie auf andere Jünglinge wirken dürfte. Er hat den Philosophen als Erzieher im Auge, und ich gestehe ihm hier nicht überall folgen zu können. Indeß will ich keineswegs meine persönlichen Erfahrungen und Eindrücke denen Hrn. Nietzsche's gegenüberstellen; denn das Publikum hat ein Recht nur von ganz eminenten Menschen Persönliches anzunehmen.**) Auch will ich nicht zu beweisen unter=

---

*) „Unzeitgemäße Betrachtungen" von Dr. Friedrich Nietzsche. Drittes Stück: Schopenhauer als Erzieher. Schloß-Chemnitz 1874.

**) Nur um meine Unabhängigkeit von jeder Schule oder Modeströmung in der Frage, wo nicht zu beweisen, doch wahrscheinlich zu machen, erlaube man mir jene berechtigte Abneigung des Publikums einmal unbeachtet zu lassen, und in zwei Worten aufzuzeichnen wie, wo und wann ich Schopenhauers Werke zuerst kennen nehmen, daß Herr Nietzsche, indem er sich nun gegen die philosophische Richtung der Deutschen wendet, wie er sich früher gegen ihre historische Ueberbildung und nationalpolitische Selbstzufriedenheit wandte, weit über sein Ziel hinausschießt und sich der schreiendsten Ungerechtigkeit gegen den deutschen Gedanken, namentlich gegen den einflußreichsten Repräsentanten desselben, Hegel, schuldig macht. Seine

---

gelernt. Mein Vater hatte zwar schon in der ersten Ausgabe (1845) seiner Nationalliteratur viel Lobendes von Schopenhauer gesagt, wovon ich aber natürlich auf den Schulbänken nichts erfahren hatte. Als ich nun die zweite Auflage jenes Werkes, etwa 1852, in der Fremde las, war ich ganz in Hegel, namentlich in die Aesthetik, versenkt und wenig vorbereitet zu der Lectüre seines heftigsten Gegners. Allein jene Beurtheilung aus der Feder eines so durchaus unparteiischen, leidenschaftslosen Richters von so strengem Geschmack imponirte mir sehr, und ich ruhte nicht, bis ich, nicht ohne Schwierigkeiten aller Art, das Hauptwerk und die Abhandlung über den zureichenden Grund erhalten. Sie waren im Herbst 1854 zwei Monate lang die einzigen Bücher, welche ich in vollständigster Einsamkeit in einem Försterhause mitten im Kiefernwalde der atlantischen Oceansküste zur Hand hatte. (Jenes Försterhaus, im Vorbeigehen sei's gesagt, war in Wirklichkeit der Thurm einer im Sande vergrabenen Kirche, über deren Dach man, ohne die über die Oberfläche hervorragenden Trümmer des Chors, unvermerkt, wie über den übrigen Waldgrund, weggegangen wäre. Die ganze Kirche, einst die Kathedrale einer beträchtlichen, jetzt spurlos verschwundenen Stadt, Soulac, soll seitdem ausgegraben worden sein.) Nach Bordeaux zurückgekehrt, las ich dann nach und nach die andern Werke, und war sehr erstaunt, als ich nach neunjährigem Exil zum erstenmal wieder nach Deutschland kam (1858), zu sehen, daß der Philosoph noch immer den meisten Gebildeten im Vaterland unbekannt war. Die seitdem ihm zutheil gewordene Popularität — ich glaube, sie begann gegen 1860 — hat mir den Schriftsteller und Denker nicht zu verleiden vermocht.

Absicht ist offenbar die beste; aber um sich mit Erfolg gegen die Herrschaft der Autorität aufzulehnen, muß man selber nicht so vollständig unter der infalliblen Autorität der Meisters stehen, wie es mit ihm, Schopenhauer gegenüber, der Fall ist. Nicht einsehen wollen, daß Hegel eigentlich den Grundgedanken der deutschen Bildung in ein System gebracht — folglich auch zuweilen ad absurdum getrieben — heißt entweder die geistige Geschichte Deutschlands, von Herder bis auf Feuerbach, ignoriren, oder Deutschlands Beitrag zur europäischen Civilisation als werthlos darstellen. Aber neben diesem Grundgedanken — dem der historischen Entwicklung, der alle Wissenschaften durchdrungen und erneuert, der sogar der politischen Anschauung des deutschen Volks zu Grunde liegt — hat sich auch, natürlich verkannt, wie es bei solchen mächtigen Geistesströmungen stets zu gehen pflegt, eine andere fast entgegengesetzte, ich möchte sagen geschichtsverachtende, Weltauffassung behauptet, ist durch den Geist des Widerspruchs gegen die herrschende Richtung auf die Spitze getrieben worden, und hat sich dann endlich, als jener Strom schwächer zu fließen begann, vorgedrängt. Daher die Popularität Schopenhauers seit den 60er Jahren — eine Reaction gegen die historische Richtung, wie diese eine Reaction gegen die rationalistische des vorigen Jahrhunderts gewesen war.

Neben dieser Popularität nun, die viel von der Mode an sich hat und manchmal gar sonderbar motivirt ist, wie denn auch die dem Meister entlehnten Schlagworte nicht eben immer die bestgewählten sind, macht sich aber auch, namentlich in den Schulen Deutschlands, eine Opposition gegen den Frankfurter Philosophen geltend, die mir ebenso unbegründet und — ich will nur das gerade in den betreffenden Kreisen so beliebte Wort gebrauchen — recht oberflächlich scheint. Nur selten wird es einem so gut, unparteiische, wohlunterrichtete Männer, auf gebührende Weise von Schopenhauer reden zu hören. Meist geht es in der gelehrten Sphäre auf ein einfaches Absprechen hinaus, wie denn noch jüngst Heinrich v. Treitschke in seinen schönen Aufsätzen über den Socialismus und seine Gönner in einer Weise über Schopenhauers Pessimismus ganz im Vorübergehen abgeurtheilt hat, die eines so geschmackvollen und unabhängigen, gewöhnlich so genau unterrichteten Schriftstellers, einer Zierde unserer Prosaliteratur, nicht ganz würdig war. Widerlegungen der Schopenhauer'schen Philosophie ex cathedra, wie die Jürgen Bona Meiers, oder vom Standpunkte des sogenannten Menschenverstandes, wie die David Strauß', sind ebenfalls noch sehr häufig zu lesen, und werden von vielen ohne weitere Prüfung als begründet angenommen, während sie doch auf keinerlei Weise in den Gegenstand eingehen. Selbst ein so gewissenhafter Historiker wie Zeller läßt sich, mehr als billig, von dem beherrschen, was ihm in Schopenhauers Charakter oder Auftreten antipathisch ist, und glaubt seine, übrigens durchaus sachliche, tiefgehende, würdig gehaltene Analyse und Besprechung des Schopenhauer'schen Systems mit der Bezeichnung desselben als „einer im besten Falle geistreichen Paradoxie" schließen zu müssen, weil er darin eine gewisse Anzahl von Widersprüchen aufgedeckt. Als ob nicht jedes philosophische System, eben weil es System ist, Widersprüche enthielte.

Man kann Schopenhauer als Philosophen oder als Schriftsteller betrachten, im Philosophen wieder den Metaphysiker und Logiker, den Psychologen und Moralisten unterscheiden; im Schriftsteller den Humoristen, den Polemiker und den Lehrer. Nun ist es sehr natürlich und sehr erlaubt, ihn nicht in allen diesen Eigenschaften billigen zu wollen, ja, ihn aufs entschiedenste zu bekämpfen; nur soll man anerkennen, daß man es mit einem Großen zu thun hat, und demgemäß seinen Tadel und Widerspruch mit Würde und mit Ehrerbietung vorbringen. Göthe's Farbenlehre wird von den meisten Gelehrten als irrig verworfen, und der leidenschaftliche Ton des Dichters in diesem Werke muß wohl, gleich dem Schopenhauers, manchmal unangenehm berühren; deshalb wird jedoch z. B. Helmholtz, wenn er Göthe's Untersuchungen bespricht, nie den Ton der höchsten Achtung beiseite legen. Eine andere Sprache ist nur der Ignoranz und der anmaßlichen Impotenz gegenüber gestattet. Nun wird Niemand, der Schopenhauer's Abhandlung über den zureichenden Grund, seine Kritik Kants, seine Schriften über die Freiheit des Willens, seine Skizzen zur Geschichte der Philosophie gelesen hat, den Verfasser derselben für einen Ignoranten in der speciellen Fachgelehrsamkeit oder für einen oberflächlichen Denker, einen kritiklosen Kritiker erklären wollen. Seine Schriften über den „Willen in der Natur“ und über „Sehen und Farben“ scheinen, dem Laien wenigstens, ganz andere Kenntnisse zu verrathen als die Schelling'sche Naturphilosophie, ja auf ganz ebenso genauer Bekanntschaft mit der modernen Naturwissenschaft zu beruhen als z. B. Lotze's Werke, dem doch Niemand Ignoranz vorwerfen wird. Was nun die allgemeinen Kenntnisse anbelangt, Sprachen, Poesie, Geschichte, so gibt es wohl eingestandenermaßen kaum einen Schriftsteller, der ihn überträfe.

So viel über die Unwissenheit. Die geistige Ueberlegenheit Schopenhauers, sein metaphysisches Genie beweisen zu wollen, hieße, für Jeden, der den so anregenden Denker wirklich gelesen hat, Eulen nach Athen tragen. Die große Einheit des Grundgedankens, dem sich alles in seinem System unterordnet, wäre, selbst wenn er durchaus als falsch bezeichnet werden müßte, ein hinreichender Beweis von philosophischer Begabung; und auch Originalität wird man ihm nicht absprechen wollen. Nun ist es aber mit der Metaphysik ein eigenes Ding. Es gibt darin eben keine absolute Beweisführung wie in der Astronomie oder Mechanik; folglich wird es immer verschiedene Philosophien geben; die Frage ist nur: ob die Verschiedenheit des philosophischen Glaubensbekenntnisses zur Mißachtung der Andersdenkenden berechtigt. Hat man ein Recht, weil man den Geist als das Allesbewegende gesetzt hat, denjenigen als einen des Philosophen-Namens Unwürdigen zu betrachten, der die Materie oder den Trieb, den Willen, als das primum movens setzt? Dieß überlasse man doch den Theologen und Politikern. Aristoteles ist noch kein Verbrecher, auch kein Thor, noch weniger ein oberflächlicher Paradoxenhändler, weil er andere Wege geht als Platon. Muß durchaus jeder Leibnizianer den Spinoza als einen Charlatan ansehen? Schopenhauer hat es freilich so mit Fichte, Schelling und Hegel gehalten; aber es ist dies eben nicht das Schönste an ihm, obwohl noch immer zu entschuldigen, wenn man an die unverdiente Mißachtung denkt, deren Opfer er so lange war. Für die Nachgebornen gibt es keinerlei solcher Entschuldigung. Darin geben uns die Ausländer ein zu beherzigendes Beispiel: es fällt keinem Franzosen der materialistischen Schule bei, den Cartesius aus der Schaar der Philosophen zu verbannen, und selbst der verstockteste englische Positivist wird nicht daran denken, Berkeley wegen seins absoluten Idealismus den Namen eines Philosophen abzustreiten. In den Büchern vieler deutschen Professoren wird noch immer Schopenhauer entweder ignorirt oder aber als ein geistreicher Paradoxenjäger, wenn nicht als amüsanter Witzbold dargestellt.

Ein anderer Vorwand zur Anfeindung Schopenhauers ist seine Moral, oder vielmehr, was man für seine Moral ausgibt: man fürchtet seinen schlimmen Einfluß. Die eigentliche Grundlage der Schopenhauer'schen Moral ist bekanntlich das Mitleiden; diese Grundlage aber und die ganze darauffolgende Ausführung lassen die Gegner oder vielmehr Verächter des Frankfurter Philosophen gewöhnlich beiseite, um sich gegen seinen Pessimismus zu wenden. Dieser wende die Menschen von der bürgerlichen Thätigkeit dieser Welt ab, und da nur die Wenigsten, nicht einmal der Philosoph selber, das Schopenhauer'sche Ideal der Heiligkeit erreichen könnten, so wäre die Folge, daß man sich ganz gehen lasse, im besten Fall ein rein beschauliches Leben führe. Hier wäre nun zuvörderst zu wiederholen, daß es auf die Resultate gar nicht ankommt bei einer wissenschaftlichen Frage, sondern auf die Wahrheit; daß, wenn die Schopenhauer'sche Theorie zur Vernichtung alles dessen führte, was wir für gut und schön zu halten gewohnt sind, sie doch anerkannt werden müßte, sobald wir sie für wahr erkannt. Man suche Schopenhauers Pessimismus — der auch Leopardi's und vieler andern Großen Weltauffassung war — zu widerlegen, wie man Larochefoucault's System des Egoismus zu widerlegen gesucht hat; man komme aber nicht dogmatisch, wie der Priester, heran und sage: „Larochefoucault's und Schopenhauer's Theorien sind vom Uebel." Das ist schimpfen, man verzeihe mir das Wort, nicht argumentiren. Leider ist dieser Pfaffenton, namentlich unter den Liberalen — das Wort kommt doch von liber — stark eingerissen, und wenn man von Jemanden gesagt hat: er ist ein Reactionär, oder ein Frommer, oder ein Skeptiker, oder ein Pessimist, so meint man den Betreffenden unberufbar verurtheilt zu haben: genau wie ein Orthodoxer einen Menschen gebrandmarkt zu haben wähnt, wenn er ihn einen Atheisten schilt. Ich muß gestehen, daß mir die Auffassung des Liberalismus, die dem Mitbürger die Freiheit schmälern will, nach Gefallen ein Reactionär oder Pessimist zu sein, keineswegs als ein Fortschritt erscheint.

Weiter aber ist hinzuzufügen, daß zwischen einer metaphysischen Theorie und ihrer praktischen Anwendung kein so nothwendiger directer Connex ist wie man es wohl anzunehmen pflegt. Luther's und Calvin's Determinismus haben weder Luther und Calvin, noch die Völker und Generationen, die ihre Lehre angenommen, verhindert zu handeln als wären sie frei. Kant selber setzte der reinen Vernunft die praktische gegenüber. Der absoluteste Skeptiker nimmt im Leben die Realität an, und so kann man den Schopenhauer'schen Pessimismus theoretisch vollständig annehmen, und doch sich in allem Thun und Lassen von dem auf instinctivem Optimismus beruhenden Selbsterhaltungstriebe leiten lassen. Es kommt nur darauf an, daß man beim Besinnen — was uns doch eigentlich allein über das Thier erhebt, dessen instinctivem Handeln unser bewußtes und intelligentes Handeln allein gar nicht so sehr überlegen wäre — nie vergesse, daß dieses reelle Leben nicht das Ding selber sei; daß alles Vergängliche nur ein Gleichniß ist. Ob die immer mehr durchdringende Schopenhauer'sche Weltanschauung das deutsche Volk, individuell und als Nation, zur „Verneinung des Willens zum Leben" geführt, das möge die Geschichte der letzten Jahre beweisen. Oder spricht aus unserer Naturforschung, dem Aufschwung unseres Handels, unserm Staatsleben ein Geist der Entmuthigung und des praktischen Pessimismus? Ich könnte aber mehr als einen unserer eifrigsten Forscher, unserer thätigsten Geschäftsleute, unserer thatkräftigsten Politiker nennen, die überzeugte Schopenhauerianer sind.

Endlich und vornehmlich thut uns ein Lehrer sehr wohl, der uns, bei der im Allgemeinen ganz berechtigten Strömung, welche unser Geschlecht erfaßt hat, daran gemahnt, daß es noch etwas anderes als den Staat gibt: daß Kunst, Wissenschaft, Religion, Familie nicht nur um des Staates willen da sind, sondern gleichberechtigt, eher höherberechtigt, neben und in ihm stehen; womit jedoch keineswegs gesagt sein soll, daß der Staat eine simple gegenseitige Versicherungsanstalt zu werden habe und keinerlei sittliche Individualität besitze. Schopenhauer hat nie und nirgends Staat und Nationalität verneint: er hat die übertriebene Betonung dieser zwei Factoren im Leben bekämpft, ihrem Vordrängen Schranken setzen wollen, uns nicht den Bürger und Patrioten, sondern den Denker und Menschen als Ideal hingestellt. Und da muß denn entschieden darauf hingewiesen werden, daß dieser Standpunkt ein höherer ist. Nicht alle Menschen können Staatsmänner, nicht alle können Denker sein oder Künstler, wie Schiller es als Ziel der Civilisation hinstellte. Jenes Geschlecht mochte übertreiben; aber auch das unsrige übertreibt im entgegengesetzten Sinne, und es ist gut, daß nicht alle sich hinreißen lassen: denn es ist durchaus nicht gleichgültig, ob eine Nation dieses oder jenes Ideal verehrt, gleichviel ob es von vielen Einzelnen erreicht wird, oder nicht. Oder meint man wirklich, es wäre ein großer Fortschritt damit erzielt, wenn ein Volk Aristides über Platon, Pitt über Locke stelle? Die größten Staatsmänner aber: ein Perikles, ein Friedrich, waren zugleich Philosophen, und wenn sie zum Besinnen die Muße fanden, so empfanden sie wohl, daß ihre interesselose Geistesthätigkeit eine edlere war, als ihre praktische, so segenbringend diese auch sein mochte. Auch für das Geistige, so gut wie für das Sittliche, gilt die Moral Jesu in Bethanien; und wenn Martha zu loben ist, so soll man uns Maria drum nicht schelten.

Schopenhauer aber ist nicht nur ein wohlgeschulter Denker und ein gelehrter Philosoph; seine Welterklärung, seine Aesthetik, seine Moral, ob man sie nun billige oder mißbillige, müssen nicht nur von jedem Unbefangenen als originelle und tiefe Gedankenerzeugnisse angesehen werden — die Aesthetik ist auch von den entschiedensten Gegnern als ein solches anerkannt — Schopenhauer ist auch ein großer Schriftsteller. Cartesius, Spinoza, Leibniz, Locke, wie Kant und Hegel, haben eigentlich nur in dem Inhalte, nicht in der Form ihrer Schriften ihre dauernde Bedeutung; Schopenhauer aber ist zugleich Künstler, gemeinverständlicher Schriftsteller. Nun haben wir wahrlich in Deutschland der großen Prosaiker nicht sogar viele, daß wir einen bedeutenden Stylisten ohne Weiteres perhorresciren sollten, weil seine Ideen unsern wissenschaftlichen Obertribunalen nicht mundgerecht sind. Speciell aber sind wir ganz besonders arm an geistreichen Moralisten — oder meint man, in stolzem Nationalbewußtsein, unser Knigge wiege allein Montaigne und Pascal, Larochefoucault und Labruyère, Vauvenargues und Chamfort auf? Nun haben wir endlich an Schopenhauer unsern Montaigne gefunden — und wir sollten ihn nicht gelten lassen, weil er ein „trostloser Pessimist?" Da dürften uns denn doch die Franzosen eine Lection geben. Wo ist der einseitigste Idealist oder Spiritualist in Frankreich, dem es einfiele Montaigne herabzusetzen, weil er einem „trostlosen Skepticismus" gehuldigt? Wo der verstockteste Materialist, der Pascal nicht als eine Größe seines Vaterlandes reclamirte, weil er orthodox gewesen? Wenn ich solche wegwerfende Aeußerungen über Schopenhauer höre, so muß ich mir immer eins oder das andere denken: entweder man hat ihn nicht gelesen, ist vielleicht vom wissenschaftlichen Apparat der einleitenden Abhandlung und der beiden ersten Bücher des Hauptwerkes vom weiteren Vordringen abgeschreckt worden; oder man hat die „Parerga und Paralipomena" zur Hand genommen, und hat gefunden, daß der Denker — proh pudor! — amüsant zu sein wagte. Die Begriffe amüsant und gründlich, unterhaltend und gediegen gelten aber noch vielfach bei uns für Gegensätze, unvereinbare Gegensätze. Wer doch die Schopenhauer'schen Digressionen, seine Aufsätze „über Lesen und Bücher", „über Lärm und Geräusch", „über die Weiber", „über Schriftstellerei und Styl", „über die Metaphysik der Geschlechtsliebe", seinen wundervollen Dialog über Religion, einmal ganz unbefangen lesen wollte, wie er einen Leopardi'schen Dialog liest, d. h. ohne alle Hintergedanken von Partei und Schule, aber auch ohne sich durch das Fremdartige und Ungewohnte der Gedanken gleich zum Schlusse hinreißen zu lassen, daß er es hier mit Paradoxen zu thun habe: der müßte, wie mir scheint, an dieser Lectüre noch mehr Gefallen finden, als an der Montaigne's. Spricht der Verfasser doch die Sprache unseres Landes und unseres Jahrhunderts; ist er doch dadurch allein uns um ebenso viel näher als der „Faust", uns näher denn „Lear" oder „Macbeth" ist. Auch seine Kunst der Citate, in der er mit dem großen Zweifler wetteifert, spricht uns Moderne mehr an, da er ein ungeheures literarisches Gebiet, von Shakespeare und Calderon bis auf Göthe, in seinen Bereich zieht, welche Montaigne nicht kannte. Seine Sprache hat nicht den alterthümlichen Reiz Montaigne's; ihm fehlt die lächelnde Ironie des Gascogners; dagegen glüht eine erwärmende Leidenschaft in dem Ostpreußen, die jenem abging, und hat seine Sprache eine Lebendigkeit und Klarheit, die man in dem etwas schleppenden Periodenbau der Essays nicht findet. In der Sprache wüßte ich ihm in der That von den großen Moralisten Frankreichs nur einen — den größten Prosaiker seiner an schöner Prosa so reichen Literatur — an die Seite zu stellen, Pascal. Die

Proprietät der Ausdrücke, die Fülle der schönen Gleichnisse, die durchsichtige An= und Unterordnung der Gedanken, die Leichtigkeit und Correctheit des Satzbaues, die Farbe und das Leben dieses Styls sind beinahe einzig in unserer Literatur. Nichts Pedantisches, keinerlei Rhetorik und keinerlei Liederlichkeit, keine Magerkeit und kein unnützes Füllsel; hinter jedem Worte ein Gedanke und der Gedanke durchgängig so originell wie das Wort. Schopenhauer ist im höchsten Grad anregend, suggestiv, wie die Engländer sagen; und das ist ja das höchste Lob eines Schriftstellers. Sind denn alle diese Vorzüge so gar nichts? Ist denn ein solcher Schriftsteller nur ein Possenreißer oder ein griesgrämiger Grobian, weil er hie und da in Vorreden oder Anmerkungen etwas derb und gehässig über seine Gegner hergezogen, und weil er das Steckenpferd des jetzigen Geschlechts nicht reitet?

Wir Deutschen haben eine einzige Kunst uns unsere besten Dinge zu verderben oder zu verleiden. So hat man es einst mit Wieland's „Leichtfertigkeit", dann mit Göthe's „Aristokratismus", endlich mit Heine's „Gesinnungslosigkeit" gethan, und es hat erst Jahre lang gebraucht, ehe sich die tonangebenden chefs de file unseres Publikums dazu verstanden, die beanstandete Waare passiren zu lassen. Es ist nicht wahrscheinlich, daß der streng philosophische Theil von Schopenhauer's Werk je populär werde, einerseits weil es überhaupt nicht in der Natur streng philosophischer Werke liegt, je populär zu werden, und wären sie selbst die Erzeugnisse eines Spinoza oder Kant; andrerseits weil selbst die verschwindend kleine Zahl, die sich heute noch mit strenger Speculation befaßt, fast ausnahmslos zu Schopenhauer's

Gegnern gehört und alle Positionen besetzt hält. Doch wird hoffentlich der Tag nicht fern sein, an welchem die gemeinverständlichen Schriften des genialen Denkers, seine geistreichen Beobachtungen über Menschen und Dinge — Leidenschaften, Handlungen, Zustände, Schicksal, Kunst, Wissenschaft, Staat, Religion, — meinetwegen getrennt und losgelöst vom „System", in der Bibliothek jedes gebildeten Deutschen neben Lessing und Göthe stehen, wie in jedem französischen Hause, und sei es das frömmste, neben Molière und Racine nie ein Montaigne vermißt wird.

November 1874.

Zum Schopenhauer-Denkmal.

Gestern, als am „Geburtstage der Stadt Rom“, wurde die Büste Leopardis feierlich unter dem Vorsitze des Bürgermeisters, Herzog Torlonia, in Gegenwart des Gemeinderathes, sowie von Deputationen des Senats, des Abgeordnetenhauses und der Presse, auf dem Capitol aufgestellt. Seine Statue schmückt schon längst den Hauptplatz seiner Vaterstadt Recanati. Nirgends in Italien ward und wird eine Stimme laut um diese dem großen Todten erwiesenen Ehren zu bekritteln. Die willige Anerkennung bedeutender Männer, selbst anders denkender, sobald sie nur dem Kampf ums Leben entrissen sind, ist ein schöner Zug im italienischen Charakter. Neid und Haß sind lebhafter hier als anderswo, aber sie schweigen, wenn das persönliche Interesse keinen Gegenstand mehr hat. Mir scheint das menschlicher, natürlicher, als die deutsche Gewohnheit, uns das Bild unserer großen Männer selbst noch nach ihrem Tode durch Herauskehren aller Flecken zu trüben und den Widerstreit der Meinungen in die Beurtheilung des Menschen zu tragen. Im Grunde ist keine Nation Europas optimistischer gesinnt, als die italienische; aber vor dem Genius Leopardis vergißt sie, daß dieser Genius stets den Pessimismus und ihn allein verherrlicht hat. Sie kennt die Schwächen des Menschen — und sie waren zahlreiche und tiefgehende —; sie verhehlt sich auch nicht, daß ein großer Theil der Leopardischen Dichtungen bereits veraltet ist und daß der Denker eben doch nur eine Seite der Welt seiner Prüfung unterworfen hat. Es genügt ihr, daß Leopardi der Dichter der „Ginestra“ und der größte italienische Prosaiker seit Galilei war, um ihn für den nationalen Ruhmestempel zu beanspruchen.

Heute gilt es einem deutschen Schriftsteller, dem größten unserer Sprache nach Lessing und Goethe, dem vielseitigen Denker, der, ein todter Cid, noch nach seinem Ende das erstorbene philosophische Interesse in seinem Vaterlande wiederzuerwecken gewußt und alle großen Probleme der Welt, oft mit Erfolg, immer mit Geist und Originalität in Angriff genommen hat, dessen philosophische Grundlehren die heutige europäische Weltanschauung durchdrungen haben und zum großen Theile beherrschen — es gilt Schopenhauern ein Denkmal zu errichten, der nicht, wie sein um zehn Jahre jüngerer Zeit- und Gesinnungsgenosse Leopardi, schon bei Lebzeiten eine Anerkenntniß genossen, welche dieselbe seitens der Nachwelt fast überflüssig macht. Und was hören wir? Eine freudige Zustimmung der Nation? Die war kaum zu erwarten; denn so weit sind wir noch nicht in Deutschland, daß die „nichtstudirte“ Nation wissen sollte, wer Schopenhauer war. Die Philosophen von Fach? Die stehen schmollend abseits, da sie sämmtlich ihrer Zunft etwas zu vergeben glaubten, wenn sie mit echter Vornehmheit die Verdienste eines Mannes anerkännten, der diese Zunft so unglimpflich behandelt. Die philosophischen Dilettanten und die literarischen Feinschmecker? Sie fürchten sich als „Oberflächliche“ gebrandmarkt zu werden, wenn sie eine Größe ehren, die noch nicht seit zweihundert Jahren patentirt ist. Die Liberalen aber verzeihen ihm seine reactionären Gesinnungen nicht; die Conservativen, die ja meist noch im Banne der Kirche liegen, wollen von einem Gesinnungsgenossen nichts wissen, der so frei von allem positiven Autoritätsglauben ist. Die Juden haben nicht vergessen, wie unbarmherzig er mit ihnen umgegangen ist und die Patrioten tragen's ihm nach, daß er nicht blind für die Schwächen seiner Landsleute war.

Wohl birgt sich alle diese Rancüne, die noch ein Vierteljahrhundert nach dem Tode des Beleidigers fortlebt, unterm Deckmantel aller möglichen Vorwürfe. die man dem Denker und Schriftsteller vom moralischen und wissenschaftlichen Standpunkte aus machen könne; aber dieser fadenscheinige Vorwand täuscht Niemanden. Gewiß war Schopenhauer als Mensch nicht vollkommen, aber wer ist es unter den Größten? In seiner Philosophie reizt Vieles zum Widerspruch, Manches sogar zum Lächeln; aber wo ist der Denker, der nicht im selben Falle wäre?

Sollte man großen Männern das Recht auf den Nachruhm bestreiten, wenn sie menschliche Schwächen hatten, so würden sie übel fahren. War Alexander nicht ein Trinker, Cäsar ein Schuldenmacher und Schlimmeres, war Karls des Großen Familienleben ein fleckenloses? Sind sie darum weniger groß, eines Denkmals unwürdiger? Und sind die Helden des Geistes alle so ganz vorwurfsfrei? War Dante nicht rachsüchtig und hochmüthig? War Luther ein Meister der Duldsamkeit, der Langmuth und der Mäßigung? Welche

Gefäße menschlicher Schwächen waren nicht Voltaire und Rousseau, Swift und Byron, denen man den schuldigen Tribut der Bewunderung doch so gerne zahlt; und was waren Schopenhauers harmlose Sünden dagegen? Er hatte eine hohe Idee von sich selber; aber welcher Mittelmäßigkeit verzeiht man nicht dies Gebrechen, das meist viel tiefer sitzt und verderblicher wirkt, wo es im Geheimen zehrt, als wo es mit Schopenhauer'scher Naivetät zur Schau getragen wird? Er war schmähsüchtig; aber war er nicht dazu herausgefordert und fühlt man bei seinen heftigsten Auslassungen nicht, daß nicht Neid und Galle, sondern Entrüstung über die Thorheit der Menschen und den Erfolg dessen, was er als Marktschreierei betrachtete, ihm solche jambischen Invectiven entriß? „Er verachtete die Menschen." Nun und weiter? Schreiber dieses gehört sicherlich nicht zu den Menschenverächtern; aber die Geschichte hat ihn gelehrt, daß die überzeugtesten Verächter der Menschennatur oft die größten Menschenbeglücker gewesen. Jedenfalls will es ihm scheinen, als ob es eine ganz sonderbare und unerträgliche Prätention gewisser Leute sei, zu behaupten, man müsse schlecht sein, weil man die Menschen verachtet. Was hat das mit gut oder schlecht zu thun? Kann man nicht gerecht, mildthätig, selbstlos, muthig, unbestechlich sein und dabei doch die Menschen en gros wenig hochachten? Wer hat hinwiederum nicht Philanthropen vom Handwerk gekannt, die herrschsüchtig, eitel, unduldsam, neidisch und heftig waren? Nichts von alledem bei Schopenhauer. Wer ihm nur nahe getreten, kann nicht genugsam seine wohlwollende Höflichkeit, sein Selbstvergessen Jim nteresse der allgemeinen Interessen, seine Wahrheitsliebe, seine Billigkeit, seine Bewunderungs=

fähigkeit, seine Güte gegen Untergebene, vor Allem aber seine Mäßigkeit rühmen. Nun geht aber der Groll gegen ihn so weit, daß man ihm selbst aus letzterer Tugend ein Verbrechen machte: nicht mäßig, ascetisch, so meint man, oder sagt man, hätte ein Philosoph sein müssen, der die Ascese gepredigt. Gewöhnliche Sterbliche, selbst wenn sie Professoren der Philosophie sind, mögen Abends Weib und Kind daheim sitzen lassen und drei, vier Stunden bei Bier und Cigarre zubringen; aber wer der Welt die Verneinung des Willens zum Leben als das Ziel aller Moral hingestellt, der darf sein Hähnchen und seine Erbschen im englischen Hofe nicht mit Wohlgefallen verzehren. Dagegen wäre nun doch vor Allem einzuwenden, daß Schopenhauer nie „gepredigt" hat. Er hat Niemanden bessern und bekehren wollen, brauchte also nicht bei sich selber anzufangen. Er hat einfach dargelegt, was er als das Wesen der Dinge ansah; und er war so wenig gehalten als ein Heiliger zu leben, weil er die Heiligkeit als höchstes Ideal der Moral hingestellt, als er eine Symphonie zu componiren brauchte, weil er in dieser Kunstgattung den höchsten Ausdruck der künstlerischen Anschauung sah. Aber wie gesagt, alles das sind doch wahrlich nur Peccadillen, die bei einem solchen Geiste gar nicht in Betracht kommen. Wäre Schopenhauer ein Wüstling oder Völler, ein Geizhals oder Verschwender, ein Lügner oder Betrüger gewesen, hätte er Knechtsinn, Herrschsucht, Bestechlichkeit oder Unredlichkeit an den Tag gelegt, so möchte man den Versuch, seine Größe als Denker durch seine Mängel als Mensch zu verringern, begreiflich finden, wie man es natürlich findet, daß die unmittelbare Nachwelt an der Apotheose Bacons Anstoß nahm; — aber hier handelt es sich doch wahrlich nur um Blößen, auf die gar wenige unter uns das Recht haben den Stein zu werfen.

Uebrigens gilt's auch gar nicht dem Menschen, sondern dem Denker und Schriftsteller ein Denkmal zu errichten. Was den letzteren anlangt, so ist mir denn auch nicht der geringste Einwand zu Ohren gekommen, und es müßte in der That schlimm um den deutschen Geschmack stehen, wenn man für die Vollendung der Schopenhauer'schen Prosa kein Verständniß mehr haben sollte. Dagegen wirft man dem Philosophen Paradoxien und Widersprüche, Willkürlichkeit und Phantasterei vor; und obschon man anzuerkennen gezwungen ist, daß Wenige ihm an Tiefe und Breite der Kenntnisse — der allgemeinen, wie der speciellen — gleichommen, so zeiht man ihn doch gern des Dilettantismus. Letzterer Vorwurf ist absolut grundlos und wird nur dadurch plausibel gemacht, daß Schopenhauer die höchsten Fragen gemeinverständlich und lebendig behandelt und keiner Akademie angehört. Haben wir doch erst kürzlich von einem der Koryphäen der modernen Wissenschaft hören müssen, Göthe sei nur ein Dilettant in der Naturforschung gewesen, mit der sehr vernehmlichen Reticenz: „Ja, wenn er ein Universitätsprofessor gewesen wäre wie sein Faust!" Denn mehr als je beherrscht heute das Professorenthum unsere Bildung, wenn auch nicht mehr direct, wie zu Fichtes und Hegels Zeiten, so doch indirect: man erkennt nur als gediegen, tüchtig, gründlich, als ächte Wissenschaft an, was von den Universitäten ausgeht, das aber auch ohne es zu prüfen, auf Treu und Glauben. Es ist dies eine Thatsache, die hinzunehmen ist wie alle Thatsachen und es liegt mir ferne, die deutsche Bildung geringer zu schätzen, weil sie von den

Universitäten ausgegangen und ausgeht. Im Allgemeinen haben ja auch die Professoren ganz Recht, wenn sie die extra-universitarische Wissenschaft in Deutschland etwas mißtrauisch ansehen; nur sollte dies berechtigte Mißtrauen nicht in Unduldsamkeit und Ungerechtigkeit ausarten. Wie sehr auch alles wissenschaftliche Leben Deutschlands in den Universitäten concentrirt sein mag, hier und da tritt doch auch eine bedeutende wissenschaftliche That — man denke nur an J. R. Mayer — außerhalb ihrer Weichbilde zu Tage. Das will man aber nun einmal nicht zugeben und ich hätte Locke und Hume, Grote und Darwin nicht rathen wollen, in Deutschland außerhalb der Facultäten aufzutreten, wie sie in England gethan: sie wären sicherlich als Dilettanten begrüßt worden. Las ich doch neulich einen, übrigens sehr interessanten Aufsatz eines unserer bedeutendsten Historiker der Philosophie über die Causalitätsfrage, worin alle Schriften und Schriftchen von Ordinarien, Extraordinarien und Privatdocenten, von Trendelenburg bis auf Herrn Raab angeführt waren, Schopenhauers grundlegende Schrift von der vierfachen Wurzel des Satzes vom zureichenden Grunde, dem Tiefsten und Erschöpfendsten, was überhaupt je über diese Frage geschrieben worden, auch nicht mit einer Silbe erwähnt ist. Stände nicht irgendwo im Text eine kleine abfällige und nebenbei ganz unherausgeforderte Bemerkung über „Die Welt als Wille", man sollte glauben, die Existenz Schopenhauers sei dem Verfasser unbekannt gewesen. — Und nicht allein die Philosophen von Fach, auch die Professoren anderer Facultäten scheinen sich Schopenhauern gegenüber nicht zu einer unbefangnen Anerkennung erheben zu können. Wenn man den überwiegenden Antheil bedenkt, den die Universitäten an unserm geistigen Leben nehmen, und findet unter den Namen, welche den Aufruf zur Errichtung eines Denkmals für Schopenhauer unterzeichnet haben, nur die dreier Professoren — freilich dreier, die schwerer wiegen als Dutzende — so muß man doch wohl an ein, ich will annehmen, instinctives Solidaritätsbewußtsein glauben. Der Mann hat sich auf eigene Faust mit Optik beschäftigt und ist zu andern Schlüssen gelangt als wir; er hat nicht nur an den Magnetismus, sondern sogar an Tischklopfen geglaubt — und letzteres wird ihm auch sein fanatischster Bewundrer nicht zum Lobe anrechnen, wenn schon er sich erinnern wird, daß selbst ein David Fr. Strauß zur Hellseherin von Prevostgewallfahrtet — er hat uns Physiologen insbesondre als eine Art Metzgerzunft dargestellt, die bis zum Knöchel im Thierblute watet; und wer wollte leugnen, daß Schopenhauer bei seiner überreizten Thierliebe und von seiner Einsiedelei aus, wo ihm die Wirklichkeit manchmal zu Phantomen anschwoll, in seinen Anklagen zu weit gegangen ist, wenn auch Manches darin gerechtfertigt ist? Aber sind das Alles nicht geringfügige Ausschreitungen, die man ganz unverhältnißmäßig aufgebauscht hat? Und wo ist der Philosoph, welcher der Versuchung widerstanden hätte, scheinbare Thatsachen und unleugbare Gefühle als Beweise aufzuführen, wenn sie so trefflich in sein System paßten?

Was nun aber die Einwände gegen Schopenhauers Philosophie betrifft, so fallen dieselben ganz anders ins Gewicht, und wenn es überhaupt ein philosophisches System gäbe, welches keine unhaltbaren Theile enthielte, so möchte man schon irre werden; wenn man aber bedenkt, daß selbst ein Plato, ein Descartes, ein Leibniz, ein Kant nur cum beneficio inventarii angenommen werden können, so wird man auch Schopenhauer gegenüber weniger hohe Ansprüche erheben. Man erlaube mir gleich von vornherein und lediglich um den Verdacht abzuwenden, als spräche hier ein blinder Parteigänger, die persönliche Bemerkung, daß ich weder Schopenhauers Aesthetik noch seine Moral unterschreibe; und zwar zu ersterer ganz oppositionell stehe, von der letzteren nur gewisse Seiten annehmen kann.

Mag man nun aber Schopenhauern auch nicht überall hinfolgen, so bleibt doch unbestreitbar, daß er in den zwei wichtigsten Zweigen der Philosophie, der Erkenntnißtheorie und der eigentlichen Metaphysik, sich den allergrößten Geistern aller Zeiten an die Seite gestellt hat. Man kann sagen, daß die große Forschungs- und Entdeckungsreihe der innern Welt, welche, fast gleichzeitig mit der der äußern Welt durch Copernicus, Galilei, Kepler und Newton, von Locke, Hume und Kant geleitet worden, durch Schopenhauer zum Abschluß gelangt ist. Schon sein Meisterwerk, die Kritik der Kant'schen Philosophie, trug wesentlich zur Klärung bei; das erste Buch der „Welt als Wille der Vorstellung", hat dann unsre ganze Erkenntnißlehre auf unerschütterliche Grundlagen gestellt.

Nicht minder groß ist Schopenhauers Leistung auf dem Gebiete der Kosmologie, um mich des Ausdruckes zu bedienen, den er selber gerne brauchte, um seine metaphysische Welterklärung zu bezeichnen. Nicht das Woher, noch das Wohin, noch das Wie, sondern einzig und allein das Was der Welt zu erklären war seiner Ansicht nach die Aufgabe der Philosophie; und als dieses Was fand er den Willen: Alles ist Willen in dem ausgedehnten Sinne, den er dem Worte gab. Mit welcher Gelehrsamkeit, welchem Scharfsinn, welcher Folgerichtigkeit, welch überzeugender Dialektik er dies sein System aufgeführt hat, weiß jeder Leser seiner Werke, und selbst Gegner, wie die drei eminenten Franzosen — ein Deist, ein Pantheist und ein Positivist —, die ausführlicher über ihn geschrieben, stehen bewundernd vor diesem großartigen Aufbau. Man mißverstehe mich nicht: jedes methaphysische System — sei's Spiritualismus oder Materialismus, Pantheismus oder Dualismus — ist und bleibt immer eine riesenhafte Hypothese und hat nur in den Augen einer ganz verschwindenden Minderheit die Gewißheit, welche eine Religion für Millionen hat. Bei jeder Hypothese aber handelt sich's um ihre relative Wahrscheinlichkeit. Wo die meisten stichhaltigen Argumente, die bestconstatirten Thatsachen, wo am meisten Folgerichtigkeit, Zusammenhang der Theile, widerspruchlose Einheit zusammenkommen, um eine Hypothese annehmbar zu machen, da wird dieselbe am überzeugendsten wirken. Es ist Schopenhauers unsterbliches Verdienst, eine solche Hypothese aufgestellt zu haben, indem er, statt des Geistes oder der Materie, den Willen als das Wesen der Welt hinstellte, und diese Hypothese, wir glauben siegreich, jedenfalls mit einem noch nie dagewesenen Aufwande von Geist, Consequenz und Beredtsamkeit, gegen alle anderen Hypothesen vertheidigt zu haben. Zwei solche Verdienste aber würden genügen — selbst wenn er dunklere Flecken auf seinem Charakter trüge als es in Wirklichkeit der Fall war, und seine Philosophie in manchen Theilen zu berechtigteren Widersprüchen herausforderte, als die sind, welche man gegen sie erhoben hat — Schopenhauern, wie der Aufruf sagt, „als ein würdiges Glied an die hohe

Reihe jener königlichen Geister anzuschließen, die von Platon und Aristoteles durch Descartes, Spinoza, Locke und Leibniz zu Kant hinführt". Einem solchen Manne, zumal wenn sich die Mitwelt an ihm versündigt, wie sie's an Schopenhauer gethan, ein Denkmal zu verweigern, wäre in der That einer großen Nation wenig würdig; denn

„. . . . was dem Mann das Leben
Nur halb ertheilt, soll ganz die Nachwelt geben."

Florenz, 22. April 1884.

Zur neuesten deutschen Memoiren-Literatur.

Die deutsche Memoiren-Literatur hat lange im Argen gelegen, und die, freilich sehr zahlreichen, Correspondenzen unserer bedeutenden Männer aus dem goldenen Zeitalter des Briefschreibens mußten uns dieselben ersetzen. Ja viele, sogenannte „Denkwürdigkeiten", wie die Jean Paul's oder Friedrich Perthes', sind eigentlich von Nachlebenden aus Briefen zusammengesetzte Lebensbeschreibungen. „Tagebücher", wie die von Gentz, sind eben keine Memoiren. Wieder Andere, wie Moritz, geben uns soviel Dichtung mit der Wahrheit, daß sie kaum als Memoiristen zu nennen sind; und ich wüßte eigentlich, um nicht bis auf den französisch schreibenden Pöllnitz zurückzugehen, aus der älteren Zeit nur Dohn's, aus einer späteren nur Ritter Lang's und Varnhagen's Aufzeichnungen, die man correct mit dem Titel belegen könnte. Göthe's Autobiographie ist ja schon viel zu sehr planmäßiges Kunstwerk, um unter die Denkwürdigkeiten im französischen Sinne des Wortes gerechnet zu werden.

In unseren Tagen nun vermehrt sich die deutsche Memoiren-Literatur zusehends, und wir hätten den unten angeführten Titeln leicht noch mehrere andere von jüngst erschienenen „Erinnerungen“ hinzufügen können*). Wir beschränken uns auf diese, da sie, sich gleichsam ergänzend, uns ein ziemlich vollständiges Bild des deutschen Jugendlebens in der ersten Hälfte unseres Jahrhunderts geben und zugleich den allgemeinen Charakter deutscher Aufzeichnungen der Art am deutlichsten tragen und veranschaulichen. Hält man nämlich die Memoiren-Literatur der vier großen Culturvölker nebeneinander, so kann man sich nicht erwehren, in jeder die besonderen Geschicke und die besondere Geistesrichtung derselben stark ausgeprägt wiederzufinden.

Die englischen Denkwürdigkeiten sind meist sehr matter of fact, zuweilen bis zur Trockenheit; sie führen uns ausschließlich ins öffentliche Leben, das sich schon seit Jahrhunderten so mächtig jenseits des Kanals entwickelt hat, erzählen uns Anekdoten von bedeutenden Staatsmännern oder Schriftstellern, fürstlichen Personen oder reichen Aristokraten. In den französischen Memoiren spielt das liebe „Ich“ unbefangen die Hauptrolle; es handelt sich meist nur um die eigene Wichtigkeit, und nur um diese ins hellste Licht zu stellen, werden bedeutende Persönlichkeiten, die das Glück hatten, mit dem Schreiber in Berührung zu kommen, große Ereignisse, welche die Ehre hatten, ihn zum

*) Mémoires d'une Idéaliste. Genève 1869. — Jugenderinnerungen eines alten Mannes (Wilhelm von Kügelgen). Berlin 1871. — Ideale und Irrthümer, Jugenderinnerungen von Dr. Karl Hase. Leipzig 1872. — Auch die seit Niederschreibung dieses Aufsatzes erschienenen, trotz ihrer Geschwätzigkeit sehr werthvollen „Jugenderinnerungen K. F.'s von Klöden“ (Leipzig 1874) würden hierher gehören: sie bieten uns für preußische Verhältnisse ähnliche Auskunft wie die angeführten über Sachsen, Thüringen und Hessen.

Zeugen zu haben, miterwähnt. Die Schärfe in der Beobachtung, namentlich des Lächerlichen, die Leichtigkeit im Handhaben der Sprache, die heiter belebte, geistreiche Weise, zu erzählen, die bald boshafte, bald gütmüthige, nie geschmacklose Klatschlust, die dramatische Natur endlich des zeitgeschichtlichen Stoffes, worin überdies persönliche Einflüsse, zumal weibliche, so bestimmend eingreifen — Alles das macht aus den französischen Memoiren die angenehmste Unterhaltungs-Lectüre und zugleich die gefährlichste Geschichtsquelle. Die italienischen „Ricordi“, von Cellini bis Alfieri und von Goldoni bis Azeglio, erzählen in gegenständlichster Lebhaftigkeit und mit beinahe leidenschaftlicher Erregung persönliche Abenteuer, sowie heitere oder dramatische Wechselfälle bewegter Lebensläufe. Das öffentliche Leben ist erst vor Kurzem erwacht auf der Halbinsel, das innere kennt der naive heißblütige Südländer kaum: der handelt oder genießt, ohne lange zu grübeln, warum er handelt oder genießt.

Liest man nun deutsche Memoiren, selbst solche wie Varnhagen's, der doch in einer Zeit, an Orten und mit Menschen gelebt, welche mehr als Andere zur Abkehr vom Innern einluden, so sieht man sogleich den inneren Menschen in den Vordergrund treten. Deutsche Denkwürdigkeiten sind beinahe ohne Ausnahme psychologische Selbststudien; sie sind in erster Linie individuelle Entwicklungsgeschichten und nur in zweiter Linie Zeitgeschichte. Man denke nur an Jung-Stilling's und Göthe's Autobiographien; man lese D. F. Strauß' Jugenderinnerungen oder Zschokke's, Kohlrausch's, Immermann's und so vieler Anderer Aufzeichnungen. Welchen Platz nimmt die Kindheit der sich

Erinnernden und Darstellenden darin ein, also gerade die Epoche, wo der Mensch noch am wenigsten mit dem äußeren Leben in Berührung kommt! Dergleichen kennen andere Literaturen gar nicht. Die „Bekenntnisse“ J. J. Rousseau's, welche noch am meisten von allen französischen Memoiren der Kindheit des Verfassers gedenken, widmen dieser ersten Werde-Epoche doch kaum ein Hundert Seiten. Der Deutsche hat meist weder die naive Eitelkeit des Franzosen, sich als eine in Geschichte oder Gesellschaft wichtige Persönlichkeit darzustellen, noch die ebenso unbefangene Subjectivität des Italieners, der da meint, daß seine Erlebnisse, da sie ihn am meisten interessiren, auch seine Leser am meisten interessiren müssen; er ist aber deßhalb nicht minder mit seiner theuren Person beschäftigt: er beobachtet sich, überwacht sich, sieht sich wachsen und macht fortwährend an seinem lebendigen Leibe, oder vielmehr an seiner lebendigen Seele, Bildungs-Experimente. Diese Art von beständiger Vivisection benimmt ihm gar viel von seiner Frische und Unmittelbarkeit, macht ihn bewußt, wo der Mensch unbewußt sein soll, und bringt ihn oft um den reinsten Gewinn des Lebens: den leichten Sinn. Göthe hat den „Egmont“ dichten können, der „das Leben nicht gar so ernsthaft nimmt“; er selbst aber beobachtete an sich in der Schlacht von Valmy die Symptome des Kanonenfiebers, argumentirte mit Schiller über seinen dichterischen Schaffungsprozeß und erinnerte sich noch nach sechzig Jahren genau alles dessen, was seine kleine Knabenseele beschäftigte.

Welchen sittlichen Werth wieder andererseits dieses ernste Streben nach Selbstläuterung, Ausbildung, innerer Besserung mit sich bringt, liegt auf der Hand. Auch von dramatischem Interesse kann solches Ringen einer Kindes- oder Jünglingsseele sein: man lese z. B. die von der Hand einer deutschen Frau französisch geschriebenen „Memoiren einer Idealistin", welche eine solche Kindheit und Jugend mit ihren inneren Kämpfen anspruchslos erzählen. Der Titel lautet freilich etwas seltsam, aber er ist sehr bezeichnend, und der Inhalt des kleinen Bandes ist noch viel merkwürdiger als der Titel. Alles scheint in der That dazu angethan, die Neugierde zu wecken und zu befriedigen: die Person der Verfasserin, welche zugleich die Heldin ist, der Schauplatz, die Zeit, sogar die etwas eigenthümliche Form, welche eine gewisse Unerfahrenheit der Feder verräth, aber auch im höchsten Grade die reizende Kehrseite dieses Fehlers besitzt. Ich weiß nicht warum die Verfasserin, die eine deutsche Dame von Geburt ist, diese Herzensgeschichte in fremder Sprache hat schreiben wollen. Man wird's ihr wahrscheinlich als einen Mangel an Vaterlandsliebe aufmutzen — das ist ja wohl der Modevorwurf bei uns —; wohingegen gewisse französische Leser die Gelegenheit nicht werden vorübergehen lassen, ihre Freunde und sich selber von der Unfehlbarkeit ihres Urtheils zu überzeugen, indem sie in dem anspruchslosen Büchlein allerlei kleine Unrichtigkeiten herausfinden und anzeigen, die es sicherlich nicht schwer ist zu constatiren, wenn man Geschmack an diesem unerfreulichen Metier des Fehleraufschnüffelns hat. Ich muß gestehen, daß mich dieses europäische Französisch der diplomatischen Salons Berlins und St. Petersburgs gar nicht unangenehm berührt. In diesem besonderen Fall kommt es mir sogar vor als trage es noch bei zur ganz besonderen Würze dieser Lectüre: denn es ist die Muttersprache der Gesellschaft, in die uns diese interessanten Denkwürdigkeiten einführen.

Die Verfasserin gehört in der That zu einer jener adligen Beamtenfamilien, deren das alte Deutschland so viele zählte: sie lieferten den kleinen Fürsten ihre Minister, den Höfen von Wien und Berlin ihre Diplomaten, den Landgräfinnen und Großherzoginnen ihre Hofdamen, und verfügten für ihre zahlreichen Kinder, die nicht so glücklich waren Erstgeborene zu sein, über gute kleine Stiftsdamenpfründen und zahllose Offizierspatente in den preußischen und österreichischen Heeren. Nichts ist unterhaltender, als — im Buche wohlverstanden — mit der sonderbaren Gesellschaft zu leben, vollgepfropft von Adelsvorurtheilen, trotz des bürgerlich engen Daseins, das sie führt; äußerst genau, ja streng in der Beobachtung der religiösen und sittlichen Pflichten; aber hinlänglich durchdrungen von der Heiligkeit des monarchischen Princips, um es ganz natürlich zu finden, daß die königliche Hoheit, der man dient, sich gänzlich von diesen niederen Pflichten emancipire. Das Bild, das uns dieser Band von einem jener kleinen Höfe giebt — eines derjenigen, die im Sturme von 1866 untergegangen sind — erinnert lebhaft an gewisse Kapitel der Chartreuse de Parme. Wer die kleinen deutschen Residenzen der Restaurationszeit kennen lernen will mit ihrer patriarchalischen Einfachheit — man kann sich wohl denken, daß auch die patriarchalische Willkür nicht fehlte — mit ihren kleinen Hofintriguen und ihrer bureaukratischen Pedanterie; wer die blitzartige Wirkung sehen will, welche das furchtbare Unwetter von 1848 in dieser kleinen, aus dem vorigen Jahrhundert heraufbeschworenen Zopfwelt anrichtete; wer sich eine Idee vom gesellschaftlichen Leben des damaligen Deutschland machen will, von der weiten Mädchenerziehung, von der Freiheit, die zwischen den jungen Leuten beider Geschlechter, wie zwischen den unterrichteten, reicher oder armer Classen, herrschte, von der Gemüthlichkeit in den geselligen Verhältnissen der kleinen Städte, von der Bescheidenheit des materiellen Lebens, von dem Einfluß endlich der modernen Ideen auf diese verschwindende Welt — für den kann es gewiß keine fesselndere Lektüre geben, als die dieses Bändchens, wo die natürliche Einfachheit der Erzählung Wirkungen erzielt, welche die vollendete Kunst des Romanschreibers von Handwerk nicht immer erreicht.

Doch bietet das Buch neben diesem beinahe historischen Interesse auch ein anderes, das größer ist in meinen Augen: ein psychologisches Interesse. „Wer ein inneres Leben geführt hat, sollte seine Memoiren schreiben", sagte Göthe. Wenn man es mit der Einfachheit, der Aufrichtigkeit thut, welche die Verfasserin der „Mémoires d'une idéaliste" hinzubringt; wenn überdies solche öffentliche Bekenntnisse von einem feinen Geiste und einem edlen Gemüthe ausgehen; wenn endlich diese Erzählung einer Seele gleichsam die Beichte einer ganzen Generation, einer ganzen Gesellschaftsclasse, eines ganzen Landes ist: so wird das Verdienst dieser Art von Autobiographien ein großes. Einer solchen Seele durch alle die religiösen Beängstigungen zu folgen, die sie fieberhaft, aber stets kräftig durchkämpft; in dem langen, zähen, unermüdlichen Streit, den sie gegen die gesellschaftlichen, religiösen und politischen Vorurtheile ihrer Umgebung auszufechten hat, in ihrer stufenweisen, mit blutenden Wunden, grausamen Enttäuschungen, unver=

dientestem Verlassenwerden erkauften Emancipation; ihr zu folgen bis zu den äußersten Meinungen, in die sie sich aus Haß der engen Ansichten stürzt, unter denen sie so viel gelitten hat, und bis zu den Utopien ihres Idealismus; endlich die milde Heiterkeit anzusehen, die jenen inneren Stürmen gefolgt und diese so ruhige, so nachsichtige, so unparteiische Erzählung möglich gemacht hat — das thut wohl, das ruht aus, das giebt selbst dem den Glauben an die Menschheit wieder, der ihn verlieren möchte; denn es giebt kein edleres Schauspiel als das einer zarten Frauennatur, welche den Kampf aufnimmt gegen conventionelle Ideen, kämpfend ohne Bitterkeit und furchtlos vorwärts schreitend im Kampfgewühl, weil sie sich durch die unsichtbar-sichtbare, undurchdringliche Rüstung beschützt weiß, mit der sie die schönste der Tugenden, weibliche Reinheit, umgiebt.

Auch die „Erinnerungen" Kügelgen's und Hase's sind solche psychologische Documente; auch sie werfen zugleich auf deutsche Sitten und Zustände im Anfange des Jahrhunderts ein helles Licht. Beide Werke ergänzen einander gegenseitig; in der That spielen die darin erzählten Jugendgeschichten zum größten Theile in Sachsen, wo sich nord- und süddeutsche Sitten mehr als anderswo im Vaterlande begegnen, obschon die eine jener Existenzen mehr nach Norden, die andere mehr nach Süden weist. Kügelgen's, des Künstlers, Erinnerungen beschränken sich auf die Kindheit und bringen uns bis zu den Zwanziger-Jahren, wo sich Hase's, des Gelehrten, Denkwürdigkeiten mit der Schilderung der Jünglingsjahre anschließen. Das deutsche Familienleben in seinem lieblichsten Ernste und seiner reinsten Innigkeit wird uns von dem Maler, das deutsche Gymnasial- und Universitätswesen zu der Zeit, wo es sich am charakteristischesten entfaltet hatte, wird uns von dem Theologen vorgeführt. Für denjenigen, welcher nicht alle Geschichte in den äußeren Thatsachen sieht, sondern auch in dem Geiste, in dem sie von dem Volke aufgefaßt werden, ist es lehrreich und interessant, hier zu sehen, wie sich die großen Ereignisse von 1813 in einer Kinderseele spiegelten, wie die armseligen öffentlichen Zustände der Zwanziger-Jahre auf geistreiche und empfängliche Jünglinge hemmend und fördernd gewirkt.

Auffallend sind, wenn man, wie ich es gethan, von der Lectüre des einen Buches unmittelbar zu der des anderen übergeht, die äußersten Gegensätze deutscher Natur, die sich darin offenbaren. Das Livländer Blut und die vornehme Abkunft des Malers verleugnen sich ebensowenig, wie die Abstammung des Theologen aus der armen obersächsischen Gelehrten-Familie. Alles ist fein, gesittet gehalten im Hause, in dem der junge Kügelgen heranwächst. Still, umfriedet, heiter, würdig ist das Leben da gestaltet. Eine liebenswürdige, nur in Deutschland mögliche Religiosität schwebt über dem innigen Familienleben, obschon die Frömmigkeit des Vaters jener der Mutter wenig gleicht. Sie erwächst erst nach und nach zu größerer Wärme; anfangs ist sie mehr poetisches Bedürfniß und poetische Anschauungsweise einer echten Künstlernatur, schöne Angewöhnung, die dem Weitverschlagenen aus seiner rheinischen Heimath geblieben, wo damals jene schöne Blüthe des toleranten Katholicismus, auch wohl Hermesianismus genannt, nach den rationalistischen Excessen der Revolution und vor den widerwärtigen Hetzereien des Ultramontanismus ihre heiterste Stätte gefunden. Erst Unglück, auch wohl der inzwischen immer entschiedener hervorgetretene Nazarenismus in der deutschen Kunst, scheinen den edlen Mann zu einem brünstigeren, doch immer noch duldsamen Kreuzesglauben geführt zu haben. Dagegen sticht denn die ernste, ja fast herbe, etwas poesielose Religiosität der nordischen Mutter ab; auch sie ist echt deutsch, unbedürftig des Kirchganges und äußeren Gottesdienstes, sich an der Bibel und dem Gebete begnügend. Auch der Patriotismus des Hauses hat etwas Schwungvolles, Ernstes, ich möchte sagen Puritanisches. Es ist der Geist der ostpreußischen Erhebung, nicht der des süddeutschen Liberalismus, der da weht. Nicht um Eroberung individueller Rechte, zur Erfüllung heiliger Pflichten ergreifen die Freunde des Hauses die Waffen. Die Einheit und Freiheit Deutschlands beschäftigen die Tiefbewegten wenig; der Haß gegen den Eroberer, die Befreiung des vaterländischen Bodens liegt ihnen mehr am Herzen als eine liberale Constitution. Treue Anhänger des Alten, Hergebrachten, empfinden sie sogar die Theilung Sachsens als ein Unrecht. Der Loyalismus wirft sich nicht zum Richter auf, selbst über die Verirrungen des Herrn.

Ein unendlicher Reiz ist über diese Jugenderinnerungen ausgegossen. Sie sind geschrieben in reifstem Alter und durchwebt von der ironischen Milde, mit welcher der Greis am Schlusse eines schönen Lebens gerne auf die Kindheit zurücksieht. Durchweg ist die Sprache die gebildetste und der Künstler verleugnet sich nie. Mit den einfachsten Mitteln erreicht der Erzähler die größten Wirkungen; keine Spur von Affectation, Nachlässigkeit, Unruhe stört die Rein=

heit dieser Wirkung. Man kann sich denken, was die Geschichte eines Knaben vom sechsten bis zum achtzehnten Jahre bieten kann, und es gehört die verborgene Kunst, sowie die ganze Frische und Lebendigkeit der Erinnerung dazu, um sie zu einer stets fesselnden Lectüre zu machen. Aber man lese diese Jugendeindrücke, man vernehme darin nicht allein das Echo der großen Kriegsereignisse, das vornehmlich im stillen Hause des Künstlers wiederklingt; man sonne sich nicht allein an den Strahlen, die aus dem Auge der Gewaltigen, wie Göthe und Napoleon, auf den erstaunten Knaben fallen und haften bleiben; nein, auch die Spiele, die Kinderfreundschaften, die Schul-Erlebnisse lese man. Des Besonderen wird man nichts, gar nichts finden: das ist uns Allen ja auch passirt; aber das Alles steht so frisch und lebendig da vor uns, daß wir glauben, wir ständen wirklich an einem Hinterfensterchen und schauten dem Treiben der Kleinen zu auf dem Spielplatze, wo sie ganz unter sich und sich unbelauscht wähnend ihr heiteres Wesen treiben, welches das Leben des Mannes scherzend vorbedeutet. Dazu die Träumereien des herzigen Jungen, seine kleinen Enttäuschungen mit Kummer und bitterem Herzweh, die Liebe des zehnjährigen Ritters zum schönen Lorchen, seiner Dame, der er, auf dem Lilienstengel reitend, seine Huldigungen darbringt, die liebende Ehrfurcht und Bewunderung vor den Eltern, die herzliche Solidarität aller Interessen mit Bruder und Schwester: Alles hat etwas unschuldig Ideales und dabei gesund Natürliches, das zuweilen unendlich rührend wird. Einzelne Scenen gehören geradezu zu dem Vollendetsten, was unsere Literatur kennt, die nicht reich ist an unreflectirt gemalten Scenen und Gestalten: so die nächtliche Fußreise des Siebzehnjährigen mit der schmucken Pfarrerstochter, die ihr Brot mit ihm theilt. Wer dächte nicht unwillkürlich an Rousseau's Wanderung nach Turin, an Haydn's und Consuelo's gemeinschaftliche Reise in Böhmen, an gewisse Scenen Fielding's, ja Göthe's! Da pulsirt das frischeste Leben anspruchslos und unmittelbar; man vergißt so was nicht wieder; man kennt die Leutchen, als habe man sie mit leiblichen Augen gesehen, und doch ist kaum ein Satz der Beschreibung da: so lebt Friederike von Sesenheim in unser Aller Sinn und Erinnerung.

Auch über die Verhältnisse des Künstlers in Dresden, welches um jene Zeit der Hauptsitz deutscher Kunst war, gibt das anziehende Buch mancherlei belehrende Auskunft. Hunderte von interessanten Persönlichkeiten gingen in dem Hause des alten Kügelgen ein und aus, und beinahe Jeder hat dem Maler sitzen müssen für seine geschriebene Porträt-Galerie. Dabei bietet nicht nur jede Seite abgerissen ein reizendes Genrebild: das Ganze hat eine einheitliche, beinahe dramatische Composition. Der tragische Schluß — die Ermordung des Vaters — erweckt uns plötzlich aus dem lieblichen Kindestraume zur harten Wirklichkeit, und wir fühlen mit dem Erzähler, daß es von da an aus ist mit den heiteren Spielen einer glücklichen Jugend. So wie es dasteht, wird das Werk bleiben, als ein Edelstein in unserer Literatur. Daß es das deutsche Publicum, gegen seine Gewohnheit, sogleich erkannt und anerkannt hat, ist kein unbedeutender Beweis seines wiedergefundenen richtigen Sinnes und reinen Gefühles. Es ist einer Nation nicht allein damit geholfen, daß sie große Künstler und Schriftsteller hervorbringt, sie muß auch naive Leser und unbefangene Anschauer zählen.

Ganz anders ist der Ton, der in des berühmten Kirchenhistorikers Erinnerungen herrscht. In ganz andere Verhältnisse versetzen sie uns. Doch auch hier urdeutsche Sitte und Anschauungen. Der Knabe wächst in einer Umgebung herauf, wo man meinen sollte, es gäbe nur Lehrer, Pfarrer und Philologen in der Welt. Eine junge Waise, wird er nach deutscher Sitte nicht in ein Institut, sondern, selbstständig in dem Dachstübchen eines Bürgerhauses für sich wohnend, auf ein Gymnasium geschickt. Die wohlthätigen und zarten Einflüsse der Mutter und Schwester werden ihm versagt, und man weiß, daß diese Entbehrung einem Menschen durch's Leben nachhängt, daß ihm, wenn er sie erfahren, die feinste Blüthe der Sitte ewig unerreichbar ist. Poetische, gelehrte, politisch-reformatorische Versuche beschäftigten schon den Gymnasiasten: Schule und Bücher stehen ihm höher als Leben und Gegenwart. Frühe Liebeleien nach studentischer Art, auf Bällen und Landpartien angeknüpft, spielen hinein. Alles ist geräuschvoll von Anbeginn. So schließt sich das Universitätsleben fortsetzend an: Trinkgelage wechseln mit ernsten Studien, politische Geheimbünde mit Carcer-Einsamkeit. Tolle Studentenstreiche obendrein. Von religiösem Bedürfnisse, innerem Drange einer gottsuchenden Seele ist nichts zu verspüren bei dem jungen Gottesgelahrten, der evident die Theologie als Brotstudium ergreift, dann aber dieses Studium mit Geist, Scharfsinn, Eifer betreibt und ihm jene treue Liebe widmet, mit der gemeiniglich der Deutsche seinen Beruf zu erfüllen pflegt. Von Leipzig führt uns der

Memoirist nach Erlangen. Hier sagt er sich von der Burschenschaft los, fährt aber fort, eine große Rolle in der Studenten-Republik zu spielen, bei Commersen, Auszügen und anderen dergleichen geräuschvollen, manchmal etwas rohen Jugend-Manifestationen an der Spitze zu stehen. Ausgedehnte, allzu ausgedehnte Aufzeichnungen berichten uns über die Natur jener Vergnügungen, wo sich im Grunde wie in Auerbach's Keller „mit wenig Witz und viel Behagen" die jungen Wichtigen „im Kreise drehen wie die Katze mit dem Schwanz". Wüßte man nicht schon, wie poesielos das vielgepriesene deutsche Corpsstudentenleben und sein lärmendes, renommistisches Treiben ist, man würde es hier lernen können. Die wahre Poesie auf den deutschen Universitäten ist eben da, wo man sie meist am wenigsten sucht: bei den stillen, schwärmerischen, hungernden Jünglingen, die das rohe Getreibe der Duellisten meiden, und bei den strebsamen, unverdrossenen Dienern der Wissenschaft, die als junge Privat-Docenten schon von der Meute zu den Philistern gerechnet werden. Auch über das Wesen der Burschenschaft geben Hase's Erinnerungen wenig Aufschluß. Die Unreifheit und Lächerlichkeit ihrer Bestrebungen tritt darin nur noch mehr zu Tage. Man überzeugt sich noch einmal, wie weit diese Bewegung mit ihren kindischen Alfanzereien vom Ernste des italienischen Carbonarismus absteht, und welchen Dienst Heine der deutschen Jugend leistete, als er diese fromm-frisch-frei-fröhlichen Geschmacklosigkeiten recht gründlich lächerlich machte. Da war weder Leidenschaftlichkeit, noch idealistische Gehobenheit, noch utopistische Schwärmerei, — das Ganze lief auf ein sich selbstbespiegelndes Wohlgefallen an Farben und Worten, an Lärm und Bier hinaus. Unfruchtbar war das ganze Treiben überdies, und seine einzigste Hinterlassenschaft in der deutschen Geschichte waren Gagern'sche Reichspolitik und Frankfurter Schützenfeste. Die Einheit und die Verfassung Deutschlands sind auf anderem Grunde erwachsen.

Wie nur die lächerliche Verfolgung diesen abgeschmackten Jugendlichkeiten eine vorübergehende Bedeutung geben konnte, zeigt uns anschaulichst Hase's Tagebuch. Sein Aufenthalt in Tübingen als junger Privat-Docent, seine Einkerkerung im Hohenasperg sind reizende Episoden in der sonst etwas gar zu liederlich hingeworfenen Erzählung. Der Gegenstand wird interessant, der Ton belebt sich, die Interessen sind höherer Natur, als in den ersten Theilen. Die Erbärmlichkeit der deutschen politischen Zustände in den Zwanziger-Jahren und der Glanz des wissenschaftlichen Lebens treten in ihrem merkwürdigen Gegensatze drastisch hervor. Auch das süddeutsche Leben ist mit Liebe und Antheil geschildert. Schon in Erlangen fühlt sich der Studiosus davon angezogen; in Schwaben wird der junge Gelehrte ganz zum Schwaben. Man merkt es ihm auch noch in Dresden und Leipzig an, wohin er zurückkehrt nach abgesessener harter Gefangenschaft; etwas von süddeutscher Wirthshausgemüthlichkeit ist ihm geblieben. Die Abenteuer auf dem Hohenasperg, mit weniger Leben und Humor als Fritz Reuter's „Festungstid“ erzählt, erinnern doch an sie. Es liegt in dieser unzerstörbaren Heiterkeit und ehernen Fleißigkeit des deutschen Jünglings in einer Lage, die Andere zur Verzweiflung, zur tobenden Wuth, zu verbittertem Grolle oder zu weichlichem Bereuen führen würde, etwas von der herrlichen Luthertugend, der kraftvollen Freude am Kampf und Widerstand.

Ganz unbefriedigend sind die italienische Reise und der Brautstand, mit denen das Büchlein schließt. Lose zusammengesetzt, burschikos concipirt, auf's nachlässigste geschrieben, sind sie offenbar zum größten Theile ein Tagebuch aus früherer Zeit, dem die bessernde Hand des siebzigjährigen Gelehrten nur wenig und selten nachgeholfen. Und doch ist das Büchlein ein außerordentlich werthvoller Beitrag zur Geschichte deutscher Sitte und Verhältnisse. Es ist nicht des Verfassers Schuld, wenn die Sitten deutscher Universitäten nicht anziehend sind. Die deutschen Universitäten sind deßhalb nicht minder die Werkstätten gewesen, in denen der deutsche Geist den reichen Gehalt seiner Minen verarbeitet, geläutert, zur siegreichen Waffe geschmiedet hat. Wir können es Hase nicht verdenken, daß die Verhältnisse kleiner deutscher Städte in der Restaurationszeit armselig, reizlos, mitunter geschmacklos waren; zeigt sich doch gerade in der Erbärmlichkeit jener Verhältnisse die ganze Herrlichkeit der deutschen Natur, die dadurch unverkümmert, unter formloser Außenseite, ihr tiefinneres Leben lebt: ein Leben voll naiven Idealismus und selbstlosen Strebens im Dienste der Wissenschaft, der Kunst oder auch nur der engen auferlegten Pflicht. Endlich ist's uns denn auch nicht zu verdenken, wenn wir, die abschreckenden Uebel der Kleinstaaterei uns so lebhaft, wie es hier geschieht, vor Augen gestellt sehend, uns ein wenig behaglich fühlen, solcher Misère endlich und für immer entronnen zu sein.

Juli 1872.

Der Verstorbene.

I.

Es ist ein eigen Ding um eine bedeutende Persönlichkeit, die sich keiner Schule hat unterwerfen wollen, keine Specialität als Lebensaufgabe ergriffen hat.*) Die Zeugnisse der Zeitgenossen liegen vor, die Thatsache ist unleugbar: Niemand vermochte dem Manne zu widerstehen, die Herzen der Weiber flogen ihm zu, die Männer vergaßen Neid und Vorurtheile vor einer Erscheinung, die gerade jenen so sehr zu erwecken, diese so recht zu verletzen berufen schien. Er hatte eben den „charme“ — eine französische Bezeichnung, welches unser deutsches „Zauber“ nur sehr unvollkommen wiedergiebt. Lesen wir nun aber seine Werke — mit Ausnahme eines einzigen — seinen Nachlaß aus Tagebüchern und Briefen, so tritt uns nirgends etwas Besonderes hervor: Ausdrucksweise, Gedanken, Gefühle, Alles erscheint marklos und charakterlos, ohne Origi-

*) 1. „Fürst Hermann v. Pückler-Muskau.“ Eine Biographie von Ludmilla Assing. Erster Halbband. — 2. „Briefwechsel und Tagebücher des Fürsten H. v. Pückler-Muskau.“ Herausgegeben von Ludmilla Assing, Band I und II. Hamburg. Hoffmann und Campe. 1873.

nalität, ohne Leben, schlimmer als geschmacklos, wässerig. Es ist, als fehlte der molluskenartigen Masse der Knochenunterbau, um den sich das Fleisch organisch und harmonisch ordnen sollte.

Fürst Pückler war eine bedeutende Persönlichkeit, er lebte in einer bedeutenden Zeit, war verbunden mit allen bedeutenden Männern dieser Zeit und durch seine Geburt in eine Lebenslage gestellt, die ihm erlaubte, ohne Hinderniß den Weg einzuschlagen, auf den es seinem Genius beliebte, ihn zu rufen. An politischem Blick fehlte es dem Fürsten nicht; in der militärischen Laufbahn hätten ihm die Zeiten nur allzu viel Gelegenheit geboten, sich auszuzeichnen; sein erstes Auftreten als Schriftsteller brachte ihm wohlverdienten und — was auch zum Gegentheile gesagt werden mag, in einer Zeit, die sich von der Richtung des jungen Deutschland so entschieden abgewandt hat — unverwelklichen Ruhm. Und doch blieb Alles nur bei einem ersten Anlauf. Es will eben alles gelernt sein; denn in Allem und Jedem ist ein Theil Handwerk — und Pückler wollte nie lernen. Er ist deshalb Zeit seines Lebens ein geistreicher Dilettant geblieben, außer in der einzigen Kunst, die er gründlich und methodisch hat lernen wollen: in der Gartenkunst. Seine Parkanlagen in Muskau und Branitz sollen, wenn man dem Urtheile aller Derer trauen darf, denen es so gut geworden, diese seine Schöpfungen zu sehen, wirklich vollendet sein. Was Pückler nie gelernt hat, ist das politische, militärische, wissenschaftliche und schriftstellerische Metier. Sein Fehler war, sich von einem großen Erfolge blenden zu lassen und zu meinen, das Schriftstellerthum sei eben keine Kunst, es genüge Erfahrung und Beobachtung, offener Sinn und eine leichte Feder, um Schriftsteller von Profession zu werden. Es war natürlich, daß er, wie Laien es gewöhnlich thun, sich über die Natur gewisser Werke täuschte; ihm schienen Montaigne's „Essays", Pascal's „Pensées", Heine's „Reisebilder" Werke der augenblicklichen Inspiration und augenblicklicher glücklicher Wiedergabe der Inspiration. Wer die Manuscripte eines der beiden großen französischen Fragmentisten gesehen, wem, wie dem Schreiber dieses, es vergönnt war, in Heine's Werkstatt zu dringen und seinem Ausmeißeln sogenannter Nachlässigkeiten zuzuschauen, der weiß, wie unablässig die Meister bemüht waren, ihren Gedanken den genauesten, knappsten, prägnantesten Ausdruck zu suchen, und sich nicht eher zufrieden gaben, als bis das Wort und der Satz in nuce den ganzen Gedankengang aufwärts, der sie zu der Idee geführt, und die ganze Entwicklung abwärts, die sich aus jener Idee ergab, in sich einschlossen.

Ein ungeschulter, überdies viel und schnellschreibender Schriftsteller altert nothgezwungen in wenig Jahren; er bewegt sich in gebrauchten und verbrauchten Sprachformen, ohne zu untersuchen, inwieweit sie dem Gedanken entsprechen, den sie verschwimmend und unklar vorführen; er giebt sie aus als cursirende Münze, unbekümmert, ob sie volles Gewicht haben und ohne Beimischung sind, wenn sie nur im Augenblicke für den Betrag angenommen werden, der darauf geprägt ist. Kommt nun aber der Tag, wo jener Prägestock keinen Credit mehr genießt, so wird das Metall umgeschmolzen, und manchmal bleibt dann des Edlen gar wenig übrig, und das Wenige bringt nur anonym wieder in die Circulation.

Schon heute haben Pückler's Briefe, Tagebücher, Reisebeschreibungen keinen Curs mehr, ausgenommen jenes herrliche Erstlingswerk, das noch in voller Frische grünt und grünend erfrischt. Für Ein Werk mag eben zur Noth die Individualität hinreichen, mag sie instinctiv die rechte Form finden, mag ihre Fülle über die mangelnde Schule hinweghelfen. Ja, es gibt eine Sprache des Weltmannes, der kein Schriftsteller von Profession ist, der angenehm spricht und schreibt wie er spricht, und diese Sprache, die nicht selten in der französischen und englischen Literatur, nie in der deutschen und italienischen getroffen wird, hat einen großen Reiz. Pückler aber schreibt hier eben nicht, wie er wohl gesprochen haben mag; er nimmt den conventionellen Ton der Schriftstellersprache an; und welcher Schriftsteller? Man sollte glauben, er habe nur Clauren oder August Lafontaine gelesen. In einem einzigen Werke hat er gezeigt, was seine Sprache hätte sein können; und hier war auch Pückler beinahe der erste und einzige Deutsche, der in der Literatur den freien Ton eines Walpole oder Shaftesbury anschlug; schon das war und bleibt wohlthuend. Aber bereits im zweiten Werke wurde dieser Ton Manier und ermüdete. Jene „Briefe eines Verstorbenen" waren Plaudereien eines liebenswürdigen, geschmackvollen Mannes, der sich seine Weltanschauung gebildet und sie hier zum erstenmale der besten Freundin — seiner Ex-Gemahlin — gegenüber zu Papier brachte. Der unwiderstehliche Reiz dieser weltmännischen Naivetät ist auch noch über die Briefe jener Zeit ausgegossen, welche der Fürst bei der ersten Auswahl ausschied, und welche seine literarische Testaments-Vollstreckerin heute dem

Publikum mittheilt (im einundzwanzigsten Abschnitte der Biographie.)

Nicht minder anziehend sind die Briefe aus der Zeit des Aachener Congresses (1818). Offenbar waren die Mannesjahre die glänzendsten des Fürsten: diejenigen, in denen seine ganze geistige, sittliche und körperliche Natur sich am vortheilhaftesten zeigte, wie denn jeder Mensch ein gewisses Lebensalter hat, worin seine Individualität am vollsten zum Ausdruck kommt. War nun aber einmal der in vierzig Jahren angesammelte Schatz in neuer und überraschender Form ausgegeben, so blieb wenig oder nichts mehr übrig, und da Pückler sich nicht zu wiederholen liebte; da er, selbst überrascht durch den Erfolg seiner ersten Schrift, glaubte, er dürfe nur gerade Alles geben, was er je gedacht und gefühlt; da er selbst gar keinen Maßstab hatte für das, was bedeutend und unbedeutend in dem von ihm Gedachten und Empfundenen sei, so kam bald fast nichts mehr als gewöhnlichster Gehalt in manierirtester Form zu Tage: journalistisches Eintagswerk, das nur das Recht hat, anonym aufzutreten, und das verdientermaßen längst ebenso vergessen ist wie jede andere Feuilleton-Chronik, wenn es auch seinerzeit in soliden Octavbänden anstatt in losen Zeitungsblättern in die Welt ging. Gegenstand wie Form der Briefe eines Verstorbenen waren die Pückler's Talenten wie seiner Natur adäquatesten; im Folgenden war er meist nicht mehr auf eigenem Terrain, und das fühlte sogleich ein Jeder — nur er selber nicht.

Neben dem, was er auf diese Weise dem Publikum bei Lebzeiten gegeben, hatte der Fürst auch noch in seinem Privat-Archive sorgfältigst alles aufgespeichert, was je seit seiner ersten Jugend bis in sein hohes Alter aus seiner fruchtbaren Feder geflossen war: Alles, wie es scheint, wohl numerirt und etiquettirt. Er hielt Buch über seine Liebesbriefe, band sie zusammen zu späterer wiederholter Benützung als Briefsteller in den verschiedensten Situationen. Seine Gymnasiasten-Tagebücher — obschon er zur Zeit Gymnasium, ja Militärdienst schon absolvirt hatte, erlaube ich mir doch den Ausdruck — waren hübsch abgeschrieben und mit Anmerkungen versehen. Das mußte doch Alles der Nachwelt erhalten bleiben, und da sein Freund Varnhagen mit seinem Nachlasse so viel Geräusch in der Welt gemacht, so meinte der alte Dandy, die Ehre wäre auch seinen eigenen Manen zu verschaffen. Und so vertraute er derselben trefflichen, männlich gewissenhaften Herausgeberin von Varnhagen's Nachlaß auch die Herausgabe des seinigen an. Er vergaß nur, daß er kein Varnhagen war. Die Nichte des großen Biographen hat ihre Gewissenhaftigkeit auch in der Wiedergabe dieser „Schätze" bewährt; aber nicht ihre Schuld ist es, wenn der fürstliche Freund kein disciplinirter Schriftsteller, wie ihr Oheim, war. Es ist wohl kein Zweifel, daß die Persönlichkeit Pückler's bedeutender und ansprechender war als die Varnhagen's; aber diese Persönlichkeit tritt eben nicht aus dem Nachlasse hervor. Oberflächliche Anblätterer oder tugendstolze „Männer der Wissenschaft" pflegen freilich von dem Gatten Rahel's als von einem Anekdotensammler und Scandal-Aufstöberer zu reden. Unbefangene werden die Ausdehnung und Sicherheit seines Wissens um so höher schätzen, je weniger pedantische Professorsmienen der gelehrte und gewissenhafte Biograph annimmt; sie werden in seinen Sammlungen und

Notizen den liebevollen Psychologen, der seinem Objecte, der Menschennatur, auf allen seinen Schlupfwinkeln und Irrwegen nachgeht, nicht verkennen, sie werden es dem gereizten Zeugen des grand règne der Heuchelei — gerade von 1840 bis 1858 — nicht verdenken, wenn er daheim vor seinem Pult seinem Aerger geistreich Luft gemacht; sie werden es dem alternden Herrn, der sich so lange in der Diplomaten=, Aristokraten= und Bureaukratenluft von Berlin bewegt, wohl verzeihen, wenn er die Gebrechen der menschlichen Natur auf gewisse Stände und Parteien zurückführte — wie unsere Enkel denen verzeihen mögen, welche heute, angeekelt vom demokratischen Treiben in Presse, Club und Exil, zu hart über ihre Jugendgenossen urtheilen. Als Schriftsteller, wie als Quellensammler, wird Varnhagen stets einen hervorragenden Platz in unserer Literatur einnehmen, während man weder das Eine noch das Andere von Fürst Pückler sagen kann, der doch während seines Lebens ganz anders als Varnhagen auf die ihm Nahekommenden gewirkt. Zum Schriftsteller fehlte ihm eben die gründliche Bildung, die sichere Methode, die strenge Zucht, die gewissenhafte Forschung, die durchdachte Form, welche aus Varnhagen einen unserer gediegensten Prosaiker machten; als Mensch hat er stets nur angezogen, wo Varnhagen manchmal unverdienterweise abstieß.*)

---

*) Der Geschichtschreiber deutscher Sitten, Ideen und Zustände wird Fräulein Assing nie dankbar genug sein können für die werthvollen Mittheilungen, die sie aus ihres Oheims unerschöpflichem Nachlasse mit sicherer Hand gewählt und in sorgfältigster Weise veröffentlicht hat. Er wird ihr danken für Alles, was sie aus dieser Quelle noch geben dürfte; aber kann man's ihm verdenken, wenn er

Pückler's Biographin hat ihr Bestes gethan, um den verehrten alten Freund auch der Nachwelt so darzustellen, wie er sich den Zeitgenossen dargestellt; aber es ist ihr nicht gelungen, wenigstens in den allzu zahlreichen Partien ihres Werkes nicht gelungen, wo sie aus übertriebener Bescheidenheit ihrem Helden das Wort gelassen. Tritt sie selbst erzählend und schildernd auf, so beginnen wir wohl zu fühlen, was eigentlich an dem Manne gewesen sein muß, der stets:

„Erst der Männer Geist mit feurigem, munterm Beginnen,
Dann die Herzen der Weiber mit unwiderstehlicher Anmuth"

zu gewinnen wußte; sogleich aber mißtraut die Erzählerin sich selbst und tritt das Wort an den Fürsten ab — und wir fühlen uns augenblicklich ernüchtert. Schreiber dieses wenigstens hat selten eine größere Enttäuschung erfahren als bei der Lectüre dieser drei Bände. Er hatte ein so bewunderndes Andenken an die „Briefe eines Verstorbenen" bewahrt, die er nicht als Knabe, sondern dreißig Jahre nach ihrem Erscheinen, also ganz außerhalb der Zeitströmung, in der sie entstanden, gelesen und genossen hatte; die Erscheinung des Mannes, wie sie noch aus dem Widerglanz der Mitlebenden ausstrahlte, hatte ihm imponirt und war ihm als eine überaus sympathische im Gedächtnisse geblieben; die Zeit — der Fürst lebte von 1785—1871 und

---

weniger gespannt auf die Fortsetzung von Pückler's Nachlaß ist? Der Fürst wußte das Verdienst der Herausgeberin von Varnhagen's Schätzen wohl zu würdigen, ihre Gewissenhaftigkeit und seltene Sorgfalt wohl zu schätzen; darum wählte er gerade sie unter so Vielen zu seiner literarischen Testaments-Vollstreckerin. War es ihre Schuld, wenn sich in der Erblassenschaft weniger Activa befanden, als man erwartet hatte?

dürfte speziell als der älteste und glänzendste Vertreter der Restaurations-Gesellschaft gelten — die Zeit, in welche diese Papiere uns zurückführen, interessirte ihn mehr vielleicht als irgend eine andere, und — er hatte Mühe, die Tagebücher und Briefe des fürstlichen Schriftstellers zu Ende zu lesen.

Glücklicherweise ist der Verstorbene nicht der einzige Briefschreiber, dessen Bekanntschaft wir hier machen. Der erste Band enthält die Correspondenz Pückler's mit Sophie Gay, mit Bettina, mit Gräfin Hahn und mit einer jüngeren Schriftstellerin, die eines großen Rufes bei der jungen Generation des lieben Vaterlandes zu genießen scheint. Ihre Briefe wären besser hier weggeblieben und können ihren literarischen Ruhm eben nicht viel vergrößern. Nirgends zeigt sich auffallender der Abstand zwischen der Generation unserer Mütter und der unserer Schwestern, als wenn man von den Briefen der drei ersten Correspondentinnen zu denen der Letzteren übergeht. Wie viel mehr Spontaneität, Vorurtheilslosigkeit, Wahrheit bei Jenen, wie viel mehr inneres Leben und wahre Frömmigkeit, Geschmack und durchdringende Bildung, harmlose Heiterkeit und überströmendes Gefühl, ja wogende Leidenschaft! Wie anständig, bürgerlich, correct, gemeinplätzlich, eng und dabei doch staatsbürgerlichprätentiös sind unsere Altersgenossinnen dagegen! O! wer gibt sie uns zurück, die schönen Zeiten, da unsere Frauen weniger tugendhaften Gemeinsinn hegten und den leichten Grazien Eintritt in ihr Inneres erlaubten, ohne zu fürchten, den keuschen Tempel ihrer Gemüther dadurch zu entheiligen! O, eine Thorheit! nur einen dummen Streich! Aber nein, wir sind zu vorsichtig geworden, heutzutage uns illegitim zu verlieben und eine verfängliche Correspondenz mit einem alten Don Juan anzufangen, so ungefährlich ihn auch der Schnee des Alters gemacht haben mag. Es schickt sich nicht mehr.

Freilich, etwas schwerer mag es gehalten haben, der Versuchung zu widerstehen, im Jahre 1818, als das dreiunddreißigjährige brillante mauvais sujet der immer noch hübschen Sophie Gay nebst der noch hübscheren Tochter Delphine

— matre pulchrâ filia pulchrior —

seine Aufmerksamkeit erwies. Pückler hatte die Spezialität der gleichzeitigen Bewerbung um die Gunst zweier Generationen; heirathete er doch schließlich die Mutter zweier reizender Töchter, denen er seine Huldigungen dargebracht. Echt französisch, fein, witzig, doch nicht ohne eine gefühlte Sentimentalität sind die Briefe Sophiens, bedeutender, anmuthiger, wärmer als ihre Romane. Pückler's Eindruck muß sehr tief auf die schon Alternde gewesen sein; eine rührend-poetische Melancholie der Entsagung ist über diese Briefe ausgegossen, lieblich gemildert durch ein bezaubernd-ironisches Lächeln in Thränen.

Auch Bettina's Briefe dürfen dem Besten, Beredtesten zugezählt werden, das wir von der ewig jungen, wahrheitsliebenden Lügnerin besitzen. Da gährt's und kocht's wie in einem fließenden Lavastrome; das ist ein Brausen von „Gehirnsinnlichkeit", wie's ihr Pückler treffend und ungalant sagt; ein Arbeiten der Phantasie, ein dichterisches Drängen, ein nie sich legendes Stürmen, eine stets ungewollte Selbsttäuschung, eine „natürliche Unnatürlichkeit" — das reizende Wort ist von Caroline Schelling, wenn mein Gedächtniß mich nicht täuscht —: man kann dieses reiche Wesen, das nie sein Gleichgewicht finden konnte, nicht genug bewundern, und so unbequem es auch manchmal in der engen Wirklichkeit geworden sein mag, wir danken es dem Fürsten, der diese Unbequemlichkeit selbst auf sich genommen, alle die aufregenden Scenen so glatt als nur möglich ab- und durchgemacht und uns nun nur noch zum bequemen und ungestörten Genusse das Bild der Unvergleichlichen in ihren Briefen gelassen hat. Wer wollte so thöricht sein, zu wünschen, daß Lionardo's „Joconde“ sich plötzlich bewegte, aus ihrem Rahmen spränge und sich indiscret à la Bettina in unsere Arme stürze?

Nicht minder anziehend als Bettina erscheint Ida Hahn-Hahn — für den Schreiber dieses eine wahre Entdeckung. Die echte und tiefe Religiosität, die aus den Briefen der Gräfin athmet, ihre reine, tiefgefühlte Neigung, ihre natürliche Würde und Vornehmheit, die Höhe und Freiheit des Standpunktes und der ganzen Weltanschauung wirken so wohlthuend-beruhigend nach der permanenten Aufgeregtheit Bettina's, daß man der Herausgeberin nicht genug Dank wissen kann, sie gerade nach der Correspondenz der geistreichen Phantastin eingeschaltet zu haben. Dabei ist Fülle des Geistes, Fülle und Ursprünglichkeit. Und wie das Gefühl und der Gedanke, so die Form leicht und doch individuell, individuell und doch geschmackvoll; anmuthig und ausgeprägt zugleich: so etwas ist keine gemeine Waare, vornehmlich in unserer Zeit, und es will uns bedünken — wenn unser Gedächtniß uns nicht trügt — daß auch bei Ida Hahn, wie bei Sophie Gay, die Briefschreiberin eine ganz anders bedeutende Natur offenbart als die Schriftstellerin.

Und wie jämmerlich nimmt sich gegen seine drei geistreichen Correspondentinnen, die es immer ernstlich meinen mit ihren Empfindungen, so absurd sie auch manchmal scheinen mögen, unser Verstorbener aus, dem's nie Ernst ist um ein Gefühl und der, hier wenigstens, nicht einmal die Grazie hat, in welche ein heiterer, unbefangener Egoismus sich so oft anmuthig zu drapiren weiß. Schlechtes Deutsch und noch schlechteres Französisch, um damit anzufangen: flach, breit, ohne Charakter. Wer hätte das vom fürstlichen Brummel gedacht? Wir wenigstens glaubten, der schöne ritterliche Herr mit dem feurigen Auge hätte sich jedesmal selbst etwas weis gemacht und zu einer gewissen Gemüths-Temperatur heraufgeheizt; aber nein, die einzige Liebschaft mit Henriette Sontag ausgenommen, ist das ja immer die besonnenste, kühlste, ja frostigste Geschäfts-Operation, in plattem französisch à la Monsieur de Jouy, oder, was noch schlimmer ist, in aus diesem Französisch übersetztem Deutsch. Man denkt unwillkürlich an die Salons der Madame Tallien und an die Verse des Prince de Ligne, beiläufig gesagt, ein Freund unseres Verstorbenen und, wie's scheint, ein wenig sein Modell. Don Juan variirt wenigstens seine Arien zwischen Zerline und Donna Anna; hier ist's immer ungefähr derselbe Ton mit allen Arten des Wildes, nach dem der galante Waidmann birscht, und

„V'han fra queste contadine,
Cameriere, cittadine,
V'han contesse, baronesse,
Marchesine, principesse."

Ja, man vermißt selbst das Feuer der Sinnlichkeit: seine Liebesbriefe sind kalt, wie die Legende des Teufels Umarmungen schildert.

Ueberhaupt erscheint Pückler hier oft als eine äußerst gutmüthige, aber innerlich kalte Natur — zwei Dinge, die sich nur gar zu oft neben einander finden. Nur innerliche Kälte verbunden mit einer Vorurtheilslosigkeit, die bis zur Indelicatesse geht, und die selbst bei der Auflösung der Familie wie sie damals in Deutschland vielfach eingetreten war, ohne Exempel ist, kann über den Vater und die Mutter reden, wie der Fürst zuweilen von ihnen redet. Freilich ließen sich auch die guten und liebenswürdigen Seiten des Fürsten aus den Briefen heraussuchen; aber sie verschwinden gegen den fahlen Ton, in dem uns der ganze Mensch erscheint. Seine Freigebigkeit, sein Muth, seine Kindlichkeit, seine Ritterlichkeit, die wir Alle an ihm vom Hörensagen bewunderten, sind hier mit Beweisen documentirt — und doch treten ihre hellen Farben nicht hervor, überstrahlen nicht den grauen Grundton des Bildnisses. Nach der Weise seiner Zeit grübelt Pückler an sich herum, aber ohne wahren Idealismus — eben nur weil's Mode war, etwa wie ein Lauzun auch sentimental zu sein wußte, als Clarisse Harlowe und La Nouvelle Héloise die Sentimentalität fashionabel gemacht hatten. Dabei ist seine Philophie seicht, ohne mystische Ahnung, metaphysische Anschauung oder skeptischen bon sens; seine Gefühlsweise in religiösen Dingen ist noch ganz die des achtzehnten Jahrhunderts; alle Priester, zum Beispiel, sind ihm kurzweg Heuchler, zu welcher Kirche sie auch gehören mögen; freilich motivirt er diese Heuchelei schön und tief durch den nothwendigen Widerspruch zwischen dem übermenschlichen Beruf des Priesters und seiner menschlichen Natur. So feine Bemerkungen sind aber selten, wie auch die wahre Sprache des Gefühls selten zu hören ist.

Die einzige Tugend Pückler's, die wirklich überall hervorleuchtet, ist die Wahrheitsliebe. Er ist rücksichtslos wahr gegen Andere, aber auch gegen sich selbst. Er kennt alle seine Schwächen und gesteht sie gutmüthig ein. Daher ist auch seine grenzenlose Eitelkeit so wenig lästig; er ist eben nur eitel, er ist nicht eingebildet. Recht im Gegentheil ist er stets voller Mißtrauen in sich selber; meint, alle Anderen, selbst die Mittelmäßigsten, wüßten Alles besser zu machen als er. Er war schön, elegant, vornehm, gewandt; aber selbst wenn er alles das nicht gewesen wäre, es aber geschienen hätte, so würde ihm das schon genügt haben, wie es ihm genügte, für unterrichtet, geistreich, tief, gefühlvoll zu gelten, selbst wenn er sich bewußt war, es nicht zu sein. In dieser seiner Sucht, zu glänzen, die sich mit so vollständiger Selbstkenntniß und Bescheidenheit paarte, lag, nächst seiner naiven Corruptheit, wenn ich so sagen darf,*) offenbar ein Hauptreiz des wunderlichen Mannes, wie auch der eigentliche Grund, warum seine außerordentlichen Gaben in so günstiger Lebensstellung und bei so mächtigen Verbindungen eigentlich nicht das hervorbrachten, was sie hätten hervorbringen können und sollen. Hätte Pückler es über sich bringen können, das Lob und die Anerkennung, nach denen er geizte, wirklich zu ver-

*) So sagt er unter Anderm mit einer liebenswürdigen Offenheit, die gar angenehm gegen das heuchlerische Mitleiden contrastirt, das die heutige Gesellschaft und Literatur für eheliches Unglück affichirt: „In solchen Dingen hab' ich gar kein Gewissen."

dienen, es wäre ihm ein Leichtes gewesen. Man denke sich den unendlich Begabten als geschulten Staatsmann oder Feldherrn, Schriftsteller oder Gelehrten; was hätte er seinem Lande nicht sein können? Aber er mißtraute sich selbst und seinen Kräften, und da ihm mehr daran lag, zu scheinen als zu sein, ward er auch nie, was er manchmal zu sein schien. Das Einzige, was weder Erziehung, noch Schwäche, noch Eitelkeit, noch Faulheit, noch Corruption verderben konnten, war seine lebendige Persönlichkeit. Die hat denn auch ihren Lohn dahin gehabt; sie hat das Leben so recht von Grund aus ausgenossen, und ihr ist nur Anerkennung und Sympathie zu Theil geworden. Da nun aber diese liebenswürdige Persönlichkeit in einem reizenden Werke fortlebt, so hat auch die Nachwelt ihren Theil und ihre Freude an ihr. Der künftige Geschichtschreiber der Sitten und Ideen unseres Jahrhunderts wird auch dem Dandysmus, nach dessen Lorbeeren selbst ein Byron gestrebt, ein Capitel widmen müssen, und da wird es ihm viel werth sein, neben dem idealen Typus des Dandy in „Pelham" das reale Exemplar desselben im „Verstorbenen" zu haben, und zwar beide im besten Sinne. Sie ergänzen sich gegenseitig, und es ist nicht ohne Werth, daß gerade ein deutscher Dandy das Vaterland und die Glanzzeit des Dandysmus geschildert hat.

II.

Pückler erscheint in der zweiten Hälfte seines Lebens ein Anderer, Besserer und doch wieder derselbe, wie in der ersten Hälfte des Lebens.*) Er ist noch immer der alte

*) 1. „Fürst Hermann von Pückler-Muskau." Eine Biographie von Ludmilla Assing. Zweite Hälfte. Berlin, 1874. —

Courmacher, Parforcereiter, Theaterheld und Dandy; aber er ist auch etwas mehr geworden. Ist es nur die bei den Deutschen gewöhnliche, ja normale Erscheinung, daß sie erst nach den Dreißigen, wie ihre körperliche Schönheit, so ihre geistige und moralische Natur vollständig entwickelt und von der geschmacklosen Zuthat der vaterländischen Erziehung gereinigt, jedenfalls erst dann am vortheilhaftesten

2. „Briefwechsel und Tagebücher des Fürsten von Pückler-Muskau." Herausgegeben von Ludmilla Assing-Grimelli. Band III, IV, V und VI. Berlin 1874. — Die zweite Hälfte der Biographie Pückler's und die neuen Bände aus seinem Nachlasse, welche uns Frau Assing-Grimelli heute bietet, haben ganz die Vorzüge und Fehler, welche die ersten Theile auszeichneten und verunzierten. Der Stoff ist oft, wenn auch nicht immer, von höchstem Interesse. Der Fleiß, die Gewissenhaftigkeit und die Sorgfalt der Verfasserin und Herausgeberin sind nicht genug anzuerkennen. Das Urtheil der Biographin über Menschen und Verhältnisse ist frei und meist treffend; der politische Parteistandpunkt ist in anerkennenswerther Weise aus dem Spiele gelassen. Die Sprache ist leicht und gefällig, wenn auch nicht immer ganz correct. Dagegen ist die Lebensbeschreibung ein wenig zu annalistisch gehalten. Eine Anordnung nach der Natur des Stoffes wäre vielleicht passender gewesen; jedenfalls hätte die chronologische Ordnung freier gehandhabt werden müssen. Auch finden wir hier wieder allzu viele und allzu lange Citationen. So prägnant und charakteristisch sind die Worte Pückler's nicht, daß sie, wie die gute Citation sollte, in wenig Strichen die charakteristischen Umrisse einer Situation, einer Natur, einer Gedankenreihe vor uns hinstellen. Auch sind noch der Wiederholungen und der unbedeutenden Details zu viel. Was den Nachlaß anlangt, so hätte die Scheere wohl etwas thätiger und kühner sein dürfen. Frau Assing-Grimelli hat sich offenbar übertriebene Begriffe von den Pflichten eines Herausgebers und der Bedeutung Pückler's gemacht. Pückler ist kein Göthe, und mit dem besten Willen können wir nicht, wie es uns Madame de Staël dem Dichter-

zeigen? Nein, hier ist es mehr: zwischen den beiden Lebensperioden liegt die Juli-Revolution und der schriftstellerische Erfolg des Fürsten.

Merkwürdigerweise mangelte es dem so naiv-eitlen Verfasser der „Briefe eines Verstorbenen" an allem Selbstvertrauen. Seine Eitelkeit selber war im Grunde von der ganz unschädlichen Art, die sich selber zur Schau trägt und eigentlich mehr eine Epidermalkrankheit als

könig gegenüber nachsagt, jede Briefadresse von ihm bewundern. Es ist uns interessant, zu lesen, wenn Göthe an Frau v. Stein einen Hasenbraten schickt, weil solche Kleinigkeiten uns einen Einblick ins Weimarer Leben bieten und wir gerne erfahren, wie der Dichter des „Faust" das Begleitschreiben einer Hasensendung an die Geliebte wenden mochte; aber so lieb uns auch Pückler sein mag, seine Einladungen, Annahme- oder Ausschlagebriefe, Dank- oder Entschuldigungschreiben sind uns ganz einerlei. Auch ist der gute Fürst ein sehr prolixer Briefschreiber, der sich unendlich oft wiederholt, ganze Seiten zu schreiben weiß, in denen nichts als redselige Phrasen. Wer wollte ihm ein Verbrechen daraus machen? Aber war es wirklich nöthig, uns alles das zu geben? Wohl mag der Herausgeber sagen: Ihr braucht es ja nicht zu lesen; aber die Antwort trifft doch nicht ganz zu. In jedem dieser vier Bände sind ungemein interessante Dinge enthalten, die wir um keinen Preis missen möchten, Dinge, welche die Zeit und die Menschen treffend charakterisiren, Dinge, welche, wahr und schön gesagt, unser Herz erfreuen. Nun ist es Sache des Herausgebers, diese Dinge auszusuchen, zusammenzustellen, nicht die Arbeit dem Leser zu überlassen, der ungeduldig das Buch zuschlägt, wenn er selber die Perlen im Kehricht aufsuchen soll. Kehricht! Das Wort ist stark; aber die Ungeduld, die man beim Durchblättern empfindet, entschuldigt es. Die achtzehnhundert Seiten dieser vier Bände hätte man füglich auf dreihundert reduciren können. Dazu gehört freilich Muth und etwas weniger Pietät, als die Verfasserin für den alten Erblasser zu haben scheint. Hat Fürst Bismarck nicht einst gesagt, die Krankheit unserer Zeit eine organische ist, weßhalb sie auch so wenig verletzt oder doch nur die verletzt, deren Blick nie durch die Oberfläche durchdringt. Der Erfolg der englischen Briefe gab Pücklern — der zu jedem Feuilletonisten sechsten Ranges mit der Bewunderung des Uneingeweihten hinaufschaute, ohne zu ahnen, daß in ihm selbst ein Autor schlummere — nicht nur Zuversicht zu sich selber, offenbarte ihm eigene Anlagen, rechtfertigte seine Weise; er gab seiner Eitelkeit auch ein

sei die Furcht vor Verantwortlichkeit? das Wort ist für die Herausgeber eines literarischen Nachlasses so gut gesprochen, wie für die Geschworenen eines Assisenhofes.

Auch die Ordnung, welche Frau Assing-Grimelli befolgt hat, kann ich nicht billigen. Sie hat ohne Zweifel gedacht, sie werde durch Eintönigkeit ermüden, wenn sie alle an eine Person gerichteten, in einer Zeit geschriebenen Briefe im selben Bande gäbe, und sie hat Recht; aber die oben anempfohlene Scheere hätte diesen Mißstand bald beseitigt. Nur für den einzigen Varnhagen hat sie eine Ausnahme gemacht. Sein Briefwechsel mit Pückler bildet einen besonderen Band; sonst ist alles kunterbunt durcheinandergewürfelt. Briefe aus den Vierziger-, ja aus den Siebziger-Jahren stehen im zweiten Bande; Briefe aus dem ersten Jahrzehnt dieses Jahrhunderts im vierten und fünften Bande. Die Correspondenz Pückler's mit seiner Frau ist ebenfalls auseinandergerissen und auf verschiedene Bände vertheilt. Ein erster Abschnitt Jugendbriefe, ein zweiter Briefe an Lucie vor, während und nach der Ehe, ein dritter die Correspondenz mit berühmten Lebensgenossen derselben Epoche und desselben Kreises enthaltend, hätten die Lectüre sehr erleichtert. Doch genug der Rüge. Die neuen Bände bieten uns des Interessanten so viel, daß wir nicht klagen wollen, wenn uns nicht Alles so geboten wird, wie wir es gerne gewünscht, noch weniger daß uns zu viel geboten wird. Doch kommt das Interessante diesesmal vom Fürsten, nicht von seinen Correspondenten, wie in den ersten beiden Bänden. Die mitgetheilten Briefe rühren zum Theil von Pückler selber her und sind meist von unendlich größerer Bedeutung, als die jener früheren höheres Ziel als das der gesellschaftlichen Eleganz. Er suchte sich immer mehr ein reifes Urteil über alle bedeutenderen Fragen zu bilden, damit er vor dem Publicum mit Ehren bestehen könne und nicht gar zu sehr als Dilettant erscheine. Seine Schriften haben dadurch nicht profitirt, wohl aber der Mensch. Und das ist natürlich. Schriftsteller, die über Gott und die Welt nachgedacht, fehlen der deutschen Literatur wahrlich nicht, wohl aber

Theile; namentlich enthalten die Briefe an die Herausgeberin der tiefen wie der anmuthigen Gedanken die Fülle, des anekdotischen Interesses nicht zu gedenken. Vornehmlich sind die 1830 nicht veröffentlichten Briefe an seine Frau, welche nun die subjective Begleitung zu jenen objectiven Schilderungen der Verstorbenen geben, äußerst belustigend. Die doch etwas tiefer als gewöhnlich gehende Wunde, die ihm Henriette Sontag beigebracht, die chronische Börsenkrankheit, die verschiedenen Körbe, die er erhält, und die Zufriedenheit, die er empfindet, wenn er sie glücklich erhalten, sind unbeschreiblich heiter. Zu nicht geringem Theil sind die hier gegebenen Briefe an den Fürsten gerichtet: ein paar witzige, gesuchte, geschraubte Billette Alexander v. Humboldt's; einige echt Heine'sch interessirte Briefe Heine's, äußerst platt und unerquicklich wie die meisten Briefe des Dichters, der dem Publikum immer seine reinlichste, den Freunden immer seine unappetitlichste Seite zuwendete und der sich hier weit unter seinem fürstlichen Gönner zeigt; inhaltlose, pauvre, in hottentottischem Französisch geschriebene Briefe Lady Stanhope's, viele schön gedrechselte von Varnhagen, der bei allem Demokratismus in seinen Correspondenzen den Fürsten nicht vergessen kann und eigentlich nie recht von der Leber weg schreibt, wie er es in seinen Tagebüchern gethan; viele Briefe von Laube, ohne literarischen, noch historischen Werth; zwei kurze, aber sehr amüsante Correspondenzen, die eine mit einem Vetter über Anstellung eines Predigers, die andere mit einer koketten Schauspielerin — das ist ungefähr das mehr umfang- als inhaltreiche Inventar der in diesen vier neuen Bänden an den Fürsten adressirten Briefe.

solche, die unbefangen in die Welt hineinschauen und sagen, was in dieser geschehen; das that Pückler in seinem Erstlingswerk und auch später wieder, wenn auch in geringerem Grade, in seinen Reisebeschreibungen; dem zuliebe verzieh man ihm den Mangel an wirklicher geistiger und gemüthlicher Durchbildung. Seine Tutti-Frutti sind schon gewollt: das Werk eines professionellen Schriftstellers, der seine Profession nicht hinlänglich kennt; daher der ungeheure Abstand gegen die „Briefe eines Verstorbenen“. Dagegen tritt uns in den Privatbriefen ein Suchender, Strebender entgegen, und dieses Suchen und Streben verleiht dem Menschen eine neue Jugend, gibt dem liebenswürdigen Weltmanne mehr und mehr den Rückhalt der früher wohl vermißten Innerlichkeit.

Die Juli-Revolution ihrerseits war wie ein reinigendes Gewitter über Europa hingefahren und hatte alle Geister heilsam aufgerüttelt. Wer sich von dieser Wirkung einen Begriff machen will, der lese die Correspondenz Pückler's aus der zweiten Lebenshälfte: sociale, politische, religiöse Fragen stehen überall im Vordergrund; Kunst, Literatur, elegante Welt, die früher alle Seiten füllten, sind wie weggewaschen. Man athmet Pulvergeruch, wo früher nur Blumenduft und Salonparfum die Luft erfüllten. Aus ist es mit den unschuldigen Genüssen: Alles bereitet sich zum Handeln vor.

Es ist außerordentlich schwer, billig und doch aufrichtig von diesem großen Ereignisse zu sprechen, das für Frankreich so unheilvolle, auch für Deutschland immerhin bedenkliche Folgen hatte, und doch als die Morgenröthe eines neuen Tages vom Geschichtsschreiber zu begrüßen ist.

Daß die französischen Staatsumwälzungen überhaupt mehr dem übrigen Europa als Frankreich selber zugute gekommen, ist eine schon oft gemachte Bemerkung. Die Juli-Revolution speziell hat die Wiederaussöhnung der Nation mit ihrer Geschichte durch das Band der National-Dynastie und damit die Herbeiführung gesunder staatlicher Zustände auf lange hin unmöglich gemacht, während sie in Europa das erstarrte politische Leben wieder in Fluß brachte, das sich freilich im Beginne bald naiv, bald pedantisch genug geberdete. Indeß auf das geistige Leben Frankreichs wirkte der Ausbruch von 1830 nicht ungünstig, wenigstens nicht unmittelbar. Die jungen Talente schritten munter vorwärts auf der schon eingeschlagenen Bahn und ließen den Begeisterten, den Kurzsichtigen, den Doctrinären und den Schlauen, welche jene Umwälzung ins Werk gesetzt, die Sorge um die Staatsführung; sie forschten, dichteten und phantasirten weiter. Selbst wenn ihre Phantasien ins politische Gebiet hinüberstreiften, so war es der Staat der Zukunft, nicht jener der Gegenwart, der sie beschäftigte. Frankreich hat kaum zuvor, noch weniger seitdem eine Generation gehabt, die sich mit der von 1830 an Leben und mittheilsamen Feuer vergleichen könnte. Wie die Revolution von 1789 war die Juli-Revolution eine spontane enthusiastische Bewegung des Mittelstandes und der Mittelparteien. Illusion und Naivetät waren ihre eigenthümlichen Merkmale. Daher ihre ansteckende Kraft und ihr praktisches Mißlingen. Staatsumwälzungen, welche glücken, deren heilsame Folgen dauern sollen, setzen bei ihren Urhebern Besonnenheit, Menschen-, Welt- und Geschäftskenntniß, vor Allem praktischen Blick und praktisches

Geschick voraus, was hier Allen fehlte. Dafür haben auch solche glückliche Revolutionen, wie 1688 und 1866, nichts Poetisches, Begeisterndes, Freudig-Gehobenes an sich; das aber sind die Eigenschaften, die sich mittheilen, die Nationen ergreifen und mit sich fortreißen.

Dieser Jünglings-Charakter der Juli-Revolution war es auch, welcher den ewigen Jüngling Pückler-Muskau hinriß. „Tu vivras longtemps, mon petit, et tu resteras jeune jusqu'à la mort", hatte der alte Graf St. Germain einst zu dem Knaben gesagt, und in der Liebe wie in der Politik blieb der Fürst in der That jung bis zu seinem Tode. Seine ungewöhnliche Beweglichkeit, welche ihn, selbst wenn er eine regelmäßige Laufbahn ergriffen hätte, ohne Zweifel verhindert haben würde, am Hofe, im Staatsdienste, in der Armee sich eine einflußreiche und angesehene Stellung zu erringen, disponirte ihn nur allzusehr dazu, sich der herrschenden Strömung anzuschließen. Es fehlte ihm an Ballast. Die glückliche Mitte zwischen starrem Festhalten und raschem Aufgeben der Ansichten, welche die Ueberlegenheit in der Lebensführung ausmacht, war ihm nicht zu Theil geworden, und treffend sagt er von sich selber schon 1820, als er in die Diplomatie einzutreten beabsichtigte: „Ich bin gar nicht der Mann dazu, um, was man nennt, seinen Weg zu machen. Ich kann wohl listig sein, aber weder assidu noch ohne viele Unvorsichtigkeiten handeln. Manchmal wandelt mich sogar die Laune an, das Kind mit dem Bade auszuschütten, und dahin fließt das arme Ding — ich bin mit Einem Worte zu romantisch, um irgend etwas lange und mit Bestand gründlich zu sein." Nun ist es aber gerade das, was die Franzosen esprit de conduite nennen, nicht Geist, Talent, Großmuth u. s. w., die den handelnden Menschen zum Ziele führen. So schwankt Pückler zwischen Bewunderung des Despotismus und Begeisterung für Freiheit hin und her, stets vom Augenblick bestimmt, nicht nur in seinem Thun, sondern auch allzu oft in seinen Urtheilen. Da kommt es denn häufig genug vor, daß er ahnend das Richtige trifft, noch häufiger, daß er sich vom Schein täuschen läßt. So sagt er Treffliches über die, Preußen noch vorbehaltene Rolle, über den noch zu erwartenden Kampf zwischen Rom und Deutschland, und zwar sagt er es zu einer Zeit, wo nur Wenige an das Eine und das Andere glaubten; dann sieht man ihn wieder für Deutschkatholicismus und Polenthum schwärmen. Für den Augenblick ist es die Juli-Revolution. „Eine herrlichere Revolution wie diese zweite französische kann es nicht geben. Welche Kraft, welche Einheit, welche Mäßigung, welche weise Maßregeln! Die Staatsreligion hat aufgehört — nun ist kein Hinderniß mehr in Frankreich, welches das Rad der Aufklärung aufhalten könnte, und schnell werden die Franzosen die erste Nation der Erde werden. Die erste Revolution hatte mit Blut gedüngt, die zweite trägt die Frucht!" Man erinnere sich, was Niebuhr schrieb und sagte, als er die Nachricht empfing, und wie viel tiefer der Blick des schwarzsichtigen Historikers und Staatsmannes als der des sanguinischen Künstlers. Alles Französische drängt sich nun eine zeitlang für Pückler wie für ganz Deutschland in den Vordergrund. Er schwelgt in Victor Hugo's „Notre-Dame de Paris", er wird Saint-Simonist und — bleibt es, wenigstens finden wir noch in seinen letzten Briefen Reminiscenzen an die Theorie Saint-Simon's von den destructiven und constructiven Geschichts-Epochen. In solchen Allgemeinheiten mit idealistischem Hintergrunde lag etwas unendlich Verführerisches für seinen Geist, wie die Emancipations-Ideen der Zeit seinem generösen Gemüthe besonders zusagten. So war z. B. Pückler sein Leben über ein warmer und beredter Anwalt der Juden, und nichts vermochte ihn darin irre zu machen. Nicht minder consequent war dies echte Kind des achtzehnten Jahrhunderts gegen Alles, was ihm religiöse Heuchelei schien, und obschon selbst zum Schwärmen geneigt, blieb er stets unerbittlich streng für unklare Frömmelei. Selbst die ritterliche Anhänglichkeit an das Haus Hohenzollern, das Bedürfniß seiner Eitelkeit, bei Hofe gern gesehen zu werden, die Anerkennung, die er Friedrich Wilhelm's IV. Geist und Bildung nicht verweigern konnte — nichts von alledem vermochte ihn mit dem gekrönten Romantiker zu versöhnen. Freilich hatte auch der deutsche Louis XIII. — der leider nie einen Richelieu finden sollte — keine besonderen Sympathien für unsern diable à quatre, der seine Eroberungen auf einem gewissen Gebiete nach Hunderten zählte.

Ich nannte Pückler einen Künstler, im Gegensatze zu Niebuhr, dem Staatsmann, und diese Künstlernatur verräth sich auch in seinen politischen Ansichten, wie in seiner eigenthümlichen Lebens-Philosophie. Die hero-worship lag ihm im Blute: er bewunderte einen Cabrera ganz ebenso leidenschaftlich, als er Garibaldi bewunderte. Ja, er brauchte nicht einmal Helden; liebenswürdige, ihm sympathische, feine oder tüchtige Persönlichkeiten imponirten ihm ungemein. Nach öffentlicher oder privater Sittlichkeit fragte er nicht viel: Napoleon III. und Metternich blieben ihm, auch als ihr Stern sich dem Untergange neigte, unfehlbare Leuchten, und wem er sich persönlich ergeben, dem blieb er treu auf immerdar. Seine Verehrung für den Prinzen und die Prinzessin von Preußen, trotz aller Unpopularität, Anfechtung der Freunde, höchster Ungnade, blieb immer dieselbe. So im Ganzen liberal und modern gestimmt, opferte er doch gerne alle Theorien, Principien und Systeme, sobald ihm theure oder ihm imponirende Persönlichkeiten in Frage kamen. Auch irrte sich Varnhagen nicht, wenn er im Jahre 1834 von ihm sagt, er habe mit dem jungen Deutschland „etwas, und zwar das Wesentlichste gemein, die völlige Geistesfreiheit," und später: „er repräsentirte das Oberhaus der modernen deutschen Literatur, wie Heine das Unterhaus"; aber doch war auch er selber wieder im Rechte, wenn er „eine gemäßigte und wohlwollende Despotie", wie die Napoleon's III., wenigstens für Frankreich, durchaus guthieß, wie denn überhaupt „le despotisme éclairé" gar nicht so sehr im Widerspruche mit den „modernen Ideen" steht, als man oft gerne annimmt. Auch der französische Garibaldi, Lafayette, war für ihn ein Gegenstand höchster Bewunderung, und er wäre beinahe nach Amerika gereist, nur weil man ihm vorgespiegelt, es erwarte ihn dort ein Empfang à la Lafayette.

In der That war seine Berühmtheit eine ganz außerordentliche: nicht Alexander Dumas, nicht Franz Liszt — mit denen er so manchen Zug gemeinsam hat, vor Allem jenes Brillante, was die Deutschen im Allgemeinen nicht besonders lieben und oft mit schwerfälliger Sittenstrenge verurtheilen — nicht die gefeiertsten Namen des Jahrhunderts haben sich einer Popularität rühmen können, welche der Pückler's in den Vierziger-Jahren gleichgekommen wäre. Sollte er nun zu Hause als Schriftsteller lernen, was er schon als Mensch erfahren: die Mißgunst, die „der Lorbeer und die Gunst der Frauen" erregen, so sollte er in der Fremde und bei den Fernestehenden dafür entschädigt werden. Sein Name war bis an die Grenzen der Civilisation gedrungen. Ueberall auf seinen Reisen konnte er davon Beweise antreffen. Auch diese Reisen offenbaren so recht seine Künstlernatur, ich sage nicht sein Künstlergenie; das besaß er eigentlich nur in Einem Fache, der Gartenkunst, wie es mehr als alles Andere der großartige und originelle Entwurf eines egyptischen Gartens in Kairo darthut. Aber auch in der ganzen Auffassung und Beschreibung der Natur und Menschen verräth sich der Künstler, und sowohl „Semilasso's Weltgang" wie die „Rückkehr" verdienten wohl heute noch etwas mehr Beachtung, als ihnen zu Theil zu werden pflegt. Wie künstlerisch er empfand, geht aus jeder Seite seines Briefwechsels hervor. Als ihm seine Lebensgefährtin vorwirft, Muskau veräußern zu wollen, ehe er seine großartigen Pläne vollendet, antwortet er, wenn nicht im Ausdruck, doch im Gefühl vornehm-schön: „Nur kleine und gemeine Dinge werden fertig; die Bestrebungen großer und poetischer Ideen nie. Im Schaffen liegt hier der Werth und der Genuß. Das Leben Gottes selbst, das All mag vollkommen sein, aber vollendet ist es nie. Denn es geht vorwärts im Wechsel ohne Ende in Ewigkeit. Ich armer Wurm bin freilich nur ein winziges Ameisen-Poetlein, aber doch ein solches, und darum ist die materielle Vollendung meiner Pläne, wahrlich mein geringster Kummer." Und auch später noch, nachdem er in der Sandwüste von Branitz eine wunderbare Oase geschaffen: „Was daraus wird nach unserem Tode, ist ja die vollkommenste Nebensache. Nichts ist ewig, aber ewig schaffen ist göttlich, ob für uns oder Andere, ist gleichgültig, und wer nur für sich wirken will, wirkt gar nichts."

Auch die philosophische Anschauung Pückler's war eine künstlerische, und da dergleichen nicht wie das politische Leben den Fluctuationen des Augenblickes ausgesetzt ist, so war er hierin auch consequenter. Pückler hätte das Schiller'sche Epigramm wohl auf sich selber dichten dürfen: Aus Religion hatte er sich jeder bestehenden Religion abgewendet. Etwas von der Größe und Weite der deutschen Weltanschauung zu Göthe's Zeiten läßt sich bei dem Epigonen nicht verkennen; auch etwas Mystisches ist beigegeben, das von ferne an den Meister erinnert. Sein Gottglauben war unerschütterlich, und mit dem Pantheismus konnte er sich nicht befreunden; was er darüber an Heine nach der Veröffentlichung des „Romancero" und der Palinodie schrieb, ist höchst bezeichnend. Doch ist ihm sein Gott darum keineswegs der berufene Uhrmacher der Deisten. Es herrscht hier bei ihm jene wohlthuende Unbestimmtheit, die stets ein Zeichen feinerer Geister ist, die Existenz höherer Mächte anerkennt, ohne ihnen eine bestimmte Form oder Formel geben zu wollen. Das „Daß" stand ihm so fest, daß das „Wie" ihm höchst gleichgültig sein konnte. So auch glaubte er im Göthe'schen Sinne an die Fortdauer der Monade, und der Gedanke an eine frühere Existenz, wie der an eine künftige auf einem andern Sterne, ob mit oder ohne Erinnerung, kommt immer wieder, von den ersten Jugendbriefen bis in die letzten Zeilen, die der sieche Greis mit zitternden Händen niederschrieb, hoffend, einst als Kunstgärtner wieder zu erstehen. Auch in den Vorkommnissen des täglichen Lebens ist oft bei dem leichtfertigen Weltmann wahre innige Frömmigkeit durchzuspüren, die indessen nichts von der feigen Zerknirschung des reuigen Sünders an sich hat. So schreibt er, ein Sechsundsechziger, in sein Tagebuch, nach einem jener nur zu häufig wiederkehrenden Zerwürfnisse mit seiner Lebensfreundin, die schönen Worte: „Ueber diese merkwürdige und heilige Krisis des Fünfzehnten viel nachgedacht. Hier muß ich eine äußere Einwirkung einer guten Macht erkennen, welche eine garstige Rinde, die sich um mein Herz gelagert, wie durch eine Art Wunder ohne irgend einen sichtlichen Grund so wohlthätig geschmolzen und nicht nur mich, sondern auch die andere Seele gänzlich im Guten geändert hat, wo dieselbe bösliche Verhärtung sich anzusetzen begonnen hatte. Dies ist Gnade; ich kann es auch in der rationalistischesten Ansicht nicht anders ansehen; denn weder in mir, noch in ihr war der Grund dazu vorhanden, wenn auch die Empfänglichkeit noch da war, die Unterstützung einer höheren Hand zu empfangen und zu segnen. Gott erhalte mir die wohlthätigen inneren Folgen dieses Tages, dies ist mein inniges Gebet."

Das ganze Verhältniß zu seiner „Schnucke", das zu jener Krisis und Versöhnung Anlaß gegeben, war von allen den scheinbar abenteuerlichen, innerlich wohlbegründeten Verhältnissen jener an solchen Excentricitäten so reichen Zeit das außerordentlichste. Selbst die Emancipirten der romantischen Zeit, die Caroline Michaelis und Therese

Heyne, die Dorothea Mendelssohn und Sophie Mereau, hatten sich auf nichts Gleiches eingelassen, wie die Tochter Hardenberg's — der Vater hatte ihr freilich ein sonderbares Beispiel gegeben —, verheirathete Reichsgräfin v. Pappenheim, mit Pückler. Zuerst verliebt er sich in die beiden Kinder des Hauses, die wirkliche und die Adoptivtochter, er weiß selber nicht recht, in welche, zugleich auch ein wenig in die Mutter.*) Diese, schon eine Vierzigerin, umfaßt ihn mit glühendster Liebe. Obgleich neun Jahre älter als er, läßt sie sich scheiden, um ihm die Hand zu reichen; er geht die Ehe ein, unter Reservirung seiner unbedingten Freiheit und des Rechtes auf jedwede und wiederholteste Untreue. Nach zehn Jahren scheidet sich das wunderliche Ehepaar, weil sie hoffen, der immer noch schöne Fürst könne eine reiche Erbin heimführen und so die zerrütteten Verhältnisse wieder ordnen. Ein M. de Foy existirte leider damals noch nicht, und die reellen Heirathsanträge in den Zeitungs-Annoncen waren noch nicht erfunden. So macht er sich denn selbst auf den Weg, erst nach London, dann nach Hamburg und Leipzig. Aufs genaueste unterhält der Geschiedene die Ex-Gemahlin von den Fortschritten und Hemmnissen seine Brautfahrt. Er ist im Grunde sehr zufrieden, daß es nicht geglückt, und kehrt ganz heiter und munter zu seiner Schnucke zurück. Wohl mochte er an eine befreundete Engländerin schreiben: „Dies geht gewiß über deinen Horizont, aber wir Deutschen sind odd people.“ Doch war dies selbst im Deutschland vor 1825 ein Beispiel

*) Ich halte mich hier an die gedruckten Quellen. Die mündliche Tradition erklärt diese verwickelten Familienverhältnisse ganz anders.

„unique". Nach wenigen Jahren innigen Zusammenlebens geht er wieder auf Reisen, diesmal in die Wüste, bleibt fünf bis sechs Jahre weg vom Schlosse seiner Väter und von seiner treuen Lucie, kommt dann plötzlich wieder mit einer reizenden Sklavin, einem unwiderstehlich liebenswürdigen Naturkinde, dessen Gegenwart in Muskau aber der Fürstin keineswegs zusagt. Noch einmal nach dem Tode Machbuba's verliebt sich der sechzigjährige Don Juan, aber diesmal recht ernstlich — so meint er wenigstens — und erzählt der alten Freundin alle seine Liebesfreuden und Schmerzen, und wie er jetzt erst das einzige weibliche Wesen gefunden, mit dem er hätte glücklich sein können. Sie verdenkt's ihm nicht: die kleine Machbuba war die Einzige, die sie ihm nicht verzieh, offenbar weil sie die Einzige war, die Pückler wirklich liebte; die Eifersucht ist sehend, wenn die Liebe blind ist.

Nie war ein Verhältniß stürmischer als diese „Freundschaftsliebe" — das Wort ist von Varnhagen — die beinahe ein halbes Jahrhundert andauerte. Lucie war ein leidenschaftliches Weib; die unsäglich anbetende Liebe, die sie für Pückler empfand, ließ sie, die in allem Uebrigen so Ueberstolze, ihre Würde vergessend, sich demüthigen, Alles annehmen von dem Geliebten: Untreue, Vernachlässigung, Rücksichtslosigkeit. Sie suchte sich zu begnügen mit der Rolle erst der Freundin, dann der Mutter; sie that ihr Möglichstes, „vernünftig" zu sein, aber dieses ewige Sichzusammennehmen, dazu bei einem so überaus heftigen Temperament, wie es die Natur der Tochter Hardenberg's gegeben, mußte natürlich Explosionen hervorbringen, und sie brachen dann, wie es zu gehen pflegt, an anderer Stelle aus. Man sprach vom

Verkaufe Muskaus, man meinte die erkaltende Liebe des Freundes. Und doch war im ganzen Verhältnisse nichts Gemeines, innerlich Rohes; die Gesinnung beider war adelig wie ihr Blut. Pückler's Lage war eine schwierige. Sie wollte, konnte nicht lassen von dem Gegenstande ihrer letzten, innigsten, vielleicht einzigen Liebe, was ihr klarer Verstand ihr auch dagegen sagen mochte. Er hatte eine aufrichtige, tiefe Anhänglichkeit für sie, aber diese Anhänglichkeit konnte nicht so weit gehen, daß er sich selbst, seine Natur aufgab, vor Allem, daß sie ihn zur Lüge bestimmte. Die Aufrichtigkeit Pückler's ist in der That eine großartige, sie kann manchmal hart, rücksichtslos erscheinen, aber man sieht wohl, er kann nicht anders; seine Schuld war es gewesen, sich in ein solches Verhältniß einzulassen, es für möglich zu halten, aber er hat Lucien nie getäuscht, weder vorher noch nachher. Sie wollten das Unmögliche verwirklichen — eine intime Freundschaft und vollständiges Zusammenleben ohne Liebe. Er konnte seinen Verpflichtungen treu bleiben, und er war die Güte, die Herzlichkeit, die Offenheit selbst für die Freundin; sie dagegen hatte eine Aufgabe übernommen, die über Menschenkräfte, jedenfalls über die weibliche Natur hinausgeht, selbst dann, wenn der Schnee des Alters schon längst alle Leidenschaft abgekühlt haben sollte. Aber gerade Lucie blieb immer jung; sie nannte sich selbst und er nannte sie gerne scherzend die „Fünfzehnjährige", auch wohl das „Pulverfaß". „Du verbindest mit einem edlen Herzen und ausgezeichneten Verstande," schreibt er ihr einst so wahrheitsgetreu als schonungslos, „ein leider nie gezügeltes unglückseliges Temperament, das, ohne daß du es gewahr werden und zugeben willst, dir und Anderen das Leben verbittert und sehr schwer macht. Die Beschaffenheit des Temperaments ist aber gerade dasjenige im Charakter eines Menschen, was bei stetem Beisammensein über Behaglichkeit und Unbehaglichkeit des Lebens am meisten entscheidet." So kam's denn gar oft zum Zusammenstoß, und noch der Sechzig- und Siebenzigjährigen mochte er schreiben: „So alt wir sind, bleiben wir doch nur wahre Kinder, die zuerst sich küssen und lieben, dann mit einander spielen und scherzen, dann sich streiten, dann sich die Puppen an den Kopf werfen, dann sich wieder weinend und liebend versöhnen und vor Reue zerknirscht sind. Voilà notre histoire qui se renouvelle toujours." Und so werden denn wohl auch die Leser dieser bizarren Correspondenz, wie Pückler es voraussah, zu dem Urtheil kommen: „Das waren sonderbare, leidenschaftliche Hechte, aber doch eine Art Philemon und Baucis."

Ueberhaupt wird man nicht umhin können, bei Lesung dieser excentrischen Correspondenzen sich immer und immer wieder über die merkwürdige Sicherheit des Blickes, die Selbstkenntniß und die Wahrheitsliebe des Mannes zu wundern und zu freuen. Er schmeichelt sich nie; im Gegentheil streicht er gewisse Seiten seines Geistes, wie z. B. seinen ganz französisch schlagenden esprit de réplique, von dem hier hundert höchst unterhaltende Beweise vorkommen, gar nicht genug heraus. Auch seines tollkühnen Muthes, seiner unerschöpflichen Großmuth, seiner nie ermüdenden Wohlthätigkeit rühmt er sich nie; während er sich seiner Fehler und Schwächen mit der liebenswürdigsten Offenheit anklagt. Seine Natur war voller Widersprüche, die er zwar selbst nicht lösen konnte, die er aber wohl kannte: der

Heldenmüthige und der lady-killer konnte „erblassen bei Anlässen, die der Schüchternste nicht begreifen kann, und ebenso oft erröthen über Dinge, welche die junge Frau am Hochzeitsmorgen nicht anfechten würden". Dieser personificirte Sensualismus — auch die Küche war eine der großen Präoccupationen Pückler's — war doch eine eminent intellectuelle Natur, und es war leicht zu sehen, „daß diesem Sterblichen vom Schöpfer etwas mehr Kopf als Herz, mehr Imagination als Gefühl, mehr Rationalismus als Schwärmerei zugetheilt". Man sieht, er kannte sich sehr wohl; ebensowenig entgeht ihm die eigenthümliche Mischung von slavisch-französischer Lust am Sporengeklirre und Theatercostüm mit deutscher Sentimentalität und Selbstgrübelei, von celtischer Aeußerlichkeit und germanischer Innerlichkeit. Auch besaß er allen deutschen Enthusiasmus und alle deutsche Blödigkeit in gleichem Maße, wenn letztere vielleicht auch ein wenig aus deutscher Eitelkeit entspringt.*) Doch führte ihn ein so lange fortgesetztes Selbststudium nie auf den Gedanken, nun auch den so richtig erkannten Charakter modificiren zu wollen; denn, so sagt treffend und schön die Biographin des Fürsten, „indem er seinen Charakter fortwährend beobachtete und über ihn reflectirte, sah er ihn stets als ein Naturproduct an, das nicht umgeformt und in nichts verändert werden könne, wie er denn von seinen Vorzügen und Fehlern so aufrichtig sprach, wie wenn ein Anderer sagt: Es regnet, es blitzt, oder die Sonne scheint; als von

*) Man lese z. B. den psychologisch äußerst interessanten Brief an die Herausgeberin vom 29. November 1859 (Band IV des Briefwechsels, Seite 26 bis 31), worin er die Anomalien seines Wesens mit einer ganz einzigen Klarheit darlegt.

einem Naturereigniß, das man hinnehmen muß, wie es eben ist".

Pückler hat uns selbst seine äußere Erscheinung geschildert: wir haben alle von seiner Eleganz, seiner Schönheit, seinen gefärbten Haaren — er sträubte sich sehr gegen „diese Täuschung, die Niemanden täuschte" und die ihm seine Schnucke auferlegte — von seinen wunderbar unwiderstehlichen Augen gehört. Auch daß er fast immer beim ersten Anblick für einen Engländer gehalten wurde, ist Allen bekannt. Dürfen wir Caroline v. Fouqué glauben, so war er auch innerlich ein wahrer englischer Gentleman, und ich glaube, das Porträt, das sie eines Abends rasch hinwarf, als sie ihn „einmal wieder in seiner ganzen Großartigkeit" gesehen, dürfte das, wenn auch idealisirte, in höherem Sinne ähnlichste sein, das uns von ihm gelassen worden: „Er ist ein wahrhaft altritterliches Gemüth, das mit den Schätzen dieser Welt wie mit anderen freundlichen Lebensgenüssen als etwas Vorübergehendem spielt, und da von allen deutschen Volksstämmen die Engländer diese Eigenthümlichkeit unserer nordischen Altväter mit einem Theile ihrer Reichthümer am meisten bewahrten, so ruft Pückler's Erscheinung uns den englisch-deutschen Charakter zurück: er ist ein gemilderter Engländer, edel, großmüthig, ernst, ohne schroff und trocken zu sein."

Pückler sollte noch die endliche Wiedererstehung des Vaterlandes erleben; freilich ohne die Genugthuung zu haben, den französischen Feldzug von 1870 mitzumachen, wie er die von 1813 und 1866 mitgemacht. „In der Nacht vom 4. zum 5. Februar 1871 entschlummerte er sanft und schmerzlos im begonnenen 86. Lebensjahre. Oft hatte er gesagt, er möchte am liebsten an langsamer, nicht zu schmerzhafter oder beängstigender Krankheit, nicht gewaltsam, sondern ruhig und „mit Grazie“ sterben. Dieser Wunsch wurde ihm erfüllt. Seine Züge blieben schön im Tode, wie sie es im Leben stets gewesen waren. Das leuchtende Silberhaar umkränzte die hohe Stirn; Milde und Ruhe verklärten sein Antlitz.“

Januar 1873 und November 1874.

Varnhagen, Rahel und ihre Zeit.

I.

Die Herausgeberin des Varnhagen'schen Nachlasses bietet uns heute das werthvollste Kleinod*) jenes einzigen Schatzes, der ihrer Obhut anvertraut ist und aus dem sie den zukünftigen Geschichtschreibern der deutschen Gesellschaft und der deutschen Sitten schon so Vieles — nicht gerade im Vertrauen — mitgetheilt hat. Wenig Staatsarchive bergen so interessante Documente, als jene Schränke, in denen der sorgsame und intelligente Sammler die Beute seines unermüdlichen Fleißes wohl geordnet zusammengestellt hat. Wenige enthalten so wenig Unnützes, obschon auch hier, wie's nicht anders sein kann, manches Unwesentliche mit aufbewahrt worden. Die Bedeutung dieses Archives — nach dem noch immer verschlossenen Götheარchiv das bedeutendste Deutschlands — recht zu würdigen, braucht man sich nur die Zeit, in der es entstanden, und den Mann, der es angelegt, flüchtig zu vergegenwärtigen: die Zeit Göthes und Napoleons, die Schicksale und die Individualität Varnhagens.

*) Briefwechsel zwischen Varnhagen und Rahel. Band I. u. II. 1808—1812. (Leipzig 1874. Brockhaus.)

Durch die vierzehn Jahre ältere Rahel ist ihm auch das Ende des vorigen Jahrhunderts, namentlich die Romantik, vermittelt, wie er denn selber vielfach und gern mit Aelteren verkehrt. Kein irgendwie bedeutender Mensch seiner eignen Generation blieb ihm fremd; Arzt und Journalist, Soldat und Diplomat, hängt er durch seine Familienbeziehungen mit der größten Handelsstadt Deutschlands zusammen, studirt an einer kleinen Universität, lebt oft in Wien und Paris, meist in Berlin, ficht mit bei Wagram und Saint-Dizier, sieht hinter die Coulissen beim Wiener Congreß, figurirt als persona grata an dem Hofe eines Kleinstaates; den „Faust", die „Wahlverwandtschaften", „Dichtung und Wahrheit" sieht er erscheinen, und nimmt selber in der Literatur seines Vaterlandes einen hervorragenden Platz ein. Dabei beginnt er früh zu beobachten, zu sammeln, niederzuschreiben. So groß aber die gleichzeitigen Ereignisse und die gleichzeitigen Werke sind, so trefflich er die einen zu erzählen, die anderen zu beurtheilen weiß, sein Hauptinteresse bleibt der Mensch: — und auch darin gehört er so recht seiner Zeit an, die noch ganz im menschlichen, psychologischen Interesse aufging. Die Natur hatte aus ihm einen Psychologen machen wollen, wie sie geborne Botaniker oder Mineralogen hervorbringt; nicht einen philosophischen Psychologen der englischen Art, auch keinen ahnenden, sehenden, dichterischen wie Göthe; sondern einen beobachtenden, sammelnden, beschreibenden. Es gibt keinen Deutschen, der sich in den sechzig Jahren von 1775 bis 1835 irgendwie hervorgethan, über den man in jener einzigen Sammlung nicht gewissenhafteste, genaueste Notizen fände, oft autographische Stücke, oft sicher verbürgte Abschriften oder Mittheilungen. Thäte Jeder von uns dasselbe, welche Fülle von Aufschlüssen würde uns nicht eröffnet über das innerste Getriebe der Dinge und Menschen!

Dabei ist der Sammler nicht nur genau und fleißig, scharfblickend und methodisch: er hat auch eine, keineswegs originelle noch prägnante, aber klare und angenehme Ausdrucksweise. Wo er sich vor dem Publikum zeigt, ist er elegant, à quatre épingles; als Biograph und Memoirist ist er das nicht übertroffene Muster in unserer Literatur. Im Leben mögen sich die Dinge anders dargestellt haben, und wird der Autor, ohne daß man ihm die Zeit gelassen, Toilette zu machen, vor die Oeffentlichkeit gezogen, wie's mit seinen Tagebüchern geschehen, so zeigt sich die Kehrseite der Medaille sofort. Jeder Sammler wird mit der Zeit Monoman. Die Sache hat aber ihre besonderen Bedenken bei einem Sammler von Menschenexemplaren: das psychologische Interesse wird ein so lebhaftes, daß man darüber jedes andere vergißt, auch das der betreffenden Exemplare selber, die man in seinem Museum aufstellt, ehe sie noch ausgeathmet haben. Varnhagen spricht — und Rahel muß es ihm mehrmals entschieden verweisen — mit Jedermann über Jedermann, sogar mit weniger Befreundeten über die nächsten Freunde und Verwandten, eine Gewohnheit, die — im Vorbeigehen sei's gesagt — als Folge jenes einst so allgemein bei uns verbreiteten psychologisch-menschlichen Interesses, sich noch mehr als angenehm in deutschen Kreisen erhalten hat. Dazu kam, daß in späteren Jahren getäuschter Ehrgeiz und die Abwesenheit der stets mildernden, immer auf's Höchste hinweisenden Rahel das Auge des Beobachters vielfach trübte. So ist's denn nicht zu verwundern, daß die ersten Veröffentlichungen, welche gerade jene letzten Jahre betrafen, vielfach Anstoß erregten, mißstimmten oder eine andere, unreinere Art des Interesses erweckten, als es die Aufzeichnungen oder Brief- und Anekdotensammlungen aus früherer Zeit gethan haben würden. Ein Theil jener Mißgunst hat sich dann aber auf alle die werthvollen Veröffentlichungen erstreckt, welche uns seit 1861, wo Rahels Briefwechsel mit Veit erschien, bis heute in unausgesetzter Folge zu Theil geworden.

Man ist vielfach ungerecht und hart gegen die unermüdliche Herausgeberin gewesen, der man doch zu so großem Danke sich verpflichtet fühlen sollte. Wie schon bemerkt, war der Augenblick der Veröffentlichung der Tagebücher nicht eben gut gewählt: man stand der Zeit zu nahe, viele Personen lebten noch, das Werk an sich war das wenigst bedeutende, im Sinne des dauernden, tieferen Interesses, von allen, die der Nachlaß enthielt. Auch die folgenden Bände, welche uns so viel Lehrreiches über die Zustände des ersten Viertels unseres Jahrhunderts brachten, fielen, ohne Schuld der Archivistin, in die Hände einer Generation, die sich mehr für Staatsgeschäfte, als für Herzens- und Geistesangelegenheiten interessirte. Dazu hatte die allzu gewissenhafte Herausgeberin die Spreu nicht hinlänglich vom Weizen geschieden. Der Leser wird manchmal ungeduldig und verdrießlich, wenn er zehn Seiten durcheilen muß, um zu einem historisch oder psychologisch bedeutenden Briefe zu gelangen. Auch folgten sich die verschiedenen Veröffentlichungen, ohne nach Zeitabschnitten, Gegenständen, Gesellschaftskreisen geordnet zu sein; so daß man kein zusammengefaßtes Bild irgend einer Lebenssphäre gewinnen konnte, sondern sich dasselbe selber zusammenstellen mußte. Kurz, die Nichte des Sammlers hat eigentlich nur das ganze Archiv, anstatt es einer Bibliothek zum Gebrauche einzelner Forscher zu übermachen, nach und nach dem gesammten Publikum im Druck überliefert. Betroffene mögen wünschen, daß dies ein halbes Jahrhundert später geschehen wäre: wir Zuschauer aber können der Herausgeberin, die uns diesen Schatz noch mitzugenießen gibt, anstatt ihn unsern Enkeln aufzubewahren, wahrlich nicht gram sein.

Die Bände, die uns heute geboten werden, und denen hoffentlich bald die Fortsetzung, vielleicht auch die ungeduldig erwarteten Briefe Rahels an Urquijo folgen werden, enthalten die Correspondenz Rahels und Varnhagens von 1808 bis 1812 einschließlich. Manches fand sich schon in der trefflichen, von Varnhagen selbst besorgten Auswahl von 1834 (Rahel. Ein Buch des Andenkens), die übrigens nur zum geringsten Theile aus den an Varnhagen gerichteten Briefen bestand, und beweist den liebevollen und intelligenten Takt, mit dem der Wittwer wählte. Doch durften natürlich diese bezeichnenden Stellen auch hier, wo das ganze Verhältniß entrollt werden soll, nicht fehlen. Der Briefwechsel ist anfangs äußerst lebhaft. Die Liebenden, die sich erst kurz vorher verlobt, schreiben einander täglich und ausführlich; von Berlin nach Tübingen, von Tübingen nach Berlin. Mißstimmung und Umstände, namentlich der Krieg von 1809, in den Varnhagen als Freiwilliger gezogen, vereinigen sich die Schreiblust zu dämpfen. Nach dem dreimonatlichen Wiedersehen in Teplitz (1811) belebt sich die Correspondenz von neuem, um indeß bald von neuem in ein langsameres Tempo überzugehen. Ende 1812 bringen die Verlobten zusammen in Berlin zu. Von Personen sind Jean Paul, Justinus Kerner, Uhland, Chamisso, Fouqué, Henriette Herz, Friedrich Schlegel, Gentz, F. Aug. Wolf, Beethoven, Stein, Clemens Brentano, Bettina von den weltbekannten Namen die öftest erwähnten und besprochenen. Interessanter sind uns die intimen Freunde, der derbe und tiefe Harscher, der hochherzige Marwitz, die anmuthig-muthige Josephine Pachta und ihr genüßlicher Meinert, die drei Schwestern Saaling — Regina, der Blaustrumpf, das muntere Julchen, Paul Heyses witzige Mutter, die schöne Marianne, die noch lange Jahre nachher Varnhagens Gemüth beunruhigen sollte —, und viele Andere von Werth oder Reiz. Die Rückkehr der Preußen in die Hauptstadt nach Tilsit, die Schlacht bei Wagram, die Pariser Begebenheiten nach Marie Louisens Vermählung, der russische Krieg sind die Hauptereignisse, die zur Sprache kommen. Die Wahlverwandtschaften, Dichtung und Wahrheit, Jean Pauls Dämmerungen — dann aber auch frühere wie fremde literarische Erzeugnisse, namentlich französische — werden oft besprochen.

Das Urtheil so gebildeter, scharfsehender Menschen über Personen, Ereignisse und Werke zu hören, ist natürlich für den Leser ein nicht gewöhnlicher Genuß, und die Schilderungen des deutschen Lebens in jenen verhängnißvollen Jahren aus solchen Federn sollten für uns die Bedeutung haben, welche die Briefe Madame de Sévigné's und die Mémoiren Saint-Simon's in den Augen der Franzosen haben: es ist eine andere, viel bürgerlichere, viel mehr innere Welt, die des Deutschlands von 1808, als das äußerlich aristokratische Leben, das jene schildern;

die Talente und die Charaktere der Schreiber sind ebenfalls verschiedene, doch keineswegs untergeordnete: und das anekdotische, stilistische, historische und literarische Interesse erlahmt nie. Indeß bleibt der Hauptgegenstand des Briefwechsels immer das merkwürdige Liebesverhältniß der beiden Schreibenden: eine Art Duell aus der Ferne, bei dem sich Temperament und Anlage der Fechter in ihrer ganzen unbelauschten Natürlichkeit zeigen. Wenn es sich um Einblick in das innerste Leben eines einzigen Wesens wie Rahel handelt, so werden solche Enthüllungen zu Documenten über das Interessanteste, was es für den Menschen geben kann: die Natur des Genius.

II.

Was Varnhagen sechsundzwanzig Jahre später an Fürst Pückler über seine beabsichtigte Verbindung mit Marianne Saaling schrieb, gilt in noch höherem Grade von seiner Verlobung und Ehe mit Rahel: „Was darin uneben und wunderlich erscheinen möchte, gehört nicht uns an, sondern den thörichten Einrichtungen der Welt, denen wir freilich angehören; es ist nicht unsre Schuld, daß es für das Verschiedenartigste in dieser Armenanstalt nur die Eine Form gibt." Die Siebenunddreißigjährige und der Dreiundzwanzigjährige begegneten sich beide in jener Romeostimmung einer noch nicht ganz überwundenen Leidenschaft, welche das Gemüth so ganz besonders für neue und tiefere Neigung empfänglich macht. Rahels Seele vibrirte noch schmerzlich von der brutalen Berührung Urquijos, dessen südliche, rücksichtslose Leidenschaft der Naturdurstigen in einer durchgebildeten, von der Bläſſe des Gedankens angekränkelten Umgebung imponirt, sie heftig mit fortgerissen hatte, bis die Aermste schauernd erwachte unter der rohen Hand, ihre hingeworfene Würde wieder zusammenraffte, sich selbst wieder fand. Da sandte ihr das gütige Schicksal einen Tröster im Harme, im tobendsten Schmerze ihres schmerzdurchwühlten Lebens und bald fühlte sie, freudig überrascht, die heilende Wärme nordischen Gemüths nach der versengenden Gluth südlicher Leidenschaft. Leicht täuscht sich der Mensch über den Werth der Menschen, die einer fremden Nation, dem andern Geschlechte, einer jüngeren oder älteren Generation, einer verschiednen Lebenssphäre angehören, bis er entdeckt, daß er nur Fehler um Fehler getauscht. — Der junge Varnhagen hatte sich in Hamburg mit der bedeutend älteren Mutter seiner Zöglinge, Fanny Herz, eng verbunden und kam noch unter der Herrschaft dieser Neigung nach Berlin, wo Rahel ihm bald Reicheres und Schöneres bot, ohne zu ahnen, daß sie damit ältere Rechte beeinträchtigte. Varnhagen, bei dem ein gewisser Mangel an frischer Sinnlichkeit nicht zu verkennen ist, scheint eine besondere Anlage zum Anschluß an mütterliche Freundinnen besessen zu haben; doch war die Verbindung mit Rahel nur scheinbar eine unverhältnißmäßige. Rahel's unverwüstlicher Jugend, ihrer ewig sprudelnden Geistes- und Herzensfrische, ihrer nicht schönen, aber anmuthvollen und elastischen Erscheinung trat der frühreife, schon vielfach umhergeworfene, fast überbildete, kritischgestimmte, stets urtheilbereite Jüngling fast als ein Gleichaltriger entgegen. Die Einheit und Ganzheit von Rahel's Natur überwältigte ihn: die schöne Wahrheitsliebe, der feine Verstand, das Anschmiegebedürfniß Varnhagens waren ihr mehr als wohlthuend. Beide bedurften eines Anhaltes: sie gegen die Welt, er gegen sich. Was dem jungen Menschenforscher am meisten fehlte, wovon er fühlte, daß es ihm fehlte, das schätzte er, wie's zu gehen pflegt, am höchsten: ursprüngliche Persönlichkeit. Was Wunder daß, als er das reinste Exemplar der von ihm durchforschten Flora gefunden, er es sich anzueignen strebte?

Doch war es nicht allein der analytische Verstand des vergleichenden Beobachters, welcher sofort die wunderbare Synthesis der unbefangen Dahinlebenden, Dahinwirkenden, Dahindenkenden erkannte; es war nicht allein das hier einmal dem Manne zu Theil gewordene receptive und reproductive Talent, welches sich von dem zeugungskräftigen Geiste der Freundin befruchten ließ; — ihr biegsam-unzerbrechlicher Stahlcharakter mußte ihm auch die fehlende Energie des Willens ersetzen. Sechs Jahre dauerte das Hin und Her, unter dem die Vielgeprüfte, sicherer Ruhe Bedürftige, unendlich litt: kaum weiß der schwankende Clavigo, sobald er nicht mehr unter der Macht der wirklichen Gegenwart steht, sich zu entschließen, zwischen ihr und Fanny zu wählen. Unterwegs versagt er sich nicht, jede Frauenneigung zu erregen, zu ernähren, zu genießen, solange nur die, doch viel leichter verziehene, Sinnlichkeit nicht hineinspielt; und er thut es kaum aus Gefallen am reizenden, koketten Geplänkel, sondern eigentlich nur aus ewigem Bedürfniß intimer Mittheilung und hätschelnder Theilnahme an seinen eigenen Seelenvorgängen und Erlebnissen. In der Lebensführung dieselbe Unsicherheit, dasselbe Nachgeben — Rahel nennt's einmal derb beim Namen „das Nachmachen" — sobald ihn irgend eine Strömung ergreift und fortzieht: gestern studirte er Medicin, heute denkt er an's Lehramt, morgen läuft er in den Krieg, auch nicht eigentlich aus ursprünglicher Begeisterung, sondern dem Reiz nachgebend „etwas Anderes" zu thun. Kurz er unternimmt alles Erdenkbare, und „nebenbei will er auch Rahel heirathen", wie sie es ihm treffend zu Gemüthe führt. Dabei hört er nie auf, nach Art solcher Naturen, Pläne zu machen, und zerrt die Geliebte damit wahrlich mehr als nöthig herum: verspricht zu kommen und kommt nicht, hält sie hin mit ganz bestimmten Zusagen; weiß weder mit Geld noch Zeit zu wirthschaften; läßt sich vom Aeußerlichsten bestimmen, indem er es sich als Nothwendigkeit einredet, es mit der ihm eignen Dialektik als Nothwendigkeit darzustellen versteht. Hört man ihn so klug reden und Alles auseinandersetzen, so meint man wohl, er sei im Rechte und beweise in jedem einzelnen Falle, daß er im Rechte sei; und doch, läßt man den Gesammteindruck auf sich wirken, so fühlt man, daß Rahel trotz ihres anscheinend vielverlangenden Egoismus die Berechtigte ist: „denn Recht hat jeder eigene Charakter". Varnhagen hört auf jedes Gerede hin, das er unter die Füße werfen müßte, stiftet selbst unwillentlich allerhand Unheil durch sein Gerede; gibt auch der gesellschaftlichen Eitelkeit mehr als billig Raum und opfert ihr stets das Wesen der Dinge — immer mit dem Bewußtsein, daß dem so ist: denn seiner beispiellosen Offenheit gegen sich selber kommt nur seine Klarsicht in sich selber gleich.

Selten hat sich ein Mensch weniger Illusionen über sich selbst gemacht, die Grenzen seiner geistigen Begabung, wie die Natur seines Charakters, richtiger erkannt; nie ist der so Empfindliche beleidigt, wenn seine Rahel ihm die Wahrheit sagt, sogar kaum, wenn sie ungerecht gegen ihn ist; aber alle diese Einsicht in's Moralische weiß er nicht zu verwerthen, wie er die Einsicht in sein geistiges Wesen wohl zu verwerthen wußte. „Sieh, mein Gemüth ist ganz arm auf die Welt gekommen; und muß sich, wenn Andere in der Erdengesellschaft, jeder gleich Anfangs, einen Einsatz gegeben haben, scheu zurückziehen vom Spiel. Leer ist es in mir, wirklich meistens leer; ich erzeuge nicht Gedanken, nicht Gestalten; weder den Zusammenhang kann ich darstellen als System, noch das Einzelste heraussondern in ein individuelles Leben als Witz; es sprudeln keine Quellen in mir . . . Ich bin zum Franzosen geboren, der all diese Abgründe mit leichten Fallbrücken der Conversationssprache zu übergehen weiß. Aber in dieser völligen Leerheit bin ich immer offen; ein Sonnenstrahl, eine Bewegung, eine Gestalt des Schönen, oder auch nur der Kraft, werden mir nicht entgehen; ich erwarte nur, daß etwas vorgehe, ein Bettler am Wege."

So spricht er von sich selbst und mit dieser Erkenntniß ist er ein, in seiner Art vollendeter, ja einziger Schriftsteller unserer Literatur geworden. In Sachen des Charakters aber zieht man eben nicht so leicht Vortheil von der Erkenntniß, wie in Sachen des Geistes; lieber als man es unternimmt sich selbst zu halten, wünscht man von Andern „gehalten zu sein", wie er es ganz unbefangen von Rahel verlangt. Varnhagen hat auch moralisch alle möglichen passiven Tugenden, aber wenig active: er ist anhänglich-treu und läßt sich durch Niemand irre machen an der Geliebten; er erträgt mit liebenswürdigster Gelassenheit die allerderbsten Wahrheiten, die sie ihm zuweilen sagen muß;

er ist vor Allem die Nachsicht und Geduld selber mit der nervös Aufgeregten, die oft recht unbillig gegen ihn sein konnte; aber bei alledem ist er doch im Stande, sie öfter als nöthig durch sein Unterlassen, Säumen und Aufschieben in schlimmere Lagen zu versetzen, als er es mit positivem Thun vermocht hätte. Wohl weiß er, was er an ihr hat, was sie ist: ja, er übertreibt den Cultus, wenn er sie die dritte Lichtgeburt des jüdischen Volkes, aber größer als die zwei früheren, Christus und Spinoza, nennt; praktisch indeß läßt er sie denn doch einfach sitzen, wenn's ihm nicht in seinen Kram paßt, sie von dem Posten abzulösen, auf dem sie ihn mit peinlicher Ungeduld erharrt. Empfindlich und reizbar im höchsten Grade, dabei ebenso überaufrichtig gegen Andere als gegen sich selber — Rahel ausgenommen, vor der er offenbar ein wenig Angst hatte —, war er immer mit irgend Jemand im Zanke, oft ernstlich überworfen: so mit Marwitz, mit Brentano, mit Neumann. Doch brauchte es bei seinem angeborenen Gerechtigkeitsgefühl nur einer kurzen Weile der Ruhe, um der Nachsicht, ja der Langmuth wieder zu ihrem Rechte zu verhelfen. Auch kennt er sich so wohl, daß er meist einige Tage wartet, ehe er einen irritirenden Brief beantwortet.

Vor Allem aber vergesse man nicht den Punkt, durch den er ganz seiner großen Zeit angehörte, die tiefe Bildung, die seinem Talente supplirend, seinem Charakter, wenn nicht bestimmend, so doch helfend, reinigend zur Seite stand: die Bildung lief ja damals nicht, wie meist heute, neben dem Menschen her, sie durchdrang und veredelte ihn. „Das ist ein gebildeter Mensch, schreibt ihm einst Rahel, der seine Anlagen bezwingt, wenn Natur nicht gnädig gegen ihn war; der sie nur in sich einsieht; sie ermessend behandeln, ist einen Schritt weiter . . . Du stehst als der Gebildetsten Einer mit deiner Einsicht hoch über deinen Naturfehlern". Und ermahnend fügt sie hinzu: „Hasse sie immer, nenne sie Dir, bekämpfe sie. Du liebst ja das Schöne so in Anderen, bist so gerecht, so tapfer in der Aufweisung und Schätzung ihrer Gaben: mache Dich selbst urbar, wo Dürre gelassen ist . . ." Das hat er denn auch redlich gethan, und der Jüngling, dessen Talent schon an so vielen Stellen dieser vertrauten Briefe — in lebendigen Natur- und Sittenschilderungen, in meisterhaften Porträts und sichersten literarischen Urtheilen — hervortritt, ist in der That unser ausgezeichnetster Biograph und Memoirist geworden: d. h. das, wozu ihn die Natur berufen hatte. Und auch auf den Menschen hat diese Bildung gewirkt, obschon sie ihm freilich nicht geben konnte, was nicht in ihm war: ein ursprüngliches, naives Handeln. „Dämmerschein des Bewußtseins reicht bei ihm bis in die Tiefen, wo die Gefühle, die Entschlüsse geboren werden, und kränkelt ihnen im ersten Keime Bläſſe und Unbestimmtheit an" (Victor Hehn über den nordischen Charakter in der schönen Schrift „Italien"); aber immer fester, treuer hat er sich an die Einzige angeschlossen, die ihm sein guter Stern zugeführt; immer entschiedener hat er die anderen Gestalten aus seinem Innern zu vertreiben gesucht, die jener ihren Platz streitig machen wollten. Wohlthuend von vornherein und durchaus ist schon die unbedingte Anerkennung, die der begabte Jüngling der Ueberlegenheit Rahels zollt. Hier wird der so oft der Eitelkeit geziehene Mann die Bescheidenheit selber. Nie fällt es ihm ein, sich mit ihr vergleichen zu wollen: „Du gehst alle Sphären durch, während ich nur in wenigen wandle; aber wenn Du zu meinen kommst, findest Du mich doch stets; und gehst Du in ein Haus, wohin ich Dir nicht folgen kann, wart' ich ruhig an der Thüre." Daß aber eine Rahel unter so vielen ausgezeichneten Menschen den jungen Varnhagen ausgezeichnet und sich ihm angeschlossen, beweist mehr als Alles, was wir sagen könnten, den geistigen und sittlichen Werth des Jünglings.

Es war eine eigenthümliche Liebe, diese Liebe Varnhagens zu Rahel, und wohl mochte er ihr schreiben: „Ich habe Dich so lieb, so grenzenlos lieb und auf die innigste Weise, wie nicht Geliebte und nicht Freunde lieb gehabt werden, wie Dein Jünger und Verkündiger, und darin löst sich mir zuletzt jeder Gedanke an Dich auf, wie jeder aus dieser Quelle heraufsteigt ..... Du bist mir ja für mein Leben das, was einem frommen Christen die Bibel sein kann; überall denkt er an sie, bezieht auf sie die Begebenheiten und findet ihre Sprüche in Allem; sie umfaßt sein Wissen und den ganzen Kreis seiner Freuden und Leiden, sie wird immer mehr das Licht seines Lebens." So schrieb er ihr als Fünfundzwanzigjähriger, und noch zweiundvierzig Jahre später mochte der verwaiste Greis dem fürstlichen Freunde mit derselben vollen Ueberzeugung schreiben: „Vor neunzehn Jahren verlor ich Rahel und fühle seitdem unausgesetzt, daß ich mich ohne sie doch nur mit dem Leben behelfe, hinhalte."

III.

Die geistige Bedeutung Rahels ist so anerkannt, daß die neue Veröffentlichung das Urtheil der mitlebenden, wie der nachfolgenden Generation nur bestätigen, nicht noch günstiger stimmen kann. Auch in dieser vollständigeren Ausgabe ist es, wie in jener Auswahl, die Fülle und Ursprünglichkeit der Gedanken, die Originalität, das Leben, die Schärfe der Sprache, die unbeirrliche Sicherheit des Urtheils über Menschen, Verhältnisse, Bücher, die Kunst der Erzählung, der Gefühlsschilderung, welche uns bezaubern, erfrischen, immer neue Ueberraschung bieten; ist es vor Allem die Tiefe der sittlichen und philosophischen, besser gesagt, der religiösen Weltanschauung, die Totalität einer ewig jungen, einzigen Persönlichkeit, welche uns gefesselt hält. Was wir aber damals nur ahnten, oder nur zwischen den Zeilen herauslesen konnten, das ist uns hier durch hundert kleine und große Züge bestätigt: daß der Charakter dem Geiste völlig ebenbürtig war: daß Varnhagen kühnlich und billig von ihr behaupten konnte: „Je wahrer und vollständiger man Rahel kennen wird, desto schöner wird sie dastehen! Ich weiß Alles von ihr, was ein Mensch vom Andern wissen kann, und ich sage mit reinster, kräftigster Ueberzeugung: unschuldiger, zarter, reiner, liebevoller, gütiger, aufrichtiger, rechtschaffener, frömmer und keuscher im höchsten Sinne habe ich keinen Menschen gekannt!“

Schreiber dieses hat früher einmal versucht, das Gesammtbild der Unvergleichlichen, der „geliebten Zauberin“, zu zeichnen,*) und will hier nicht schon Gesagtes wiederholen, nur an den neuen so unendlich reichen Mittheilungen

*) Der Verfasser hat einen seiner in der „Revue des deux Mondes“ veröffentlichten Essays über die Berliner Gesellschaft von 1789—1815 ausschließlich Rahel gewidmet; es ist der in der Nummer vom 1. Mai 1870.

möchte er zeigen, wie sie auch in der Liebe dieselbe war, als die wir sie in der Freundschaft, im geistigen Verkehr, im Patriotismus und im Menschlichkeitsgefühl kennen gelernt: durchaus eigenthümlich, wahr, ganz — eine der wenigen Erwählten, die Gott von Angesicht zu Angesicht schauen. Wohl mochte ihr Freund an Göthe schreiben: „. . . all ihr Geist, wie gewaltig er sein möge, verschwindet gegen das quellende Leben ihrer Brust! Ja, lassen Sie mich vergessen, wenn ich von meiner Freundin rede, daß ein hoher Geist in ihr wohnt mit allen seinen reichen Geschlechtern des Scharfsinns, Witzes, der Einbildungskraft und Vernunft, daß ein Urquell reinen, begeisterten Schauens der Natur und Geschichte ihr Gemüth durchströmt, und die Züge der edelsten Wahrhaftigkeit unvertilgbar in ihr aus allen Lügenbildern der Welt alsogleich hervordringen; viele Dichter und Weise bietet die Welt und mancherlei nicht schlechtere Wahl des Lobes und Ausschließens kann man treffen: aber die Unschuld und Kindlichkeit dieses wahrhaften Menschenherzens ist das Schönste, was jemals meinen Augen sich aufgethan hat." So ist ihre Liebe; da ist nichts Ueberspanntes, Krankhaftes, launenhaft sentimentales: „Sei versichert, ich denke oft, oft, bei jedem Vorfall, Wetter, Schein, Bild, ja bei gutem Essen an Dich. Wie sollte ich nicht! Du hast mich ja gelehrt in einer Atmosphäre von Liebe zu wohnen und alles berührt mich unheimlich und kalt ohne Dich. Ich kenne Dich ganz und liebe Dich und rechne auf Dich und auf Dein Fortschreiten in jedem Sinne. Kannst ja schon lieben. Keine Undankbare!"

Lieblichste Naivetät schwebt über Allem, durchdringt Alles; man müßte jede Seite citiren: ihre „Briefe sind nicht nur kleine köstliche Geschenke, die sich Liebende geben, sie sind ein ganzes Vermögen, befrachtete Schiffe!" Frisch und heiter ist der Ton, aber auch leidenschaftlich: sie setzt „ihren höchsten Lebenspunkt in ihn, kann ohne ihn nicht mehr genießen, hatte nie, was sie in ihm besaß; den Geliebten, der es werth ist. Und hat, trotz der größten Leidenschaft, trotz der Krankheit des stärksten Herzens, nie einen Verlust gemacht, als der wäre, ihn zu verlieren". Sie ist ihm glühende Geliebte, zärtliche Schwester, geistreiche und anregende Freundin, sorgliches Mütterlein, treu helfende Gattin zugleich: mit Rath und That, mit ihrem Sparpfennig und ihrer Hände Arbeit steht sie ihm bei; sie pflegt ihn, wenn er ausruht, beschützt ihn gegen jeden rauhen Wind, wacht über ihn wie über ein liebes zartes Kind. Die Liebebedürftige, der in der eigenen Familie die Liebe nie zu Theil geworden, macht aus ihm ihre Familie: dieser männliche Geist und dieser männliche Charakter entwickelt hier die anmuthigste, rührendste Weiblichkeit; immer hülfreich; nicht nur verkörpertes Mitleiden, jeden fremden Schmerz im Innersten mitempfindend, nein, immer beeilt, ihn zu lindern: das selten schöne Schauspiel der mit Geist vereinten Güte: „Sehen, Lieben, Verstehen, nichts wollen, unschuldig sich fügen, das große Sein verehren, nichts hämmern, erfinden und bessern wollen: und lustig sein und immer guter" — das war ihre Moral, man zeige uns eine schönere.

Da ist nichts Eckiges, Trockenes, Kaltes, nur Verständiges, und doch auch wieder nichts Dunkles, Ungefähres, Halbes; alles ist Klarheit, so in der Liebe, wie im Urtheil. Nie gefällt sie sich in der Täuschung, nie begeistert sie sich für das Falsche, den Schein, ein Wortgeklingel. Und sie hat den Muth, die Wahrheit nicht allein zu sehen, sondern auch zu sagen: sich selber wie den Andern, selbst dem Geliebten. Unbarmherzig offen, ja streng ist sie mit ihm: zwischen Beiden ist nichts Verborgenes, Nichts, das sie sich selber weis machten: sie fürchtet nicht, ihn zu zanken, wie eine Mutter ihr Söhnchen; aber jedes noch so harte Wort athmet Liebe und kann drum nicht lange schmerzen, wenn's auch im Augenblick verletzt. Wie nichts Schwaches in ihrer Liebe ist, so nichts Weibisches in ihrer Weiblichkeit: sie hat ein großes Bedürfniß der Freiheit, und macht's geltend, sie will sich wohl geben, aber nicht aufgeben: sie will Freiheit lassen, aber auch Freiheit haben: wie Iphigenie die Göttin, so scheint sie den Geliebten zu erinnern:

„Mein Leben sollte
In freiem Dienste Dir gewidmet sein."

Sie ist darum nicht minder bereit, sich selbst, ihr eigenes Interesse unterzuordnen — hier sind hunderte von Beweisen dafür — nur muß sie sicher sein, daß die Sache der Mühe werth ist, daß sie sich etwas Wirklichem, nicht etwas Eingebildetem opfert. Sie gibt viel, aber sie verlangt auch viel: vor Allem die Wahrheit und Klarheit, die Entschiedenheit, die sie selber an den Tag legt. Wie sie stets weiß, was sie will, so möchte sie, daß auch der Geliebte stets wisse, was er wolle, und wäre es auch etwas minder Gutes. Nie auch wird man die innerlich Bescheidene auf dem Laster der Scheinheiligkeit betreffen: sie hat ein hohes Selbstgefühl und scheut sich nicht es zu zeigen. Mit vornehmem Stolz sieht sie auf die gemeine Masse der Frauen herab: „Sie sind so erstaunlich matt, beinahe unklug aus Zusammenhangslosigkeit. Und nehmen die Parallele von sich zu mir so gewiß an, daß nur aus dem Zimmer laufen mich retten kann. Lügen thun sie auch, weil sie's oft so nöthig haben und weil Verstand zur Wahrheit gehört, und Lügen ennuyirt mich bis zur Krankheit: so ist auch meist ihr Unglück." Man sieht, wie jeder rechte Mensch, wußte sie, was sie werth war; und wollte ihr der Geliebte irgendwie in seiner halben Weise eine unwürdige d. h. unächte Rivalin geben, so nahm sie den Kampf auf gegen solche und ihre „verwickelten Verhältnisse — Folge, unumgängliche, einer unreinen Seele, eines dunklen Kopfes, und keines muthigen, immer edlen Herzens. Die, solche scheu' ich nicht mehr: es hülfe ihnen auch nicht einmal. Ich ehre sie nicht und bin tausendmal besser. Rein und ehrlich komme ich jedes Mal; ebenso, aber arm und gekränkt muß ich gehen." Das hat sie aber ein Recht zu sagen, denn sie ist tausendmal besser; ja sie darf sagen, wie sie's einst zu Veit gesagt: „Ich bin so einzig als die größte Erscheinung dieser Erde. Der größte Künstler, Philosoph oder Dichter ist nicht über mir. Wir sind vom selben Element, im selben Rang und gehören zusammen ..... Mir aber war das Leben angewiesen."

Man hat wohl Raheln oft um dieses hohen Selbstgefühles willen der Ueberhebung geziehen; und noch vor Kurzem wurde es ihr als ein unerträglicher Hochmuth vorgeworfen, daß sie im Jahre 1831 bei der „gräuelmachenden, dumpfen" Annäherung der „infamirenden Krankheit", die sie nicht nennen will, in das naive Geständniß ausbrach: „sie habe entdeckt, daß sie der größte Aristokrat sei, der lebe". „Ich verlange ein besonderes, persönliches Schicksal. Ich kann an keiner Seuche sterben; wie ein

Halm unter anderen Aehren auf weitem Felde von Sumpfluft versengt. Ich will allein an meinen Uebeln sterben; das bin ich, mein Charakter, meine Person, mein Physisches, mein Schicksal." Und ein so wahres Gefühl dürfte man aus „Lumpenbescheidenheit" — das Wort ist von Göthe — nicht gegen einen intimen Freund aussprechen, weil es unserem demokratischen Gleichheitsbedürfniß in's Gesicht schlägt! Da sagen und reden die „modernen" Leute so viel von der Geistesaristokratie; die ließen sie gelten, nicht aber Geburtsadel u. s. w. — als ob nicht aller Adel Geburtsadel sein müsse, auch der des Charakters und des Geistes, dieser gerade mehr als irgend ein anderer. Oder erwirbt man Talent, Willen, Muth, Liebenswürdigkeit? Verehrt und liebt die Welt das Erworbene etwa mehr als das Angeborene? Den Parvenu mehr als den Nachkommen reicher Voreltern, den gewissenhaften Arbeiter mehr als das Genie? Adel heißt gerade das Angeborene, Ererbte, nicht das Errungene: niemand spricht von einem Adel der Gelehrsamkeit, einem Adel der Sparsamkeit; wohl aber von einem Adel der Gesinnung, des Geistes, des Besitzes. Es scheint wirklich zuweilen unfaßbar, mit welchen leeren Phrasen sich die liberale Welt von scheinheiligen Neidern abspeisen läßt. Kommt dann einmal ein Mensch von unzweifelhaftestem Geistesadel und vindicirt seine Rechte, so tritt der Pharisäismus sofort recht grell zu Tage und man sieht, daß die Berechtigung der Aristokratie keineswegs aus Gerechtigkeitsgefühl bestritten worden, sondern einzig und allein aus instinctivem Haß gegen jede Ueberlegenheit. Nennt aber gar ein solcher Aristokrat das Kind bei seinem Namen, heißt ein Göthe die Mittelmäßigkeit „Pöbel";

erklärt ein Bismarck, daß in diesem Jammerthal Macht mehr vermag als Recht, und daß gewisse Fragen nicht durch Worte, sondern nur durch Blut und Eisen entschieden werden; sagt eine Rahel, daß die große Masse der anständigen Lügenweiber „Canaille" sind, — ja, dann schreit die Welt Zeter über die Cyniker, die Paradoxenjäger, die Hochmüthigen. Und wie mit der „Geistesaristokratie", so stehts mit der „öffentlichen Meinung", der „moralischen Eroberung", der „Selbstregierung", der Ministerverantwortlichkeit" und hundert anderen eben so hohlen Schlagwörtern unserer Zeit, die stets nur die Form, nie das Wesen treffen. Doch dies gehört schon in ein andres Capitel, das man mir bei dieser Gelegenheit kurz zu berühren erlauben wolle.

IV.

Wie fremd muthet uns doch die Atmosphäre an, die sittliche und literarische, religiöse und politische, in welche uns dieser Briefwechsel wieder einmal versetzt: man sollte manchmal meinen, Jahrhunderte trennten uns von der Zeit, wo man so dachte und fühlte, so aussprach, was man dachte und fühlte. Wie oft will es uns da bedünken, als ob unser vielgepriesener Fortschritt, im höheren Sinne genommen, ein nur gar zu bedenklicher Rückschritt sei; unsere sicheren wissenschaftlichen Methoden, unsere feste und selten mehr verletzte Ordnung der Ehe und Familie, unsere klaren Begriffe von Religion, unser mächtiges Staatsgefühl erscheinen uns dann wohl als um allzuhohen Preis erkaufte Güter; und wir fragen uns, ob denn wirklich Alles dabei Fortschritt ist. Jede Zeit schreitet ja rückwärts in einem Sinne.

Jede reagirt gegen die Uebertriebenheiten der vorhergegangenen Zeit, übertreibt ihrerseits diese ihre Reaction und ruft eine neue gegen sich selber hervor. Auch jene Epoche der schönen und freien Menschlichkeit war eine Reaction gegen die engen Bande, in denen Schule und Sitte, Glaube und Staat gelegen hatten, wie unsere sich zusehends verengende Weltanschauung eine Reaction gegen die allzuweite Auffassung und Betrachtung der Dinge ist, die jenen Tagen eigen war. Varnhagen schrieb im Jahre 1835 die merkwürdigen Worte:

„Ich bin gewiß, daß eine Zeit kommen wird, wo der größte Theil unserer jetzigen, conventionellen Sittlichkeit nicht mehr gilt, wo man über Vorstellungen und Regeln, die uns jetzt allgemein beherrschen, lächelt oder die Achseln zuckt. Alle Verhältnisse der Neigung, der Leidenschaft, der Liebe, der Ehe werden einst aus andern Gesichtspunkten angesehen werden, als jetzt. Das Falsche und Heuchlerische, was jetzt in Ehren ist, wird dann verächtlich sein; das Wahre, Aufrichtige dagegen, dessen man sich jetzt schämen muß, wird in Ehren stehen.“

Die ganze, an sich nicht unrichtige, Bemerkung hätte nur auf die Vergangenheit, anstatt auf die Zukunft, angewandt werden müssen. Varnhagen war, als er sie niederschrieb, schon zu sehr von der Alles verwirrenden politischen Leidenschaft unserer Zeit ergriffen, um sehen zu können, daß eben diese politische, national-liberale Anschauungsweise, welche die vorherrschende unseres Jahrhunderts ist, jene goldene Zeit der sittlichen und gesellschaftlichen Freiheit, die er herbeiwünschte, immer weiter hinausschieben mußte. Daß die Vergangenheit diesem Ideale näher gewesen, als die Gegenwart, sah er wohl auch selber in geistesfreien Stunden. „Wer die Zeiten von 1806 mit den jetzigen vergleichend darstellte, welche Klüfte fände der zu überspringen," schrieb er 1831 an Freund Pückler. In solchen Stunden, als Rahels großer Geist noch lebendig auf ihn wirkte, ging ihm dann wohl die wahre Größe jener Zeiten (etwa von 1775—1810) auf, welche durch die geronnenen Formen der Literatur und Sittlichkeit, der Religion und des Staates hindurch das Wesen erschauten und es zu nennen, zu bekennen wagten. Denn sie erkannten die ewige Einheit der Natur und des Menschen in den verschiedenartigsten Erscheinungsweisen, beurtheilten diese ewige immer gleiche Wesenheit nicht nach den unstäten, wechselnden Conventionen, die wir für ewig halten, weil sie oft ein paar elende Jahrhunderte ausdauern, und die wir, gleich allen sich krystallisirenden Gesellschaften, an die Stelle des Wesens zu setzen beginnen, aus Beweggründen, die freilich auch ihre gute Berechtigung haben.

Nicht als ob jene Zeit nicht auch noch ihre Conventionen und Vorurtheile gehabt, welche, schon erstarrt, aus einer andern Zeit in jene hinüberragten; aber sie wurden nicht angebetet, vergöttert, wie wir es mit den unseren thun. Recht im Gegentheil trug man sie unwillig, bekämpfte sie mit Schrift und Wort, lehnte sich auf gegen sie durch kecke That: uud sie waren altersschwach, wichen jedem Drucke des aufstrebenden Individuums; während unsere, robust und voll frischen Lebens, das Individuum unter ihr Gesetz beugen. Und es waren die Besten jener Zeit, welche sich der gesellschaftlichen Rücksicht nicht unterwarfen, dem inneren Drange zu folgen wagten:

„Immer toller, ruft Rahel, alle Tage wahnsinniger kommt es mir vor, je mehr ich die Welthändel sehe und bedenke, daß man seinem innersten Herzen nicht lebt. Dies zu thun hat solchen schlechten Ruf, weil simulacres von ihnen herumlaufen. Ihren elenden verwirrten Sinnen und Einsichten und ihrem Geize nach falscher, hohler, sie bestrafender Ehre folgen die Leute; das betiteln sie ihr innerstes Herz."

Und Rahel dachte keineswegs allein so; mußte sie ja doch selber gestehen, daß, für ihre Bildungskreise wenigstens, kaum noch Vorurtheile bestanden in Deutschland*). Aber eben, weil nicht Alle sich mit Rahels wunderbarer Keuschheit und Reinheit über die gesellschaftlichen Vorurtheile hinaussetzten, wurde jene freiere Menschlichkeit der Nation so gefährlich, rief sie eine so scharfe Reaction hervor. Eine Rahel durfte sagen, wie ein Göthe es gedurft hätte: „einer schlechten Ehe würd' ich mich nie fügen; denn wer meinen innersten Beifall und meine Neigung verletzt, behält mich nur als eine Gefangene, und das müßt' ich sagen, weil ich's wüßte und da nicht lügen könnte, wo Nichts als Wahrheit schön sein kann." Aber nicht alle waren Rahels oder Göthes: auch der Eitelkeit und Selbstsucht, der rohen Sinnlichkeit und dem Wankelmuthe waren die Fesseln zu eng und ganz anders gestalteten sich die Dinge, wenn eine Therese Heyne oder eine Sophie Tieck, als wenn eine Caroline von Lengefeld, ja selbst eine leidenschaftlich glühende, aber immer wahre und edle Natur, wie Charlotte von Kalb, sich gegen die socialen Schranken auflehnten und die morschen mit der leisesten Bewegung zertrümmerten. War doch das

*) „Denk Dir, Varnhägelen — oft nennt sie ihn auch Schnäutzle —, ich hatte gleich ein so schnelles, plötzliches, allverhinderndes Vorurtheil, wie man's gegen Juden hat — nicht weil ich eine bin, sondern weil wir in Deutschland doch kein anderes (Vorurtheil) haben."

Ehebett in jener Zeit zu einem wahren Taubenschlag geworden: man flatterte hinein, heraus, nach Belieben. Was bei den edlen Naturen ein Wahrheitsbedürfniß, das diente den niederen als ein Freibrief für die nackte Laune.

Und nicht nur frei und doch edel zu handeln, auch edelfrei über Dinge zu sprechen, welche von Andern verschwiegen werden, muß man es thun wie Rahel: „großartig, — — — über jede Ziererei und eitle Scheinsamkeit erhaben, frei und wahr.“ Man mußte wie sie, nicht in der Mißachtung der Vorurtheile an sich schon eine große und schöne That sehen, sondern die Motive und Charaktere zu würdigen wissen, welche solche Mißachtung herbeigeführt. Wie streng urtheilt sie gerade über die bewußte, freche und anspruchsvolle sittliche Emancipation der meisten Weiber des romantischen Kreises, wie milde und billigend dagegen über Gräfin Pachtas muthigen Schritt, die Rang und Ansehen opferte, um ihrem Meinert zu folgen; wie wenig Anstoß nahm sie an Philine-Paulinens genialen Freiheiten, an Auguste Bredes Verhältniß zu Graf Bentheim, an dem liebenswürdig-natürlichen von Gentz zu Fanny Elßler! Diese waren eben alle wahr, ursprünglich, folgten ihrer eigensten Natur und diese Natur war nicht unedel: das genügte ihr, wie Göthen, wie es jedem wirklich menschlichen Menschen genügt. Rahel schaut eben immer direct die Menschen und die Dinge selber an; ohne je alle möglichen mittelbaren Vorstellungen von Sittlichkeit, Nationalität, Religion, Partei u. s. w. zwischen sich und den Gegenstand kommen zu lassen, und da übersieht sie denn gern und oft einen, nach conventionellen Begriffen recht incorrecten Lebenswandel, wenn nur eine ächte Persönlichkeit diesen Lebenswandel führt. Das ist nun freilich gar selten bei deutschen Frauen, die leicht untergehen, wenn sie über die Sitte hinausspringen; desto häufiger aber bei deutschen Männern. Keine Nation kann so viele Männer aufweisen, die bei aller Mißachtung jeder conventionellen Sitte, ja bei vollständigem Verkommen, äußerer Verwilderung und gänzlicher Haltlosigkeit in der Lebensführung, sich einen so unverwüstlichen Kern bewahrt haben an geistiger Potenz, an feinem Gefühl und an höheren Interessen: einen Funken des Gemüthes und Geistes, den die Ueberschwemmung des übrigen Menschen nicht zu erlöschen vermocht hat. Jene Zeit zählte manche solche Männer; einigen verdanken wir herrliche Werke der Dichtung und Wissenschaft; auch heute sind sie noch nicht ausgestorben und sie beweisen mehr als unsre tugendhaftesten Staatsbürger und „tüchtigsten" Professoren für die wunderbare Elasticität und Kraft der deutschen Natur: Ueberall sonst würden solche Menschen ganz untergehen.

Neben solchen, immerhin bedauerlichen, Ausnahmen aber stand der bessere Theil der Generation, wahr und schön, rein und frei, unbedürftig des äußeren Haltes, um im besten Sinne sittlich zu sein: war sie doch stets auf das Höchste gerichtet, unempfindlich, im Reichthum des geistigen Lebens, für die Aermlichkeit des materiellen Daseins, nachsichtig gegen menschliche Schwäche, begeistert für menschliche Größe, überzeugt ohne Intoleranz oder Parteigeist, kühn ohne Frechheit, unbewußt ihres eigenen Werthes.

V.

Nicht anders steht jene Zeit der höchsten Blüthe deutscher Wissenschaft und Dichtung unserer heutigen Gelehrten- und Literatenwelt gegenüber: etwa wie die freien Reichsstädte des 16. Jahrhunderts denen des 18. Welche Rolle spielte noch das Individuum in der Zeit Fr. A. Wolfs, Savignys, W. von Humboldts; wie ist dagegen Alles collectiv geworden in unseren wissenschaftlichen Bienenkörben, mit unseren vervollkommneten Methoden, unserer Arbeitstheilung, unserem literarischen Zunftwesen. Wie weit entfernt war die freie Bildung jener Tage von der heutigen Vergötterung der Fachgelehrsamkeit und der heutigen Mißachtung des unzünftigen Studiums*). Der drückenden Atmosphäre der Polihystorie entronnen, athmete jenes Geschlecht wieder aus voller Brust: ein frischer Luftzug origineller, persönlicher Gedanken ging durch die deutsche Wissenschaft, belebte das todte Wissen, kehrte die Systeme, Schulen, Parteien auf eine Zeit hinaus aus dem geistigen Leben der Nation: man gab wieder einmal zu in Deutschland, daß „nicht alle Menschen Handlangergeister haben und in Büchern stöbern können im ganzen langen Tag . . . . .

*) Man höre nur, wie man in deutschen Hörsälen von den Forschungen eines Augustin Thierry oder Grote spricht, denke an den Hohn, mit dem die gelehrten Zeitschriften Schliemann's Hypothese empfingen, an die vornehme Weise, in der man von Varnhagen selber spricht, der freilich, so wenig wie Sainte-Beuve, einer Universität angehörte; dagegen, wie der große französische Kritiker und Biograph, die Genauigkeit und Gewissenhaftigkeit in Person war, zu schreiben verstand und weltmännischen Blick hatte. Man verwechselt eben diese Art Literatur in unsern maßgebenden Kreisen noch immer mit „Dilettantismus"; es wäre gut, man läse von Zeit zu Zeit Göthes schöne Skizze über den Dilettantismus nach, um zu lernen, wo der wirkliche Unterschied zwischen dem Künstler — auch der Geschichtsschreiber und Biograph ist Künstler — und dem Dilettanten liegt.

eine Art Ruhm zusammenzutragen, von dem sie sich nachher nähren können, wie Würmer vom Staub". Wohl reichen die Wurzeln unserer Gelehrtenvegetation, wie die unserer Feuilletonsparasiten — zwischen welchen beiden ein zugleich freies und gediegenes Schriftthum so viel Mühe hat aufzukommen — bis hinauf in jene Zeiten und, während ein Friedrich Schlegel mit genialem Blicke neue Gebiete entdeckte, mit kühner Hand neue Horizonte eröffnete, saß sein „stumpfer, kranker" Bruder schon da und kramte im Detail, für Rahel „ein complettes Räthsel: das Gehirn muß ihm ja dabei austrocknen, verbrennen; es muß ja alle Functionen des ganzen Kerls verrichten". Auch die Anfänge jener historisch-kritischen Orgie, der sich unser Jahrhundert hingegeben, reichen bis zu jener Zeit hinauf, und Rahel erkannte sie sofort, zeichnete ihre Priester für immer in jenen Kunsthistorikern: „Die stimmen sich erst katholisch, katalogisch, chronologisch, papstmittelalterlich-geschichtlich; und dann legen sie los; zeigen unsern Augen und den Griechen den Platz an und zeigen dem der Sinne hat, welche ihnen fehlen. Sinne, Sinne, die fünf Sinne!"

Allein dies waren eben nur Anfänge, Ausnahmen: das Charakteristische jener Generation war, im Literarischen, wie im Sittlichen, das Vorherrschen des Individuellen: heute ist's das Allgemeine, was bestimmt. Auch hier galten weder Regeln noch Gesetze, sondern nur „dem innersten, süßesten Hange" folgte man: und durfte man folgen, da es, Alles in Allem genommen, ein edler Hang war.

„Laß Dich ganz gehen, wenn Du arbeitest", schreibt Rahel dem jungen Geliebten; „denk an keinen Freund, an kein Muster, an die großen Meister nicht — als um zu vermeiden — an kein Drucken, an Nichts! . . . Stelle Dich dar, Alles was Du siehst und so wie Du's siehst . . . Nur dies ehrst, vergötterst Du, die Welt und ich, in Göthe, Shakespeare, Cervantes und in allem Großen, daß es sich darstellt; noch Einmal, wie es die Natur that. — — Schwache Nachahmer vergessen aber sich und wollen eine Welt ohne sich darstellen. Solche gibt es nicht!"

Mehr oder weniger war dies der Sinn aller unserer Großen in Wissenschaft, wie in Dichtung: heute sind wir Alle Schüler, Nachfolger, und thun uns noch was darauf zu Gute, rühmen uns recht laut, dieser oder jener Schule anzugehören. Wer nennt noch, wer kennt noch die Namen der Schüler Lionardos, Michel Angelos, Tizians? Was hat die Kunst durch sie gewonnen? Freilich auch die Meister waren Schüler gewesen, hatten nicht ganz von vorne angefangen — Niemand thut's —; aber das Beste, was sie der Welt gaben, war eben nicht das von der Schule Erhaltene, sondern das in sich Gefundene: man vergaß über dem Meister den Schüler; wir werden aber alle keine Weber mehr. Wehe der Persönlichkeit, die in unseren Zeiten, trotz der Schule, gegen die Schule sich geltend machen wollte, wie einst Herder: man denke an Schopenhauers Schicksal, und wenn der ein Menschenalter früher geschrieben hätte.

Heute hat Jeder seinen Platz angewiesen, sein bestimmtes Rad in der Maschine zu bewegen: daher denn die unwiderstehliche Gewalt dieser Maschine, aber auch die Verminderung des Einzelnen und seiner Unabhängigkeit. Damals ging der Schriftsteller im Menschen auf, heute geht der Mensch im Professor auf — denn unsre Schriftsteller sind ja alle mit wenig Ausnahmen Professoren.

Dasselbe gilt freilich vom Heere, dem Staate, der Kirche — nicht von der Religion —; aber diese menschlichen Thätigkeiten sind eben ihrem Wesen nach collectiv, während das Schriftthum vornehmlich auf dem Individuellen beruhen sollte. Heute aber ist auch hier die Beschränkung und Unterordnung des Individuums zu einer Art von Gesetz geworden: nicht mehr die eigne Ausbildung scheint seine Aufgabe, sondern der Dienst im Interesse eines Allgemeinen, am öftesten des Staates und der Schule.

Darum hat unsere Generation noch keineswegs allen Tugenden der deutschen Natur entsagt: noch lebt auch in unserer Gelehrtenwelt jene Tiefe und Allgemeinheit der geistigen Interessen, jenes liebevolle Aufgehen in der Sache, jener uneigennützige Fleiß, welche die eigentliche und eigenthümliche Größe des deutschen Geistes ausmachen, wenn ihnen auch nicht mehr jenes allezeit offene Verständniß des Fremden und jenes freudige Anerkennen der Persönlichkeit, wie damals, zur Seite stehen. Auch die wahre sittliche Größe des deutschen Charakters hat der moderne Parteigeist nicht zu ersticken vermocht: noch lebt in vielen Gemüthern, nur ohne sich gegen die lauten Mächte des Tages hervorzuwagen, jener alte deutsche Idealismus, jene tolerante Vorurtheilslosigkeit, jenes lebhafte und wahre Naturgefühl, jene innere Anmuth und Feinheit des Gefühls unter der rohen Außenseite, welche sich vor siebzig Jahren noch unbefangen zeigten und die Fremden — wie Campan, Madame de Staël, Custine — unwiderstehlich bezauberten. Freilich besser und angenehmer wäre es gewesen, wenn auch die allzuschlichte und ungefüge Außenseite jener inneren Grazie etwas entsprochen, sie sofort den Blicken verrathen hätte, und man begreift die Klagen Rahels über das Berliner „Krop" — das Grob war ihr nicht genug; sie mußte es gleichsam onomatopöisiren. Sie hätte ihren Landsleuten gar gerne die Sicherheit und Unbefangenheit der alten Culturnationen gewünscht, die Schnelligkeit, mit der bei solchen, ganz in Uebereinstimmung mit dem Darwin'schen Physiognomiegesetz, die Gemüthsbewegung sofort ihren bestimmten angemessensten Ausdruck findet. Sie war im Auslande gewesen, hatte viel mit Ausländern verkehrt, wußte wohl, worin sie uns nachstehen, verlangte auch gar nicht die nur conventionelle Politur. Aber doch seufzte sie und selbst Varnhagen, der Patriot, „nach Franzosen und ihren feinen Sitten", vergötterte „die gute Lebensart, die schützt und besänftigt und gleichsam die vorläufige weitpoussirte Grenzoccupation vorstellt, innerhalb deren nun die Cultur des neuen Bewohners anfangen kann." „Hier," sagt er von Schwaben, hätte es aber auch von andern Provinzen des Vaterlandes sagen dürfen, „ist weder Bildung, noch Sein, noch die Kraft roher Natur, sie haben in ihren Gemüthern die alten Wälder ausgerodet, ohne noch Aecker und Gärten an die Stelle gesetzt zu haben; und überall ist feuchte, unentschiedene, halbwilde Fläche."

Man sieht: was sie mißten, war etwas Anderes als bloße Formen. Sowie der von den Fremden so lebhaft empfundene und so scharf gerügte Mangel an Comfort in Deutschland weniger in den mikroskopischen Verhältnissen deutscher Waschbecken und Betten bestand, als in der ganzen Geschmacklosigkeit und Aermlichkeit des materiellen Lebens, so war es nicht irgend ein zufälliger Ausbruch der Rohheit, der sie verletzte, sondern die ganze Linkischkeit des

Auftretens, bald dreist, bald demüthig, selten ganz unbefangen. Der Deutsche war und ist noch vielfach in der Kunst der Geselligkeit, was in der Musik ein unerfahrener Sänger mit schöner Stimme. Entweder gibt er sie ganz, ohne sie zu moduliren, oder er ist so sehr mit den rhythmischen Zeichen, Noten und Schlüsseln beschäftigt, daß er nicht mehr er selber ist. Der Deutsche hatte und hat wohl schon das Zeug dazu, ein sehr interessanter Gesellschafter zu werden; aber er besitzt die nöthige Technik nicht. Daher die Affectation der deutschen Frauen, welche keine Natürlichkeit des Verkehrs aufkommen läßt; die „Gemüthlichkeit" der Männer, welche nicht den leisesten Zwang ertragen kann. Das anregende Gespräch zwischen verschieden Gesinnten, welches so recht eigentlich das Wesen der Geselligkeit ausmacht und welches Rahels Lebenselement war, ein wirkliches Bedürfniß, artete hier beinahe stets in heftigen Zank oder trotziges Schweigen aus, wie wir's selbst bei einem so gebildeten Menschen wie Varnhagen sehen; während dort die Abwesenheit eines wahren und empfundenen Interesses an dem Gegenstand der Unterhaltung dieselbe zu einem kalten Austausch leerer Formeln machte, worüber sich die arme Rahel, die immer ganz in der Sache aufging die sie beschäftigte, ob's nun die Fichte'sche Philosophie war oder ein Kartenspiel oder eine Stickerei, nicht genug ärgern konnte.

Darin war sie eben durchaus nicht deutsch; wie sie's auch im Styl nicht war. Der war nie pedantisch, noch auch im Grunde nachlässig, nie rhetorisch noch unschön: ihre Briefe geben uns ein reines Bild ihres Gesprächs: die schöne, leserliche, fließende Handschrift ohne irgend eine

Correctur verräth dem Beschauer wie Alles voll vorwärtsströmte, ohne sich je zu überstürzen. Wir haben außer ihr eigentlich nur einen Schriftsteller, der schreibt wie man spricht: Lessing, und der gibt uns eher das discutive Gespräch, als die einfache Causerie, wie Sainte-Beuve treffend seine herrlichen Essays nannte. Rahel thut's; sie erzählt, urtheilt, gibt ihre Empfindung wieder, als säße sie allein mit dem theilnehmenden, gebildeten, intelligenten Freunde, oder auch mit mehreren, die sie anregen ohne ein Auditorium auszumachen. Dieser conversationelle Styl, an dem unsere Literatur so arm ist, der auch vielfach bei uns als unerlaubt, weil cavalier, betrachtet wird, während er doch mehr als jeder andere Tact und Geschmack in der Wahl des Ausdruckes erfordert, ist freilich nicht überall am Platze; wo er's aber ist, da hat er einen einzigen Reiz: denn er athmet Leben und erweckt Leben.

VI.

Auch in der Religion war jene Zeit, war Rahel, — die uns als der höchste weibliche Ausdruck jener Zeit gelten kann, wie Göthe der höchste männliche Ausdruck derselben war, — auch in der Religion waren jene Erwählten auf einem weit höheren, freieren Standpunkte, als wir es sind. Wie sprach Rahel, die Jüdin, von Christus; wie aber auch wiederum von „Paradies und Engeln; ihren Feinden!" Wie stehen diese Menschen über aller Orthodoxie und allem Pfaffenthum, und wie himmelweit sind sie doch entfernt von dem Cultus der Göttin Raison und der fünf Göttlein Sinne, der im entgegengesetzten Lager herrscht, und für welchen das Nichtbegriffene und Nichtbetastete auch das

Nichtexistirende ist! Sie brauchten keinen Namen „umnebelnd Himmelsgluth“, um andächtig und brünstig zu beten zum „Allumfasser, Allerhalter“. Religion haben im gewöhnlichen Sinne des Wortes ist für Rahel eine „Schule bei den Menschen, die das nächste, von Gott Gegebene nicht zu fassen wissen mit ihren Sinnen, zu halten mit einem gottgekräftigten Herzen“. Sie war weder Pietistin, noch Unitarierin, ging in keine Kirche; aber überall im Leben ahnte, fühlte, wußte sie höheren Zusammenhang, und das ist wahre Religiosität, in des Wortes etymologischer wie philosophischer Bedeutung. „Ich schiebe Nichts auf Menschen. Ein höheres Gebiet regiert dies. Dies ist meine ganze Religion. Darin leb' ich.“ Und wiederum: „Ich dachte über die ganze Masse der Menschenbildung und ob wohl alle Essenz davon, das höchste Entzücken edler, reichbegabter Menschen aneinander und jeder andre erhellte, erhobene Moment im Leben, das Placken und den Jammer Aller werth ist, den es zum Dünger Jahrhunderte lang erfordert?“ Man werfe dieser Religiösität nur immer Fatalismus, Pessimismus vor: alle wahre, tiefe Religion ist Beides: Buddhismus, Mohamedanismus, Christenthum, das wahre, nicht das zu modernem Gefallen zugestutzte. Die Unfreiheit und die Schuld, „der Menschheit ganzen Jammer“ wie der Menschheit ganze Sünde zu fühlen, das ist Religion, und in diesem Gefühle auf Augenblicke zu verzagen, wie Christus selber auf dem Oelberg, ist auch Religion. Verzweiflung aber, wie Rebellion, gegen die höheren Mächte waren bei Rahel und ihren Gesinnungsgenossen nur vorübergehend: weder die Prometheus- noch die Wertherstimmung behielt lange die Oberhand; die „Entsagung“, die der große

Sprecher jener Zeit gepredigt und geübt, die fromme Unterwerfung unter jene unbekannten Mächte, das sich Fügen in's Unvermeidliche, das sich Bescheiden bei der Unzulänglichkeit der menschlichen Verstandes- und Sinneswerkzeuge, das Genießen und Gebrauchen des uns Verliehenen, das stumme Anerkennen jenes „höheren Gebietes," nicht das laute, das ihm gleich einen Namen gibt — das war die religiöse Grundstimmung der Zeit. Aber auch die andre Seite der Religion, die thätige, das „Edel sein, hülfreich und gut", hat Rahel, wie ihr Meister, unser Aller Meister, geübt, täglich und stündlich, ihr ganzes gequältes Leben über, immer wie Dorothea, „auch ohne Hülfe noch hülfreich". Aber eine Jüdin, eine Katholikin, eine Protestantin ist sie nie gewesen, noch weniger eine „Freidenkerin"; und dafür sei sie gelobt und gepriesen, als das verkörperte weibliche Ideal deutschen Glaubens und deutscher Frömmigkeit.

Nicht minder als der Religion standen Rahel wie die Besten ihrer Generation dem Staate unbefangener gegenüber als wir es thun: ebenso den Lehren von bürgerlicher Gleichheit, Gemeinsinn, Nationalität, Fortschritt, was Alles wohl für sie existirte, aber nicht als Schranke, wie es heute der Fall zu sein pflegt, auch nicht als das nothwendige Medium, das sich immer und überall zwischen den Menschen und die Dinge, den Menschen und sein Handeln schieben müsse. So war Rahel zum Beispiel nicht immer mit ihrer Bürgerwürde beschäftigt, ängstlich sich was zu vergeben, mißtrauisch gegen Höherstehende. Wie Göthe, wie jede Künstlernatur, liebte sie den Verkehr mit reicher, gebildeter Aristokratie; war mit Josephine Pachta, mit Fürstin Carolath, mit Prinz Louis Ferdinand, mit dem

Prince de Ligne, mit Fürst Pückler — nur Wenige zu nennen — enge befreundet, gefiel sich in diesem Umgange, wo sie feinen, ererbten, folglich natürlichen, Formen begegnete, wo man sich in der Sicherheit der Stellung freier bewegte; allein sie wußte wohl, mit wem und wie weit sie sich gehen lassen durfte: als einst eine Gräfin Goltz nach adliger Art ihr schreibt, sie möge doch um die und die Zeit zu ihr kommen, sagt sie: „Ich habe keinen Fuß wieder hingesetzt. Sie muß höflicher mit mir sein als mit einer Gräfin, weil ich keine bin“. Wie viele unserer heutigen Republikanerinnen — nicht nur aus Amerika — hätten so etwas willig hingenommen, wenn die Frau Gräfin sie dafür nur einmal im Jahre in ihrem Salon hätte beehren wollen?

Wohl wußten Rahel und ihre Freunde den Werth des Staates zu schätzen, und es ist ein immer wiederholter, aber nie genügend controlirter Gemeinplatz heutzutage, der sagt, jene Generation hätte das Gefühl der Pflicht gegen den Staat nicht gekannt, weil die Menschen in erster Linie ihre besonderen Pflichten erfüllten, weil sie die Menschheit über die Nationalität setzten und ihren Gemeinsinn nicht durch continuirliches Zeitungslesen documentirten. Als man Rahel, der Beschränkten, schwere Einquartierung auferlegt, murrt sie nicht: „Schützt und hegt mich mein Staat,“ meint sie, „so muß ich auch thun, was er für gut findet.“ Aber ihr Staatsgefühl verdunkelt ihren Sinn nicht für andere Interessen, vor Allem nicht für Menschengröße. Hierin liegt die Superiorität jener Zeit, und bis zu einem gewissen Punkte des deutschen Volkes, über andere Zeiten und Völker. Wo würde sich heute ein Franzose — und sei's der Gebildetste, Freieste — zu einer menschlichen Bewunderung Bismarcks aufschwingen können, wie Göthe und Wieland, Rahel und Varnhagen sie für Napoleon empfanden? Wer ihnen aber ein Verbrechen daraus macht, jenen großen Landesfeind bewundert zu haben, der ist kein wahrer Patriot, er ist ein Abtrünniger von deutschem Geiste und deutscher Ueberlieferung. Man vergleiche, in welchen Gefühlen Deutschland und Frankreich von einander geschieden sind im Jahre 1871 und im Jahre 1808 und man wage noch von „Fortschritt" zu sprechen. „Die Zeitungen sind voll der Zufriedenheit und des Dankes der Franzosen gegen unsere Stadt und Nation; und umgekehrt .... kurz wir scheiden von einander wie zwei gebildete Nationen." Und das nach Tilsit, das doch selbst der verstockteste Franzose nicht mit dem Frieden von Frankfurt auf eine Linie wird stellen wollen, wie auch wohl kein vernünftiger Mensch Fürst Bismarcks „Härte" gegen die Besiegten je mit der Napoleons vergleichen wird.

Niemand fühlt lebhafter als Rahel die Bedeutung der Vaterlandsliebe. Alle ihre Verehrer erinnern sich noch aus dem Buche von 1834 der herrlichen Stellen über Friedrich und über die heimkehrenden Truppen:

„Sonst konnte Preußen stolz sein: und Friedrich II. wog uns in die Höhe in Europa. Wir hatten alle einen Theil von seinen Siegen; von und an seiner Einsicht; ich auch! Nichts wäre ich, bei meiner Geburt, ohne ihn; er gab jeder Pflanze Raum in seinem sonnezugelassenen Lande. Und eine Ehre war's sich daher zu nennen; und wirklicher Vortheil für Leib und Geist ..... Oh, ich hab' es nie gewußt, daß ich mein Land so liebe: Wie Einer, der durch Physik den Werth des Blutes etwa nicht kennt: wenn man's ihm abzieht, wird er doch hinstürzen."

Hier stehen sie, alle diese schönen Stellen, die uns im Gedächtniß geblieben, als hätten wir sie gestern gelesen, und ausführlicher und hundert neue dazu, die Einem Herz und Seele erwärmen und die innersten Fasern, mit denen wir im Vaterlande wurzeln, straffer anziehen. Das ist kein erworbener, systematischer Patriotismus, den man sich macht und anerzieht, weil's doch schön und nützlich ist, ihn zu haben: es ist der unmittelbare, natürliche, der zu Einem gehört wie Athmen und Fühlen.

„Die berühmten Römerinnen sind es recht umsonst. Gerechter Gott! was ist es leicht und natürlich sein Vaterland zu lieben, wenn es Einen nur ein bischen wiederliebt; man thut es ja schon ohne Gegenliebe .... Könnt' ich doch nur nach meinem Tode mein Land glücklich sehen! Das wäre Existenz genug!"

Und Varnhagen nach den Stein'schen Reformen:

„Wie sollte mich's freuen, jetzt die Preußen wiederzusehen mit den überall knospenden Trefflichkeiten! Wenn dieses Geschlecht nur den Baum der Bildung glücklich hinüberschafft zu anderen, so sind seine Bemühungen schon gesegnet, daß ihn zukünftige große Männer in dieser Nation wenigstens nicht wieder als ein junges Pflänzchen an einen Pfahl zu binden brauchen."

Aber weder Rahels, noch Varnhagens, noch auch Marwitzens Patriotismus — jener blutete, dieser starb für's Vaterland — bedingten irgendwie rohen Haß der Feinde, wie wir gesehen; noch weniger blinde Eingenommenheit für alles Deutsche. „Borniren thut mich mein Land doch nicht," durfte Rahel sagen, „was Närrisches drin vorgeht, ärgert und frappirt mich genug." Sie wußten eben, **was** sie an Deutschland zu lieben hatten, was liebenswerth war, was nicht. „Napoleon und die Franzosen haßt er," sagt Varnhagen von dem halbdeutschen Baggesen, „auf ganz widerwärtige Weise, zum Ekel heftig und grundlos; denn alles Gute der Deutschen, weshalb wir diese höher schätzen, ist ihm auch ein Greuel: er hofft es mit Kant, Jacobi, Voß und Klopstock zu zwingen"*). Dabei fühlt er sich aber doch inniger mit seinen deutschen Brüdern verknüpft, seit sie so furchtbar zerrüttet worden . . .:

„O, mein armes Deutschland. Ueberall, überall Feinde, daß keiner weiß, wohin zuerst die Spitze wenden . . . . . Ich kenne mein Volk mehr als je und lieb' es ganz; was ich von ihm erwarte, tröstet mich über meinen Tod hinaus."

VII.

Es war der unvergängliche Ruhm jener Zeiten, daß man den gesellschaftlichen, literarischen, religiösen, politischen und nationalen Vorurtheilen entgegenzutreten den Muth hatte: freilich auch ihre schwache Seite, in anderem Sinne. Man kann geradezu sagen: Vorurtheilslosigkeit macht überlegene Menschen und untergeordnete Bürger. Nur durch die strengste gesellschaftliche Disciplin, mit allen ihren Kleinlichkeiten und Engherzigkeiten, mit ihrer Intoleranz und Heuchelei, wird der starke Staat möglich, und nur durch den starken Staat gewinnt eine Nation — und mittelbar selbst der geringste Bürger — Achtung, Ansehen und Würde. Feste Formen sind immer nothwendig zur Dauer und nur in der Dauerbarkeit ist Stärke zu Hause. So scheinen wir in einem circulus vitiosus befangen, und doch ist dem nicht

*) Kant fällt hier auf im ersten Augenblick; aber das Gefühl des jungen Varnhagen ist doch richtig: er denkt eben nicht an den urdeutschen Kritiker der reinen Vernunft, sondern an den Prediger des kategorischen Imperativs, der, vom intelligibeln Charakter auf den empirischen übertragen, eben doch äußerst undeutsch ist.

so. Jene dauernde, feste Form beherbergt das Verschiedenste; die Masse wird immer nur die eine, Alles umfassende Form sehen; den Gebildeten aber kommt es zu, das Wesen von der Form zu scheiden; nicht diese, die der Masse als alleinige Realität erscheint, sondern jenes, als die höhere berechtigte Realität, die ideale Wahrheit, zu erkennen. Das Schlimme unserer Zeit ist nicht, daß die große Mehrheit der Nation sich zur Anerkennung und Werthhaltung fester Formen bekehrt hat, sondern daß die Höchstgebildeten selber auf die Freiheit des Geistes verzichten, sich freiwillig unter nationale und sociale Vorurtheile beugen, und nicht einmal mit jener pietätvollen Achtung des Alten, die frühere Zeiten charakterisirt und sich als Loyalität, Furcht vor Neuerung, Familientradition u. s. w. ausspricht; daß sie sich noch überdies den neuen Vorurtheilen liberaler Mache, wie Gleichheit, Gemeinsinn, Staatsgefühl und andren mehr gegen besseres Wissen oder aus Beschränktheit beugen. Die einzigen alten Formen aber, die wir noch anerkennen, sind ja eigentlich nur Ehe, Eigenthum, Monarchie, auch diese nur aus Nützlichkeitsrücksichten, nicht aus Pietät.

Wir sind heute sehr geneigt, gleich den älteren Gesellschaften Europas, Jeden sofort zu verdammen, der sich nicht in den gesellschaftlichen Rubriken zu halten gewillt ist, was denn gar Manchen zum Heuchler wider Willen macht. Wir vergessen so nur allzuleicht, daß auch außerhalb jener Rubriken schöne Tugenden, wie Herzensgüte, Uneigennützigkeit, Muth, Wahrheitsliebe gedeihen, ja oft besser gedeihen als in den abgegrenzten Beeten ehrsamer Regel. Nun macht sich freilich der zu erreichende Collectivzweck (heute der Staat) wenig aus diesen liebenswürdigen

Tugenden und fordert nur eine, die aber befehlerisch: die Zucht. Die Aufgabe bleibt also dieselbe wie seit Beginn aller Bildung: das Individuum innerhalb der socialen Schranken auszubilden und so die Erreichung des Gesammtzweckes zu ermöglichen; nur soll es ihnen nicht geopfert werden, wie bei gewissen alten Culturvölkern geschieht. Die Schranken sollen von den Bessern nicht als göttliches, ewiges, ungeschriebenes Sittengesetz dargestellt werden, wie man's wohl thut, sondern als was sie wirklich sind: brutale Thatsache, dumme, undiscutirbare Nothwendigkeit, der sich auch die edelsten Menschen fügen müssen, weil sonst die Masse sie mißachten möchte, die ihrer bedarf, um nicht zu verwildern. Nun sind aber heutzutage selbst die Besten auf dem Wege, die höchsten Tugenden des Menschen, Adel der Gesinnung, Liebe, Wahrheit, weniger hoch zu schätzen, als eine correcte Aufführung und stricte Observanz der gesellschaftlichen Gesetze, Religiosität weniger als Religion, Menschenliebe (ich sage nicht Menschenachtung) weniger als Nationalsinn, und Alles das — um eine große Nation zu werden. Sollte es um den Preis sein, daß wir, wie Engländer oder Franzosen, den Standpunkt unserer großen, freien Persönlichkeiten als einen unsittlichen perhorrescirten, so müßte entschieden gesagt werden: der Preis ist zu theuer. Wohl dürfen wir, müssen wir zugeben: so freie Ansichten über Staat, Nationalität, Ehe, Religion, wie sie am Anfange dieses Jahrhunderts herrschten, sind nur Höchstgebildeten und Edelgebornen erlaubt; bei der Masse würden sie zum staatlichen, nationalen, moralischen Ruin führen; aber erkennen und unterscheiden sollen wir, wer zu jener Aristokratie gehört, sie nicht in den Koth ziehen, weil sie unsere Zäunchen übersprungen; nicht einen Göthe, eine Rahel, die stets gestrebt und folglich auch geirrt, mit den ersten besten Egoisten oder Sündern zusammenwerfen; ja demüthig zugeben, daß für solche Menschenfürsten wohl das ewige absolute Moralgesetz, nicht aber das relative gesellschaftliche, Geltung hat, das wir an Gevatter Schneider und Handschuhmacher legen; einsehen endlich, daß jene Moral des ewig Menschlichen, nicht die des bürgerlich Nützlichen, die höhere ist. Dazu ist man gebildet: oder sollte die Bildung etwa nicht mehr bilden?

Rahel beklagt sich einmal über ihre Freunde und Bekannten (an Veit): „Keiner beherbergt den Menschen in mir, wo sie doch Alle untertreten." Das ist's: darum berührt uns Alles, was jenes Geschlecht uns vermacht, so wohlthuend. Andere Zeiten und andere Völker haben gleich große oder größere Kunstwerke, Philosopheme, Entdeckungen hinterlassen; in keinem war der Mensch so groß, daß er uns, auch nachdem er längst ausgeathmet, noch beherbergt und uns einlädt, bei ihm unterzutreten.

December 1874.

Druckerei der „Straßb. Neuesten Nachrichten", A.-G., vorm. H. L. Kayser.

FSC
www.fsc.org
MIX
Papier | Fördert gute Waldnutzung
FSC® C083411

Kolibri 360 GmbH
Ferdinand-Jühlke-Straße 7
99095 Erfurt, Deutschland
produktsicherheit@kolibri360.de